数字图像处理及 MATLAB 实现

（第 4 版）

杨　杰　主　编

黄朝兵　郭志强　副主编

電子工業出版社

Publishing House of Electronics Industry

北京 · BEIJING

内 容 简 介

本书在 2019 年出版的《数字图像处理及 MATLAB 实现（第 3 版）》基础上，结合当今机器学习算法的最新发展，修改、补充和完善而成。书中主要介绍了数字图像处理的基础知识、基本方法、程序实现和典型实践应用。全书分为三个部分，共 12 章。第一部分（第 1～4 章）介绍数字图像处理的基础知识；第二部分（第 5～8 章）介绍数字图像处理的各种技术；第三部分（第 9～12 章）介绍数字图像处理的扩展内容，包括基于深度学习的图像处理技术和工程应用案例等。每章分别介绍问题的背景、基本内容和方法、实践应用（通过 MATLAB 软件编程）及结果分析。本书内容系统性强，重点突出，理论与方法并重。

本书可作为普通高等院校电子信息工程、通信工程、计算机科学与技术、电子科学与技术、生物医学工程、电气工程及其自动化、控制科学与工程等相关专业的本科生和研究生教材，也可作为从事图像处理与分析、模式识别、人工智能和计算机应用研究与开发的工程技术人员的参考书。

未经许可，不得以任何方式复制或抄袭本书之部分或全部内容。
版权所有，侵权必究。

图书在版编目（CIP）数据

数字图像处理及MATLAB实现 / 杨杰主编. -- 4 版.
北京 : 电子工业出版社, 2024. 7. -- ISBN 978-7-121
-48498-8

Ⅰ. TN911.73

中国国家版本馆CIP数据核字第2024R0F209号

责任编辑：刘小琳
印　　刷：河北鑫兆源印刷有限公司
装　　订：河北鑫兆源印刷有限公司
出版发行：电子工业出版社
　　　　　北京市海淀区万寿路 173 信箱　邮编　100036
开　　本：787×1 092　1/16　印张：22　字数：588 千字
版　　次：2010 年 2 月第 1 版
　　　　　2024 年 7 月第 4 版
印　　次：2024 年 12 月第 2 次印刷
定　　价：68.00 元

凡所购买电子工业出版社图书有缺损问题，请向购买书店调换。若书店售缺，请与本社发行部联系，联系及邮购电话：（010）88254888，88258888。

质量投诉请发邮件至 zlts@phei.com.cn，盗版侵权举报请发邮件至 dbqq@phei.com.cn。

本书咨询联系方式：liuxl@phei.com.cn，（010）88254538。

前　言

数字图像处理作为当前信息科学技术的核心之一，为通信、计算机应用及各类信息处理技术提供基础理论、基本方法和实现方案。数字图像处理主要研究内容包括图像变换、图像增强、图像复原、图像压缩、图像描述、图像分割、图像分类和识别等，它是一门具有实用性和综合性的边缘学科。本书在介绍数字图像处理技术基础理论及算法原理的同时，还特别注意介绍用 MATLAB 软件编程实现一些常用图像处理的典型算法，并介绍了数字图像处理的工程应用案例，以便读者能够更深刻地理解图像处理的理论，掌握具体的操作方法。

深度学习作为人工智能的代表性技术之一，近年来发展迅速。凭借其在图像识别过程中超高的预测准确率，深度学习带来了数字图像处理技术革命性进步。本书在新修订的版本中用专门的章节介绍了基于深度学习的图像处理分类、去噪、压缩及分割等，并重点介绍了卷积神经网络架构和解决方案。

针对数字图像处理课程概念多、内容抽象、读者入门较难的特点，本书以实践为导向，以实际应用为目标来介绍数字图像处理的基本概念和基础知识。通过本书的学习，读者可掌握图像处理的基本理论、概念、方法和技术，配合实验，读者可掌握使用 MATLAB 软件进行数字图像处理的技巧，从而为从事该领域或相关领域的工作、深造、研究奠定基础。

本书第 1～11 章附有习题，有助读者巩固所学的知识点；我们还编写了与本书配套的《数字图像处理及 MATLAB 实现——学习与实验指导》，便于读者学习和进行上机实验；本书另配有电子课件，便于教师教学和学生自学。

本书第 1～3、11 章由杨杰修订（编写），第 5、8～10 章由黄朝兵修订，第 4、6、7、12 章由郭志强修订，全书由杨杰统稿。第 3 版教材的参编者李庆、郑林、王昱和许建霞等为本书完成做了大量工作，在此一并表示感谢。本书在编写过程中参考了大量图像处理文献，在此对这些文献的作者表示真诚的感谢。

本书的编写得到武汉理工大学信息工程学院的大力支持，在此表示衷心感谢。

由于作者水平有限，书中难免存在不足和疏漏之处，恳请读者批评指正。

编　者

2024 年 6 月

目　录

第一部分　数字图像处理基础

第三部分　数字图像处理扩展内容

第一部分　数字图像处理基础

第 1 章　概　　述

数字图像处理是一种利用计算机算法来改善、分析和理解图像的技术，这项技术已经成为信息科学、计算机科学、工程科学、生物科学、地球科学等学科研究的热点。本章主要介绍数字图像处理的基本概念、特点及数字图像处理系统的构成、主要研究内容、应用领域和未来发展趋势。

1.1　数字图像处理及特点

1.1.1　数字图像及数字图像处理

1. 数字图像

图像是视觉信息的载体，是客观存在的物体在二维平面上的投影，它包含被描述对象的有关信息，是人类认识世界的重要源泉。数字图像则是物体的数字表示，利用计算机图形图像技术能够以数字的方式来记录、处理和保存图像信息。在完成图像信息数字化后，数字图像的输入、处理与输出的过程都可以在计算机中完成，它们具有电子数据文件的所有特性。

2. 数字图像处理

数字图像处理又称为计算机图像处理，它是指将图像信号转换成数字信号并利用计算机对其进行处理的过程。数字图像处理的目的主要有以下几点：

（1）提高图像的视觉质量，如进行图像的亮度、彩色变换，增强、抑制某些成分，对图像进行几何变换等。

（2）提取图像中包含的某些特征或特殊信息，便于计算机分析。提取的特征可以包括很多方面，如频域特征、颜色特征、边缘特征、纹理特征、形状特征等。

（3）对图像数据进行变换、压缩等操作，便于图像的存储和传输。

不管是何种目的的图像处理，都需要由计算机和图像专用设备组成的图像处理系统对图像数据进行输入、加工和输出。

1.1.2 数字图像处理的特点

数字图像处理具有以下几个特点：

（1）稳定性好。在模拟图像处理的过程中，存在各种干扰因素（如噪声），它们会导致图像质量发生退化。而数字图像均用数组或数组集合表示，并在计算机内部进行处理，这样数据就不会丢失或遭到破坏。图像的存储、传输或复制等一系列变换操作不会导致图像质量退化。

（2）精度高。利用目前的技术，几乎可将一幅模拟图像数字化为任意大小的二维数组，并且现代扫描仪可以把每像素的灰度等级量化为 16 位甚至更高，这意味着图像的数字化精度可以满足任意应用需求。不论数组和像素大小，对计算机而言，都只需改变计算机程序参数，而处理方法并不会发生改变，所以不管对多高精度的数字图像进行处理都是可能的。而在对模拟图像的处理中，为了将处理精度提高一个数量级，则需要大幅度地改进处理装置。

（3）通用性强。图像可以来自多种信息源，它们可以是可见光图像，也可以是 X 射线图像、红外图像、超声波图像等不可见光图像，尽管这些图像来自不同的信息源，但把这些图像数字化后得到的都是数组，均可用计算机进行处理，即具有很强的通用性。

（4）灵活性高。数字图像处理不仅能完成线性运算，而且能实现非线性处理，即凡是可以用数学公式或逻辑关系来表达的运算均可用数字图像处理实现。

1.2 数字图像处理系统

数字图像处理系统处理的信息量十分庞大，对处理速度和精度都有一定的要求。目前的数字图像处理系统有各种各样的结构，其商品化产品的种类也较多，但不论何种用途，数字图像处理系统一般都由图像数字化设备、图像处理计算机和图像输出设备组成，如图 1.1 所示。

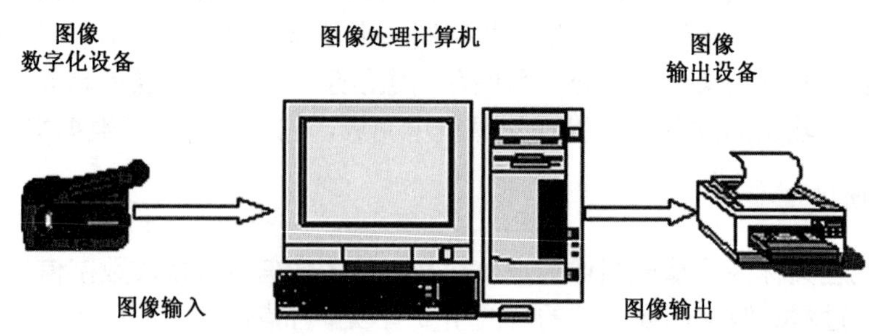

图 1.1 数字图像处理系统

图像数字化设备将图像输入的模拟信号（如光、超声波、X 射线等）转变为数字化的电信号以供计算机处理，图像数字化设备可以是扫描仪、数码相机、摄像机和图像采集卡等。图像处理计算机以软件方式完成对图像的各种处理，是数字图像处理系统的核心部分。图像输出设备则是将图像处理的中间结果或最后结果显示出来或打印记录。

以图像自动识别为例，图像处理的工作过程可用图 1.2 表示。连续的模拟信号（图像）首先通过 A/D 变换器转换为离散的数字信号（数字化），以便计算机运算处理。实际景物转换为图像信息时，总会引入各种噪声或失真，一般需要先进行图像预处理，可采用图像增强或复原技术，使图像质量在一定程度上得到提高。得到高质量的数字图像后，为了自动识别图像中的某些内容，检测出某些特有的模式（如目标图形），需要用图像分割技术，将图像分割为多个部分，并抽取出能表示目标特征的信息，用有意义的描绘形式将它们组织起来，使计算机能够自动识别。最后，计算机处理结果通过输出设备显示或打印。

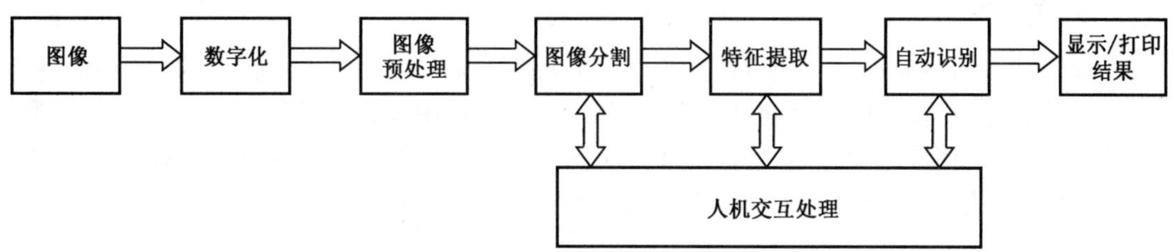

图 1.2　图像自动识别的工作过程

如果图像处理只要求达到改善图像质量的目的，一般到图像预处理即可完成，这通常称为图像预处理系统。如果不仅要改善图像质量，还要求自动识别，就需要进行图 1.2 的全过程，这通常称为图像处理和识别系统。

1.3　数字图像处理的研究内容

数字图像处理研究的内容主要包括图像增强、图像复原、图像重建、图像编码、图像识别、图像分割、图像融合、图像描述等，下面分别进行介绍。

1. 图像增强

图像增强是一个主观的处理过程，针对给定图像的应用场合，有目的地强调图像的整体或者局部特征，将原来不清晰的图像变得清晰，如强化图像高频分量，可使图像中的物体轮廓更清晰、细节更明显。图像增强也可以理解为强调图像中某些感兴趣的特征，抑制不感兴趣的特征，达到改善图像的视觉质量的目的。

2. 图像复原

图像复原是一个客观的处理过程，针对质量降低或失真的图像，利用退化现象的某种先验知识建立数学模型，再根据模型进行反向的推演运算，以恢复被退化图像的本来面貌。因而，图像复原可以理解为图像退化的反向过程。图像复原的典型操作有图像去噪、去模糊等。

3. 图像重建

图像重建与图像增强和图像复原不同。图像增强和图像复原的输入是图像，处理后输出的结果也是图像，而图像重建是指从数据到图像的处理过程，即输入的是某种数据，而经过处理得到的结果是图像。图像重建最初是应用在放射医疗设备中的，CT（电子计算机 X 射线断层扫描）就是图像重建的典型应用，后来图像重建逐渐应用于更多其他领域。

4. 图像编码

图像编码也称为图像压缩，是指在满足一定质量（信噪比或者主观评价）的条件下，以较少的比特数表示图像或图像中所包含信息的技术。一般来说，图像编码的目的有 3 个：①减少数据存储量；②降低数据传输速率以减少传输带宽；③压缩信息量，便于特征提取。

5. 图像识别

图像识别是利用计算机对图像进行处理、分析和理解，以识别不同模式的目标和对象的技术。图像识别的本质是模式空间到类别空间的映射问题。图像识别流程一般分为 4 个步骤：①图像采集；②图像预处理；③特征提取；④图像识别。图像识别常用方法包括统计模式识别、结构模式识别、模糊模式识别，以及近年来备受瞩目的基于深度学习的方法。

6. 图像分割

图像分割是指把图像分割成若干个特定的、具有独特性质的区域，并提取出感兴趣目标的过程。具体而言，图像分割将图像分成若干个互不重叠的子区域，同一子区域内的特征具有相似性，不同子区域的特征呈现较为明显的差异性。常用的分割方法有基于阈值的分割方法、基于区域的分割方法、基于边缘的分割方法及基于深度学习的分割方法。

7. 图像融合

图像融合是指将多源信道采集的关于同一目标的图像数据经过处理后，最大限度地提取各信道中的有用信息，最后综合形成高质量图像，以提高图像信息利用率的技术。图像融合过程中要遵守 3 个基本原则：①融合后的图像要含有原始图像的有用信息；②融合后的图像不能加入任何人为信息；③对原始图像中不感兴趣的信息，如噪声，要尽可能地抑制其出现在融合图像中。

8. 图像描述

图像描述是图像识别和理解的必要前提。对于简单的二值图像，往往用其几何特性来描述物体的特性；对于一般图像，则采用二维形状描述；对于特殊的纹理图像，则采用二维纹理特征描述；对于三维物体，可采用体积描述、表面描述等方法。

1.4 数字图像处理的应用及发展

1.4.1 数字图像处理的应用

图像是人类获取和交换信息的主要来源，因此，图像处理的应用领域必然涉及人类生活和工作的方方面面。数字图像处理的发展开始于 20 世纪 60 年代初期，首次获得实际应用是美国喷气推进实验室（JPL）成功地对大批月球照片进行处理。而数字图像处理技术在此后的几十年里，迅速发展成为一门独立的具有强大生命力的学科，随着计算机技术的发展，数字图像处理技术逐渐应用于各个领域。

1. 在航空航天领域的应用

数字图像处理在航空航天领域的应用主要体现为遥感技术。由飞行器获取的遥感图像需要进行处理和分析，如果采用人工方式，则需要大量人力，不仅速度慢，还容易产生误差。而采用数字图像处理则能有效解决该问题，并可以从图像中获取人工不能发现的大量有价值的信息。遥感应用范围主要包括资源调查、地质勘探、土地测绘、气象监测、环境检测等。图 1.3、图 1.4 为数字图像处理技术在航空航天领域的典型应用。

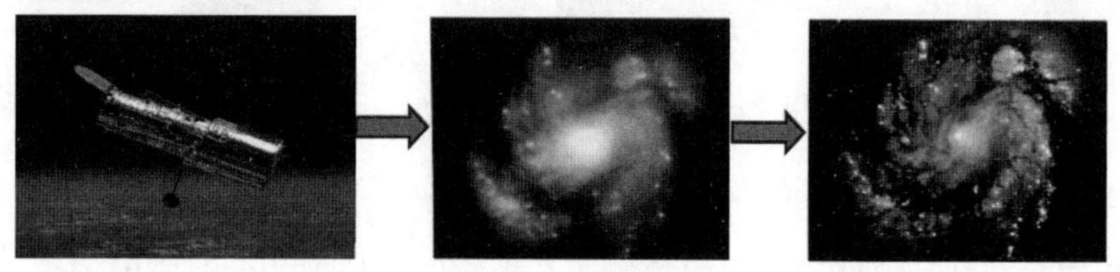

图 1.3　图像的修复

（1990 年发射的哈勃太空望远镜拍摄超远距离的物体，借助数字图像处理进行修复）

图 1.4　遥感图像监测（森林火灾监护）

2. 在生物医学领域的应用

数字图像处理广泛应用于生物医学领域，如临床诊断、病理研究等，具有直观、无创伤、安全方便的优势。按成像模式划分，医学图像主要包括 CT 图像、MRI（磁共振成像）图像、B 超扫描图像、X 射线透视图像、PET（正电子发射计算机断层扫描）图像、电子内窥镜图像等。医务人员根据实际需要，对原始图像进行特定的处理后，可以从不同角度显示图像中潜在的有利于诊断的特征信息。图 1.5～图 1.7 为数字图像处理在生物医学领域的应用。

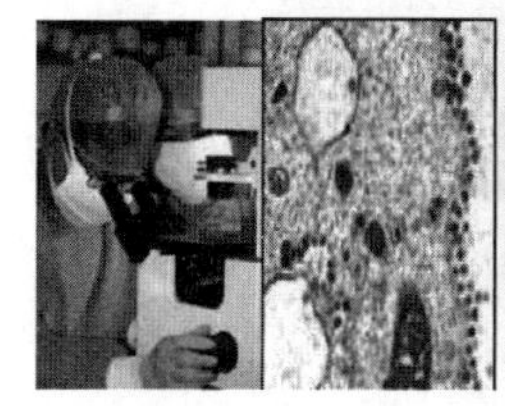

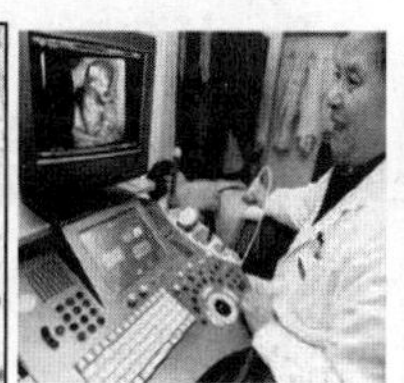

图 1.5　SARS 图像

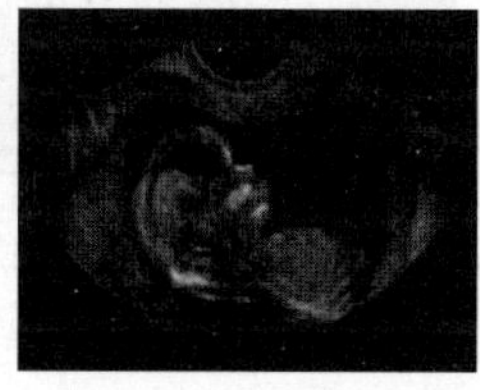

图 1.6　胎儿超声图像

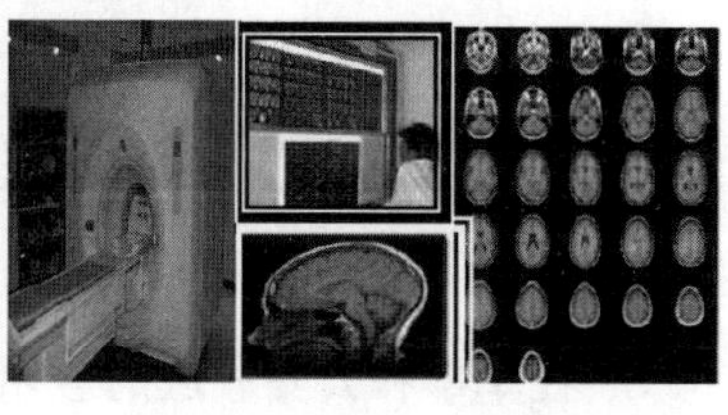

图 1.7　CT 图像处理

3. 在通信工程领域的应用

数字图像处理在通信工程领域的应用主要为图像通信。与广泛使用的声音通信不同，图像通信传送的不仅是声音，而且还有看得见的图像、文字等信息，这些可视信息通过图像通信设备变换为电信号进行传送，在接收端把它们还原成原始信息。由于图像信号包含了极其丰富的信息，因此图像通信所传送的信息量远远超过其他通信方式。按业务性能划分，图像通信分为传真、电视广播、可视电话、会议电视等；按图像变化性质划分，图像通信分为静止图像通信和活动图像通信。图1.8、图1.9为数字图像处理在通信工程领域的应用。

图1.8 远程视频会议

图1.9 手机视频通话

4. 在工业工程领域的应用

在生产线中对产品及部件进行无损检测等是数字图像处理的重要应用领域之一。工业工程领域的应用从20世纪70年代起得到迅速发展，主要有产品质量检测、生产过程的自动控制等。例如，在产品质量检测方面有食品质量检查，印制电路板质量检验等。在工业自动控制中，主要使用机器视觉系统对生产过程进行监视和控制，如港口的监测调度、交通管理、流水生产线的自动控制等。图1.10、图1.11为数字图像处理在工业工程领域的应用。

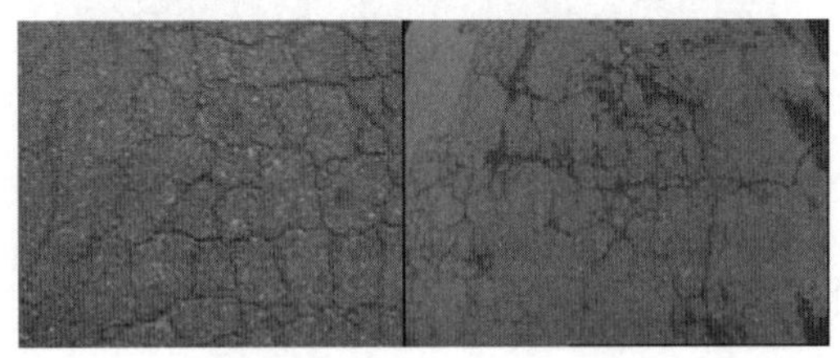

（a）网裂　　（b）龟裂

图1.10 路面破损图像识别

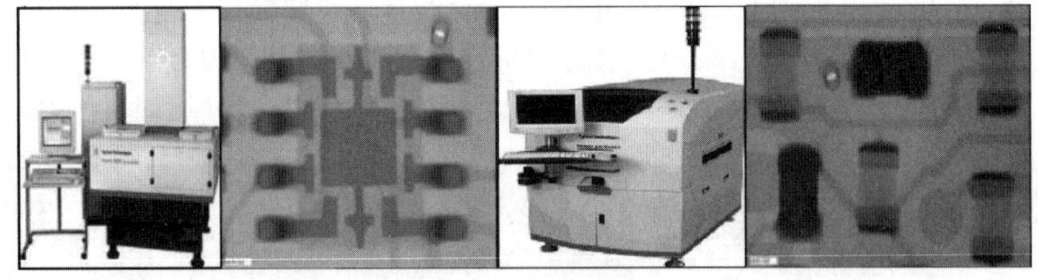

图1.11 印制电路板零件及焊点检验

5. 在军事和公安领域的应用

数字图像处理在军事领域的应用主要有导弹的精确制导，各种侦察照片的判读，飞机、坦克和军舰的模拟训练等。图1.12为数字图像处理在军事领域的应用。

数字图像处理在公安领域中也发挥着重要作用，如指纹识别、人脸鉴别、交通监控、事故分析、刑侦图像的判读分析，以及不完整图像的复原等。图1.13、图1.14为数字图像处理在公安领域的典型应用。

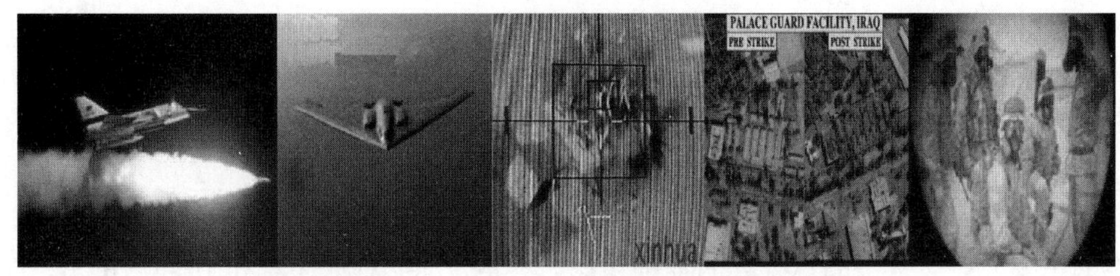

图 1.12　军事目标跟踪与定位

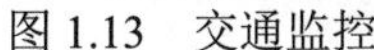
图 1.13　交通监控

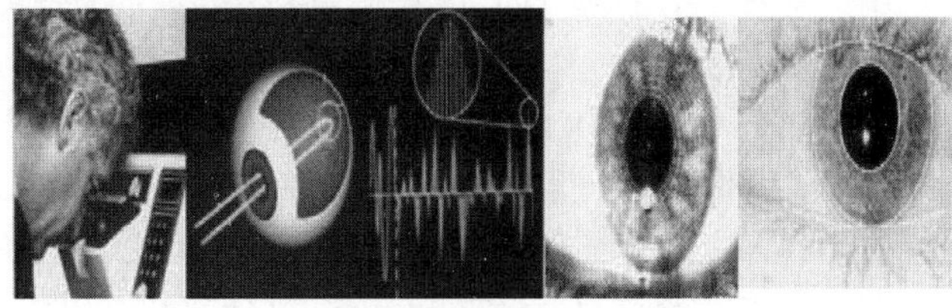

图 1.14　人眼虹膜识别系统

6. 在文化艺术领域的应用

数字图像处理在文化艺术领域的应用主要有动画制作、电影特效、广告设计、发型设计、服装设计、电子游戏设计、纺织工艺品设计、文物资料照片的修复、运动员动作分析等。图 1.15、图 1.16 为数字图像处理在文化艺术领域的应用。

图 1.15　广告设计

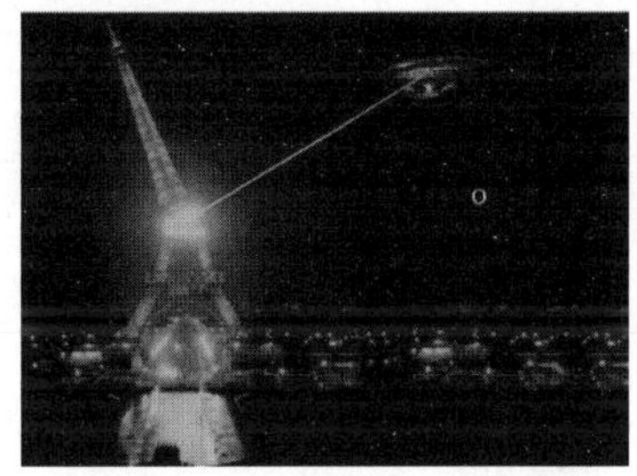

图 1.16　计算机合成

 1.4.2　数字图像处理的发展

自 20 世纪 60 年代第三代数字计算机问世以后，数字图像处理得到了空前的发展，其发展态势目前仍方兴未艾。目前，数字图像处理的发展趋势主要包括以下几个方面。

（1）高精度、高效率：随着硬件的升级和算法的优化，数字图像处理将取得更高的精度和效率。

（2）技术融合：数字图像处理将与其他技术融合，如传感技术、云计算技术、物联网技术等，实现更多应用。

（3）智能化：随着人工智能和深度学习的发展，数字图像处理也将实现自动化和智能化处理，如基于深度学习的自动驾驶、人脸识别等。

总之，数字图像处理已是各个学科竞相研究并在多个领域广泛应用的技术，其前景非常广阔，将为人们的生产生活带来更多便利。

1.5 全书内容简介

本书主要介绍了数字图像处理的基础知识、基本方法、程序实现和工程应用。全书分为三个部分共12章，基本架构如图1.17所示。

第一部分（第1～4章）介绍数字图像处理的基础知识，包括数字图像处理的基础、基本运算、图像变换等。

第二部分（第5～8章）介绍数字图像处理的各种技术，包括图像增强、图像复原、图像压缩编码、图像分割。第5、6章的图像增强和图像复原都是为了提高图像质量，如改善图像视感质量、恢复退化图像、去除噪声影响等。第7章的图像压缩编码则以原始图像为依据，进行有效的去冗余过程，这样既节省了存储空间又提高了图像传输速度。第8章介绍了图像分割的方法，是图像分析所必需的准备工作。

第三部分（第9～12章）介绍数字图像处理的扩展内容及工程应用，主要介绍了需要进一步学习的内容，包括彩色图像处理、图像表示及描述、基于深度学习的数字图像处理、数字图像处理的工程应用。

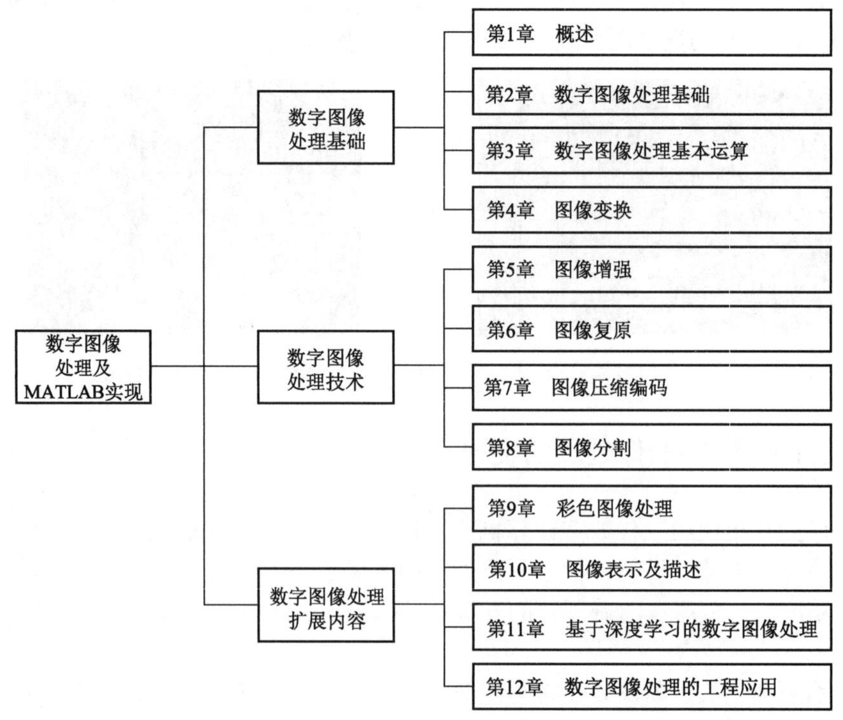

图1.17 本书基本架构

习题

1.1　简述数字图像处理与模拟图像处理相比有哪些优点。

1.2　数字图像处理系统由哪几部分组成？并说出各部分的作用。

1.3　简单说明数字图像处理的主要研究内容有哪些。

1.4　一帧视频图像由 216 像素 × 216 像素组成，其灰度级如果用 8bit 的二进制数表示，那么一帧电视图像的数据量为多少？

1.5　数字图像处理主要应用在哪些领域？分别举例说明。

1.6　试列出你身边的与数字图像处理相关的实例。

1.7　结合自己的观点，谈一下数字图像处理的未来发展动向。

第2章 数字图像处理基础

视觉器官是人类重要的感知器官，图像在人类感知中扮演着重要角色。然而人类感知只限于电磁波谱的视觉波段，成像机器则可以覆盖几乎全部电磁波谱。研究数字图像处理可从了解人类的视觉感知系统开始。本章主要介绍人类视觉系统和数字图像基础知识。

2.1 人类视觉系统

2.1.1 视觉系统的基本构造

1. 基本构造

人的视觉系统是由眼球、神经系统及大脑的视觉中枢构成的。其中，眼球有三层薄膜，最外层是角膜和巩膜。角膜是硬而透明的组织，它覆盖在眼睛的前表面。巩膜与角膜连在一起，是一层不透明的膜，包围着眼球剩余的部分。

巩膜的里面是脉络膜，脉络膜外壳着色很深，有利于减少进入眼内的外来光和光在眼球内的反射。脉络膜的前部分为睫状体和虹膜，虹膜的收缩和扩张控制着进入眼内的光量。虹膜的中间开口处是瞳孔，瞳孔的大小是可变的。虹膜的前部含有眼睛明显的色素，后部含有黑色素。眼睛最里层的膜是视网膜，它布满了整个眼球后部的内壁。当眼球适当地聚焦时，外部物体射来的光就会在视网膜上成像。图 2.1 是人眼横截面简图。

2. 眼睛中图像的形成

眼睛中的光接收器主要是视觉细胞，它包括视锥细胞和视杆细胞。中央凹（或称“中心窝”）部分特别薄，这部分没有视杆细胞，只密集地分布着视锥细胞。视锥细胞具有辨别光波波长的能力，对颜色十分敏感，有时它被称为昼视觉。视杆细胞比视锥细胞的灵敏度高，能在较暗的光线下起作用。但是，视杆细胞没有辨别颜色的能力，有时它被称为夜视觉。正因为两种视觉细胞具有不同特点，所以我们看到的物体在白天有鲜明的色彩，而在夜里却看不到颜色。

晶状体和普通光学透镜之间的主要差别在于前者的适应性强。晶状体前表面的曲率半径大于后表面的曲率半径。晶体状的形状由睫状体韧带和张力来控制，为了聚焦远方的物体，控制肌肉使晶状体相对比较扁平；同样，为聚焦近处的物体，肌肉会使晶状体变得较厚。当晶状体的折射能力由最小变到最大时，晶状体的聚焦中心与视网膜间的距离由 17mm 缩小到 14mm。当眼睛聚焦到远于 3m 的物体时，晶状体的折射能力最弱。当眼睛聚焦到非常近的物体时，晶状体的折射能力最强。这一特点使计算任意图像在视网膜上形成的图像大小变得很容易。例如，图 2.2 中，观察者正在看一棵高 15m，与其相距 100m 的树。如果 h 为物体在视网膜上成像的高度，单位为 mm，由图 2.2 可以得出 $15/100=h/17$，$h=2.55$mm。视网膜上形成的图像主要反射在中央凹区域上，然后由光接收器的相应刺激作用产生感觉，感觉把辐射能转变为电脉冲，最后由大脑解码。

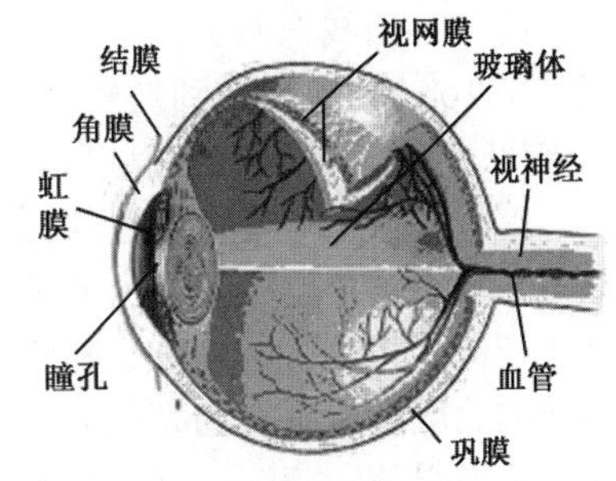

图 2.1　人眼横截面简图

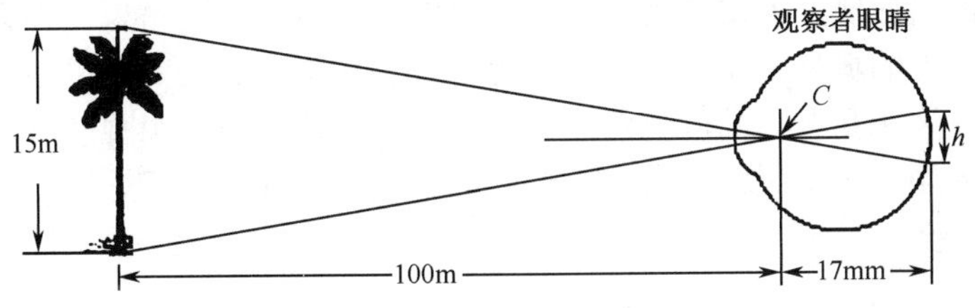

图 2.2　图像形成示意图

3. 视觉过程

视觉是人类的重要功能，视觉过程是一个非常复杂的过程。概括地讲，视觉过程有光学过程、化学过程和神经处理过程 3 个步骤，如图 2.3 所示。

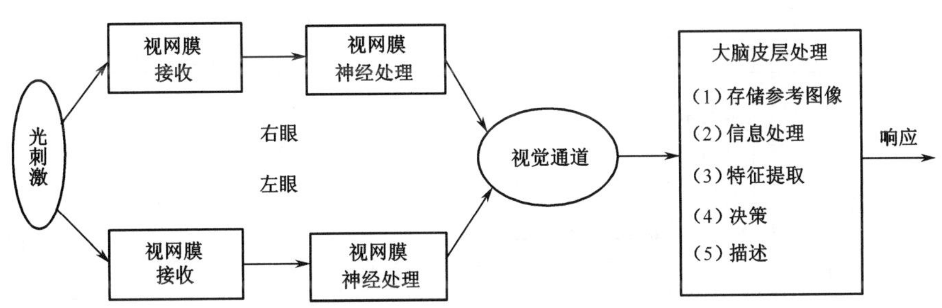

图 2.3　人的视觉过程

当人眼接收光刺激时，首先是视网膜进行接收，再通过视网膜神经进行处理，随后图像信号通过视觉通道反映到大脑皮层，大脑皮层进行相应的处理（存储参考图像、信息处理、特征提取，决策和描述），最终做出响应。

 2.1.2　亮度适应及鉴别

眼睛对不同亮度的鉴别能力在图像处理结果中是需要考虑的重要方面。人的视觉系统能够适应的光强度级别范围很宽，从夜视阈值到强闪光约 10^{10} 量级。实验数据表明，主观亮度（由人的视觉系统感觉到的亮度）是进入眼睛的光强度的对数函数。图 2.4 中用光强度与主观

亮度的关系曲线说明了这一特性，长实线代表人的视觉系统能适应的光强度范围。昼视觉的范围是 10^6；由夜视觉到昼视觉逐渐过渡，过渡范围为 0.001～0.1mL［1 毫朗伯（mL）=3.183 烛光/平方米（c/m²），为亮度单位］。

解释图 2.4 中特殊动态范围的基本点是人的视觉绝对不能同时在一个范围内工作，确切地说，它是利用改变其整个灵敏度来完成这一大变动的，这就是所谓的亮度适应现象。与整个适应范围相比，能同时鉴别的光强度级的总范围很小。对于任何一组给定条件，视觉系统当前的灵敏度级别称为亮度适应级，如它可能相当于图 2.4 中的亮度 B_a。图 2.4 中，短交叉线表示当眼睛适应这一强度级时，人眼能感觉到的主观亮度范围。注意，这一范围是有一定限制的，在 B_b 和 B_b 以下时，所有的亮度刺激都是不可分辨的黑色。曲线的上部（点画线）实际上没有限制，但如果延伸太远，就会失去意义，因为强度过高会把适应能力提高到比 B_a 更高的数值。

在任何特定的适应级，人眼辨别光强度变化的能力也是需要考虑的因素。用以确定人视觉系统亮度辨别能力的典型实验，由一个注视对象和均匀的、大到足以使其占有全部视野的发光区组成。这一区域是典型的漫反射体，如不透明玻璃，被一个强度可变的后光源照射时发光。在这一区域加上一个照射分量ΔI，形成一个短期闪烁，该闪烁以均匀光场中央的圆形出现，如图 2.5 所示。

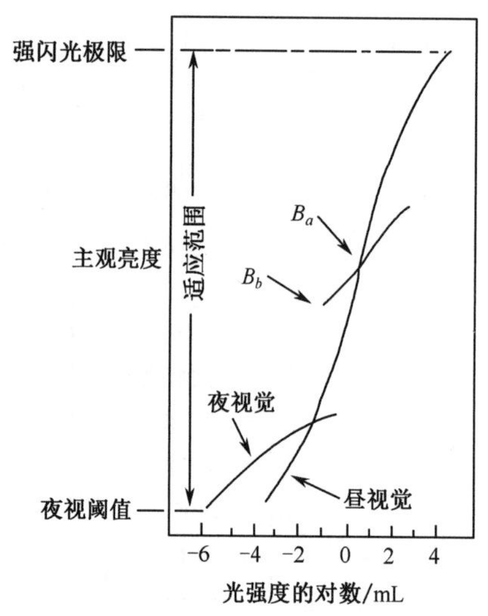

图 2.4　光强度与主观亮度的关系曲线

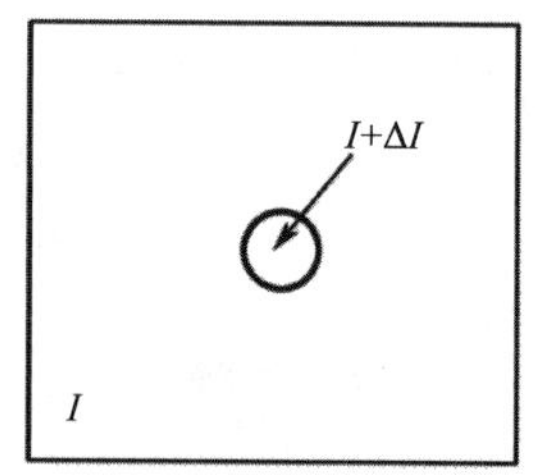

图 2.5　用于描述亮度辨别特性的基本实验

如果ΔI 不够亮，则目标不变，表明没有可察觉的变化。当ΔI 逐渐加强时，目标给出一个正的响应，指出一个可觉察到的变化。如果ΔI 足够强，物体将始终给出“肯定”的响应。$\Delta I_c/I$ 称为韦伯比，这里 ΔI_c 在背景照明为 I 的情况下可辨别照明增量的 50%。$\Delta I_c/I$ 值较小，意味着可辨别强度较小的百分比变化，表示亮度辨别能力好。反之，$\Delta I_c/I$ 较大，意味着要求有较大百分比的强度变化，这表示亮度辨别能力较差。

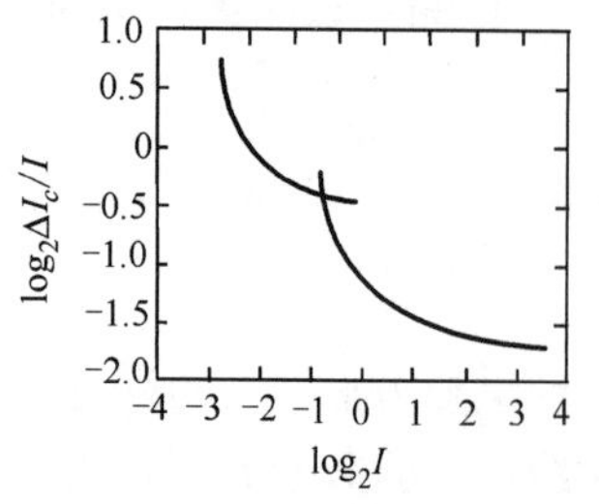

图 2.6　作为强度函数的典型韦伯比

作为 I 的对数函数，$\log_2\Delta I_c/I$ 曲线通常是图 2.6 所示的形状。图 2.6 表明，在低的照明级别，亮度辨别较差（韦伯比大)；当背景照明增加时，亮度辨别得到有效改善（韦伯比降低）。图 2.6 中的两个分支反映了这样的事实，即在低照明级别情况下，视杆细胞起作用；在高照明级别情况下，视锥细胞起作用。

如果背景照明保持恒定，并且代替闪光的其他光源的亮度从不能觉察到总可以被觉察之间逐渐变化，一般观察者可以辨别 12～24 级不同强度的变化。人眼对某个区域的主观亮度不仅依赖于该区域自身的亮度，还与该区域的背景有关。背景变亮，相同强度的方块会变暗。

有两个现象可以证明感觉亮度不是简单的强度函数。第一个现象是基于视觉系统倾向不同强度区域边界周围的“欠调”或“过调”，图 2.7 显示了这种现象的一个典型例子。虽然条带强度恒定，但实际感觉到了一幅带有毛边（特别是靠近边界处）的亮度图形[见图 2.7(b)]，这些表面上的毛边带称为马赫带，是厄恩斯特 • 马赫在 1865 年首先描述的现象。实现图 2.7（a）的 MATLAB 程序如下：

```
imagesc(1:8);
colormap(gray);
```

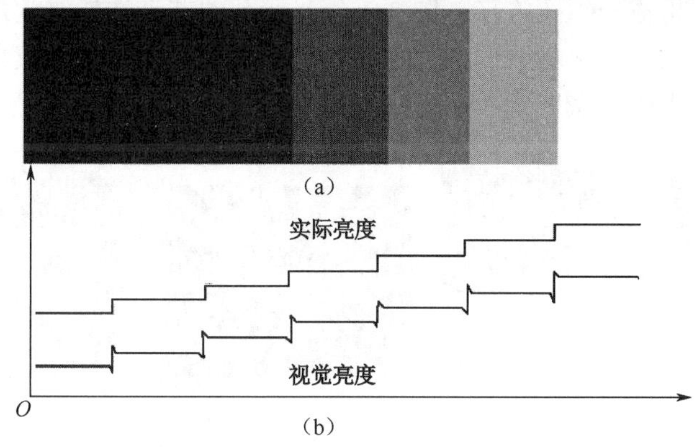

图 2.7 马赫带效应示意图

第二个现象称为同时对比现象，即感觉的亮度区域不是简单地取决于强度，如图 2.8 所示。所有的中心方块都有完全相同的强度，但是当背景变亮时，它们在人们的眼中就会逐渐变暗。一个更熟悉的例子是，一张纸放在桌子上时看上去似乎比较白；但用纸来遮蔽眼睛直视明亮的天空时，纸看起来总是黑的。实现图 2.8 的 MATLAB 程序如下：

```
%第一块
colormap(gray);
dark=zeros(256,256);
dark(64:192,64:192)=0.5;
subplot(1,3,1); imshow(dark)
%第二块
middle(1:256,1:256)=0.7;
middle(64:192,64:192)=0.5;
subplot(1,3,2); imshow(middle)
%第三块
bright=ones(256,256);
bright(64:192,64:192)=0.5;
subplot(1,3,3); imshow(bright)
```

图2.8　同时对比现象示意图

人类感知现象的另外一个例子是视觉错觉。在视觉错觉中，眼睛被填充上了不存在的信息或错误地感知了物体的几何特点。当我们的视觉系统接触一幅图时，它更关注整幅图的意义，而并不特别注重细节。视觉错觉是人类视觉系统的一个特性，人类对这一特性还尚未完全了解。

图2.9（a）中可以看到两排建筑物群，建筑物群AB看起来要比CD长很多，但它们的实际长度却是一样的；图2.9（b）展示了比尔·切斯塞尔创作的曲线幻觉的视觉艺术版本，很容易把图2.9（b）中的轮廓线看成是弯曲的，但事实上其中的轮廓线是笔直且彼此平行或垂直的，这些轮廓线构成一组正方形；图2.9（c）所示的艾宾浩斯错觉是一种对实际大小在知觉上的错视，两个大小完全相同的圆放置在一张图上，其中一个被较大的圆围绕，另一个被较小的圆围绕，被大圆围绕的圆看起来会比被小圆围绕的圆要小。

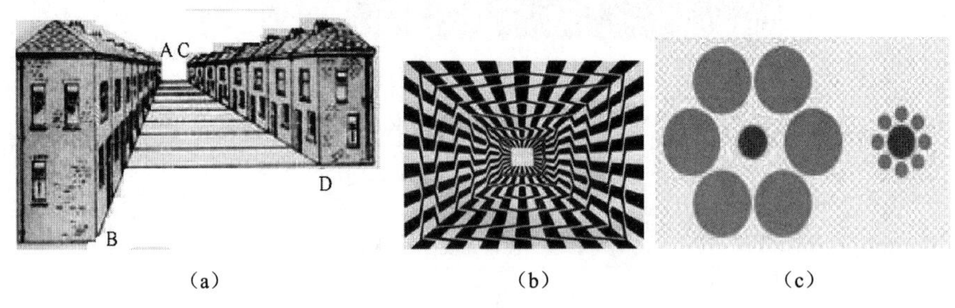

（a）　　（b）　　（c）

图2.9　视觉错觉图例

2.2　数字图像基础知识

2.2.1　图像的数字化及表达

图像有单色与彩色、平面与立体、静态与动态、自发光与反射（透射）等区别，但任意一幅图像，根据它的光强度I（亮度、密度或灰度）的空间分布，均可以用下面的函数形式来表达：

$$I = f(x, y, z, \lambda, t) \tag{2.1}$$

式中，x, y, z为空间坐标；t为时间；λ为波长；I为图像点的光强度，并能满足有限的非负值的条件，即$0 \leqslant f(x, y) < \infty$。

人从物体上感受到的颜色由物体反射光决定，若所有反射的可见光波长均衡，则物体显示白色；有颜色的物体是因为物体吸收了其他波长的大部分能量，而反射某段波长范围的光（参见第9章）；没有颜色的光称为单色光，通常用灰度级来描述单色光的强度，其范围从黑到灰，最后到白。

一般的图像（模拟图像）是不能直接用计算机来处理的。为使图像能在计算机内进行处理，首先必须将各类图像（如照片、图形、X 射线图像等）转化为数字图像。所谓将图像转化为数字图像或图像数字化，就是把图像分割成如图 2.10 所示的称为像素的小区域，每像素的亮度值或灰度值用一个整数来表示。图像数字化过程经过了对原始图像的采样和量化，如图 2.11 所示。

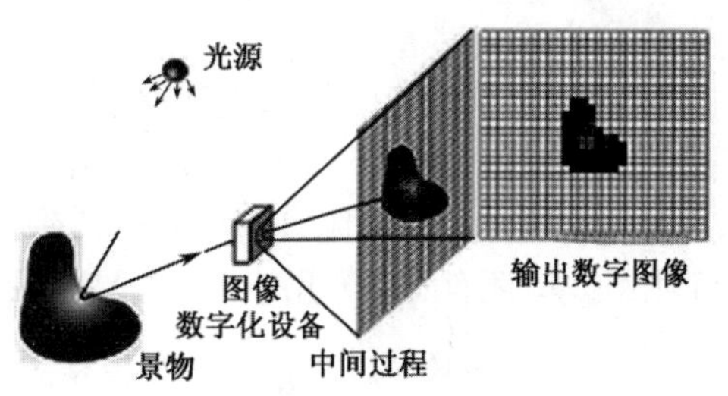

图 2.10　图像数字化

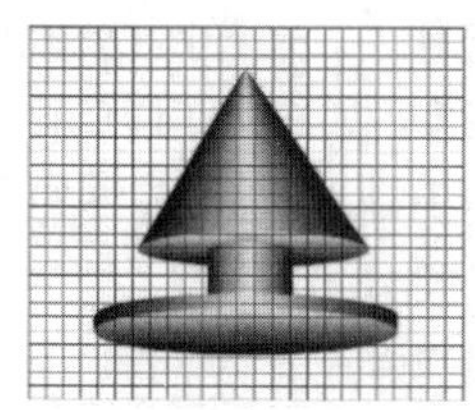

（a）原始图像

（b）采样

（c）量化

（d）取样和量化

图 2.11　图像的采样和量化

式（2.1）中，对于静态图像，t 为常数；对于单色图像，λ为常数；对于平面图像，z 为常数。例如，对于彩色图像，可以用三原色，即红、绿、蓝三分量表达像素，如图 2.12（a）所示；对于静态平面单色图像，其数学表达式可以简化为$I = f(x, y)$，如图 2.12（b）所示。数字图像可以用矩阵的形式表示为

$$I = I[x, y] = \begin{pmatrix} i_{0,0} & i_{0,1} & \cdots & i_{0,N-1} \\ i_{1,0} & i_{1,1} & \cdots & i_{1,N-1} \\ \vdots & \vdots & \vdots & \vdots \\ i_{M-1,0} & i_{M-1,1} & \cdots & i_{M-1,N-1} \end{pmatrix} \tag{2.2}$$

式中，x, y 表示图像在空间中的位置；I 表示一定位置上图像的灰度值，即一个强度分量表达。

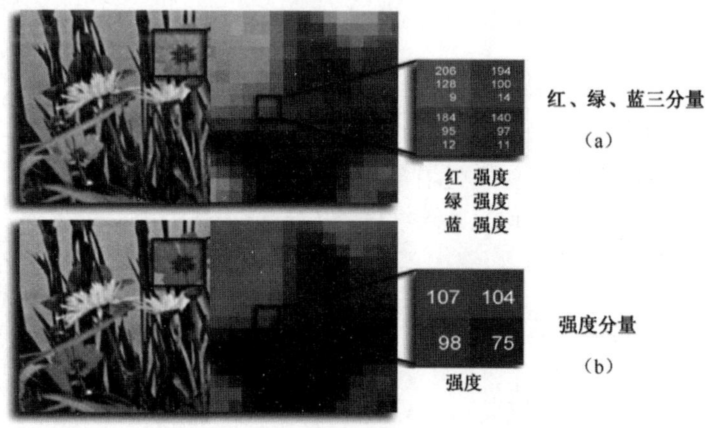

图 2.12　彩色图像和单色图像

2.2.2 图像获取

图像获取即图像的数字化过程，包括扫描、采样和量化。图像获取设备由 5 个部分组成：采样网格、扫描机构、光传感器、量化器和输出存储体。图像获取的关键技术包括采样——成像技术；量化——A/D 转换技术。图像获取设备包括黑白摄像机、彩色摄像机、扫描仪、数码相机等，还有一些专用设备，如显微摄像设备、红外摄像机、高速摄像机、胶片扫描器等。

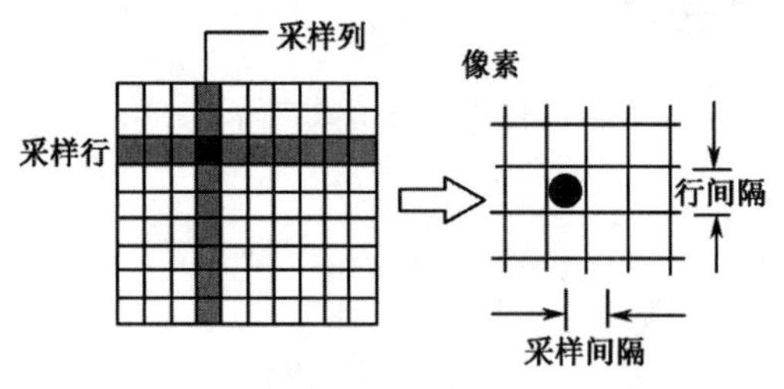

图 2.13　采样示意图

1. 图像的采样

将空间上连续的图像变换成离散点的操作称为采样，如图 2.13 所示。采样网格的形状和大小与采样方式有关。采样网格有正方形网格、正三角形网格等，如图 2.14 所示。采样间隔和采样网格的大小是两个很重要的参数，它们确定了图像的空间分辨率。

二维采样定理：设图像 $f(x, y)$ 是一个连续二维信号，其空间频谱在 x 方向具有截止频率 f_{xc}，在 y 方向具有截止频率 f_{yc}。采样是对 $f(x, y)$ 乘以空间采样函数，即

$$f_S(\Delta_x, \Delta_y) = f(x, y) \cdot s(x, y) \tag{2.3}$$

空间采样函数 $s(x, y)$ 表达式为

$$s(x, y) = \sum_{i=-\infty}^{+\infty} \sum_{j=-\infty}^{+\infty} \delta(x - i\Delta_x, y - j\Delta_y) \tag{2.4}$$

式中，Δ_x 和 Δ_y 分别为 x 和 y 方向的采样间隔。空间采样函数表示脉冲函数 $\delta(x, y)$ 沿 x 和 y 方向的展开，如图 2.15 所示。

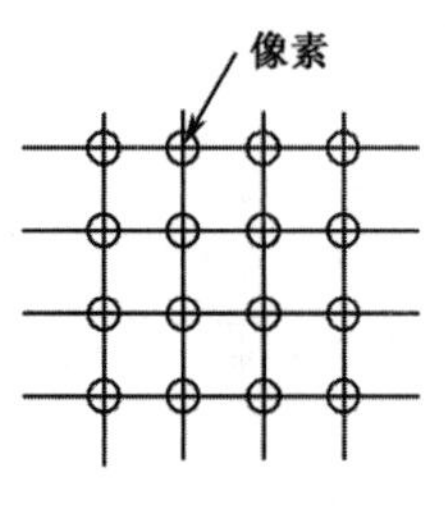

（a）正方形网格

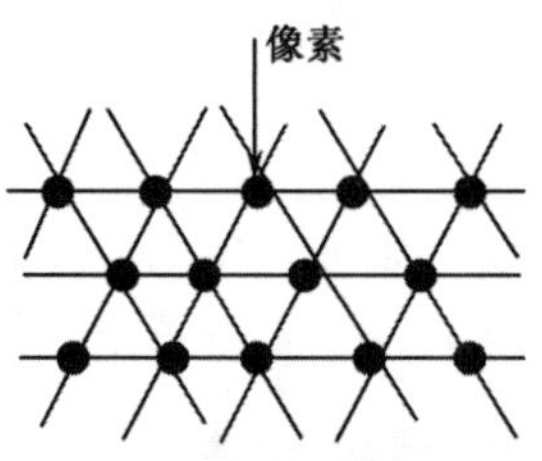

（b）正三角形网格

（c）正六角形网格

图 2.14　采样网格

只有在 $i\Delta_x$ 和 $j\Delta_y$ 的采样点上，f_s 才有数值。为使采样以后的信号 $f_s(\Delta_x, \Delta_y)$ 能完全恢复原来的连续信号 $f(x, y)$，采样间隔 Δ_x 和 Δ_y 就必须满足：

$$\begin{cases} \Delta_x \leqslant \dfrac{1}{2f_{xc}} \\ \Delta_y \leqslant \dfrac{1}{2f_{yc}} \end{cases} \tag{2.5}$$

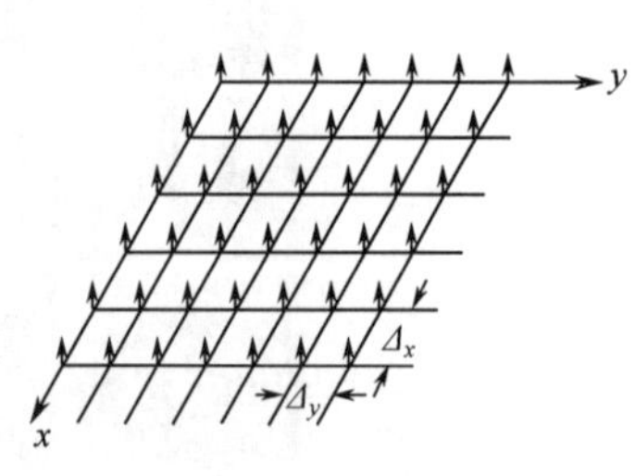

图 2.15　二维采样函数的图形表示

在采样时，若横向的像素数（行数）为 M，纵向的像

素数（列数）为 N，则图像总像素数为 $M \times N$。一般来说，采样间隔越大，所得图像像素数越少，空间分辨率越低，图像质量就越差，严重时会出现马赛克效应；反之，采样间隔越小，所得图像像素数越多，空间分辨率越高，图像质量就越好，但数据量大。

图 2.16 显示了使用不同的采样点数对图像进行采样时，会出现不同的效果，原始图像分辨率为 256 像素×256 像素，在采样至 128 像素×128 像素时图像质量没有明显变化，但在采样至 64 像素×64 像素时图像质量明显下降，在采样至 8 像素×8 像素时图像完全模糊。由此可知，采样间隔的大小影响着图像的质量。

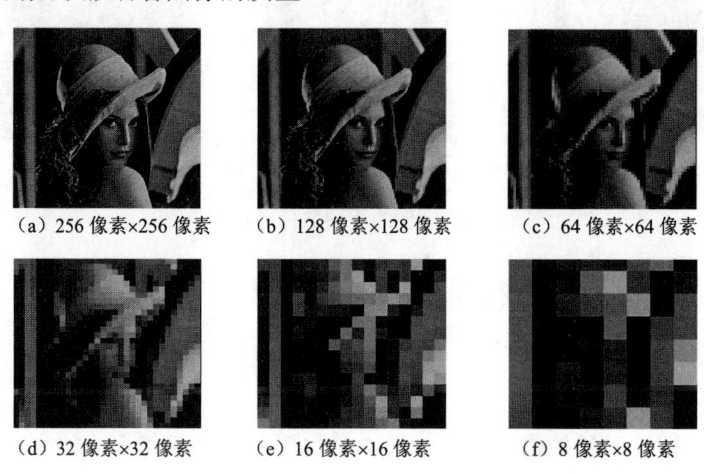

（a）256 像素×256 像素　（b）128 像素×128 像素　（c）64 像素×64 像素

（d）32 像素×32 像素　（e）16 像素×16 像素　（f）8 像素×8 像素

图 2.16　图像的不同采样效果示例

2. 图像的量化

图像经采样被分割成空间上离散的像素，但其灰度是连续的，且不能用计算机进行处理。将像素灰度转换成离散的整数值的过程称为量化。一幅数字图像中不同灰度值的个数称为灰度级，用 G 表示。若一幅数字图像的量化灰度级 G=256 级=2^8 级，灰度取值范围一般是 0～255 的整数，由于用 8bit 就能表示灰度图像像素的灰度值，因此常称 8bit 量化。从视觉效果来看，采用大于或等于 6bit 量化的灰度图像，视觉上就能令人满意。一幅大小为 $M \times N$、灰度级为 $G=2^g$ 级的图像所需的存储空间，即图像的数据量大小为 $M \times N \times g$（bit），量化等级越多，所得图像层次越丰富，灰度分辨率越高，图像质量就越好，但数据量大；反之，量化等级越少，图像层次欠丰富，灰度分辨率越低，会出现假轮廓现象，图像质量变差，但数据量小。仅在极少数情况下，对于固定的图像大小，减少灰度级能改善质量，这主要是由于减少灰度级一般会增加图像对比度。图 2.17 显示了不同量化等级对应的图像效果，其中图 2.17（a）是量化等级为 256bit 的原始图像。图 2.17（b）～图 2.17（f）的量化等级分别为 64bit、32bit、16bit、4bit、2bit。可以看出，量化等级也影响着图像的质量，所以在对图像进行量化时，要根据情况选择合适的量化等级。

在进行采样与量化处理后，会产生一幅数字化图像，然后运用图像处理软件的各种技巧，对图像进行修饰或转换，就能进一步达到用户所期望的图像效果。在实际应用中，当限定数字图像的大小时，采用以下原则可得到质量较好的图像：

（1）对缓变的图像，应细量化、粗采样，以避免假轮廓。

（2）对细节丰富的图像，应细采样、粗量化，以避免模糊（混叠）。

（a）原始图像

（b）量化等级为 64bit

（c）量化等级为 32bit

（d）量化等级为 16bit

（e）量化等级为 4bit

（f）量化等级为 2bit

图 2.17　图像的不同量化等级示例

2.2.3　像素间的基本关系

1. 相邻像素

设 p 为位于坐标(x, y)处的像素，则 p 的 4 个水平和垂直相邻像素的坐标为

$$(x+1, y),\ (x-1, y),\ (x, y+1),\ (x, y-1)$$

上述像素组成 p 的 4 邻域，用 $N_4(p)$表示。每像素距(x, y)一个单位距离。

像素 p 的 4 个对角相邻像素的坐标为

$$(x+1, y+1),\ (x+1, y-1),\ (x-1, y+1),\ (x-1, y-1)$$

该像素集用 $N_D(p)$ 表示。$N_D(p)$ 和 $N_4(p)$ 合起来称为 p 的 8 邻域，用 $N_8(p)$ 表示。值得注意的是，当 (x, y) 位于图像的边界时，$N_4(p)$、$N_D(p)$ 和 $N_8(p)$ 中的某些点位于数字图像的外部。

2. 邻接性和连通性

对于像素 p 和 q 来说，如果 q 在 p 的邻域中，则称 p 和 q 满足邻接关系。令 v 是用于定义邻接性的灰度值集合。在二值图像中，如果把具有 1 值的像素归入邻接，则 $v=\{1\}$。在灰度图像中，概念是一样的，但集合 v 一般包含更多元素。例如，对于具有可能灰度值，且在 0～255 范围内的像素邻接性，集合 v 可能是这 256 个值的任何一个子集。共有三种类型的邻接性。

（1）4 邻接：如果 q 在 $N_4(p)$ 集中，则具有 v 中数值的像素 p 和 q 是 4 邻接的。

（2）8 邻接：如果 q 在 $N_8(p)$ 集中，则具有 v 中数值的像素 p 和 q 是 8 邻接的。

（3）m 邻接（混合邻接）：如果 q 在 $N_4(p)$ 集中，或者 q 在 $N_D(p)$ 集中且集合 $N_4(p)\cap N_4(q)$ 没有 v 值的像素，则具有 v 值的像素 p 和 q 是 m 邻接的。

混合邻接是对 8 邻接的改进，其引入是为了消除采用 8 邻接常常发生的二义性。例如，考虑图 2.18（a）对于 $v=\{1\}$ 所示的像素排列，位于图 2.18（b）上部的三个像素点显示了多重（二义性）8 邻接，如虚线指出的那样。这种二义性可以通过 m 邻接消除，如图 2.18（c）所示，混合邻接实质上是在像素间同时存在 4 邻接和 8 邻接时，优先采用 4 邻接。

三种邻接关系为：

（1）4 邻接必 8 邻接，反之不然。

（2）m 邻接必 8 邻接，反之不然。

（3）m 邻接是 8 邻接的变型，介于 4 邻接和 8 邻接之间，以消除 8 邻接中产生的歧义性。从具有坐标 (x,y) 的像素 p 到具有坐标 (s,t) 的像素 q 的通路（或曲线）是特定像素序列，其坐标为

$$(x_0,y_0),\ (x_1,y_1),\ \cdots,\ (x_n,y_n)$$

式中，$(x_0,y_0)=(x,y), (x_n,y_n)=(s,t)$，并且像素 (x_i,y_i) 和 (x_{i-1},y_{i-1}) $(1\leqslant i\leqslant n)$ 是邻接的。在这种情况下，n 是通路的长度。如果 $(x_0,y_0)=(x_n,y_n)$，则通路是闭合通路。可以依据特定的邻接类型定义 4 邻接、8 邻接或 m 邻接。例如，图 2.18（b）中东北角和东南角之间的通路是 8 通路，图 2.18（c）中的通路是 m 通路。注意：在 m 通路中不存在二义性。

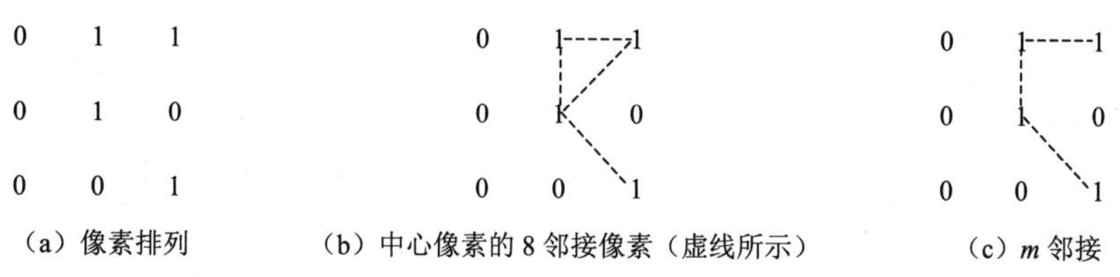

图 2.18　像素的邻接

令 S 代表一幅图像中像素的子集。如果在 S 中全部像素之间存在一个通路，则可以说像素 p 和 q 在 S 中是连通的。对于 S 中的任何像素 p，S 中连通到该像素的像素集称为 S 的连通分量。如果 S 仅有一个连通分量，则集合 S 称为连通集。

在一幅图像中，由连通的像素点所组成的点的集合称为一个区域。对于区域中的某像素，如果存在某个邻域不属于这一区域，则称它是该区域的边界点。一个区域的所有边界点组成该区域的边界，由于这些边界点在区域内，所以该边界称为区域的内边界。类似地，若边界点并不在当前考虑区域内，但这些边界点有一个邻域属于当前区域，则称为该区域的外边界，所有满足外边界定义条件的像素点组成了区域的外边界。

与此相关的另一个概念是边缘和边界。边缘是指图像中灰度值存在差异的地方，通常是指相邻像素之间的灰度值差异大于某个阈值，图像内区域或物体之间的边缘并不一定组成一个闭合轮廓；而边界通常对应某个物体的轮廓，因此边界是闭合的。

3. 距离

像素之间的联系常与像素在空间的接近程度有关。像素在空间的接近程度可以用像素之间的距离来度量。为测量距离需要定义距离度量函数。给定像素 p、q、r，其坐标分别为 $(x,y), (s,t), (u,v)$，如果有

（1）$D(p,q)\geqslant 0,\ D(p,q)=0$ 当且仅当 $p=q$。

（2）$D(p,q)=D(q,p)$。

（3）$D(p,r)\leqslant D(p,q)+D(q,r)$。

则 D 是距离函数或度量。

（1）p 和 q 之间的欧氏距离定义为

$$D_e(p,q)=\sqrt{(x-s)^2+(y-t)^2} \tag{2.6}$$

根据这个距离度量，与点(x,y)的距离小于或等于某一值d的像素组成以(x,y)为中心、以d为半径的圆。

（2）p和q之间的D_4距离（也称城市街区距离）定义为

$$D_4(p,q)=|x-s|+|y-t| \tag{2.7}$$

根据这个距离度量，与点(x, y)的D_4距离小于或等于某一值d的像素组成以(x, y)为中心的菱形，如图2.19所示。

（3）p和q之间的D_8距离（也称棋盘距离）定义为

$$D_8(p,q)=\max(|x-s|,|y-t|) \tag{2.8}$$

根据这个距离度量，与点(x, y)的D_8距离小于或等于某一值d的像素组成以(x, y)为中心的方形，如图2.20所示。

		2		
	2	1	2	
2	1	0	1	2
	2	1	2	
		2		

图2.19　城市街区距离

2	2	2	2	2
2	1	1	1	2
2	1	0	1	2
2	1	1	1	2
2	2	2	2	2

图2.20　棋盘距离

需要注意的是，p和q之间的D_4距离和D_8距离与任何通路无关。然而，对于m连通，两点之间的距离（通路的长度）将依赖于沿通路的像素及它们近邻像素的值。

2.2.4　图像分类

图像有许多分类方法，按照图像的动态特性，可以分为静态图像和动态图像；按照图像的色彩，可以分为灰度图像和彩色图像；按照图像的维数，可分为二维图像、三维图像和多维图像。其中，动态图像可由一系列静态图像表示，彩色图像可分解成三基色图像，三维图像可由二维图像重建。

静态图像可分为矢量图和位图。矢量图使用直线和曲线来描述图形，这些图形的元素是一些点、线、矩形、多边形、圆和弧线等，它们都是通过数学公式计算获得的。由于矢量图可通过公式计算获得，所以矢量图文件一般较小。矢量图与分辨率无关，把它们缩放到任意尺寸并按任意分辨率打印，也不会丢失细节或降低清晰度，如图2.21所示。矢量图常用于标志设计、工程绘图。矢量图的缺点是不易制作色调丰富或色彩变化太多的图像，绘制出来的图像不是很逼真，同时也不易在不同的软件间交换文件。

位图通过许多像素点表示一幅图像，每像素都具有颜色属性和位置属性，可以从传统的相片、幻灯片上制作出来或使用数码相机得到。位图色彩丰富，但依赖于图像的分辨率，它包含固定的像素，所以在屏幕上放大位图时会出现锯齿现象，同样当使用低于图像分辨率的精度打印位图图像时，也会出现丢失细节和边缘锯齿的现象，如图2.22所示。本书所讲的平面上的静态图像，都用位图表示。位图分为二值图像（Binary Images）、灰度图像（Intensity Images）、索引图像（Indexed Images）和RGB图像（RGB Images）4种。

图 2.21　放大的矢量图形

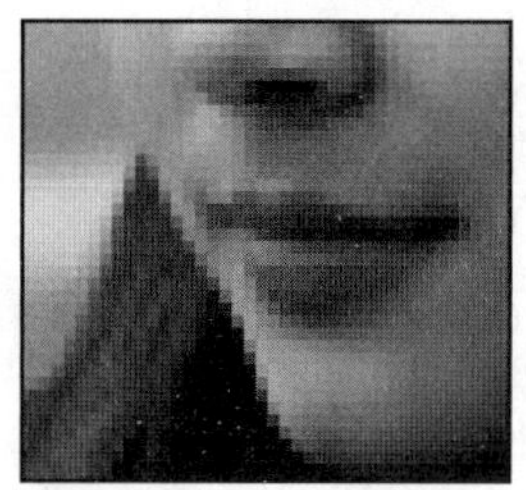

图 2.22　放大的位图图像

1. 二值图像

二值图像只有黑白两种颜色，一个像素仅占 1bit，用 0 表示黑，用 1 表示白，或相反。MATLAB 程序如下：

```
clear
x=zeros(10,10);
x(2:2:10,2:2:10)=1;
imshow(x)
x
```

程序运行结果如下：

```
x=
     0     0     0     0     0     0     0     0     0     0
     0     1     0     1     0     1     0     1     0     1
     0     0     0     0     0     0     0     0     0     0
     0     1     0     1     0     1     0     1     0     1
     0     0     0     0     0     0     0     0     0     0
     0     1     0     1     0     1     0     1     0     1
     0     0     0     0     0     0     0     0     0     0
     0     1     0     1     0     1     0     1     0     1
     0     0     0     0     0     0     0     0     0     0
     0     1     0     1     0     1     0     1     0     1
```

并得到图 2.23 所示的二值图像。

2. 灰度图像

图 2.23　二值图像

在灰度图像中，像素灰度级用 8bit 表示，每像素都是介于黑色和白色之间的 256（2^8=256）种灰度中的一种。图 2.24 就是亮度图像的一个例子，其中图 2.24(a)为原始图像，下面的 MATLAB 程序实现的是从原始图像中获取其中一部分图像的过程，并显示所获取的部分图像的灰度值，如图 2.24（b）所示。MATLAB 程序如下：

```
clear
x=imread('lena.jpg');
imshow(x);
y=x(128:138,128:138);
```

```
figure, imshow(y);
y
```

程序运行结果如下：

```
y=
  105  107  107  107  106  101   98  103  111  130  154
  111  112  112  110  105  101  100  103  107  125  152
  113  112  112  110  106  101  100  103  107  126  152
  115  113  113  111  106  101  100  103  107  126  150
  115  113  113  111  106  101   99  102  106  124  147
  113  112  112  110  105  100   99  102  106  121  142
  109  109  110  108  103   99   98  102  106  117  137
  107  106  107  106  102   98   98  102  106  113  131
  106  104  105  104  101   97   97  102  106  111  128
  103  104  109  103  100  102   94   91  103  114  128
  102  101  107  101   96   98   93   92  105  113  124
```

3. 索引图像

颜色是预先定义的（索引颜色）。在 MATLAB 软件中，索引颜色的图像最多只能显示 256 种颜色。一个像素占 8bit，而这 8bit 不是颜色值，而是颜色表中的索引值，根据索引值在颜色表中找到最终的 RGB 颜色值。这里仍用 MATLAB 程序来说明索引图像。其程序和运行结果如图 2.25 所示。从 MATLAB 程序中可以很容易地看出索引图像的含义。

（a）原始图像

（b）获取的部分灰度图像

图 2.24　亮度图像

```
    0.8510    0.8157    0.7882 ┐
    0.7647    0.6118    0.6549 } 颜色表
    0.1961    0.1804    0.2941 ┘

>> clear
>> RGB = imread('flowers.tif');
       [X,map] = rgb2ind(RGB,128);
       imshow(X,map)
>> X(1)

ans =

   127

>> X(2)

ans =

   127

>> map(127,:,:,:)

ans =

    0.7647    0.6118    0.6549

>> whos
  Name       Size            Bytes  Class

  RGB      362x500x3        543000  uint8 array
  X        362x500          181000  uint8 array
  ans        1x3                24  double array
  map      128x3              3072  double array
```

图 2.25　索引图像 MATLAB 程序和运行结果

4. RGB 图像

“真彩色”是 RGB 颜色的另一种叫法。在真彩色图像中，每个像素由红、绿和蓝三个字节组成，每个字节为 8bit，表示 0～255 之间的不同亮度值，这三个字节组合可以产生约 1670 万种不同的颜色。

（a）

（b）

图 2.26　RGB 三分量构成的彩色图像

从以上分析我们可以看出，图像的类型是多种多样的，在具体的运用中要视情况而定。例如，在打印文本时只需用二值图像，而在显示图像时要求达到赏心悦目的效果，则需要较丰富的色彩，这时可以采用 RGB 图像。这里也采用 MATLAB 程序加以说明。对原始图像图 2.26（a）进行分析，提取其中的一部分图像，即图 2.26（b），用 MATLAB 分析其 RGB 分量。MATLAB 程序如下：

```
clear
[x,map]=imread('smile.png');
y=x(90:95,90:95);
imshow(y)
R=x(90:95,90:95,1);
G=x(90:95,90:95,2);
B=x(90:95,90:95,3);
R,G,B
```

程序运行结果如下：

```
R=
   36   36   37   34   34   34
   35   36   34   34   34   35
   35   37   39   37   36   37
   37   37   37   38   38   38
   36   38   38   36   38   44
   38   38   40   39   49   69
G=
   37   37   38   35   35   35
   36   37   38   35   35   36
   36   37   40   38   37   38
   37   37   38   39   39   40
   37   39   39   36   38   42
   38   38   39   39   43   55
B=
   39   39   40   37   37   37
   38   39   39   37   37   38
   38   39   42   40   39   40
   39   39   40   41   41   39
   39   41   41   38   40   43
   38   40   44   41   45   55
```

习题

2.1 请解释马赫带效应。

2.2 简述人的视觉过程。

2.3 已知某像素点 p 的坐标为(0, 0)，分别指出 $N_4(p)$ 、$N_D(p)$、$N_8(p)$ 各包含哪些像素。

2.4 已知一幅图像上两像素 p、q 的坐标分别为(0, 0)和(3, 4)，分别求两像素之间的欧氏距离、N_4 距离和 N_8 距离。

2.5 图像获取包括哪些步骤？各个步骤又会影响图像质量的哪些参数？

2.6 图像可分为哪几类？试阐述各类图像的特点。

2.7 什么是采样与量化？

2.8 对图像进行采样和量化时应该遵循哪些原则？

2.9 写出对一幅图像的行列方向分别每隔一位和每隔两位进行采样的 MATLAB 程序代码。

第3章 数字图像处理基本运算

数字图像处理是建立在各种算法基础上的处理方法，它根据输入图像处理运算得到改善的输出图像（目标图像）。本章主要介绍数字图像处理过程中的基本运算，这些基本运算可以降低图像噪声、增强图像间差别、改善图像视觉效果，在工程应用中具有十分重要的意义。

数字图像处理的基本运算主要包括点运算、代数运算（加、减、乘、除）、逻辑运算（与、或、非）和几何运算（平移、镜像、旋转、缩放等）等。点运算是指通过对图像中每个像素点的灰度值进行计算，来改善图像显示效果。代数运算是指通过对两幅图像对应像素之间进行加、减、乘、除运算，得到输出图像，可以有两幅及以上图像同时参与。逻辑运算主要针对两幅二值图像之间的逻辑与、或、非等运算。几何运算就是改变图像中物体对象（像素）之间的空间关系。这些运算都是基于空间域的数字图像处理运算，与空间域运算相对应的是变换域运算，将在后续章节中讨论。

3.1 点运算

点运算实际上就是对图像中每个像素点的灰度值按一定的映射关系进行运算，得到一幅新图像的过程。点运算是一类简单却非常具有代表性的重要算法，也是其他数字图像处理运算的基础。对于一幅输入图像，经过点运算会产生一幅输出图像，输出图像中每个像素点的灰度值仅由相应输入点的灰度值确定，因此点运算能有规律地改变像素点的灰度值。

运用点运算可以改变图像数据占据的灰度值范围。在一些数字图像中，技术人员所关注的特征可能仅占整个灰度级范围非常小的一部分。点运算可以扩展所关注部分灰度信息的对比度，使之占据显示灰度级范围的更大一部分。该方法有时被称为对比度增强或对比度拉伸。

点运算的另一个用处是变换灰度的单位。假定有一个图像数字化器，用来数字化一幅显微镜下观察到的图像，其产生的灰度值与标本的透射率呈线性关系，点运算可用来产生一幅图像，该图像的灰度级可代表光学密度的等步长增量。

点运算从数学上可以分为线性点运算和非线性点运算两类。

3.1.1 线性点运算

线性点运算是指输入图像的灰度级与目标图像的灰度级呈线性关系。线性点运算的灰度

变换函数形式可以采用线性方程描述，即

$$s = ar + b \tag{3.1}$$

式中，r 为输入点的灰度值；s 为相应输出点的灰度值；b 是平移项，对图像的整个灰度值进行平移，用于控制图像亮度。显然，这种线性点运算关系可用图 3.1 表示。

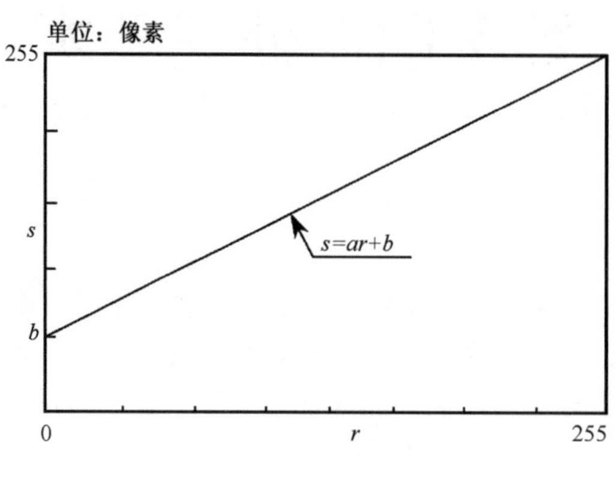

图 3.1　线性点运算

（1）如果 a=1 且 b=0，则只需将输入图像复制到输出图像即可。如果 a=1 且 $b \neq 0$，则操作结果是仅使所有像素的灰度值上移或下移，其效果是使整个图像在显示时更亮或更暗。

（2）如果 a>1，则输出图像对比度增大。

（3）如果 0<a<1，则输出图像对比度降低。

（4）如果 a<0，即 a 为负值，则暗区域将变亮，亮区域将变暗，点运算完成了图像求补。

MATLAB 程序如下：

```
I=imread('eight.tif');                               %读取一幅图像
I = im2double(I);                                    %数据类型转换为 double 型
figure(1);subplot(1,5,1);
imshow(I,[0,255]); title('原始图像','fontsize',7);   %显示原始图像
a = 2; b = -50;                                      %增加对比度
O = a .* I + b/255;
figure(1);subplot(1,5,2); imshow(O,[0,255]);
title('a=2,b=-50,增加对比度','fontsize',7);
a = 0.5; b = -50;                                    %减小对比度
O = a .* I + b/255;
figure(1);subplot(1,5,3); imshow(O,[0,255]);
title('a=0.5,b=-50,减小对比度','fontsize',7);
a = 1; b = 50;                                       %线性平移增加亮度
O = a .* I + b/255;
figure(1);subplot(1,5,4);imshow(O,[0,255]);
title('a=1,b=50,线性平移增加亮度','fontsize',7);
a = -1; b = 255;                                     %图像反色
O = a .* I + b/255;
figure(1);subplot(1,5,5);imshow(O,[0,255]);
title('a=-1,b=255,图像反色','fontsize',7);
```

程序运行结果如图 3.2 所示。

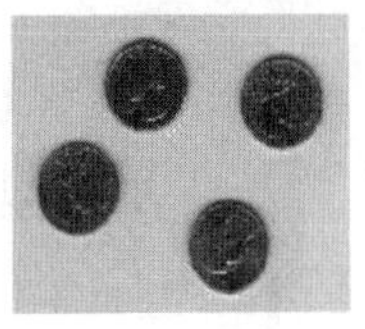

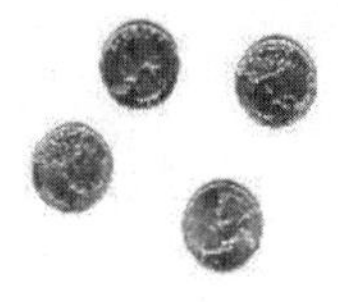

（a）原始图像　　（b）a=2，b=−50，增加对比度　　（c）a=0.5，b=−50，减小对比度

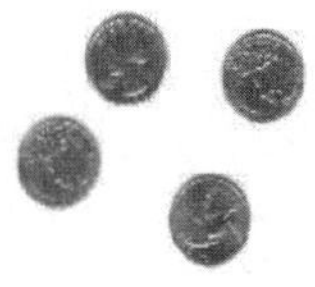
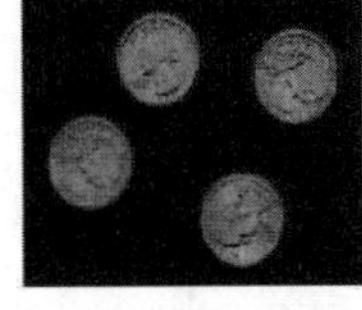

（d）a=1，b=50，线性平移增加亮度　　（e）a=−1，b=255，图像反色

图 3.2　线性点运算结果

3.1.2　非线性点运算

除线性点运算外，还有非线性点运算。常见的非线性灰度变换包括对数变换和幂次变换。对数变换的一般表达式为

$$s = c\log_2(1+r) \tag{3.2}$$

图 3.3 为对数变换曲线图。式中，r 为输入点的灰度值；s 为相应输出点的灰度值；c 是一个常数，并假设 $r \geqslant 0$。此种变换使窄带低灰度输入图像值映射为宽带输出值，对应输入灰度的高调整。可以利用这种变换来扩展被压缩的高值图像中的暗像素，对应反对数变换的调整值。在某些情况下，如在显示图像的傅里叶谱时，其动态范围远远超过了显示设备的显示能力，此时仅有图像中最亮部分可在显示设备上显示，而频谱中的低值将看不见，这时对数变换非常有用。对数变换可以将输入的小范围低灰度值映射到较大范围的输出值。

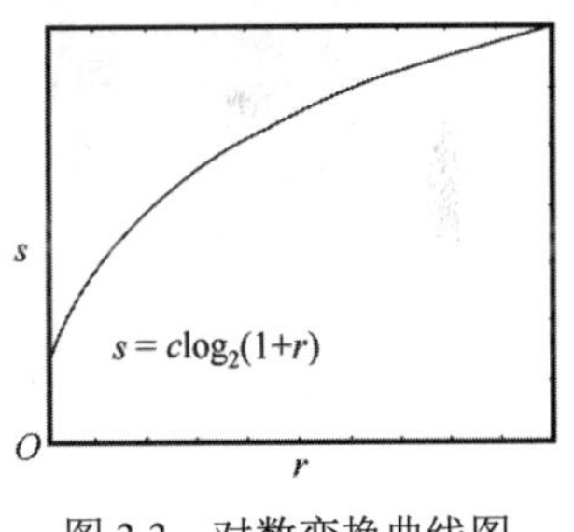

图 3.3　对数变换曲线图

幂次变换的一般形式为

$$s = cr^{\gamma} \tag{3.3}$$

式中，c 和γ为正常数。作为 r 的函数，s 对于γ的各种值绘制的曲线如图 3.4 所示，从上到下γ分别为 0.04、0.1、0.2、0.4、0.67、1、1.5、2.5、5、10、25。从图 3.4 中可以看出，γ>1 时，与对数变换相似，幂次变换把输入窄带暗值映射到宽带输出值；γ<1 时，产生相反的效果；当 c=γ=1 时，将简化为线性变换。

下面给出了 c=1，γ分别为 0.5、1 和 1.5 时对图像进行变换的 MATLAB 程序实现，MATLAB 程序运行结果如图 3.5 所示。

```
I = imread('pout.tif');
subplot(1,4,1);
imshow(I);title('原始图像','fontsize',9);
subplot(1,4,2);
```

```
imshow(imadjust(I,[],[],0.5));title('Gamma=0.5');
subplot(1,4,3);
imshow(imadjust(I,[],[],1));title('Gamma=1');
subplot(1,4,4);
imshow(imadjust(I,[],[],1.5));title('Gamma=1.5');
```

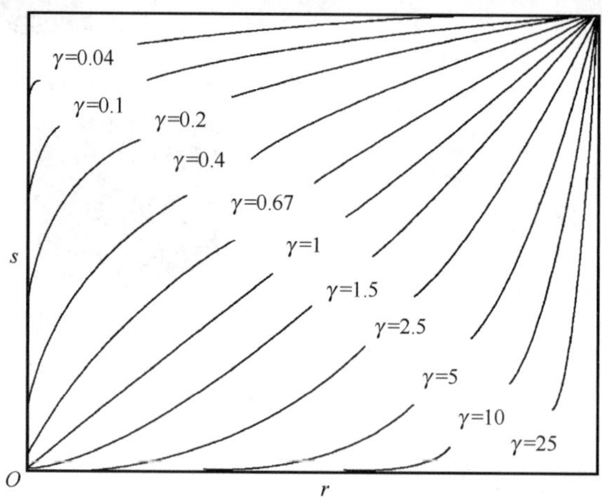

图 3.4　幂次变换曲线图

（a）原始图像

（b）γ=0.5

（c）γ=1

（d）γ=1.5

图 3.5　γ分别为 0.5、1 和 1.5 时图像变换的结果

3.2　代数运算及逻辑运算

在数字图像处理技术中，代数运算具有非常广泛的应用和重要的意义。通过代数运算可以降低图像的加性随机噪声，去除不需要的加性图案；也可用于确定物体边界位置的梯度，纠正数字化设备对一幅图像各点敏感程度不一样而带来的不利影响，获取图像的局部图案；同时也可以检测同一场景两幅图像之间的变化、检测物体的运动等。

代数运算是对两幅或两幅以上输入图像进行点对点的加、减、乘、除运算得到目标图像的运算。另外，还可以通过适当的组合，形成涉及几幅图像的复合代数运算方程。图像处理代数运算的四种基本形式如下：

$$C(x,y)=A(x,y)+B(x,y) \tag{3.4}$$

$$C(x,y)=A(x,y)-B(x,y) \tag{3.5}$$

$$C(x,y)=A(x,y)\times B(x,y) \tag{3.6}$$

$$C(x,y)=A(x,y)\div B(x,y) \tag{3.7}$$

式中，$A(x,y)$ 和 $B(x,y)$ 为输入图像表达式，$C(x,y)$ 为输出图像表达式。

3.2.1　加法运算

图像加法运算一般用于对同一场景的多幅图像求平均，以便有效降低加性噪声。当噪声可以用一个独立分布的随机模型表示和描述时，可以利用求平均值方法降低噪声信号、提高信噪比。对于一些经过长距离模拟通信方式传送的图像，这种处理是不可缺少的。

在实际应用中，容易得到一个静止场景或物体的多幅图像。如果这些图像被随机噪声源干扰，则可通过对多幅静态图像求平均值来达到消除或降低噪声的目的。在求平均值的过程中，图像的静止部分不会改变，但图像的噪声是随机性的，互不相干的噪声图案积累得很慢，因此可以通过多幅图像求平均值来降低随机噪声的影响。

假定有一个由 M 幅图像组成的集合，图像的形式为

$$D_i(x,y)=S(x,y)+N_i(x,y) \tag{3.8}$$

式中，$S(x,y)$ 为感兴趣的理想图像，$N_i(x,y)$ 是胶片的颗粒或数字化系统中的电子噪声产生的噪声图像。集合中的每幅图像被不同的互不相干且均值等于零的随机噪声所退化。对于图像中的任意点，定义功率信噪比为

$$P(x,y)=\frac{S^2(x,y)}{E\{N^2(x,y)\}} \tag{3.9}$$

如果对 M 幅图像求平均，可得

$$\bar{D}(x,y)=\frac{1}{M}\sum_{i=1}^{M}[S(x,y)+N_i(x,y)] \tag{3.10}$$

功率信噪比为

$$\bar{P}(x,y)=\frac{S^2(x,y)}{E\left\{\left[\frac{1}{M}\sum_{i=1}^{M}N_i(x,y)\right]^2\right\}} \tag{3.11}$$

由于噪声具有如下特性：

$$E\{N_i(x,y)N_j(x,y)\}=E\{N_i(x,y)\}E\{N_j(x,y)\} \tag{3.12}$$

$$E\{N_i(x,y)\}=0 \tag{3.13}$$

所以可以证明：

$$\bar{P}(x,y)=MP(x,y) \tag{3.14}$$

从式（3.14）可看出，对 M 幅图像进行平均，使图像中每点的功率信噪比提高了 M 倍。而幅度信噪比是功率信噪比的平方根，所以幅度信噪比也随着图像数目的增加而增大。

在图 3.6 所示的 6 幅图像中，图 3.6（a）是用太空望远镜拍摄的一幅星系原始图像；图 3.6（b）是受噪声干扰的图；图 3.6（c）表示 8 幅噪声图像平均后的结果（M=8）；图 3.6（d）表示 16 幅图像相加后求平均的结果（M=16）；图 3.6（e）表示 64 幅图像相加后求平均的结果（M=64）；图 3.6（f）表示 128 幅图像相加后求平均的结果（M=128）。可见，随着相加图像数量的增加，图像质量逐步得到提高。

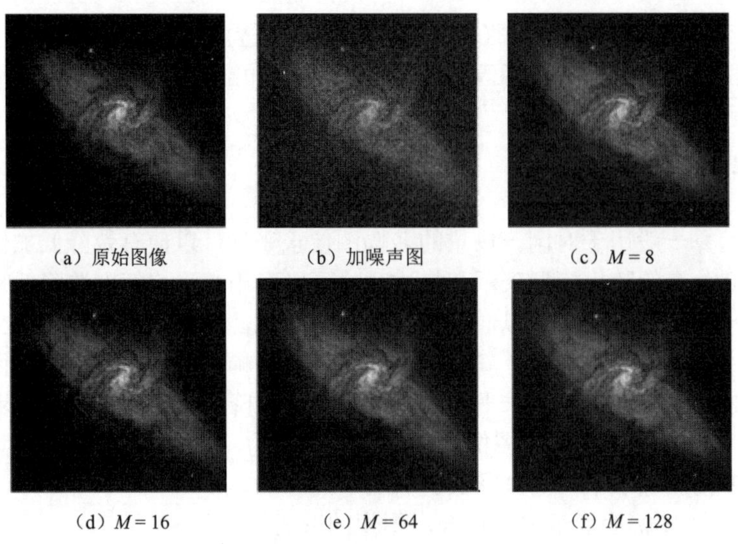

（a）原始图像　（b）加噪声图　（c）$M=8$

（d）$M=16$　（e）$M=64$　（f）$M=128$

图3.6　平均去噪图

【例3.1】把一幅图像加上高斯噪声，再通过100次相加求平均的方法去除噪声，其MATLAB程序如下：

```
I=imread('eight.tif');                  %读取一幅图像
J=imnoise(I,'gaussian',0,0.02);         %在这幅图像中加入高斯噪声
subplot(1,2,1),imshow(I);               %显示图像
subplot(1,2,2),imshow(J);
K=zeros(242,308);                       %产生全零的矩阵，大小与图像的一样
 for i=1:100                            %循环100次加入噪声
  J=imnoise(I,'gaussian',0,0.02);
  J1=im2double(J);
  K=K+J1;
 end
K=K/100;
figure;imshow(K);
```

MATLAB程序运行结果如图3.7所示。

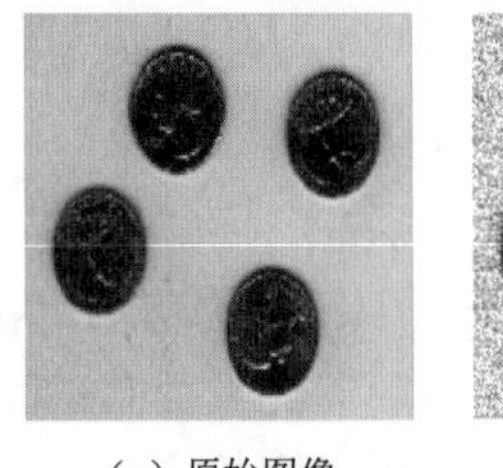

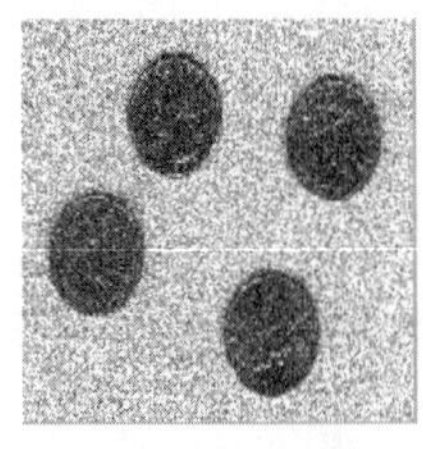

（a）原始图像　（b）加噪声的图像　（c）求平均后的图像

图3.7　加噪求平均

 3.2.2　减法运算

图像减法运算又称为图像差分运算，常用于检测变化及运动的物体。差分运算可以分为

可控环境下的简单差分方法和基于背景模型的差分方法。在可控环境下，或者在很短的时间内，可以认为背景是固定不变的，可以直接使用差分运算检测变化或运动的物体。

将同一景物在不同时间拍摄的图像或同一景物在不同波段的图像相减，获得图像间的差值信息，这就是图像减法运算，实际常称为差影法。

差影法在自动现场监测等领域具有广泛的运用。例如，在银行金库内，摄像头每隔一个固定时间拍摄一幅图像，并与上一幅图像进行差影运算，如果图像差别超过了预先设置的阈值，则表明可能有异常情况发生，应自动或以某种方式报警。同时，差影法可用于变化目标的检测及遥感图像的动态检测，利用差值图像可以发现森林火灾、洪水泛滥，还可以监测灾情变化及估计损失等。

如图 3.8 所示，图 3.8（a）为某种原因形成的混合图像，已知该图像是由图 3.8（b）和图 3.8（c）叠加而成的，可以用差影法将图 3.8（a）和图 3.8（b）进行差影，得到图 3.8（c）。

（a）混合图像

（b）被减图像

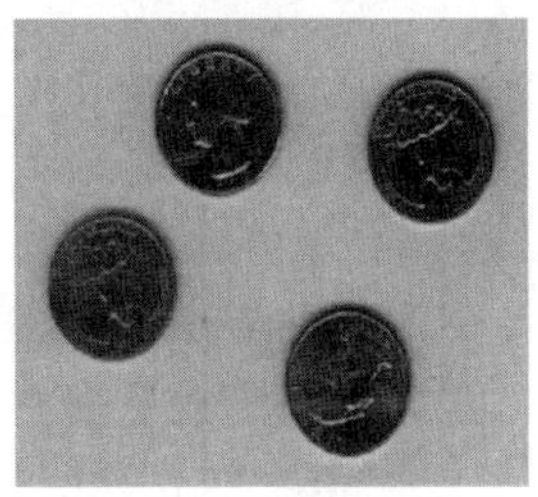
（c）差影图像

图 3.8　用差影法进行混合图像的分离

图像在进行差影法运算时必须使两幅相减图像的对应点位于空间中的同一目标上，否则必须先进行几何校准与匹配。将一个场景中的系列图像相减用来检测其他变化时，难以保证准确对准，这时就需要更进一步的分析。

【例3.2】已知一幅受“椒盐”噪声干扰的图像，通过减法运算提取出噪声，其 MATLAB 程序如下，结果如图 3.9 所示。

```
I=imread('lena1.jpg');J=imread('lena.jpg');
K=imsubtract(I,J);                                    %实现两幅图像相减
K1=255-K;                                             %将图像求反显示
figure;imshow(I); title('有噪声的图像');
figure;imshow(J); title('原始图像');
figure;imshow(K1);title('提取的噪声');
```

（a）有噪声的图像

（b）原始图像

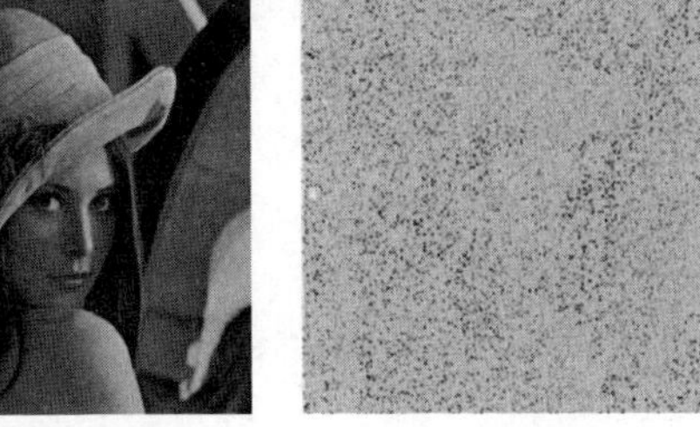
（c）提取的噪声

图 3.9　减法运算结果

3.2.3 乘法运算

简单的乘法运算就是将两幅图像各个像素点的通道值相乘，可用来改变图像的灰度级，实现灰度级变换。乘法运算也可用来对待处理图像进行局部或者全部的遮挡，其典型应用是获得掩模图像。对于需要保留的区域，掩模图像的值置为 1；而在需要抑制的区域，掩模图像的值置为 0。此外，由于时间域的卷积和相关运算与频率域的乘积运算对应，因此乘法运算有时也被用来作为一种技巧来实现卷积或相关处理。

【例 3.3】图像的乘法运算，其 MATLAB 程序如下：

```
I=imread('eight.tif');                    %读取一幅图像 I
[m,n]=size(I)
J=zeros(m,n);
J(1:100,1:200)=1;                         %设置部分为白色的二值图像 J
K=immultiply(double(I),J);                %将图像 I 与 J 相乘
figure;imshow(I);
figure;imshow(J);
figure;imshow(uint8(K));
```

MATLAB 程序运行结果如图 3.10 所示。

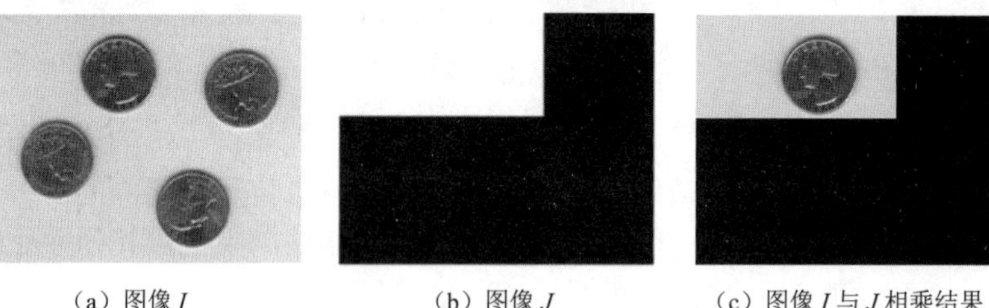

（a）图像 I　　（b）图像 J　　（c）图像 I 与 J 相乘结果

图 3.10　乘法运算结果

从图 3.10 中可以看出，一幅图像乘以一个常数，当该常数大于 1 时，图像的亮度将增强；当该常数小于 1 时，图像的亮度会变暗。

3.2.4 除法运算

简单的除法运算可用于改变图像的灰度级，除法运算的典型运用是比值图像处理。例如，除法运算可用于校正成像设备的非线性影响，在特殊形态的图像（如以 CT 为代表的医学图像）处理中应用。此外，除法运算还经常用于消除图像数字化设备随空间所产生的影响。

【例 3.4】图像除法运算的 MATLAB 程序如下：

```
moon=imread('moon.tif'); I=double(moon);
J=I*0.43+90; K=I*0.1+90; L=I*0.01+90;
moon2=uint8(J); moon3=uint8(K);moon4=uint8(L);
J=imdivide(moon,moon2);                   %对图像 moon 与 moon2 进行除法运算
K=imdivide(moon,moon3);                   %对图像 moon 与 moon3 进行除法运算
L=imdivide(moon,moon4);                   %对图像 moon 与 moon4 进行除法运算
subplot(1,4,1),imshow(moon);
```

```
subplot(1,4,2),imshow(J,[]);
subplot(1,4,3),imshow(K,[]);
subplot(1,4,4),imshow(L,[]);
```

MATLAB 程序运行结果如图 3.11 所示。

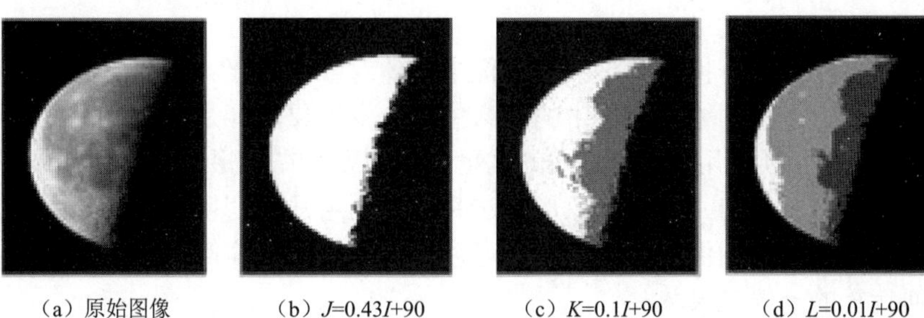

（a）原始图像　（b）J=0.43I+90　（c）K=0.1I+90　（d）L=0.01I+90

图 3.11　除法运算结果

3.2.5　逻辑运算

常见的图像逻辑运算有与（AND）、或（OR）、非（NOT）等，逻辑运算主要针对二值图像，常应用于图像理解与分析领域。运用这种方法可以为图像提供模板，与其他运算方法结合起来可以获得某种特殊的效果。

【例 3.5】两幅二值图像进行逻辑与、或、非运算，其 MATLAB 程序如下：

```
A=zeros(128); A(40:67,60:100)=1;                %创建矩阵 A
figure(1); imshow(A);
B=zeros(128); B(50:80,40:70)=1;                 %创建矩阵 B
figure(2);  imshow(B);
C=and(A,B); figure(3); imshow(C);               %图像 A、B 相与
D=or(A,B); figure(4);   imshow(D);              %图像 A、B 相或
E=not(A);  figure(5);   imshow(E);              %对 A 取非
```

MATLAB 程序运行结果如图 3.12 所示。

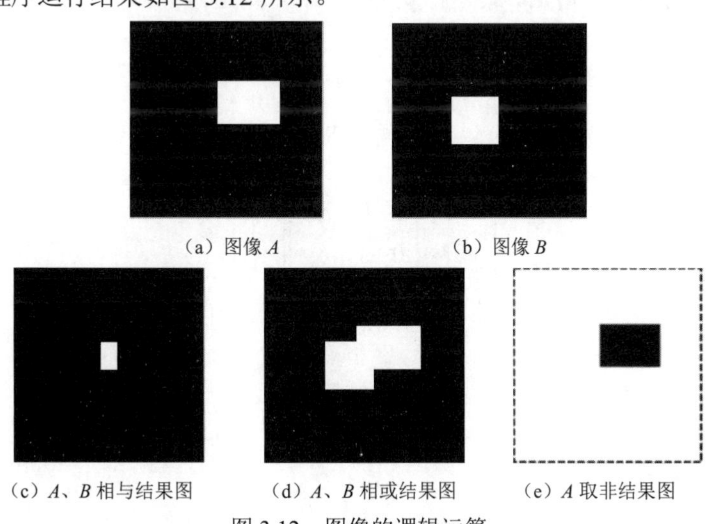

（a）图像 A　（b）图像 B

（c）A、B 相与结果图　（d）A、B 相或结果图　（e）A 取非结果图

图 3.12　图像的逻辑运算

3.3 几何运算

几何运算又称为几何变换，就是改变图像中物体对象（像素）之间的空间关系，可以将输入图像中的一个点变换到输出图像中的任意位置，变换灵活，是图像处理和图像分析的重要内容。图像的几何变换应用广泛，不同测试平台中的设备在拍摄时的位置和姿态不断变化，所得图像会发生平移、旋转、缩放等变形，这时需要利用几何变换对所得图像加以矫正，它不仅提供了产生某些特殊图像的可能性，还可以使图像处理程序简单化。

图像几何运算的一般定义为

$$g(x,y)=f(u,v)=f\left[p(x,y),q(x,y)\right] \tag{3.15}$$

式中，$u=p(x,y)$, $v=q(x,y)$ 唯一地描述了空间变换，即将输入图像 $f(u,v)$ 从 $u-v$ 坐标系变换为 $x-y$ 坐标系的输出图像 $g(x,y)$。

从变换性质来分，几何变换可以分为图像的位置变换（平移、镜像、旋转）、形状变换（放大、缩小）及图像的复合变换等。一个几何运算需要两个独立的算法，首先需要一个算法来定义空间变换，用它描述每个像素点如何从其初始位置移动到终止位置，即每个像素点的运动。同时，还需要一个算法用于灰度级的插值。这是因为，在一般情况下，输入图像的位置坐标为整数，而输出图像的位置坐标可能为非整数，反过来也是如此。此时进行灰度级的插值可用来提高图像的质量。

3.3.1 图像的平移

平移是日常生活中最普遍的运动方式之一，而图像的平移是几何变换中最简单的变换之一，像素点的平移如图 3.13 所示。

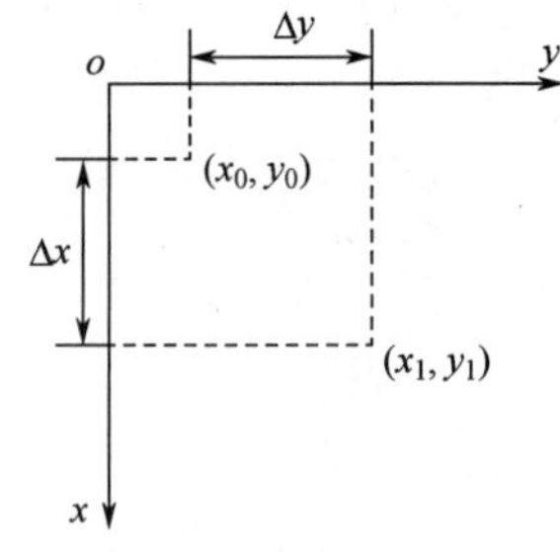

图 3.13　像素点的平移

设图像空间的 x、y 正方向分别为向下、向右，初始坐标为 (x_0, y_0) 的点经过平移 $(\Delta x,\Delta y)$ 后，其坐标变为 (x_1,y_1)，则这两点之间存在以下关系：

$$\begin{cases} x_1 = x_0 + \Delta x \\ y_1 = y_0 + \Delta y \end{cases} \tag{3.16}$$

以矩阵的形式表示为

$$\begin{pmatrix} x_1 \\ y_1 \\ 1 \end{pmatrix} = \begin{pmatrix} 1 & 0 & \Delta x \\ 0 & 1 & \Delta y \\ 0 & 0 & 1 \end{pmatrix} \begin{pmatrix} x_0 \\ y_0 \\ 1 \end{pmatrix} \tag{3.17}$$

其逆变换式为

$$\begin{cases} x_0 = x_1 - \Delta x \\ y_0 = y_1 - \Delta y \end{cases} \tag{3.18}$$

以矩阵的形式表示为

$$\begin{pmatrix} x_0 \\ y_0 \\ 1 \end{pmatrix} = \begin{pmatrix} 1 & 0 & -\Delta x \\ 0 & 1 & -\Delta y \\ 0 & 0 & 1 \end{pmatrix} \begin{pmatrix} x_1 \\ y_1 \\ 1 \end{pmatrix} \tag{3.19}$$

一些平移后的新图像中有些像素点在原始图像中没有对应点，即新图像中的这些点按照公式逆推得到的点超出原始图像的范围，此时可以直接将其像素值统一设置为 0 或 255，对于灰度图像则仅为黑色或白色。如果新图像与原始图像的空间尺寸相同，某些像素点不在新图像中，则说明原始图像中有这部分像素点被移出了显示区域。MATLAB 程序如下：

```
I=imread('cameraman.tif');
subplot(121);
imshow(I);
title('原始图像');
[M,N]=size(I); g=zeros(M,N);
a=20;b=20;                                      %a 为垂直向下距离；b 为水平向右距离
for i=1:M
    for j=1:N
        if((i-a>0)&(i-a<M)&(j-b>0)&(j-b<N))   %从坐标点到新坐标点的映射
        g(i,j)=I(i-a,j-b);
        else
        g(i,j)=0;                               %新图像外的坐标点置 0
        end
    end
end
subplot(122); imshow(uint8(g)); title('平移后的图像');
```

MATLAB 程序运行结果如图 3.14 所示。

（a）原始图像

（b）平移后的图像

图 3.14　图像的平移

3.3.2　图像的镜像

镜像变换是与人们日常生活密切相关的一种变换，图像的镜像是指原始图像相对某个参照面旋转 180° 的图像。镜像变换常称为对称变换，它可以分为水平镜像、垂直镜像等。对称变换后，图像的宽和高不变。

在下列变换中，设原始图像的宽为 w，高为 h，原始图像中的点为 (x_0, y_0)，对称变换后的点为 (x_1, y_1)。

1. 水平镜像

图像的水平镜像操作以图像的垂直中轴线为中心，将图像分为左右两部分镜像对称变换，水平镜像的变换公式为

$$\begin{pmatrix} x_1 \\ y_1 \\ 1 \end{pmatrix} = \begin{pmatrix} 1 & 0 & 0 \\ 0 & -1 & w \\ 0 & 0 & 1 \end{pmatrix} \begin{pmatrix} x_0 \\ y_0 \\ 1 \end{pmatrix} \tag{3.20}$$

MATLAB 程序如下：

```
I=imread('cameraman.tif');
subplot(121);
 imshow(I);
 title('原始图像');
[M,N]=size(I); g=zeros(M,N);
for i=1:M
    for j=1:N
       g(i,j)=I(i,N-j+1);
    end
end
subplot(122); imshow(uint8(g)); title('水平镜像');
```

MATLAB 程序运行结果如图 3.15 所示。

（a）原始图像

（b）水平镜像

图 3.15　图像水平镜像变换

2. 垂直镜像

图像的垂直镜像操作以原始图像的水平中轴线为中心，将图像分为上下两部分进行对称变换。图 3.16 为图像垂直镜像变换的示例，垂直镜像的变换公式为

（a）原始图像

（b）垂直镜像

图 3.16　图像垂直镜像变换

$$\begin{pmatrix} x_1 \\ y_1 \\ 1 \end{pmatrix} = \begin{pmatrix} -1 & 0 & h \\ 0 & 1 & 0 \\ 0 & 0 & 1 \end{pmatrix} \begin{pmatrix} x_0 \\ y_0 \\ 1 \end{pmatrix} \tag{3.21}$$

3.3.3　图像的旋转

在一般情况下，图像的旋转变换是指以图像的中心为原点，将图像上所有像素都旋转同一个角度的变换。经过旋转变换后，图像的位置发生了改变。在图像的旋转变换中，既可以把转出显示区域的图像截去，也可以扩大显示区域范围以显示图像的全部内容。

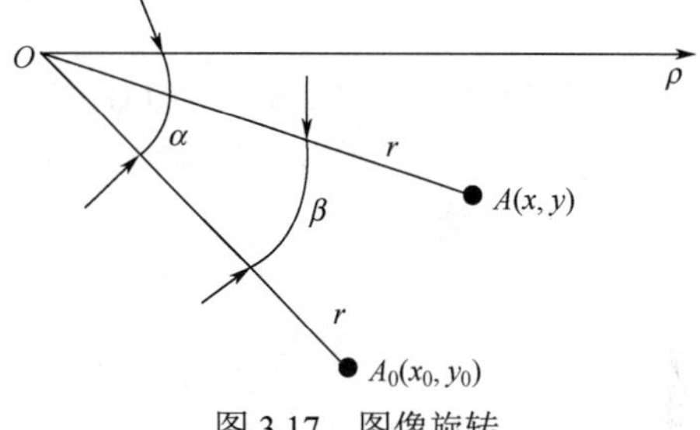

图 3.17　图像旋转

设原始图像的任意点 $A_0(x_0,y_0)$ 旋转角度 β 以后到新的位置 $A(x,y)$，为表示方便，采用极坐标形式表示，原始的角度为 α，如图 3.17 所示。

根据极坐标与二维笛卡儿坐标的关系，原始图像中点 $A_0(x_0,y_0)$ 的坐标为

$$\begin{cases} x_0 = r\sin\alpha \\ y_0 = r\cos\alpha \end{cases} \tag{3.22}$$

旋转到新位置以后点 $A(x,y)$ 的坐标为

$$\begin{cases} x = r\sin(\alpha-\beta) = r\sin\alpha\cos\beta - r\cos\alpha\sin\beta \\ y = r\cos(\alpha-\beta) = r\cos\alpha\cos\beta + r\sin\alpha\sin\beta \end{cases} \tag{3.23}$$

由于旋转变换需要以点 $A_0(x_0,y_0)$ 表示点 $A(x,y)$，因此将式（3.23）进行简化，可得

$$\begin{cases} x = x_0\cos\beta - y_0\sin\beta \\ y = x_0\sin\beta + y_0\cos\beta \end{cases} \tag{3.24}$$

同样，图像的旋转变换也可以用矩阵形式表示为

$$\begin{pmatrix} x \\ y \\ 1 \end{pmatrix} = \begin{pmatrix} \cos\beta & -\sin\beta & 0 \\ \sin\beta & \cos\beta & 0 \\ 0 & 0 & 1 \end{pmatrix} \begin{pmatrix} x_0 \\ y_0 \\ 1 \end{pmatrix} \tag{3.25}$$

图像旋转之后也可以根据新点求解原始图像新点的坐标，其矩阵表示形式为

$$\begin{pmatrix} x_0 \\ y_0 \\ 1 \end{pmatrix} = \begin{pmatrix} \cos\beta & \sin\beta & 0 \\ -\sin\beta & \cos\beta & 0 \\ 0 & 0 & 1 \end{pmatrix} \begin{pmatrix} x \\ y \\ 1 \end{pmatrix} \tag{3.26}$$

【例 3.6】实现将一幅图像旋转 60°，并分别采用把转出显示区域的图像截去和扩大显示区域范围以显示图像的全部内容这两种方式，MATLAB 程序如下：

```
I=imread('lena.jpg'); J=imrotate(I,60,'bilinear');
K=imrotate(I,60,'bilinear','crop');5
subplot(1,3,1),imshow(I); subplot(1,3,2),imshow(J);
subplot(1,3,3),imshow(K);
```

MATLAB 程序运行结果如图 3.18 所示。

（a）原始图像

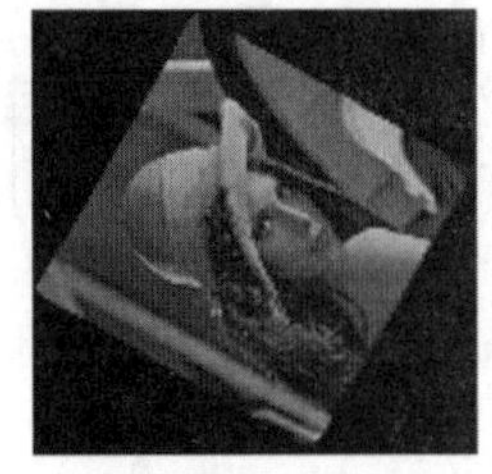
（b）旋转图像（显示全部）

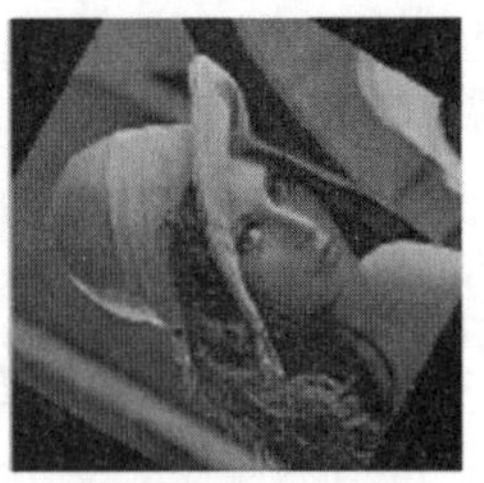
（c）旋转图像（截去局部）

图 3.18 图像的旋转

上述旋转是绕坐标轴原点(0, 0)进行的，如果绕某个定点 $o'(a, b)$旋转，则先要将坐标系平移到该点，再进行旋转，然后将旋转后的图像平移回原坐标系。图 3.19 所示为以图像中心为旋转中心进行旋转。

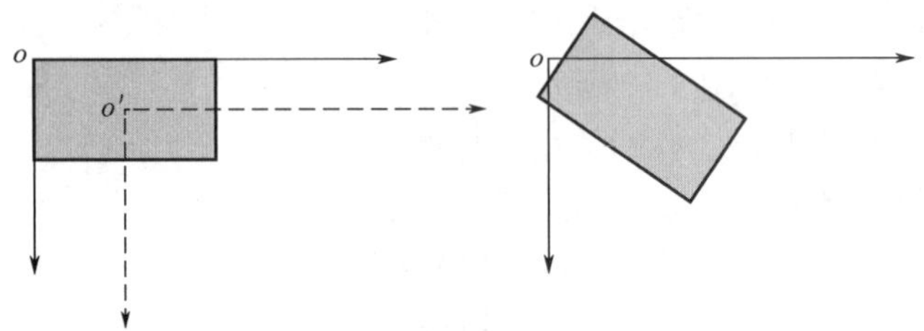

图 3.19 绕图像中心旋转

数字图像的坐标值必须是整数，图像旋转之后，可能引起图像部分像素点的局部改变，这时图像的大小也会发生一定改变。

图像旋转角 β=45° 时，变换关系为

$$\begin{cases} x = 0.707x_0 - 0.707y_0 \\ y = 0.707x_0 + 0.707y_0 \end{cases} \tag{3.27}$$

以原始图像上的点(1, 1)为例，旋转以后，该点坐标均为小数，取整后为(0, 1)，产生了位置误差。可见，图像旋转以后可能会发生一些细微的变化。为了避免图像旋转之后可能产生的信息丢失，可以先进行图像平移，再进行图像旋转。图像旋转之后，可能会出现一些空白点，需要对这些空白点进行灰度级的插值处理，否则会影响旋转后的图像质量。

3.3.4 图像的缩放

在通常情况下，数字图像的比例缩放是指将给定的图像在 x 方向和 y 方向上按相同的比例 a（a 通常为正常数）进行缩放，从而获得一幅新的图像，又称为全比例缩放。设原始图像中的点 $A_0(x_0, y_0)$ 经全比例缩放后，在新图像中的对应点为 $A_1(x_1, y_1)$，则 $A_0(x_0, y_0)$ 和 $A_1(x_1, y_1)$ 之间的坐标关系可表示为

$$\begin{pmatrix} x_1 \\ y_1 \\ 1 \end{pmatrix} = \begin{pmatrix} a & 0 & 0 \\ 0 & a & 0 \\ 0 & 0 & 1 \end{pmatrix} \begin{pmatrix} x_0 \\ y_0 \\ 1 \end{pmatrix} \tag{3.28}$$

即
$$\begin{cases} x_1 = ax_0 \\ y_1 = ay_0 \end{cases} \tag{3.29}$$

若 x 方向与 y 方向上的缩放比例不同，则这种变化会使缩放以后的图像产生几何畸变。图像在 x 方向和 y 方向上不同比例缩放的变换公式为

$$\begin{pmatrix} x_1 \\ y_1 \\ 1 \end{pmatrix} = \begin{pmatrix} a & 0 & 0 \\ 0 & b & 0 \\ 0 & 0 & 1 \end{pmatrix} \begin{pmatrix} x_0 \\ y_0 \\ 1 \end{pmatrix}, \quad a \neq b \tag{3.30}$$

在式（3.30）所表示的全比例缩放中，若 $a>1$，则图像被放大；若 $0<a<1$，则图像被缩小。当比例缩放产生的图像中的像素在原始图像中没有对应的像素点时，就需要进行灰度级的插值运算。

图像缩小是通过减少像素数来实现的，当 $a=1/2$ 时，图像被缩小为原始图像的一半。根据目标图像和原始图像像素之间的关系，图像的缩小有如下两种方法（以 8×8 图像为例）。

第一种方法是取原始图像的偶数列组成新图像，此时缩放前后图像间像素点的对应关系如图 3.20 所示。第二种方法是取原始图像的奇数列组成新图像，此时缩放前后图像间像素点的对应关系如图 3.21 所示。

$$\text{缩小图像}\left\{\begin{matrix} (0,0) \leftrightarrow (0,0) \\ (0,1) \leftrightarrow (0,2) \\ (0,2) \leftrightarrow (0,4) \\ (0,3) \leftrightarrow (0,6) \\ (1,0) \leftrightarrow (2,0) \\ (1,1) \leftrightarrow (2,2) \\ \vdots \\ (3,0) \leftrightarrow (6,0) \\ (3,1) \leftrightarrow (6,2) \\ (3,2) \leftrightarrow (6,4) \\ (3,3) \leftrightarrow (6,6) \end{matrix}\right\}\text{原始图像}$$

图 3.20　像素点对应图（取原始图像的偶数列）

$$\text{缩小图像}\left\{\begin{matrix} (0,0) \leftrightarrow (1,1) \\ (0,1) \leftrightarrow (1,3) \\ (0,2) \leftrightarrow (1,5) \\ (0,3) \leftrightarrow (1,7) \\ (1,0) \leftrightarrow (3,1) \\ (1,1) \leftrightarrow (3,3) \\ \vdots \\ (3,0) \leftrightarrow (7,1) \\ (3,1) \leftrightarrow (7,3) \\ (3,2) \leftrightarrow (7,5) \\ (3,3) \leftrightarrow (7,7) \end{matrix}\right\}\text{原始图像}$$

图 3.21　像素点对应图（取原始图像的奇数列）

以此类推，可以逐点计算缩小图像各像素点的值，图像缩小之后所承载的信息量为原始图像的 50%，即在原始图像上，按列优先的原则，对应所处理的列，每隔一个像素点取一点，每隔一列进行一次操作。以图 3.20 为例，取原始图像的偶数列和偶数行构成新的图像。图像缩小变换公式在已知的图像信息中以某种方式选择需要保留的信息。

反之，图像的放大变换需要在图像尺寸经放大后多出来的像素点处填入适当的像素值，这些像素点在原始图像中没有直接对应的点，需要以某种方式进行估计。以 $a=b=2$ 为例，即原始图像按全比例放大 1 倍，实际上，这是将原始图像每列中的各像素点重复取值一遍，然后每行重复一次。根据理论计算，放大以后图像中的像素点(0, 0)对应原始图像中的像素点(0, 0)，(0, 2)对应原始图像中的(0, 1)；但放大图像的像素点(0, 1)对应原始图像中的像素点(0, 0.5)，(1, 0)对应原始图像中的(0.5, 0)，原始图像中不存在这些像素点，那么放大图像如何处理这些问题呢？以像素点(0, 0.5)为例，这时可以采用以下两种方法与原始图像对应，其余点逐点类推。

（1）将原始图像中的像素点(0, 0.5)近似为放大图像的像素点(0, 0)。

（2）将原始图像中的像素点(0, 0.5)近似为放大图像的像素点(0, 1)。

以将图 3.22 所示的一段直线放大 2 倍为例来说明这两种放大方法的细微差别。

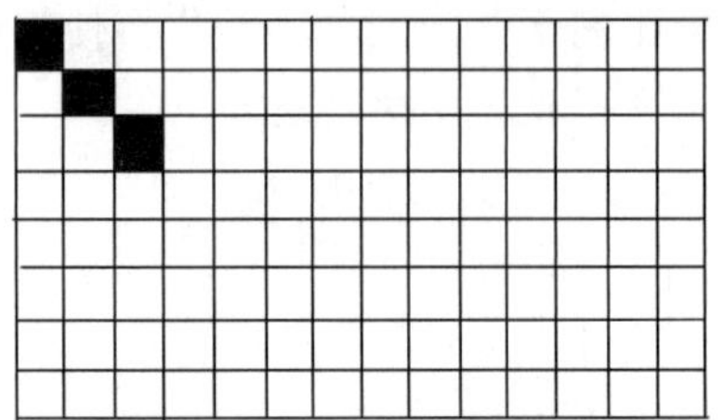

图 3.22　放大前的原始图像

若采用第一种方法，则原始图像和放大图像的像素对应关系如图 3.23 所示，其对应的放大图像如图 3.24 所示；若采用第二种方法，则原始图像和放大图像的像素对应关系如图 3.25 所示，其对应的放大图像如图 3.26 所示。

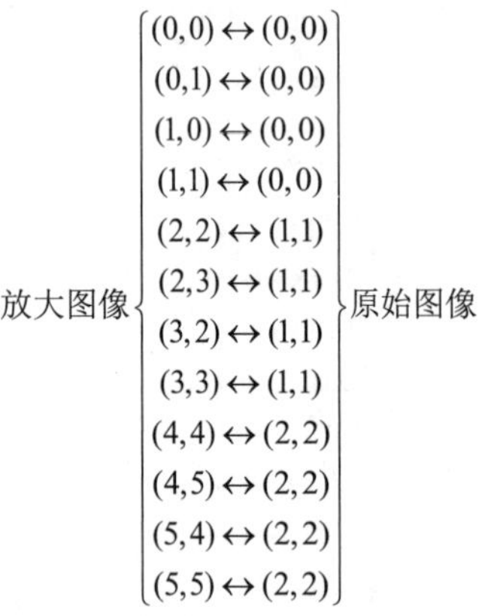

图 3.23　像素点对应图（采用第一种方法）

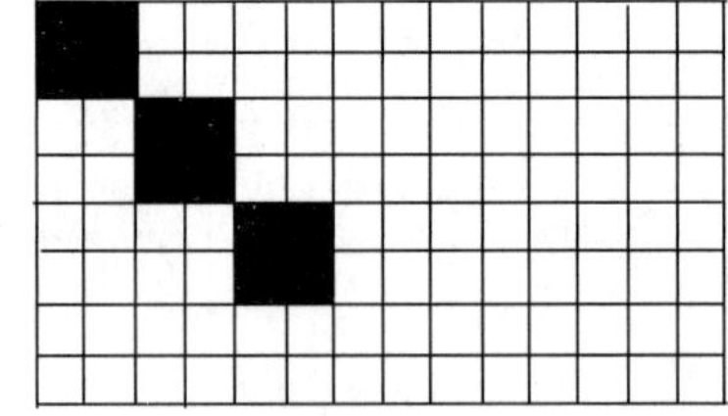

图 3.24　放大 2 倍的图像（采用第一种方法）

可见，这两种放大方法有一定的区别。如果将原图扩大 k 倍，则需要将一个像素值添加在 $k \times k$ 的方块图中。如果放大倍数过大，则按照这种方法填充灰度值会出现马赛克现象。为了避免出现马赛克现象，提高几何变换后的图像质量，可以采用不同复杂程度的线性插值法填充放大后多出来的相关像素点的灰度值。

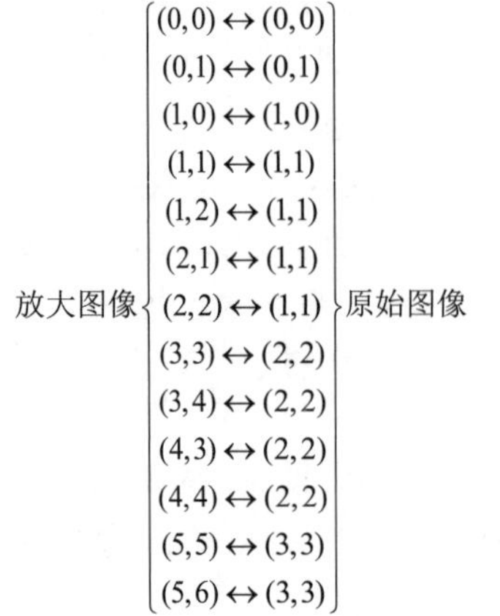

图 3.25　像素点对应图（采用第二种方法）

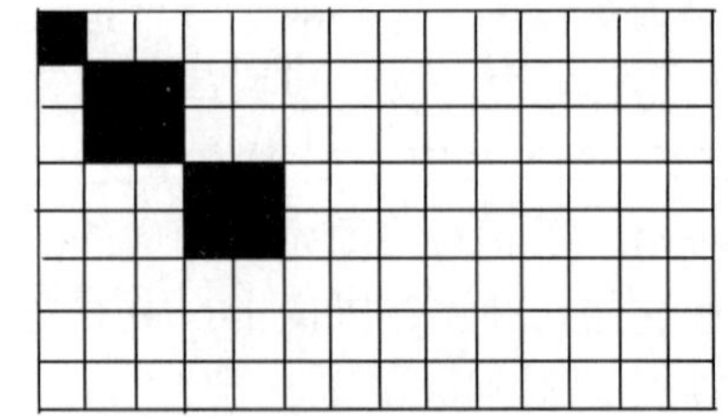

图 3.26　放大 2 倍的图像（采用第二种方法）

【例 3.7】分别设 a=2 和 a=0.5，对图像进行放大或缩小操作，其 MATLAB 程序如下：

```
clc
I=imread('lena.jpg');
figure,imshow(I);
title('原始图像');
reduceI=imresize(I,0.5);             %原始图像 I 缩小 0.5
figure,imshow(reduceI);
title('缩小后的图像');
enlargeI=imresize(I,2);              %原图像 I 放大 2 倍
figure,imshow(enlargeI);
title('放大后的图像');
```

MATLAB 程序运行结果如图 3.27 所示。

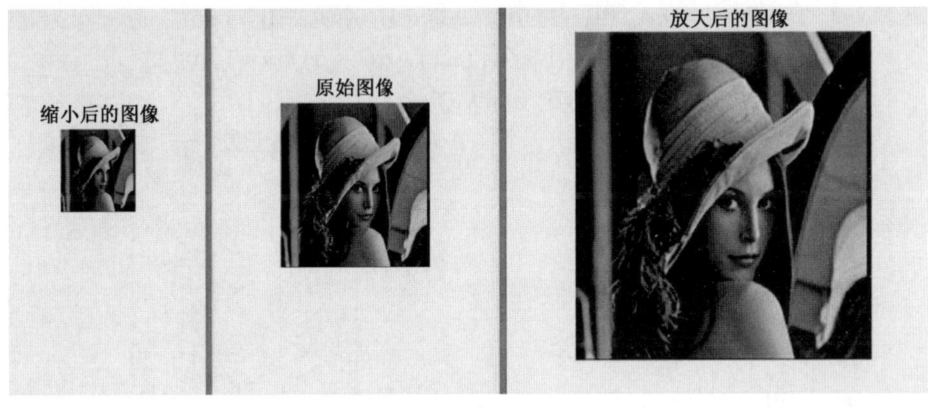

图 3.27　图像的缩放

3.3.5　灰度重采样

几何运算还需要一个算法用于灰度级的重采样。如果一个输出像素映射到 4 个输入像素之间，则其灰度值由灰度插值算法决定，如图 3.28 所示。

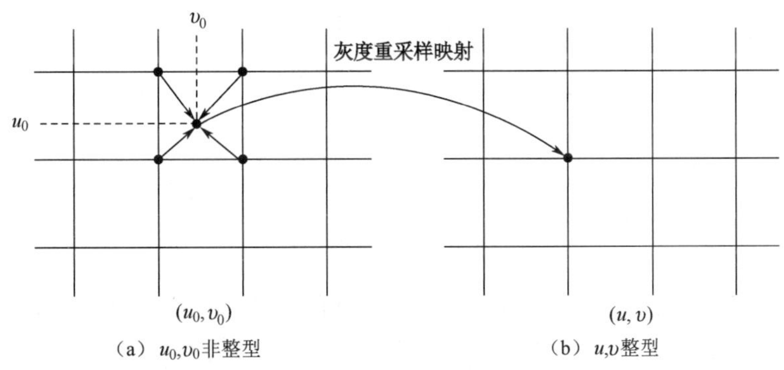

图 3.28　灰度重采样映射

常用的灰度插值方法有最近邻法、双线性插值法和三次内插法 3 种。

考虑数字图像是二维的，如图 3.28 所示，由于点 (u_0, v_0) 不在整数坐标点上，因此需要根

据相邻整数坐标点上的灰度值来插值估算出该点的灰度值 $f(u_0,v_0)$ 。

最近邻法是将点 (u_0,v_0) 最近的整数坐标点 (u,v) 的灰度值取为点 (u_0,v_0) 的灰度值，如图3.29（a）所示。在点 (u_0,v_0) 各相邻像素间灰度变化较小时，这种方法是一种简单快捷的方法，但当点 (u_0,v_0) 相邻像素间灰度差很大时，这种灰度估值方法会产生较大的误差。

双线性插值法是对最近邻法的一种改进，即用线性内插法，根据点 (u_0,v_0) 4 个相邻点的灰度值，插值计算出 $f(u_0,v_0)$ 值。具体计算过程如图 3.29（b）所示。

（1）先根据 $f(u,v)$ 及 $f(u+1,v)$ 插值求 $f(u_0,v)$：

$$f(u_0,v)=f(u,v)+\alpha[f(u+1,v)-f(u,v)] \tag{3.31}$$

（2）再根据 $f(u,v+1)$ 及 $f(u+1,v+1)$ 插值求 $f(u_0,v+1)$：

$$f(u_0,v+1)=f(u,v+1)+\alpha[f(u+1,v+1)-f(u,v+1)] \tag{3.32}$$

（3）最后根据 $f(u_0,v)$ 及 $f(u_0,v+1)$ 插值求 $f(u_0,v_0)$：

$$\begin{aligned}f(u_0,v_0)&=f(u_0,v)+\beta[f(u_0,v+1)-f(u_0,v)]\\&=(1-\alpha)(1-\beta)f(u,v)+\alpha(1-\beta)f(u+1,v)+\\&\quad(1-\alpha)\beta f(u,v+1)+\alpha\beta f(u+1,v+1)\end{aligned} \tag{3.33}$$

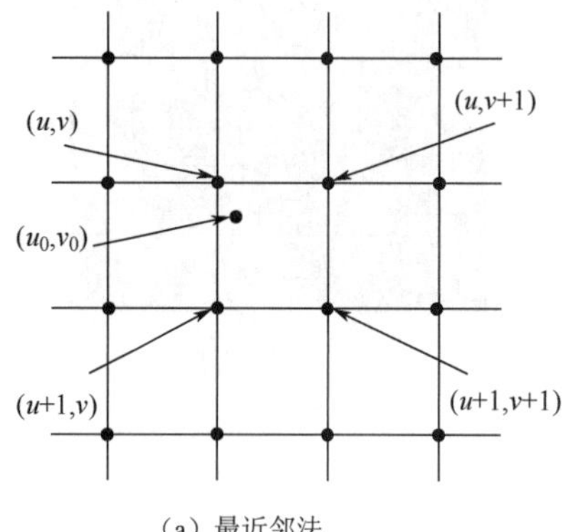

（a）最近邻法

（b）双线性插值法

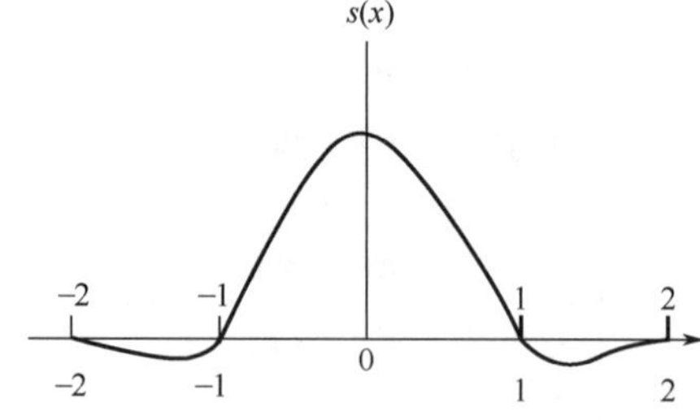

（c）sin(πx)/(πx)的三次内插法

图 3.29　灰度插值方法

上述 $f(u_0,v_0)$ 的计算过程，实际上是根据 $f(u,v)$ 、$f(u+1,v)$ 、$f(u,v+1)$ 及 $f(u+1,v+1)$ 4 个整数点的灰度值做两次线性插值（双线性插值）得到的。$f(u_0,v_0)$ 插值计算方程可改写为

$$\begin{aligned}f(u_0,v_0)=&[f(u+1,v)-f(u,v)]\alpha+[f(u,v+1)-f(u,v)]\beta+\\&[f(u+1,v+1)+f(u,v)-f(u,v+1)-f(u+1,v)]\alpha\beta+f(u,v)\end{aligned} \tag{3.34}$$

此方法考虑了点 (u_0,v_0) 的直接邻点对它的影响，因此一般可以得到令人满意的插值效果。

但这种方法具有低通滤波性质，使高频分量受到损失，图像轮廓模糊。如果要得到更精确的灰度插值效果，可采用三次内插法。

三次内插法不仅考虑点 (u_0, v_0) 的直接邻点对它的影响，还考虑了该点周围 16 个邻点的灰度值对它的影响。由连续信号采样定理可知，若对采样值使用插值函数 $S(x) = \sin(\pi x)/(\pi x)$ 插值，则可以精确地恢复原函数，当然也就可以精确地得到采样点间任意点的值。此方法计算量很大，但精度高，能保持较好的图像边缘。

【例 3.8】采用三种插值法对图像进行放大，并比较这 3 种方法效果，MATLAB 程序如下：

```
I=imread('lena.jpg');
J1=imresize(I,10,'nearest');          %采用最近邻法放大 10 倍
J2=imresize(I,10,'bilinear');         %采用双线性插值法放大 10 倍
J3=imresize(I,10,'bicubic');          %采用三次内插法放大 10 倍
figure
imshow(I);
title('原始图像');
figure
imshow(J1);
title('最近邻法');
figure
imshow(J2);
title('双线性插值法');
figure
imshow(J3);
title('三次内插法');
```

MATLAB 程序运行结果如图 3.30 所示。

（a）原始图像

（b）最近邻法

（c）双线性插值法

（d）三次内插法

图 3.30　灰度插值法比较

由图 3.30 可知，采用最近邻法放大图像的结果最模糊，采用三次内插法放大图像的结果质量最好，其次是双线性插值法。最近邻法是最简便的插值方法，在这种插值方法中，每个插值输出像素的值就是在输入图像中与其最邻近的采样点的值，这种插值方法的运算量非常小。双线性插值法的输出像素值是它在输入图像中 2×2 邻域采样点的平均值，它根据某个像素点周围 4 个像素点的灰度值在水平和垂直两个方向上对其进行插值。三次插值法的插值核为三次函数，其插值邻域的大小为 4×4，它的插值效果比较好，但相应的计算量也比较大。

习题

3.1　图像基本运算可以分为哪几类？

3.2　在一个线性拉伸变换中，当 a、b 取何值时，可以将灰度值分别从 23 和 155 变换为 16 和 240？

3.3　代数运算可以分为哪几类，各有什么意义？

3.4　简述通过多幅图像进行平均降噪的原理。

3.5　举例说明差影法的用处。

3.6　有哪几种常见的几何变换？

3.7　某图像在旋转 β 角度后某一点 $A(5, 10)$ 坐标变为 $A'(10, 5)$，求旋转角度 β。

3.8　图像旋转会引起图像失真吗？为什么？

3.9　在放大一幅图像时，什么情况下会出现马赛克现象？有什么解决办法？

3.10　灰度级插值有哪几种？分别有什么缺点？

第4章 图像变换

图像变换是将图像从空间（2D 平面）变换到变换域（或频率域），变换的目的是利用图像在变换域中的某些性质对其进行处理。通常，这些性质在空间域难以获取，在变换域处理完毕后，将处理结果再反变换到空间域。本章主要介绍连续傅里叶变换、离散傅里叶变换及其性质，以及离散余弦变换、沃尔什变换等。

4.1 连续傅里叶变换

1807 年，傅里叶提出了傅里叶级数的概念，即任意一个周期信号可分解为复正弦信号的叠加。1822 年，傅里叶又提出了傅里叶变换。傅里叶变换是一种常用的正交变换，它的理论完善，应用程序多。在数字图像应用领域，傅里叶变换起着非常重要的作用，用它可完成图像分析、图像增强及图像压缩等工作。

连续傅里叶变换的定义：函数 $f(x)$ 的一维连续傅里叶变换（1-Dimensional Continuous Fourier Transformation）由下式定义为

$$\Re: F(u)=\int_{-\infty}^{\infty} f(x)\,\mathrm{e}^{-\mathrm{j}2\pi ux}\,\mathrm{d}x \tag{4.1}$$

式中，$\mathrm{j}^2=-1$。$F(u)$ 的傅里叶反变换（Fourier Inversion Transformation）定义为

$$\Re^{-1}: f(x)=\int_{-\infty}^{\infty} F(u)\,\mathrm{e}^{\mathrm{j}2\pi ux}\,\mathrm{d}u \tag{4.2}$$

注意：正反傅里叶变换的唯一区别是幂的符号。函数 $f(x)$ 和 $F(u)$ 被称为一个傅里叶变换对，对于任意函数 $f(x)$，其傅里叶变换 $F(u)$ 是唯一的；反之亦然。

这里 $f(x)$ 是实函数，它的傅里叶变换 $F(u)$ 通常是复函数。$F(u)$ 的实部、虚部、振幅、能量和相位分别为

实部
$$R(u)=\int_{-\infty}^{+\infty} f(x)\cos(2\pi ux)\,\mathrm{d}x \tag{4.3}$$

虚部
$$I(u)=-\int_{-\infty}^{+\infty} f(x)\sin(2\pi ux)\,\mathrm{d}x \tag{4.4}$$

振幅
$$|F(u)|=\left[R^2(u)+I^2(u)\right]^{\frac{1}{2}} \tag{4.5}$$

能量
$$E(u)=|F(u)|^2=R^2(u)+I^2(u) \tag{4.6}$$

相位 $$\phi(u)=\arctan\frac{I(u)}{R(u)} \tag{4.7}$$

傅里叶变换可以很容易推广到二维的情形。设函数 $f(x,y)$ 是连续可积的，且 $F(u,v)$ 可积，则存在如下傅里叶变换对：

$$F\{f(x,y)\}=F(u,v)=\int_{-\infty}^{\infty}\int_{-\infty}^{\infty}f(x,y)\mathrm{e}^{-\mathrm{j}2\pi(ux+vy)}\,\mathrm{d}x\mathrm{d}y \tag{4.8}$$

$$F^{-1}\{F(u,v)\}=f(x,y)=\int_{-\infty}^{\infty}\int_{-\infty}^{\infty}F(u,v)\mathrm{e}^{\mathrm{j}2\pi(ux+vy)}\,\mathrm{d}u\mathrm{d}v \tag{4.9}$$

式中，u、v 是频率变量。与一维的情况一样，二维函数（2-Dimensional Function）的傅里叶频率谱、相位谱和能量谱为

傅里叶频率谱 $$|F(u,v)|=\left[R^2(u,v)+I^2(u,v)\right]^{\frac{1}{2}} \tag{4.10}$$

相位谱 $$\phi(u,v)=\arctan\frac{I(u,v)}{R(u,v)} \tag{4.11}$$

能量谱 $$E(u,v)=R^2(u,v)+I^2(u,v) \tag{4.12}$$

4.2 离散傅里叶变换

离散傅里叶变换（Discrete Fourier Transform，DFT）是傅里叶变换在时间域和频率域上都呈离散的形式，将信号的时间域采样变换为其 DFT 的频率域采样。在形式上，变换两端（时间域和频率域上）的序列是有限长的，而实际上这两组序列都应当被认为是离散周期信号的主值序列。即使对有限长的离散信号进行 DFT，也应当将它看成其周期延拓的变换。在实际应用中通常采用快速傅里叶变换计算 DFT。

离散傅里叶变换的定义：离散序列 $f(x)$ 的一维离散傅里叶变换由下式定义为

$$\Re: F(u)=\frac{1}{\sqrt{N}}\sum_{x=0}^{N-1}f(x)\mathrm{e}^{-\mathrm{j}2\pi ux/N} \tag{4.13}$$

式中，N 为离散序列 $f(x)$ 的长度，$u=0,1,2,\cdots,N-1$。$F(u)$ 的反变换（IDFT）定义为

$$\Re^{-1}: f(x)=\frac{1}{\sqrt{N}}\sum_{u=0}^{N-1}F(u)\mathrm{e}^{\mathrm{j}2\pi ux/N} \tag{4.14}$$

式中，$x=0,1,2,\cdots,N-1$。离散序列 $f(x)$ 和 $F(u)$ 被称为一个离散傅里叶变换对，对于任意离散序列 $f(x)$，其傅里叶变换 $F(u)$ 是唯一的；反之亦然。

这里 $f(x)$ 是实函数，它的傅里叶变换 $F(u)$ 通常是复函数。$F(u)$ 如式（4.15）所示，其傅里叶频谱、相位谱和能量谱分别为

$$F(u)=R(u)+\mathrm{j}I(U) \tag{4.15}$$

傅里叶频谱 $$|F(u)|=\sqrt{R^2(u)+I^2(u)}$$

相位谱 $$\phi(u)=\frac{\arctan}{I(u)/R(u)}$$

能量谱 $$E(u)=|F(u)|^2=R^2(u)+I^2(u)$$

与连续函数的傅里叶变换一样，离散函数的傅里叶变换也可推广到二维的情形，其二维离散傅里叶变换（2-D DFT）定义为

$$F(u,v)=\frac{1}{\sqrt{MN}}\sum_{x=0}^{M-1}\sum_{y=0}^{N-1}f(x,y)\mathrm{e}^{-\mathrm{j}2\pi\left(\frac{ux}{M}+\frac{vy}{N}\right)} \tag{4.16}$$

式中，$u=0,1,2,\cdots,M-1$，$v=0,1,2,\cdots,N-1$。二维离散傅里叶反变换（2-D IDFT）定义为

$$f(x,y)=\frac{1}{\sqrt{MN}}\sum_{u=0}^{M-1}\sum_{v=0}^{N-1}F(u,v)\mathrm{e}^{\mathrm{j}2\pi\left(\frac{ux}{M}+\frac{vy}{N}\right)} \tag{4.17}$$

式中，$x=0,1,2,\cdots,M-1$，$y=0,1,2,\cdots,N-1$，u、v 是频率变量。与一维的情况一样，二维函数（2-D Function）的离散傅里叶频谱、相位谱和能量谱为

傅里叶频谱 $$|F(u,v)|=\sqrt{R^2(u,v)+I^2(u,v)}$$

相位谱 $$\phi(u,v)=\frac{\arctan}{I(u,v)/R(u,v)}$$

能量谱 $$E(u,v)=|F(u,v)|^2=R^2(u,v)+I^2(u,v)$$

4.3 快速傅里叶变换

随着计算机技术和数字电路的迅速发展，在数字信号处理中使用计算机和数字电路的趋势越加明显，离散傅里叶变换（DFT）已成为数字信号处理的重要工具。然而，它的计算量较大，运算时间较长，这在某种程度上限制了它的使用范围。快速傅里叶变换（FFT）大大提高了傅里叶变换的运算速度，在某些应用场合已可能做到实时处理。快速傅里叶变换（FFT）并不是一种新的变换，它是离散傅里叶变换（DFT）的一种算法。这种方法是在分析离散傅里叶变换（DFT）中多余运算的基础上，在消除这些重复工作的思想指导下得到的，运算时大大降低了工作量，达到了快速的目的。下面从基本定义入手，讨论其原理。

对于一个有限长序列 $\{f(x)\}(0\leqslant x\leqslant N-1)$，它的傅里叶变换为

$$F(u)=\frac{1}{\sqrt{N}}\sum_{x=0}^{N-1}f(x)W_N^{ux} \tag{4.18}$$

令 $$W_N=\mathrm{e}^{-\mathrm{j}\frac{2\pi}{N}},\quad W_N^{-1}=\mathrm{e}^{\mathrm{j}\frac{2\pi}{N}}$$

因此，傅里叶变换对可写为

$$F(u)=\frac{1}{\sqrt{N}}\sum_{x=0}^{N-1}f(x)W_N^{ux} \tag{4.19}$$

$$f(x)=\frac{1}{\sqrt{N}}\sum_{u=0}^{N-1}F(u)W_N^{-ux} \tag{4.20}$$

从上面的运算可以看出，要得到每个频率分量，需要进行 N 次乘法运算和 $N-1$ 次加法运算。要完成整个变换需要 N^2 次乘法运算和 $N(N-1)$ 次加法运算。当序列较长时，必然要花费大量时间。

W_N^{ux} 是以 N 为周期的，即

$$W_N^{(u+LN)(x+KN)} = W_N^{ux} \tag{4.21}$$

基于此，美国人库利和图基提出把原始的 N 点序列依次分解成一系列短序列，求出这些短序列的离散傅里叶变换，以此来减少乘法运算量。

从上文可以看出，离散傅里叶变换的乘法运算有许多重复内容，快速傅里叶变换就是利用包含在 DFT 系数矩阵中的某些规律，将矩阵中的元素巧妙地排列替换，以减少乘法运算的次数。因为乘法运算与加法运算相比需要花费更多时间。

将 FFT 相对于直接实现 1-D DFT 的计算优势定义为

$$C(N) = \frac{N^2}{N\log_2 N} = \frac{N}{\log_2 N} \tag{4.22}$$

因为假设 $N = 2^n$，所以可以用 n 来表示：

$$C(n) = \frac{2^n}{n} \tag{4.23}$$

由式（4.23）可发现优势以 n 的函数急速增加，如图 4.1 所示。

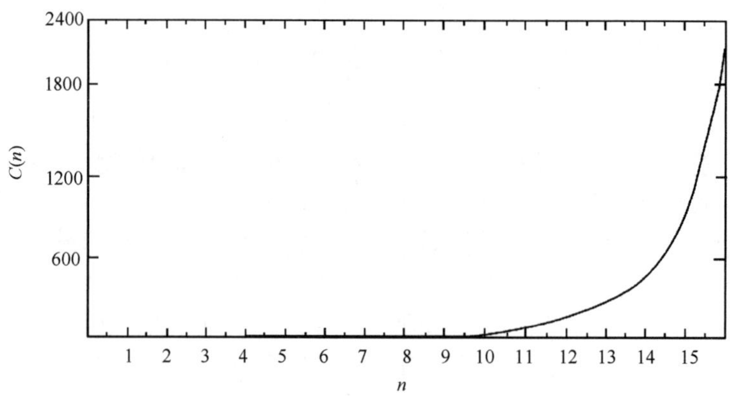

图 4.1　FFT 相对于直接实现 1-D DFT 的计算优势

4.4　傅里叶变换的性质

4.4.1　可分离性

式（4.16）和式（4.17）可以写成以下分离形式：

$$F(u,v) = \frac{1}{\sqrt{MN}}\sum_{x=0}^{M-1} \mathrm{e}^{-\mathrm{j}2\pi ux/M} f(x,y)\sum_{y=0}^{N-1} \mathrm{e}^{-\mathrm{j}2\pi vy/N},\ u=0, 1, 2, \cdots, M-1,\ v=0, 1, 2, \cdots, N-1 \tag{4.24}$$

$$f(x,y) = \frac{1}{\sqrt{MN}}\sum_{u=0}^{M-1} \mathrm{e}^{\mathrm{j}2\pi ux/M} \sum_{v=0}^{N-1} F(u,v)\mathrm{e}^{\mathrm{j}2\pi vy/N},\ u=0, 1, 2, \cdots, M-1,\ v=0, 1, 2, \cdots, N-1 \tag{4.25}$$

由上述分离形式可知，一个二维傅里叶变换可由连续 2 次运用一维傅里叶变换来实现，式（4.24）可由下列两步完成：

第一步：
$$F(u,y)=\frac{1}{\sqrt{M}}\sum_{x=0}^{M-1} f(x,y)\mathrm{e}^{-\mathrm{j}2\pi(ux)/M} \tag{4.26}$$

第二步：
$$F(u,v)=\frac{1}{\sqrt{N}}\sum_{y=0}^{N-1} F(u,y)\mathrm{e}^{-\mathrm{j}2\pi(vy)/N} \tag{4.27}$$

对每个 y 值，式（4.26）中是一个一维傅里叶变换。所以 $F(u,y)$ 可由沿 $f(x,y)$ 的每行求变换得到，在此基础上，再对 $F(u,y)$ 每列求傅里叶变换就可得到 $F(u,v)$。

当 M=N 时，变换过程可由图 4.2 表示（这里将变换系数合并在正变换公式中了）。

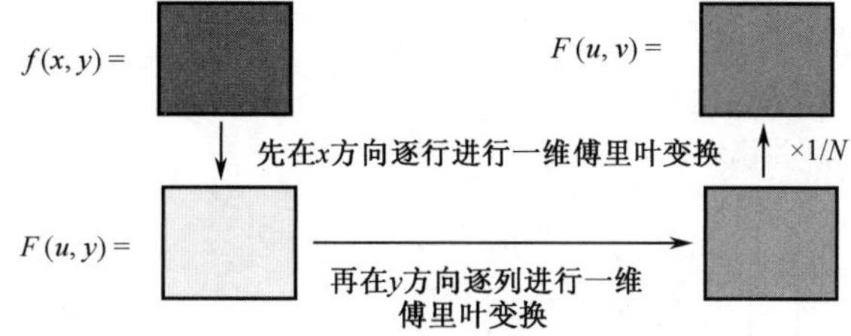

图 4.2　二次一维傅里叶变换示意图

【例 4.1】 二维离散傅里叶变换举例。

$$f(x,y)=\begin{bmatrix}1&1&0&0\\1&1&0&0\\0&0&0&0\\0&0&0&0\end{bmatrix} \qquad F(u,v)=\begin{bmatrix}1&0.5-0.5\mathrm{j}&0&0.5+0.5\mathrm{j}\\0.5-0.5\mathrm{j}&-0.5\mathrm{j}&0&0.5\\0&0&0&0\\0.5+0.5\mathrm{j}&0.5&0&0.5\mathrm{j}\end{bmatrix}$$

$\downarrow$ x 方向 FFT　　　　$\uparrow$ ×1/4

$$F(u,y)=\begin{bmatrix}2&2&0&0\\1-\mathrm{j}&1-\mathrm{j}&0&0\\0&0&0&0\\1+\mathrm{j}&1+\mathrm{j}&0&0\end{bmatrix} \xrightarrow{y\text{方向FFT}} \begin{bmatrix}4&2-2\mathrm{j}&0&2+2\mathrm{j}\\2-2\mathrm{j}&-2\mathrm{j}&0&2\\0&0&0&0\\2+2\mathrm{j}&2&0&2\mathrm{j}\end{bmatrix}$$

 4.4.2　平移性质

如果 $F(u,v)$ 的频率变量 u,v 各移动了距离 u_0,v_0，$f(x,y)$ 的变量 x,y 各移动了距离 x_0, y_0，则傅里叶变换对有下面的形式：

$$f(x,y)\mathrm{e}^{\mathrm{j}2\pi(u_0x/M+v_0y/N)} \Leftrightarrow F(u-u_0,v-v_0) \tag{4.28}$$

$$f(x-x_0,y-y_0) \Leftrightarrow F(u,v)\mathrm{e}^{-\mathrm{j}2\pi(ux_0/M+vy_0/N)} \tag{4.29}$$

式（4.28）表明 $f(x,y)$ 与一个指数相乘等于将变换后的频率域中心［见式（4.28）］移到新的位置上。类似地，式（4.29）表明将 $F(u,v)$ 与一个指数项相乘就相当于把其反变换后的空间域中心移动到新的位置上。另外由式（4.29）还可知，对 $f(x,y)$ 的平移将不改变频谱的幅值（Amplitude）。

当 u_0=M/2，v_0=N/2 时，$\mathrm{e}^{\mathrm{j}2\pi(u_0x/M+v_0y/N)}=\mathrm{e}^{\mathrm{j}\pi(x+y)}=(-1)^{(x+y)}$，即

$$f(x,y)(-1)^{(x+y)} \Leftrightarrow F(u-M/2, v-N/2)$$

同理
$$f(x-M/2, y-N/2) \Leftrightarrow F(u,v)(-1)^{(u+v)}$$

我们把以上这一性质称为移中性。下面以一维傅里叶变换为例，说明移中性的应用。

【例 4.2】已知 $f(x)=[1, 1, 1 ,1, 1 ,1 ,1 ,1, 0, 0, 0, 0, 0, 0, 0, 0]$，$g(x)=f(x)(-1)^x$，$x$=0, 1, 2, ⋯, 15，求$|F(u)|$和$|G(u)|$，并画出它们的频谱图。

根据式（4.13）计算可得

$F(u)$=[8, 1−5.0273i, 0, 1−1.4966i, 0, 1−0.6682i, 0, 1−0.1989i, 0, 1+0.1989i, 0, 1+ 0.6682i, 0, 1+1.4966i, 0, 1+5.0273i]

$|F(u)|$=[8, 5.1258, 0, 1.8, 0, 1.2027, 0, 1.0196, 0, 1.0196, 0, 1.2027, 0, 1.8, 0, 5.1258]

$|F(u)|$的频谱图如图 4.3 所示。

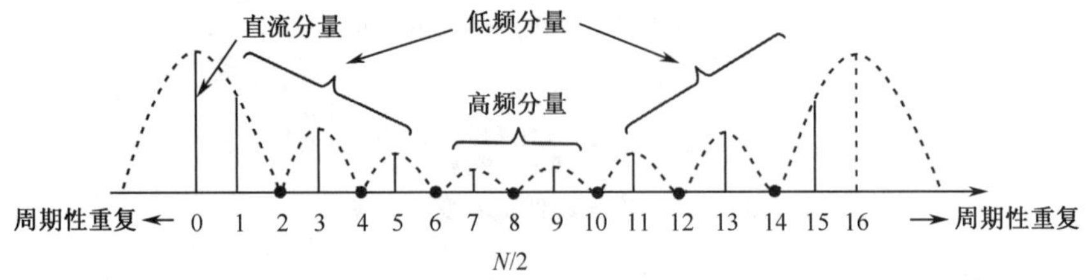

图 4.3　$|F(u)|$的频谱图

对于 $g(x)=f(x)(-1)^x$，有：$g(x)$=[1, −1, 1, −1, 1, −1, 1, −1, 0, 0, 0, 0, 0, 0, 0, 0]

所以：

$G(u)$=[0, 1+0.1989i, 0, 1+0.6682i, 0, 1+1.4966i, 0, 1+5.0273i, 8, 1−5.0273i, 0, 1−1.4966i, 0, 1−0.6682i, 0, 1−0.1989i]

$|G(u)|$=[0, 1.0196, 0, 1.2027, 0, 1.8, 0, 5.1258, 8, 5.1258, 0, 1.8, 0, 1.2027, 0, 1.0196]

$|G(u)|$的频谱图如图 4.4 所示。

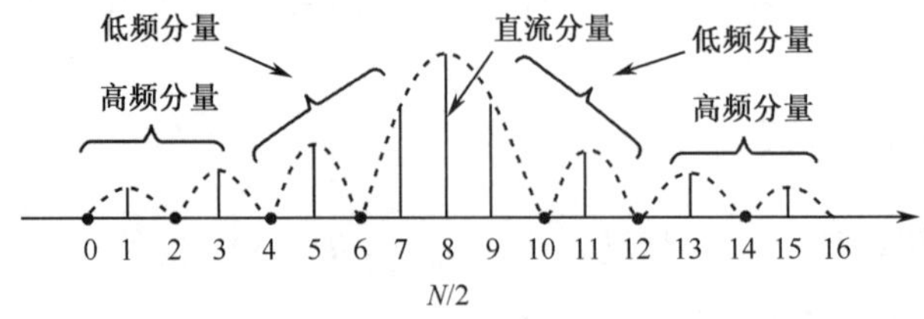

图 4.4　$|G(u)|$的频谱图

比较图 4.3 和图 4.4 就可以发现，图 4.4 是以直流分量为中心构成的对称频谱。

【例 4.3】已知 $f(x,y)=[1, 1, 0, 0; 1, 1, 0, 0; 0, 0, 0, 0; 0, 0, 0, 0]$，$g(x,y)=f(x,y)(-1)^{x+y}$，计算$|F(u,v)|$和$|G(u,v)|$。

$$f(x,y)\begin{bmatrix}1&1&0&0\\1&1&0&0\\0&0&0&0\\0&0&0&0\end{bmatrix}\xrightarrow{\text{FT}}\begin{bmatrix}4&2-2\text{j}&0&2+2\text{j}\\2-2\text{j}&-2\text{j}&0&2\\0&0&0&0\\2+2\text{j}&2&0&2\text{j}\end{bmatrix}\xrightarrow[|\quad|]{\times 1/4}\begin{bmatrix}1&\frac{\sqrt{2}}{2}&0&\frac{\sqrt{2}}{2}\\\frac{\sqrt{2}}{2}&\frac{1}{2}&0&\frac{1}{2}\\0&0&0&0\\\frac{\sqrt{2}}{2}&\frac{1}{2}&0&\frac{1}{2}\end{bmatrix}|F(u,v)|$$

$$\downarrow\times(-1)^{(x+y)}$$

$$g(x,y)\begin{bmatrix}1&-1&0&0\\-1&1&0&0\\0&0&0&0\\0&0&0&0\end{bmatrix}\xrightarrow{\text{FT}}\begin{bmatrix}0&0&0&0\\0&2\text{j}&2+2\text{j}&2\\0&2+2\text{j}&4&2-2\text{j}\\0&2&2-2\text{j}&-2\text{j}\end{bmatrix}\xrightarrow[|\quad|]{\times 1/4}\begin{bmatrix}0&0&0&0\\1&\frac{1}{2}&\frac{\sqrt{2}}{2}&\frac{1}{2}\\0&\frac{\sqrt{2}}{2}&1&\frac{\sqrt{2}}{2}\\0&\frac{1}{2}&\frac{\sqrt{2}}{2}&\frac{1}{2}\end{bmatrix}|G(u,v)|$$

请注意观察 $|F(u,v)|$ 和 $|G(u,v)|$ 的区别。

【例 4.4】 对一幅图进行傅里叶变换，求出其频谱图，然后利用平移性质，在原始图像的基础上乘以 $(-1)^{x+y}$，求傅里叶变换的频谱图（参照例 4.2）。

图 4.5（a）为原始图像，对其求傅里叶变换得到图 4.5（b）所示的傅里叶变换的频谱图，观察频谱图可知，在平移前，图 4.5（b）坐标原点在窗口的左上角，即变换后的直流成分位于左上角，而窗口的四角分布低频成分。对原始图像乘以 $(-1)^{x+y}$ 后进行傅里叶变换，观察频谱图 4.5（c）可知，变换后的坐标原点移至频谱图窗口中央，因而围绕坐标原点是低频，向外是高频。

（a）原始图像

（b）频谱图

（c）中心移到零点的频谱图

图 4.5　二维离散傅里叶变换结果中频率成分分布示意图

通过例 4.4 可知，图像的能量主要集中在低频区，即频谱图的中央位置，而相对的高频区（左上、右上、左下、右下 4 个角）的幅值很小或接近 0。以后傅里叶变换都进行相似的平移处理，将不再重复叙述。

4.4.3　周期性及共轭对称性

傅里叶变换和反变换有如下周期性性质：

$$\begin{aligned}F(u,v)&=F(u+M,v)=F(u,v+N)=F(u+M,v+N)\\f(x,y)&=f(x+M,y)=f(x,y+N)=f(x+M,y+N)\end{aligned}\tag{4.30}$$

式（4.30）可通过将右边几项分别代入式（4.16）和式（4.17）来验证，式（4.30）表明，尽管 $F(u,v)$ 对无穷多个 u 和 v 的值重复出现，但只需根据在任意一个周期里的 M 个或 N 个值，就可以由 $F(u,v)$ 得到 $f(x,y)$。换句话说，只需一个周期里的变换就可将 $F(u,v)$ 在频率域里完全确定。同样的结论对 $f(x,y)$ 在空间域也成立。

【例 4.5】 求序列长度 $N=8$ 的 W_N^{ux} 周期性规律。

由于

$$W_N^{ux}=\mathrm{e}^{-\mathrm{j}\frac{2\pi ux}{N}}=\cos\frac{ux}{N}2\pi-\mathrm{j}\sin\frac{ux}{N}2\pi$$

将 $N=8$ 代入上式

$$W_N^{ux}=\cos\frac{ux}{4}\pi-\mathrm{j}\sin\frac{ux}{4}\pi$$

所以可得

$$W_8^0=1，W_8^2=-\mathrm{j}，W_8^4=-1，W_8^6=\mathrm{j}$$

同理可得

$$W_8^{0+N}=1，W_8^{2+N}=-\mathrm{j}，W_8^{4+N}=-1，W_8^{6+N}=\mathrm{j}$$

W_N^{ux} 周期性规律可以从图 4.6 中清楚地看出。

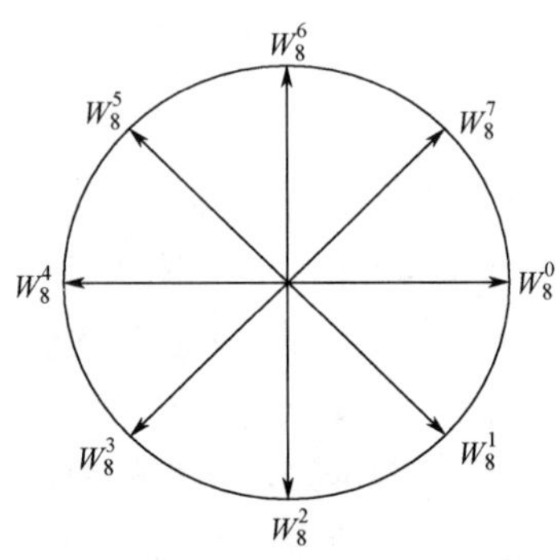

图 4.6　$N=8$ 的 W_N^{ux} 周期性规律

如果 $f(x,y)$ 是实函数，则它的傅里叶变换具有共轭对称性：

$$F(u,v)=F^*(-u,-v) \tag{4.31}$$

$$|F(u,v)|=|F(-u,-v)| \tag{4.32}$$

式中，$F^*(u,v)$ 为 $F(u,v)$ 的复共轭。

 4.4.4　旋转性质

首先借助极坐标变换 $x=r\cos\theta$，$y=r\sin\theta$，$u=w\cos\phi$，$v=w\sin\phi$，将 $f(x,y)$ 和 $F(u,v)$ 转换为 $f(r,\theta)$ 和 $F(w,\phi)$。

$$f(x,y)\Leftrightarrow F(u,v)$$

$$f(r\cos\theta,r\sin\theta)\Leftrightarrow F(w\cos\phi,w\sin\phi)$$

经过整理得

$$f(r,\theta+\theta_0)\Leftrightarrow F(w,\phi+\theta_0) \tag{4.33}$$

式（4.33）表明，对 $f(x,y)$ 旋转一个角度 θ_0 对应将其傅里叶变换 $F(u,v)$ 也旋转相同的角度 θ_0。从 $F(u,v)$ 到 $f(x,y)$ 也是一样的。

【例 4.6】 二维离散傅里叶变换的旋转性，MATLAB 程序如下：

```
%构造原始图像
I=zeros(256,256);I(28:228, 108:148)=1;subplot(1,4,1);imshow(I)
%求原始图像的傅里叶频谱
J=fft2(I); F=abs(J);J1=fftshift(F);
subplot(1,4,2);imshow(J1,[5 50])
%对原始图像进行旋转
```

```
J=imrotate(I,315,'bilinear','crop'); subplot(1,4,3);imshow(J)
%求旋转后图像的傅里叶频谱
J1=fft2(J);F=abs(J1);J2=fftshift(F);
subplot(1,4,4);imshow(J2,[5 50])
```

MATLAB 程序运行结果如图 4.7 所示，此实例验证了傅里叶变换的旋转性。

(a) 原始图像

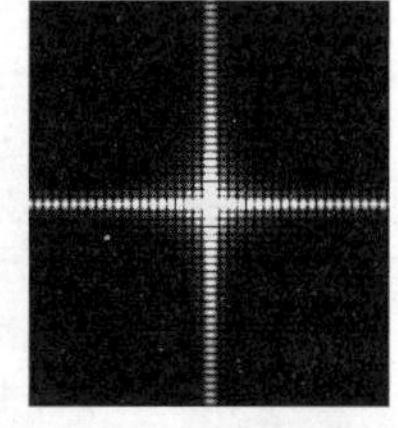
(b) 原始图像的傅里叶频谱

(c) 旋转后的图像

(d) 旋转后图像的傅里叶频谱

图 4.7 二维离散傅里叶变换的旋转性

4.4.5 分配律

根据傅里叶变换对的定义可得

$$F\{f_1(x,y)+f_2(x,y)\}=F\{f_1(x,y)\}+F\{f_2(x,y)\} \tag{4.34}$$

式（4.34）表明，傅里叶变换和反变换对加法满足分配律，但对乘法则不满足，一般有

$$F\{f_1(x,y)\cdot f_2(x,y)\}\neq F\{f_1(x,y)\}\cdot F\{f_2(x,y)\} \tag{4.35}$$

4.4.6 尺度变换

尺度变换描述了函数自变量的尺度变化对其傅里叶变换的作用。下面考察 $f(x,y)$ 的傅里叶变换：

$$af(x,y)\Leftrightarrow aF(u,v) \tag{4.36}$$

可以证明式（4.37）成立：

$$f(ax,by)\Leftrightarrow\frac{1}{|ab|}F\left(\frac{u}{a},\frac{v}{b}\right) \tag{4.37}$$

【例 4.7】比例尺度展宽，MATLAB 程序如下：

```
I=zeros(256,256);I(8:248,110:136)=255;
figure (1) ;imshow(I)
%原始图像的傅里叶频谱
J3=fft2(I);F2=abs(J3);J4=fftshift(F2);
figure (2) ;imshow(J4,[5 30])

%乘以比例尺度
a=0.1;
for i=1:256
   for j=1:256
      I(i,j)=I(i,j)*a;
```

```
    end
    end
%比例尺度展宽后的傅里叶频谱
J2=fft2(I);F1=abs(J2);J3=fftshift(F1);
figure (3) ;imshow(J3,[5 30])
```

MATLAB 程序运行结果如图 4.8 所示。

(a) 原始图像

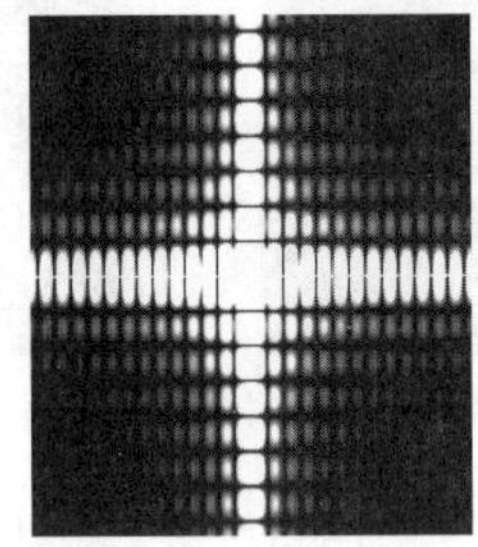
(b) 比例尺度展宽前的频谱

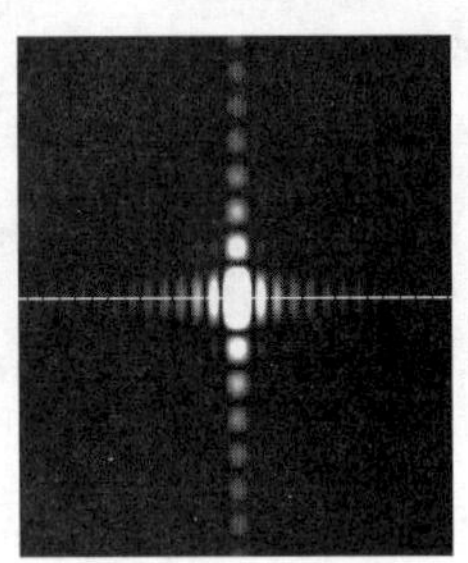
(c) 比例尺度展宽后的频谱（a=0.1）

图 4.8　傅里叶变换的尺度变换性

【例 4.8】 将图 4.9（a）乘以 e^{-1}，使图像亮度整体变暗，求其频谱图。

MATLAB 程序如下：

```
I=imread('i_peppers_gray.bmp');
figure(1);imshow(I)
P=I*exp(-1);
figure(2);imshow(P)
P1=fftshift(fft2(P));
figure(3);imshow(log(abs(P1)),[8,10])
```

将图 4.9（a）乘以 e^{-1}，MATLAB 程序运行结果如图 4.9（b）所示。对亮度平均变暗后的图像进行傅里叶变换，并将坐标原点移到频谱图的中央位置，MATLAB 程序运行结果如图 4.9（c）所示。对比图 4.5（c）和图 4.9（c）可以看出，当图像亮度变暗后，中央低频成分变小。从图 4.5 中可知，中央低频成分代表了图像的平均亮度，当图像亮度平均值发生变化时，对应频谱图中央的低频成分也发生了改变。

(a) 原始图像

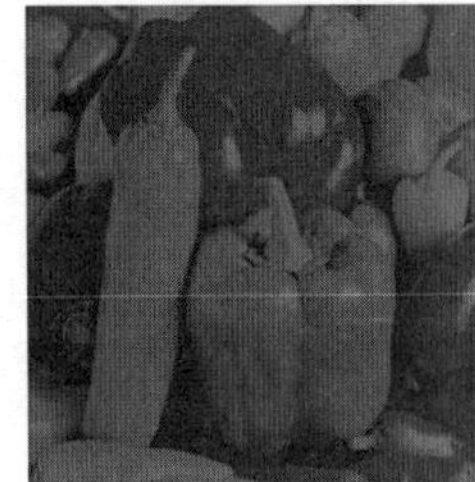
(b) 变暗后的图像

(c) 变暗后中心移到零点的频谱图

图 4.9　二维离散傅里叶变换结果中频率成分分布示意图

4.4.7 平均值

对一个二维离散函数，其平均值可表示为

$$\overline{f}(x,y)=\frac{1}{MN}\sum_{x=0}^{M-1}\sum_{y=0}^{N-1}f(x,y) \tag{4.38}$$

其傅里叶变换在原点的频谱分量为

$$\begin{aligned}F(0,0)&=\frac{1}{\sqrt{MN}}\sum_{x=0}^{M-1}\sum_{y=0}^{N-1}f(x,y)\mathrm{e}^{-\mathrm{j}2\pi\left(\frac{x}{M}\cdot 0+\frac{y}{N}\cdot 0\right)}\\&=\sqrt{MN}\left[\frac{1}{MN}\sum_{x=0}^{M-1}\sum_{y=0}^{N-1}f(x,y)\right]\\&=\sqrt{MN}\,\overline{f}(x,y)\end{aligned} \tag{4.39}$$

式（4.38）和式（4.39）比较可得

$$\overline{f}(x,y)=\frac{1}{\sqrt{MN}}F(0,0) \tag{4.40}$$

也就是说，频谱的直流成分 $\frac{1}{\sqrt{MN}}$ 倍等于图像平面的亮度平均值。在使用高通滤波器等的场合，$F(0,0)$ 值会衰减，图像的亮度在很大程度上会受到影响，采用对比度拉伸的方法可以缓和这种衰减。

4.4.8　卷积定理

卷积定理是线性系统分析中最重要的一条定理。下面先考虑一维傅里叶变换：

$$f(x)*g(x)=\int_{-\infty}^{\infty}f(z)g(x-z)\mathrm{d}z\Leftrightarrow F(u)G(u) \tag{4.41}$$

同样，二维情况也是如此：

$$f(x,y)*g(x,y)\Leftrightarrow F(u,v)G(u,v) \tag{4.42}$$

这意味着，在时间域中的卷积相当于在频率域中的乘积。卷积定理指出了傅里叶变换中的一个优势：与其在一个域中作不直观的卷积，不如在另一个域中作乘法，可以达到相同的效果。

【例 4.9】应用傅里叶变换完成二维卷积，MATLAB 程序如下：

```
f=[8,1,6;3,5,7;4,9,2];
g=[1,1,1;1,1,1;1,1,1];
f(8,8)=0;    g(8,8)=0;
c=ifft2(fft2(f).*fft2(g));
c1=c(1:5,1:5)
%利用 conv2（二维卷积函数）校验
a=[8,1,6;3,5,7;4,9,2];
b=[1,1,1;1,1,1;1,1,1];
c2=conv2(a,b)
```

注意观察 MATLAB 程序运行的结果 c1 和 c2。

4.5 图像傅里叶变换实例

【例 4.10】在图 4.9（a）中加入高斯噪声，得出一个有颗粒噪声的图像，并求其中心移动到零点的频谱图。MATLAB 程序如下：

```
I=imread('i_peppers_gray.bmp');
I=imnoise(I,'gaussian',0,0.01);
figure;imshow(I);
P=fftshift(fft2(I));
figure; imshow(log(abs(P)),[8,10])
```

在图 4.9（a）中加入高斯噪声，得出有颗粒噪声的图 4.10（a），对其进行傅里叶变换，并利用平移性质将其坐标原点移动到频谱图的中央位置，结果如图 4.10（b）所示。对比图 4.10 可以看出，图像如果存在明显的颗粒噪声，变换后的高频幅值数值增加，分布增多。由此得出，图像灰度变化缓慢的区域对应它变换后的低频分量部分；图像灰度呈阶跃变换的区域对应变换后的高频分量部分。除颗粒噪声外，图像细节的边缘、轮廓处都是灰度变化突变区域，它们都具有变换后的高频分量特征。

（a）有颗粒噪声

（b）有颗粒噪声中心移动到零点的频谱图

图 4.10 二维离散傅里叶变换结果中频率成分分布示意图

【例 4.11】一幅图像如图 4.11（a）所示，求其幅值谱和相位谱，并对幅值谱和相位谱分别进行图像重构，对比其结果。MATLAB 程序如下：

```
I=imread('i_peppers_gray.bmp');
figure(1);imshow(real(I));
I=I(:,:,3);fftI=fft2(I);
sfftI=fftshift(fftI);
RRfdp1=real(sfftI);IIfdp1=imag(sfftI);
a=sqrt(RRfdp1.^2+IIfdp1.^2);
a=(a-min(min(a)))/(max(max(a))-min(min(a)))*225;
figure(2);imshow(real(a));
b=angle(fftI);figure(3);imshow(real(b));
theta=30;RR1=a*cos(theta);II1=a*sin(theta);
```

```
fftI1=RR1+i.*II1;C=ifft2(fftI1)*255;
figure(4);imshow(real(C));
MM=150;RR2=MM*cos(angle(fftI));II2=MM*sin(angle(fftI));
fftI2=RR2+i.*II2;D=ifft2(fftI2);
figure(5);imshow(real(D));
```

对图 4.11（a）进行离散傅里叶变换，得出幅值谱图 4.11（b）、相位谱图 4.11（c）及幅值谱重构图像图 4.11（d）和相位谱重构图像图 4.11（e）。从实验结果可以看出，从幅值谱图像中得到的信息比在相位谱图像中得到的信息多，但对幅值谱图像重构后，即忽略相位信息，将其设为常数，所得到的图像与原始图像相比，结果差别很大；而对相位谱图像重构后，即忽略幅值信息，将其设为常数，可以从图 4.11（e）中看出图像的基本轮廓。

（a）原始图像

（b）幅值谱

（c）相位谱

（d）幅值谱重构图像

（e）相位谱重构图像

图 4.11　傅里叶变换及重构

【例 4.12】 对 2 幅图像分别求其幅值谱和相位谱，将相位谱交换，分别进行图像重构，观察其结果。MATLAB 程序如下：

```
load lena.mat;load boy.mat;%读取图像，分别在变量 I1 和 J1 中
%求傅里叶变换
If = fft2(I1);Jf = fft2(J1);
%分别求幅值谱和相位谱
FAi = abs(If);FPi = angle(If);
FAj = abs(Jf);FPj = angle(Jf);
%交换相位谱并重建复数矩阵
IR = FAi .* cos(FPj) + FAi.* sin(FPj) .* i;
JR = FAj .* cos(FPi) + FAj.* sin(FPi) .* i;
%傅里叶反变换
IR1= abs(ifft2(IR));JR1= abs(ifft2(JR));
%显示图像
subplot(2,2,1);imshow(I1);
title('男孩原始图像');subplot(2,2,2);
imshow(J1);title('Lena 原始图像');
subplot(2,2,3);imshow(IR1,[]);
title('男孩图像的幅值谱和 Lena 图像的相位谱组合');
subplot(2,2,4);imshow(JR1,[]);
title('Lena 图像的幅值谱和男孩图像的相位谱组合');
```

程序运行结果如图 4.12 所示。

（a）男孩原始图像

（b）Lena 原始图像

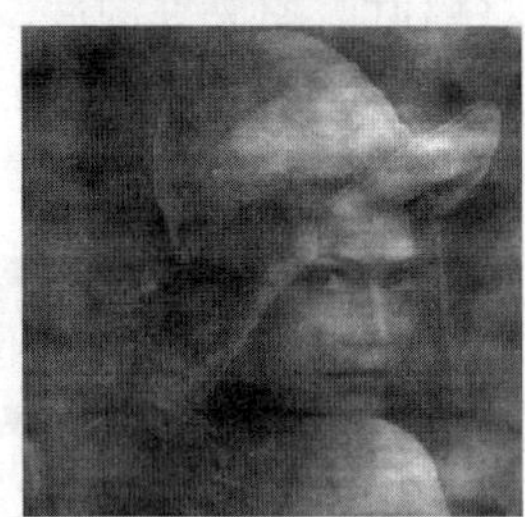
（c）男孩图像的幅值谱和 Lena 图像的相位谱组合

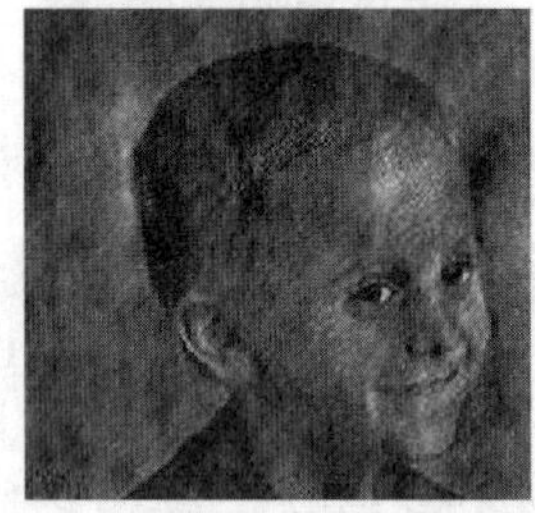
（d）Lena 图像的幅值谱和男孩图像的相位谱组合

图 4.12　幅值谱与相位谱的关系

4.6　其他离散变换

数字图像处理中常用的正交变换除傅里叶变换外，还有其他变换。在数字图像处理中常用的有离散余弦变换、沃尔什变换等。

 4.6.1　离散余弦变换

一维离散余弦变换（1-D Discrete Cosine Transform）的定义表示为

$$F(0)=\frac{1}{\sqrt{N}}\sum_{x=0}^{N-1}f(x) \tag{4.43}$$

$$F(u)=\sqrt{\frac{2}{N}}\sum_{x=0}^{N-1}f(x)\cos\frac{(2x+1)u\pi}{2N} \tag{4.44}$$

式中，$F(u)$是第u个余弦变换系数；u是广义频率变量，$u=1,2,3,\cdots,N-1$；$f(x)$是时间域N点实序列，$x=0,1,2,\cdots,N-1$。

一维离散余弦反变换表示为

$$f(x)=\sqrt{\frac{1}{N}}F(0)+\sqrt{\frac{2}{N}}\sum_{u=1}^{N-1}F(u)\cos\frac{(2x+1)u\pi}{2N} \tag{4.45}$$

显然，式（4.43）、式（4.44）和式（4.45）构成了一维离散余弦变换。

由一维离散余弦变换（1-D DCT）可以很容易地推广到二维余弦离散变换，表示为

$$F(0,0)=\frac{1}{N}\sum_{x=0}^{N-1}\sum_{y=0}^{N-1}f(x,y)$$

$$F(0,v)=\frac{\sqrt{2}}{N}\sum_{x=0}^{N-1}\sum_{y=0}^{N-1}f(x,y)\cdot\cos\frac{(2y+1)v\pi}{2N}$$

$$F(u,0)=\frac{\sqrt{2}}{N}\sum_{x=0}^{N-1}\sum_{y=0}^{N-1}f(x,y)\cdot\cos\frac{(2x+1)u\pi}{2N}$$

$$F(u,v)=\frac{2}{N}\sum_{x=0}^{N-1}\sum_{y=0}^{N-1}f(x,y)\cdot\cos\frac{(2x+1)u\pi}{2N}\cdot\cos\frac{(2y+1)v\pi}{2N} \tag{4.46}$$

式（4.46）是正变换公式，其中 $f(x,y)$ 是空间域二维向量的元素，$x,y=0,1,2,\cdots,N-1$。$F(u,v)$ 是变换系数阵列的元素，式中表示的阵列为 $N\times N$。

二维离散余弦反变换表示为

$$\begin{aligned}f(x,y)=&\frac{1}{N}F(0,0)+\frac{\sqrt{2}}{N}\sum_{v=1}^{N-1}F(0,v)\cos\frac{(2x+1)v\pi}{2N}+\frac{\sqrt{2}}{N}\sum_{u=1}^{N-1}F(u,0)\cos\frac{(2x+1)u\pi}{2N}+\\&\frac{2}{N}\sum_{u=1}^{N-1}\sum_{v=1}^{N-1}F(u,v)\cos\frac{(2x+1)u\pi}{2N}\cdot\cos\frac{(2y+1)v\pi}{2N}\end{aligned} \tag{4.47}$$

式中的符号意义与式（4.46）相同。式（4.46）和式（4.47）是离散余弦变换的解析式定义。更为简洁的定义方法是采用矩阵式定义，则一维离散余弦变换的矩阵定义式可写为

$$(F(u))=(A)(f(x)) \tag{4.48}$$

同理，可得到反变换展开式，即

$$(f(x))=(A)'(F(u)) \tag{4.49}$$

类似地，二维离散余弦变换也可以写成矩阵式，即

$$\begin{aligned}(F(u,v))&=(\boldsymbol{A})(f(x,y))(\boldsymbol{A})^{\mathrm{T}}\\(f(x,y))&=(\boldsymbol{A})^{\mathrm{T}}(F(u,v))(\boldsymbol{A})\end{aligned} \tag{4.50}$$

式中，$(f(x,y))$ 是空间域数据阵列，$(F(u,v))$ 是变换系数阵列，$(\boldsymbol{A})$ 是与式（4.46）相关的系数阵列，变换矩阵 $(\boldsymbol{A})^{\mathrm{T}}$ 是 $(\boldsymbol{A})$ 的转置。

【例 4.13】二维余弦正反变换在 MATLAB 中的实现。MATLAB 程序如下：

```
I=imread('lena0.bmp');
figure(1),subplot(131);imshow(I);
J=dct2(I);
figure(1),subplot(132);imshow(log(abs(J)),[]); %余弦变换
K=idct2(J)/255;                                %余弦反变换
figure(1),subplot(133);imshow(K);
```

MATLAB 程序运行结果如图 4.13 所示。

（a）原始图像

（b）余弦变换系数

（c）余弦反变换恢复图像

图 4.13　二维离散余弦变换

【例 4.14】用 DCT 进行图像压缩，求经压缩、解压后的图像。MATLAB 程序如下：

```
I=imread('lena0.bmp');
[M,N]=size(I);%M=512,N=512
figure(1);subplot(1,2,1);imshow(I);title('原始图像');
I=im2double(I);

%生成标准 DCT 中的矩阵（8×8）,
 n=8;[cc,rr] = meshgrid(0:n-1);
C= sqrt(2 / n) * cos(pi * (2*cc + 1) .* rr / (2 * n));
C(1,:) =C(1,:) / sqrt(2);
%光亮度量化表
a =[16 11 10 16 24  40  51  61;
   12 12 14 19 26  58  60  55;
   14 13 16 24 40  57  69  56;
   14 17 22 29 51  87  80  62;
   18 22 37 56 68  109 103 77;
   24 35 55 64 81  104 113 92;
   49 64 78 87 103 121 120 101;
   72 92 95 98 112 100 103 99 ];

%分块做 DCT（8×8）,DCT 公式: 正变换:Y=CIC';
for i=1:8:M
    for j=1:8:N
        P=I(i:i+7,j:j+7);
        K=C*P*C';
        I1(i:i+7,j:j+7)=K;
        K=K./a;%量化
        K(abs(K)<0.03)=0;
        I2(i:i+7,j:j+7)=K;
    end
end
figure(1);subplot(1,2,2);imshow(I1);title('DCT 后的频域图像');
figure(2);subplot(1,2,1);imshow(I2);title('量化后的频域图像');

%分块做反 DCT（8×8）, 逆变换:P=C'YC;
for i=1:8:M
    for j=1:8:N
        P=I2(i:i+7,j:j+7).*a;%反量化
        K=C'*P*C;
        I3(i:i+7,j:j+7)=K;
    end
end
figure(2);subplot(1,2,2);imshow(I3);title('复原图像');
```

MATLAB 程序运行结果如图 4.14 所示。

（a）原始图像

（b）DCT 后的频域图像

（c）量化后的频域图像

（d）复原图像

图 4.14　原始图像及其经压缩、解压缩后的图像

4.6.2　二维离散沃尔什-哈达玛变换

前面介绍的 DFT 和 DCT 一类正交变换的基底函数均是指数函数或余（正）弦函数，会占用较多的计算时间，在通信等实时处理领域，往往需要更为便利和有效的变换方法。选用方波信号或其变形作为变换基，便于硬件实现且抗干扰性能较好。这类变换中的许多乘法操作简单，计算速度快，沃尔什-哈达玛变换就是其中的一种。

1．沃尔什变换

沃尔什函数系是函数值仅取+1 和−1 两值的非正弦型的标准正交完备函数系。由于二值正交函数与数字逻辑中的两个状态相对应，所以非常便于计算机和数字信号处理器运算。图 4.15 显示了沃尔什函数系的前 10 个函数。

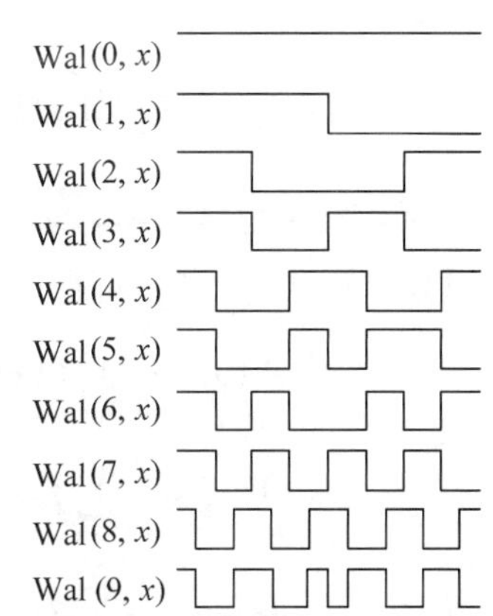

图 4.15　沃尔什函数系的前 10 个函数

沃尔什函数有 3 种排列或编号方式，即列率排列、佩利（Paley）排列（自然排列）和哈达玛（Hadamard）排列，这三种排列各有特点。沃尔什变换的排列方式为列率排列，与正弦波频率相对应，非正弦波形可用列率描述。列率表示某种函数在单位区间上函数值为零的零点个数之半。

设 $N=2^n$，一维离散沃尔什变换核为

$$g(x,u)=\frac{1}{N}\prod_{i=0}^{n-1}(-1)^{b_i(x)b_{n-1-i}(u)} \tag{4.51}$$

式中，$u,x=0,1,2,\cdots,N-1$。$b_k(z)$ 代表 z 的二进制表示的第 k 位值。沃尔什变换核是一个对称阵列，并且其行和列是正交的。这些性质表明反变换核与正变换核只差一个常数 $1/N$。

一维沃尔什变换为

$$W(u)=\frac{1}{N}\sum_{x=0}^{N-1}f(x)\prod_{i=0}^{n-1}(-1)^{b_i(x)b_{n-1-i}(u)} \tag{4.52}$$

逆变换为

$$f(x)=\sum_{u=0}^{N-1}W(u)\prod_{i=0}^{n-1}(-1)^{b_i(x)b_{n-1-i}(u)} \tag{4.53}$$

沃尔什变换要求图像的大小为 $N=2^n$。其正变换核为

$$g(x,y;u,v)=\frac{1}{N}\prod_{i=0}^{n-1}(-1)^{[b_i(x)b_{n-1-i}(u)+b_i(y)b_{n-1-i}(v)]} \tag{4.54}$$

逆变换核为

$$h(x,y;u,v)=\frac{1}{N}\prod_{i=0}^{n-1}(-1)^{[b_i(x)b_{n-1-i}(u)+b_i(y)b_{n-1-i}(v)]} \tag{4.55}$$

二维沃尔什正变换和逆变换分别为

$$W(u,v)=\frac{1}{N}\sum_{x=0}^{N-1}\sum_{y=0}^{N-1}f(x,y)\prod_{i=0}^{n-1}(-1)^{[b_i(x)b_{n-1-i}(u)+b_i(y)b_{n-1-i}(v)]} \tag{4.56}$$

和

$$f(x,y)=\frac{1}{N}\sum_{u=0}^{N-1}\sum_{v=0}^{N-1}W(u,v)\prod_{i=0}^{n-1}(-1)^{[b_i(x)b_{n-1-i}(u)+b_i(y)b_{n-1-i}(v)]} \tag{4.57}$$

式中，$x=0,1,2,\cdots,N-1;\ y=0,1,2,\cdots,N-1$。

计算正变换的任何算法同样适用于逆变换。不难看出，沃尔什变换是可分离和对称的。因此，二维沃尔什变换可以像 2-D DFT 一样，分为两次一维沃尔什变换实现。

二维沃尔什变换的矩阵形式为

$$\boldsymbol{W}=\frac{1}{N^2}\boldsymbol{GfG} \tag{4.58}$$

式中，$\boldsymbol{G}$ 为 N 阶沃尔什变换的核矩阵。二维沃尔什逆变换的矩阵形式为

$$\boldsymbol{f}=\boldsymbol{GWG} \tag{4.59}$$

【例 4.15】 已知 N=4，求 $f(x)$ 的沃尔什变换。

【解】 由式（4.52）可得

$$W(0)=\frac{1}{4}\sum_{x=0}^{3}f(x)\prod_{i=0}^{1}(-1)^{b_i(x)b_{n-1-i}(0)}=\frac{1}{4}[f(0)+f(1)+f(2)+f(3)]$$

$$W(1)=\frac{1}{4}\sum_{x=0}^{3}f(x)\prod_{i=0}^{1}(-1)^{b_i(x)b_{n-1-i}(1)}=\frac{1}{4}[f(0)+f(1)-f(2)-f(3)]$$

$$W(2)=\frac{1}{4}\sum_{x=0}^{3}f(x)\prod_{i=0}^{1}(-1)^{b_i(x)b_{n-1-i}(2)}=\frac{1}{4}[f(0)-f(1)+f(2)-f(3)]$$

$$W(3)=\frac{1}{4}\sum_{x=0}^{3}f(x)\prod_{i=0}^{1}(-1)^{b_i(x)b_{n-1-i}(3)}=\frac{1}{4}[f(0)-f(1)-f(2)+f(3)]$$

【例 4.16】 已知二维数字图像矩阵为 $\boldsymbol{f}=\begin{bmatrix}2&5&5&2\\3&3&3&3\\3&3&3&3\\2&5&5&2\end{bmatrix}$，求此图像的 2-D DWT，并求反变换 $\boldsymbol{f}$。

【解】 根据 $\boldsymbol{G}=\begin{bmatrix}1&1&1&1\\1&1&-1&-1\\1&-1&-1&1\\1&-1&1&-1\end{bmatrix}$，而 $\boldsymbol{W}=\frac{1}{N^2}\boldsymbol{GfG}$，则可采用 MATLAB 程序求解 $\boldsymbol{W}$。

MATLAB 程序如下：

```
f=[2 5 5 2;3 3 3 3;3 3 3 3;2 5 5 1];
G=[1 1 1 1;1 1 -1 -1;1 -1 -1 1;1 -1 1 -1];
W=(1/16)*G*f*G
```

MATLAB 程序运行结果如下：

```
W =
3.1875    0.0625   -0.8125    0.0625
0.0625   -0.0625    0.0625   -0.0625
0.1875    0.0625   -0.8125    0.0625
0.0625   -0.0625    0.0625   -0.0625
```

反求 $\boldsymbol{f}$ 的 MATLAB 程序如下：

```
W =[3.1875    0.0625   -0.8125    0.0625
   0.0625   -0.0625    0.0625   -0.0625
   0.1875    0.0625   -0.8125    0.0625
   0.0625   -0.0625    0.0625   -0.0625]
G=[1 1 1 1;1 1 -1 -1;1 -1 -1 1;1 -1 1 -1];
f=G*W*G
```

MATLAB 程序运行结果如下：

```
f =
     2     5     5     2
     3     3     3     3
     3     3     3     3
     2     5     5     1
```

由例 4.16 可见，$\boldsymbol{W}$ 左上角的数值相对高于右下角的数值，所以 2-D DWT 具有集中能量的特性。不难说明图像的数值越是均匀的，则变换后的数值越集中在矩阵的左上角附近。因此利用 DWT 可以压缩图像信息。

2. 哈达玛变换

如上所述，沃尔什函数的 3 种排列方式各有特点。哈达玛排列定义简单，存在从低阶到高阶的递推关系，高阶矩阵可以由两个低阶矩阵之积求得，便于快速计算，实用性更好。采用哈达玛排列的沃尔什函数进行的变换称为沃尔什-哈达玛变换（WHT）或哈达玛变换。

哈达玛变换矩阵是元素仅由+1 和-1 组成的正交方阵，它的任意两行或两列都彼此正交，即它们的对应元素之和为零。哈达玛变换矩阵与沃尔什变换的差异仅仅是行的次序不同。

一维哈达玛变换核为

$$g(x,u)=\frac{1}{N}(-1)^{\sum_{i=0}^{n-1}b_i(x)b_i(u)} \tag{4.60}$$

式中，x, u=0, 1, 2, ⋯, N−1。

一维哈达玛正变换为

$$H(u)=\frac{1}{N}\sum_{x=0}^{N-1}f(x)(-1)^{\sum_{i=0}^{n-1}b_i(x)b_i(u)} \tag{4.61}$$

式中，u=0, 1, 2, ⋯, N−1。

一维哈达玛逆变换为

$$f(x)=\sum_{u=0}^{N-1}H(u)(-1)^{\sum_{i=0}^{n-1}b_i(x)b_i(u)} \tag{4.62}$$

式中，x=0, 1, 2, ⋯, N−1。

二维哈达玛正变换和逆变换分别为

$$H(u,v)=\frac{1}{N}\sum_{x=0}^{N-1}\sum_{y=0}^{N-1}f(x,y)(-1)^{\sum_{i=0}^{n-1}[b_i(x)b_i(u)+b_i(y)b_i(v)]} \tag{4.63}$$

和

$$f(x,y)=\frac{1}{N}\sum_{u=0}^{N-1}\sum_{v=0}^{N-1}H(u,v)(-1)^{\sum_{i=0}^{n-1}[b_i(x)b_i(u)+b_i(y)b_i(v)]} \tag{4.64}$$

式中，$x=0,1,2,\cdots,N-1;\ y=0,1,2,\cdots,N-1$。

可见，二维哈达玛正、逆变换也具有相同的形式。哈达玛变换核是可分离的和对称的。因此，二维的哈达玛正变换和逆变换都可通过两个一维变换实现。

最低阶的哈达玛矩阵为

$$\boldsymbol{H}_2=\begin{bmatrix}1 & 1\\ 1 & -1\end{bmatrix} \tag{4.65}$$

高阶哈达玛矩阵可以通过如下递推公式求得：

$$\boldsymbol{H}_N=\begin{bmatrix}\boldsymbol{H}_{N/2} & \boldsymbol{H}_{N/2}\\ \boldsymbol{H}_{N/2} & -\boldsymbol{H}_{N/2}\end{bmatrix} \tag{4.66}$$

例如，N=4 的哈达玛矩阵为

$$\boldsymbol{H}_4=\begin{bmatrix}\boldsymbol{H}_2 & \boldsymbol{H}_2\\ \boldsymbol{H}_2 & -\boldsymbol{H}_2\end{bmatrix}=\begin{bmatrix}1 & 1 & 1 & 1\\ 1 & -1 & 1 & -1\\ 1 & 1 & -1 & -1\\ 1 & -1 & -1 & 1\end{bmatrix} \tag{4.67}$$

可见，对于任意 N 阶哈达玛矩阵，其元素仍然只含有±1，而且可以根据上一阶的矩阵求得。这使得该变换的复杂度降低了。为了方便变换表达式的书写，往往利用 $\sqrt{N}$ 对相应的矩阵规格化。例如，N=8 的哈达玛矩阵为

$$
\boldsymbol{H}_8=\frac{1}{2\sqrt{2}}\begin{bmatrix}1&1&1&1&1&1&1&1\\1&-1&1&-1&1&-1&1&-1\\1&1&-1&-1&1&1&-1&-1\\1&-1&-1&1&1&-1&-1&1\\1&1&1&1&-1&-1&-1&-1\\1&-1&1&-1&-1&1&-1&1\\1&1&-1&-1&-1&-1&1&1\\1&-1&-1&1&-1&1&1&-1\end{bmatrix}\begin{matrix}0\\7\\3\\4\\1\\6\\2\\5\end{matrix} \tag{4.68}
$$

矩阵右端的值代表该行的列率，即该行中信号符号改变的次数，可见其列率的排列是无规则的。将无序的哈达玛核进行列率排列，即可得到有序的沃尔什变换核

$$
\boldsymbol{W}_8=\frac{1}{2\sqrt{2}}\begin{bmatrix}1&1&1&1&1&1&1&1\\1&1&1&1&-1&-1&-1&-1\\1&1&-1&-1&-1&-1&1&1\\1&1&-1&-1&1&1&-1&-1\\1&-1&-1&1&1&-1&-1&1\\1&-1&-1&1&-1&1&1&-1\\1&-1&1&-1&-1&1&-1&1\\1&-1&1&-1&1&-1&1&-1\end{bmatrix}\begin{matrix}0\\1\\2\\3\\4\\5\\6\\7\end{matrix} \tag{4.69}
$$

2-D WHT 有快速算法，其统计特征与 2-D DFT 类似，图像中的直流成分和低序率成分占绝大部分能量，且大部分高序率的变换幅度为零。

4.6.3　卡胡南-拉维变换

卡胡南-拉维变换（Karhunen-Loeve Transform）简称 K-L 变换（KLT），也称 Hotell 变换，它以图像的统计特征为基础，是均方意义下的最佳变换。

设原始图像为 $\boldsymbol{X}$，采用 K-L 变换恢复的图像为 $\hat{\boldsymbol{X}}$，则 $\hat{\boldsymbol{X}}$ 和原始图像 $\boldsymbol{X}$ 具有最小的均方误差 ε，即

$$
\varepsilon=E\{[\boldsymbol{X}-\hat{\boldsymbol{X}}]^{\mathrm{T}}[\boldsymbol{X}-\hat{\boldsymbol{X}}]\}=\min \tag{4.70}
$$

设 $N\times N$ 的图像 $f(x,y)$ 在信道中传输了 M 次，则接收到的图像集合为 $\{f_1(x,y), f_2(x,y),\cdots,f_i(x,y),\cdots,f_M(x,y)\}$。第 i 次获得的图像 $f_i(x,y)$ 可以用 N^2 维向量 $\boldsymbol{X}_i$ 表示为

$$
\boldsymbol{X}_i=[f_i(0,0),f_i(0,1),\cdots,f_i(0,N-1),f_i(1,0),f_i(r,N-1),\cdots,f_i(N-1,N-1)]^{\mathrm{T}} \tag{4.71}
$$

式中，T 表示转置。将 $\boldsymbol{X}_i$ 视为某个随机向量 $\boldsymbol{X}$ 的一次实现，假设 $\boldsymbol{X}$ 有 M 次实现，$\boldsymbol{X}$ 的数字期望 $\boldsymbol{m}_x$ 可以定义为其估计值，即

$$
\boldsymbol{m}_x=E\{\boldsymbol{X}\}=\frac{1}{M}\sum_{i=1}^{M}\boldsymbol{X}_i \tag{4.72}
$$

$\boldsymbol{X}$ 的协方差矩阵 $\boldsymbol{C}_x$ 定义为

$$\boldsymbol{C}_x = \frac{1}{M}\sum_{i=1}^{M}(\boldsymbol{X}_i - \boldsymbol{m}_x)(\boldsymbol{X}_i - \boldsymbol{m}_x)^{\mathrm{T}} = \frac{1}{M}\left[\sum_{i=1}^{M}\boldsymbol{X}_i\boldsymbol{X}_i^{\mathrm{T}}\right] - \boldsymbol{m}_x\boldsymbol{m}_x^{\mathrm{T}} \tag{4.73}$$

可见，$\boldsymbol{C_x}$ 是一个 $N^2 \times N^2$ 的实对称矩阵。令 λ_i 和 a_i（i=1, 2,⋯，N^2）分别为 $\boldsymbol{C_x}$ 的第 i 个特征值和特征向量，即

$$\boldsymbol{A} = \begin{bmatrix} a_{11} & a_{21} & \cdots & a_{N^2 1} \\ a_{12} & a_{22} & \cdots & a_{N^2 2} \\ \vdots & \vdots & \ddots & a_{N^2 3} \\ a_{1N^2} & a_{2N^2} & \cdots & a_{N^2 4} \end{bmatrix} \tag{4.74}$$

根据矩阵论，一个实对称矩阵，其特征向量构成的矩阵是一个正交矩阵，且

$$\boldsymbol{A}^{\mathrm{T}}\boldsymbol{C}_x\boldsymbol{A} = \boldsymbol{A}^{-1}\boldsymbol{C}_x\boldsymbol{A} = \boldsymbol{\Lambda} \tag{4.75}$$

式中，$\boldsymbol{\Lambda}$ 为 $\boldsymbol{C}_x$ 的特征向量构成的对角线矩阵。K-L 变换选取一个上述正交变换 $\boldsymbol{A}$，使得变换后的图像 $\boldsymbol{Y}$ 满足：

$$\boldsymbol{Y} = \boldsymbol{A}(\boldsymbol{X} - \boldsymbol{m}_x) \tag{4.76}$$

对于 K-L 变换，我们可以得出以下结论：

（1）求图像向量 $\boldsymbol{X}$ 的 K-L 变换 $\boldsymbol{A}$ 的问题，就是求图像协方差矩阵 $\boldsymbol{C}_x$ 的特征向量的问题，所以 K-L 变换也称为特征向量变换。

（2）变换后的新图像 $\boldsymbol{Y}$ 是对中心化的图像 $(\boldsymbol{X} - \boldsymbol{m}_x)$ 进行的正交变换，其数学期望 $\boldsymbol{m}_y$=0，而协方差 $\boldsymbol{C}_y = \boldsymbol{A}^{\mathrm{T}}\boldsymbol{C}_x\boldsymbol{A} = \boldsymbol{\Lambda}$，说明 $\boldsymbol{Y}$ 的元素是各不相关的。由于 K-L 变换可以通过输入向量 $\boldsymbol{X}$ 的协方差矩阵 $\boldsymbol{C}_x$ 的特征向量得到，所以它又被称为特征向量变换。

（3）由 $\boldsymbol{Y}$ 经逆变换恢复的原图像 $\boldsymbol{X}$ 为

$$\boldsymbol{X} = \boldsymbol{A}^{-1}\boldsymbol{Y} + \boldsymbol{m}_x \tag{4.77}$$

（4）由于输出变换结果 $\boldsymbol{Y}$ 的 N^2 个分量彼此是线性无关的，因此如果选取方差最大的前 M 个分量（主分量）估计原始图像 $\boldsymbol{X}$ 时，所造成的估值误差将是最小的。因此这种变换又称为主分量变换（Principal Component Transformation，PCT），这是主分量分析（Principal Component Analysis，PCA）算法的理论依据。相应地，由于输出误差最小准则等价于取方差最大的成分进行逼近，所以 K-L 变换是在最小方差意义下的最佳变换。由变换后的 M 个 y_i 分量恢复图像 $\boldsymbol{X}$ 时，估值为

$$\hat{\boldsymbol{X}} = \boldsymbol{A}_M\boldsymbol{Y}_M + \boldsymbol{m}_x \tag{4.78}$$

式中，$\boldsymbol{A}_M$ 是 $N^2 \times M$ 维的，$\boldsymbol{Y}_M$ 是 $M \times 1$ 维的。由于 $M \ll N^2$，这样复原的图像有效地过滤了随机干扰而成为原始图像的最佳逼近，且有效地压缩了图像数据。

（5）上述估值误差为

$$\varepsilon = \sum_{i=M+1}^{N^2}\lambda_i \tag{4.79}$$

式中，λ_i 是图像协方差矩阵 $\boldsymbol{C}_x$ 的特征值。估值误差是 $\boldsymbol{C}_x$ 的 N^2 个特征值中后 $N^2 - M$ 个较小的特征值之和。λ_i 是按大小递减排列的，其均方误差将是最小的。

K-L 变换的优点是能够完全去除原始信号中的相关性，因而具有重要的理论意义。其他各种变换可以以它为标准来比较性能的优劣。例如，离散余弦变量具有很强的“能量集中”

特性：能量集中在 DCT 后的低频部分，而且当信号具有接近马尔可夫过程（序列中每个元素的条件概率只依赖于它的前一个元素）的统计特性时，离散余弦变换的去相关性接近于 K-L 变换。K-L 变换也是图形分析和模式识别的重要工具，用于特征提取，降低特征数据的维数。例如，在遥感图像处理中，一幅 4 波段亮度值构成的灰度图像可以压缩为二维图像进行处理。

K-L 变换的缺点是，其基函数取决于待变换图像的协方差矩阵，因而基函数的形式是不定的，且变换核是不可分离的，无相应的快速算法，故计算量很大。

 4.6.4　小波变换

从图像的傅里叶变换中，可以清晰地获取时域信号的频域信息，但是频域信息是针对整个时间轴的，并不能得到某一频率分量出现的具体时间。如图 4.16 所示，信号 f1 和 f2 的时域波形完全不一样，但是它们却具有相同的频谱。所以如果是一个非平稳信号，在某一时刻有跃变（瞬时频率），则很难用傅里叶在频域分析出来。

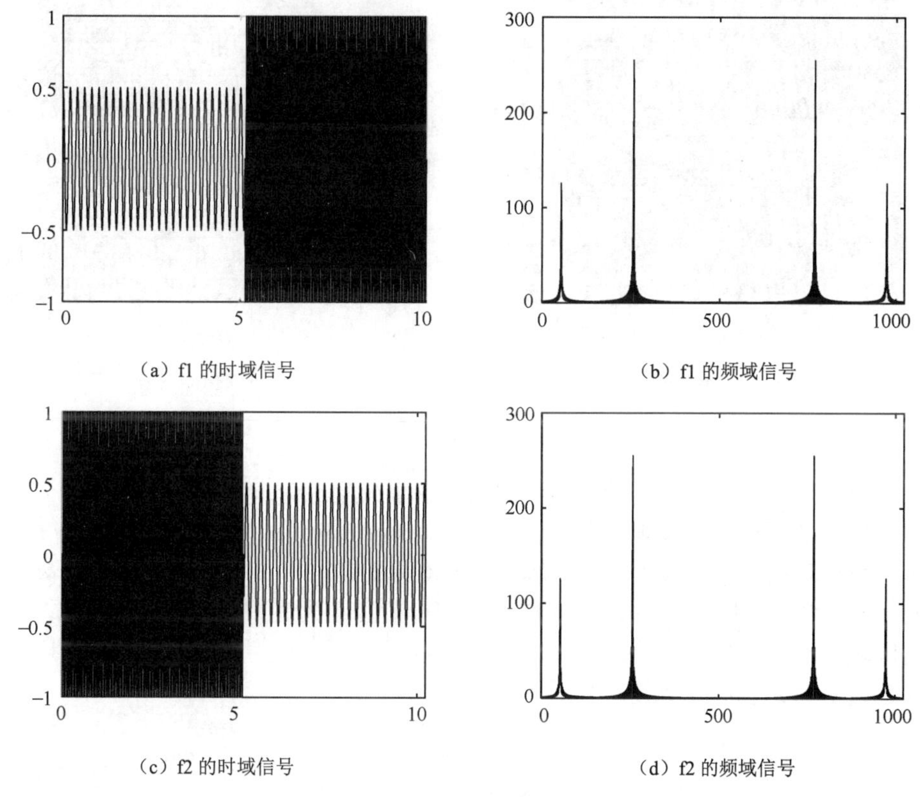

（a）f1 的时域信号　（b）f1 的频域信号

（c）f2 的时域信号　（d）f2 的频域信号

图 4.16　f1 和 f2 的频谱

针对这一问题，直观的方法是给傅里叶变换在时域加一个窗，利用这一方法可以得到某一频谱分量的时域信息，即短时傅里叶变换。但是短时傅里叶变换窗的大小是固定的，其大小的选择会直接影响谱分析的结果，窗太大会影响高频分量，窗太小会影响低频分量，因此短时傅里叶变换对于复杂信号分析仍有缺陷。

如果窗的大小可以伸缩，短时傅里叶变换就演化为了小波变换。顾名思义，就是时域能量有限的信号，将小波在时间轴上平移就可以获取不同时间段的信号的频谱信息，并且增加

尺度因子，使这个窗大小可变，能够很好地体现瞬时频率的信息。

一维连续小波变换（1D-Continuous Wavelet Transform，1D-CWT）的定义表示为

$$\mathrm{CWT}(a,\tau)=\frac{1}{\sqrt{|a|}}\int_{-\infty}^{+\infty}f(t)\varphi\left(\frac{t-\tau}{a}\right)\mathrm{d}t \tag{4.80}$$

式中，$f(t)$ 为连续时间信号；$\varphi\left(\frac{t-\tau}{a}\right)$ 为小波变换的母函数（常用的小波有 Morse Wavelets、Bump Wavelets、Analytic Morlet Wavelet 等），其中，a 为尺度因子，τ 为平移因子；常数 $\frac{1}{\sqrt{|a|}}$ 相当于做一个归一化处理。通过调节母函数的 a 和 τ 可以得到其他窗的子小波，把这些子小波和母函数共同组成的函数集称为小波变换的基函数。

这里对一开始提到的 f1、f2 做连续小波变换，其结果如图 4.17 所示，可以看出高频分量和低频分量在时域上的分布是完全相反的。

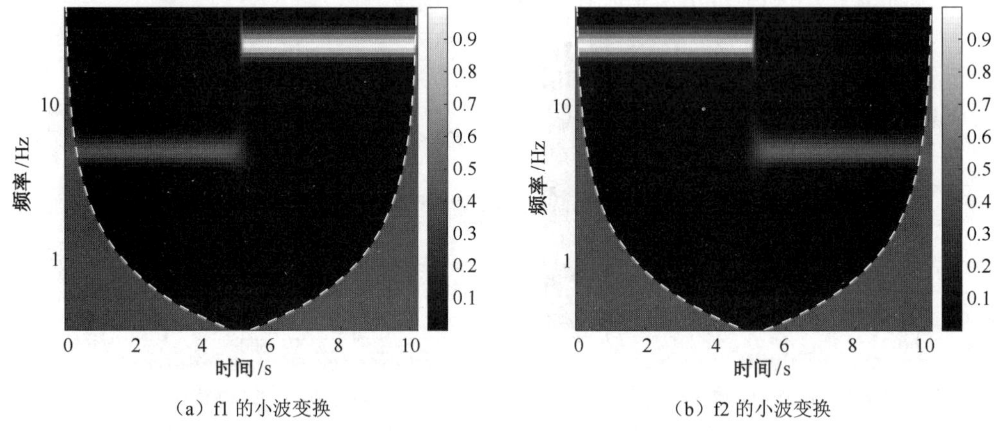

（a）f1 的小波变换　　（b）f2 的小波变换

图 4.17　f1 和 f2 的小波变换

连续小波变换的缺点是计算量巨大，为了减少小波变换的系数冗余，可对连续小波变换的尺度和平移参数离散化，实现离散小波变换（Discrete Wavelet Transform，DWT）。注意：这里的离散是指对尺度和平移参数的离散，而非对原始信号和变换后的信号进行离散。

一般，对尺度因子以指数函数 α^j（图像压缩一般以 2 为底）采样实现离散化，平移参数的离散化依赖于尺度参数的离散化，根据采样间隔，令 $\tau=kT\alpha^j$（T 一般取 1）。这时，小波变换的基函数变为离散小波函数，即

$$\psi_{j,k}(t)=\frac{1}{\sqrt{|\alpha^j|}}\varphi\left(\frac{t-kT\alpha^j}{\alpha^j}\right) \tag{4.81}$$

式中，$\psi_{j,k}(t)$ 为离散小波函数。

与连续小波变换相比，离散小波变换只分析某几个特定尺度和平移参数的基函数与原始信号的正交值，将计算数据大幅度降低。

此时，若 $\{\psi_{j,k}(t)\}_{j\in\mathbf{Z},k\in\mathbf{Z}}$ 是正交规范基，则小波级数变换可表示为

$$f(t)=C_\psi\sum_{j\in\mathbf{Z},k\in\mathbf{Z}}WT_\psi f(j,k)\psi_{j,k}(t) \tag{4.82}$$

其中，

$$WT_{\psi}f(j,k)=(f(t),\psi_{j,k}(t)) \tag{4.83}$$

在进行离散小波变换时，根据实际应用需要，通常要进行多级离散小波分解，三级离散小波分解如图 4.18 所示。

原始信号通过 DWT 分解得到高频分量和低频分量，然后对低频分量继续进行 DWT 分解，进一步得到相对低频分量和相对高频分量，继续依次分解，最后再进行组合（也是重构的过程），可以看到最后信号长度未发生变化。

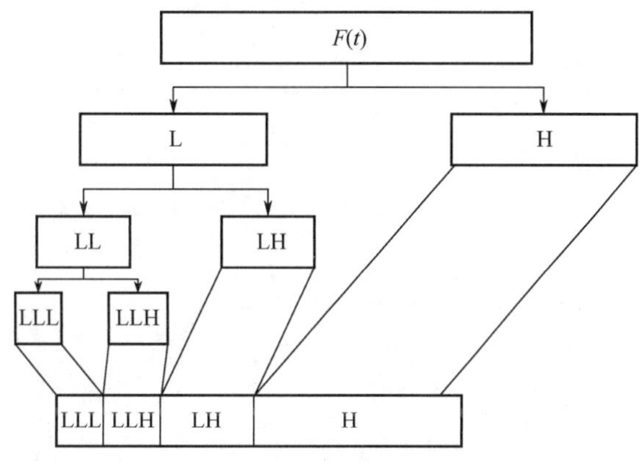

图 4.18　三级离散小波分解结构示意图

对于二维图像信号，先对图像的每行进行 1D-DWT，获取原始图像在水平方向的低频分量 L（近似图像）和高频分量 H（细节图像），然后对变换所得数据的每列进行 1D-DWT，得到 LL、LH、HL、HH，后续与 1D-DWT 一样进行多级分解。重构的过程则是对每列进行小波逆变换，然后对每行进行小波逆变换，具体过程可参考图 4.19。

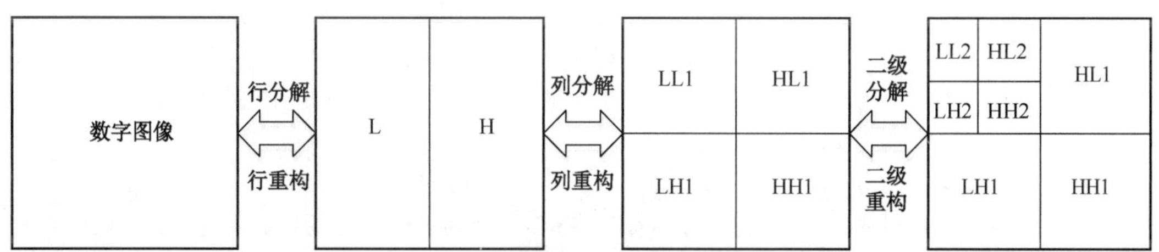

图 4.19　二维图像的小波变换二级分解示意图

【例 4.17】利用 MATLAB 提供的二维离散小波函数实现对 Lina 图像的一级分解、二级分解及重构。

MATLAB 程序如下：

```
clear,clc;
%%一级分解
figure
Image=imread('Lina.jpg');
grayI=rgb2gray(Image);
subplot(1,3,1),imshow(grayI);
[LL1,HL1,LH1,HH1]=dwt2(grayI,'db4');
```

```
                                        %用 db4 小波对图像进行一级小波分解
DWTI2=[wcodemat(LL1,256),wcodemat(HL1,256);wcodemat(LH1,256),wcodemat(HH1,256)];
                                        %组成小波系数显示矩阵
subplot(1,3,2),imshow(DWTI2/256);
                                        %显示一级分解后的近似和细节图像
imwrite(DWTI2/256,'dwt1.jpg');
result=idwt2(LL1,HL1,LH1,HH1,'db4');    %一级重构
subplot(1,3,3),imshow(result,[]);       %重构图像显示

%%二级分解
figure
Image=imread('Lina.jpg');
grayI=rgb2gray(Image);
[c,s]=wavedec2(grayI,2,'db4');          %用 db4 小波对图像进行二级小波分解
ca2=appcoef2(c,s,'db4',2);              %提取二级小波分解低频变换系数
[ch2,cv2,cd2] = detcoef2('all',c,s,2);
                                        %提取二级小波分解高频变换系数
[HL1,LH1,HH1] = detcoef2('all',c,s,1);
                                        %提取一级小波分解高频变换系数
LL1=[wcodemat(ca2,256),wcodemat(ch2,256);wcodemat(cv2,256),wcodemat(cd2,256)];
k=s(2,1)*2-s(3,1);                      %两级高频系数长度差
HL1=padarray(HL1,[k k],1,'pre');
LH1=padarray(LH1,[k k],1,'pre');
HH1=padarray(HH1,[k k],1,'pre');
                                        %填充一级小波高频系数数组，使两级系
                                         数维数一致
DWTI2=[LL1,wcodemat(HL1,256);wcodemat(LH1,256),wcodemat(HH1,256)];
subplot(1,2,1),imshow(DWTI2/256),title('二级分解');
                                        %显示二级分解后的近似和细节图像
%imwrite(DWTI2/256,'dwt2.jpg');
result= waverec2(c,s,'db4');            %二级重构
subplot(1,2,2),imshow(result,[]),title('二级重构'); %重构图像显示
%imwrite(result/256,'redwt2.jpg');
```

MATLAB 程序运行结果如图 4.20 和图 4.21 所示。

(a) 原始图像

(b) 近似和细节图像

(c) 重构恢复图像

图 4.20　二维离散小波变换（一级分解）

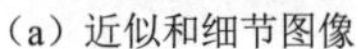

（a）近似和细节图像　　（b）重构恢复图像

图 4.21　二维离散小波变换（二级分解）

习题

4.1　图像处理中正交变换的目的是什么？图像变换主要用于哪些方面？

4.2　二维傅里叶变换有哪些性质？

4.3　二维傅里叶变换的可分离性有什么意义？

4.4　求图 4.22 中图像的二维傅里叶变换。

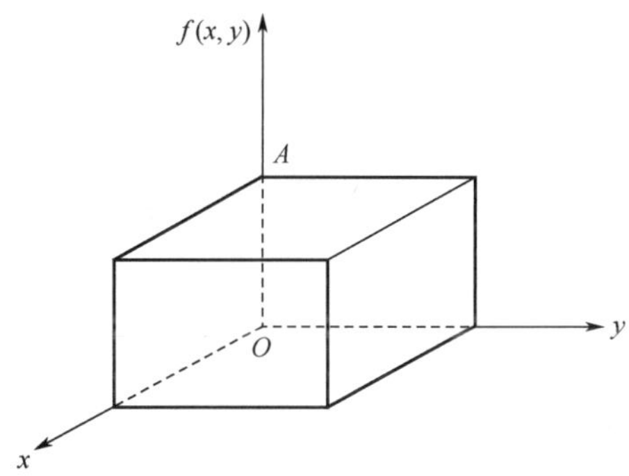

图 4.22　习题 4.4 图

4.5　一幅图像经过傅里叶变换之后，将高频部分删除，再进行反变换，设想一下，将会得到什么结果？

4.6　写出二维离散傅里叶变换对的矩阵表达式及表达式中各个矩阵的具体内容，并以 $N=4$ 为例证明可以从傅里叶正变换矩阵表达式推出反变换的矩阵表达式。

4.7　求 $N=4$ 对应的沃尔什变换核矩阵。

4.8　二维数字图像信号是均匀分布的，即

$$\boldsymbol{f}=\begin{pmatrix}1 & 1 & 1 & 1\\ 1 & 1 & 1 & 1\\ 1 & 1 & 1 & 1\\ 1 & 1 & 1 & 1\end{pmatrix}$$

求此信号的二维沃尔什变换。

4.9　求下列数字图像的离散余弦变换：

（1）$\begin{pmatrix} 2 & 1 & 1 & 1 \\ 0 & 2 & 1 & 1 \\ 0 & 0 & 2 & 1 \\ 0 & 0 & 0 & 2 \end{pmatrix}$，（2）$\begin{pmatrix} 0 & 0 & 0 & 0 \\ 2 & 2 & 2 & 2 \\ 2 & 2 & 2 & 2 \\ 0 & 0 & 0 & 0 \end{pmatrix}$。

第二部分　数字图像处理技术

第 5 章　图像增强

图像增强技术一般用于图像的预处理，其中一个主要用途是改善图像的视觉效果，方便人眼对事物的视觉感知，如通过提高对比度，使图像中物体及其细节更清晰；另一个主用途是方便机器对图像的进一步理解，提高图像处理效果，如在图像识别应用中，通过增强图像的特征和细节提高图像的识别率。本章首先介绍图像增强的概念及分类，然后分别介绍空间域和频率域的各种增强方法。

5.1　图像增强的概念及分类

图像增强的目的是采用某种技术手段，改善图像的视觉效果，或将图像转换成更适合人眼观察和机器分析、识别的形式，以便从图像中获取更有用的信息。图像增强与受关注物体的特性、观察者的习惯和处理目的相关，如一种很适合增强 X 射线图像的方法不一定是增强自然景物图像的最好方法。因此，图像增强算法的应用是有针对性的，针对不同的应用采取不同的方法，并不存在通用的增强算法。

图像增强的基本方法可分为两大类：空间域方法和频率域方法。空间域方法是在图像平面自身，对图像的像素直接进行处理；而频率域方法是对图像实施傅里叶变换，在变换域进行处理。两者的具体方法包括以下内容：

（1）空间域方法：点处理、模板处理。

（2）频率域方法：低通滤波、高通滤波、同态滤波。

图像增强的主要研究内容如图 5.1 所示，其中“伪彩色处理”将在“第 9 章彩色图像处理”中介绍。

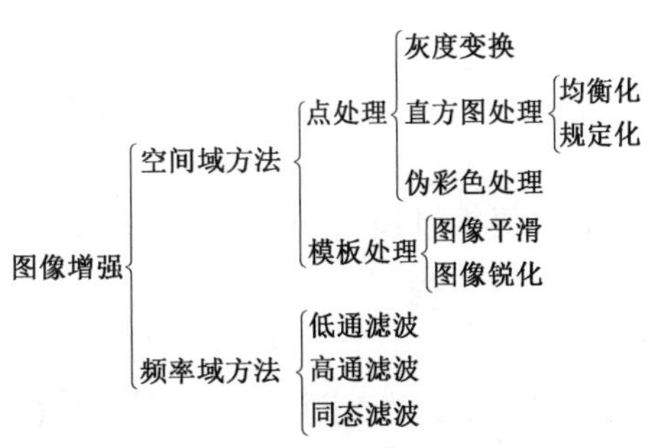

图 5.1　图像增强的主要研究内容

5.2　空间域图像增强

空间域图像增强是指在空间域，通过线性或非线性变换来增强构成图像的像素。增强的方法主要分为点处理和模板处理两大类。点处理是作用于单个像素点的空间域处理方法，包括灰度变换、直方图处理、伪彩色处理等技术；而模板处理则是作用于像素邻域的处理方法，包括图像平滑、图像锐化等技术。

5.2.1　基于灰度变换的图像增强

直接灰度变换属于点处理。点处理可将输入图像 $f(x,y)$ 中的灰度 r，通过映射函数 $T(\cdot)$ 映射成输出图像 $g(x,y)$ 中的灰度 s，其运算结果与图像像素位置及被处理像素邻域灰度无关。其映射函数如式（5.1）所示，映射函数示意图如图 5.2 所示。

$$g(x,y)=T\left[f(x,y)\right] \tag{5.1}$$

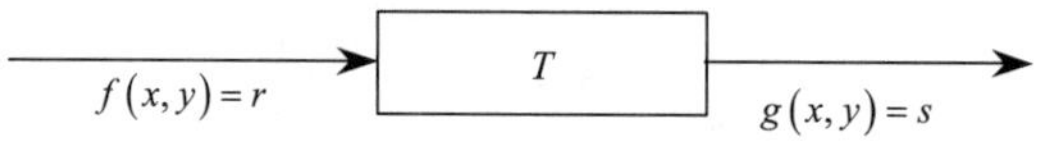

$$f(x,y)=r \longrightarrow \boxed{\quad T \quad} \longrightarrow g(x,y)=s$$

图 5.2　映射函数示意图

点处理的关键在于设计合适的映射函数（曲线）。映射函数的设计有两类方法：一类是根据图像特点和处理工作需求，人为设计映射函数，试探其处理效果；另一类是从改变图像整体的灰度分布出发，设计一种映射函数，使变换后的图像灰度直方图达到或接近预定的形状。前者包括直接灰度变换方法和伪彩色处理等，后者为图像直方图处理方法。

灰度变换可调整图像的灰度动态范围或图像对比度，是图像增强的重要手段之一，它可以采用多种形式的灰度级变换函数 $s=T(\cdot)$，下面分别予以介绍。

1. 灰度线性变换

灰度线性变换表示对输入图像灰度进行线性扩张或压缩，映射函数为一个直线方程，其表达式为

$$g(x,y)=af(x,y)+b \tag{5.2}$$

式中，a 为变换直线的斜率；b 为截距，$b=0$，且 $\begin{cases} a>1 & \text{对比度扩张} \\ a<1 & \text{对比度压缩} \\ a=1 & \text{相当于复制} \end{cases}$，若 $b\neq 0$，则灰度偏置。

在曝光不足或曝光过度的情况下，图像灰度可能会局限在一个很小的范围内。这时在显示器上看到的将是一个模糊不清、似乎没有灰度层次的图像。

图 5.3 是采用灰度线性变换对曝光不足的图像的每个像素灰度做线性拉伸，可有效改善图像视觉效果。

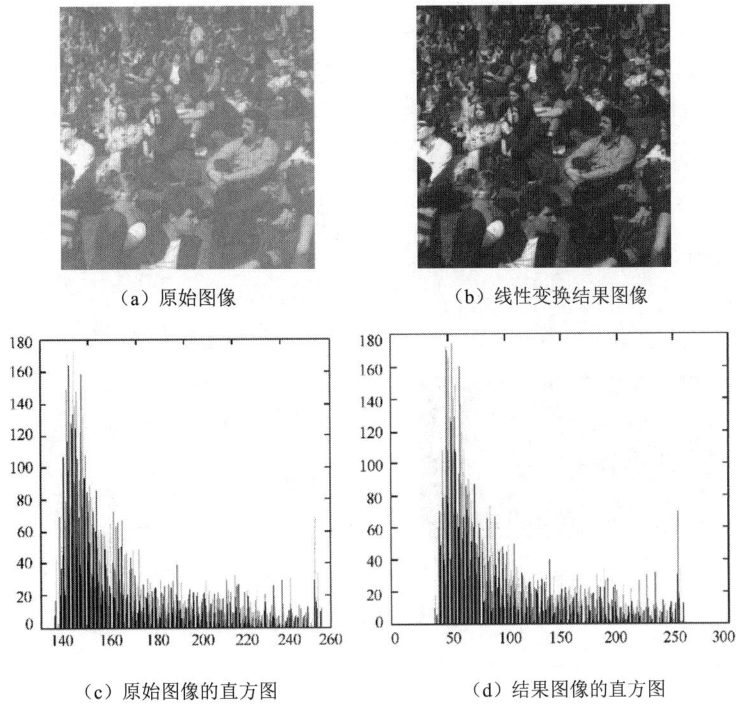

（a）原始图像　　（b）线性变换结果图像

（c）原始图像的直方图　　（d）结果图像的直方图

图 5.3　灰度线性变换示例

2. 分段线性变换（增强对比度）

分段线性变换与灰度线性变换类似，都是对输入图像的灰度对比度进行拉伸（Contrast Stretching），只是对不同灰度范围进行不同的映射处理。当灰度范围分成三段时，其表达式为

$$g(x,y)=\begin{cases} r_1 f(x,y), & 0<f<f_1 \\ r_2\left[f(x,y)-f_1\right]+a, & f_1<f<f_2 \\ r_3\left[f(x,y)-f_2\right]+b, & f_2<f<f_3 \end{cases} \tag{5.3}$$

分段线性变换可用于突出受关注目标所在的灰度区间，相对抑制那些不受关注的灰度区间，如图 5.4 所示。

（a）原始图像

（b）分段线性变换结果图像

图 5.4　分段线性变换示例

3. 反转变换

反转变换适用于增强嵌入图像暗色区域的白色或灰色细节，特别是当黑色面积占主导地位时。反转变换表达式为

$$s = L - 1 - r \tag{5.4}$$

【例 5.1】图像的反转变换。

采用以下 MATLAB 程序对图像进行反转，程序运行结果如图 5.5 所示。

```
Img1=imread('luggage.tif');
figure,imshow(Img1);
xlabel('（a）原始图像');
img2=imcomplement(Img1);
figure,imshow(img2);
xlabel('（b）反转变换结果图像');
```

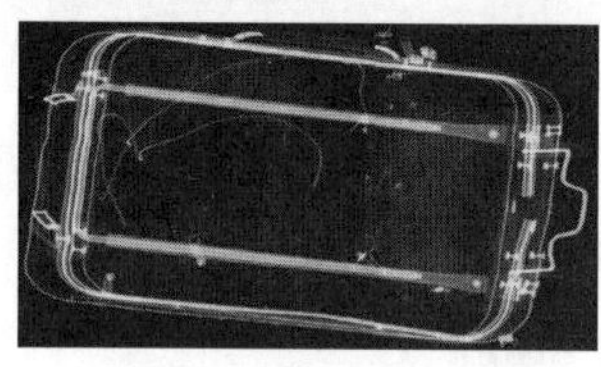

（a）原始图像

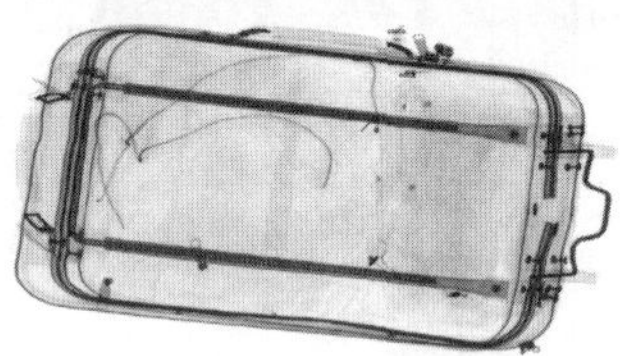

（b）反转变换结果图像

图 5.5　反转变换示例

4. 对数变换（动态范围压缩）

图像灰度的对数变换将扩张数值较小的灰度范围，压缩数值较大的图像灰度范围。这种变换符合人的视觉特性，是一种有用的非线性映射变换，可以用于扩展被压缩的高值图像中的暗像素，其映射函数如式（5.5）所示，示意图如图 5.6 所示。

$$s = c\log_2(1+r) \tag{5.5}$$

（a）原始图像

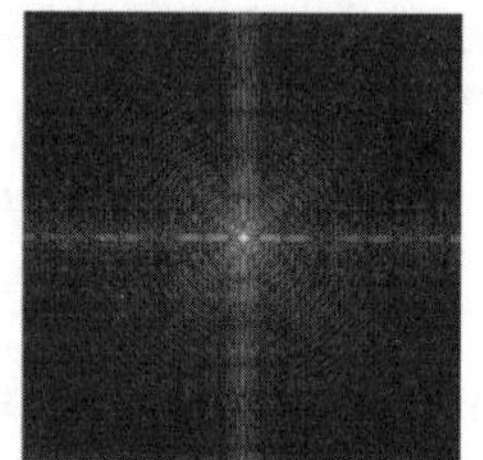

（b）对数变换后结果图像

图 5.6　用于动态范围压缩的对数变换示意图

5. 幂次变换

幂次变换通过幂次曲线中的 γ 值把输入的窄带值映射到宽带输出值。当 $\gamma < 1$ 时，把输入的窄带暗值映射到宽带输出亮值；当 $\gamma > 1$ 时，把输入高值映射为宽带。幂次变换函数如式（5.6）所示，曲线如图 5.7 所示。

$$s = cr^{\gamma} \tag{5.6}$$

6. 灰度切分

灰度切分是指增强图像中的某个灰度段，其他灰度细节被去掉或保持不变，其目的在于将某个灰度值范围变得比较突出，用于提取图像中的特定细节。

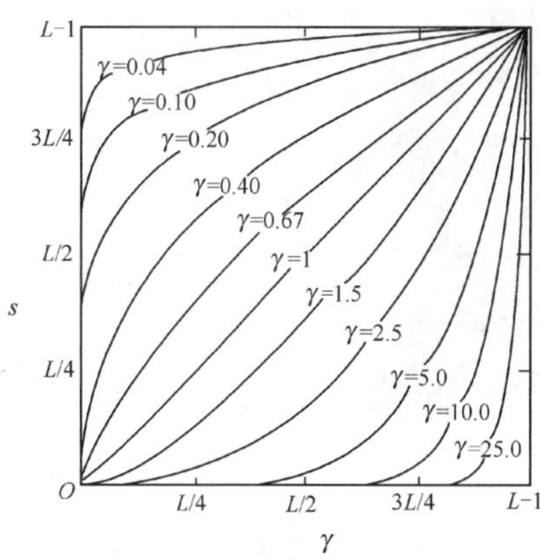

图 5.7　幂次变换曲线

5.2.2　基于直方图处理的图像增强

1. 定义

灰度级直方图是图像的一种统计表达，它反映了图像中不同灰度级出现的统计概率。灰度级[0, L−1]范围的数字图像的直方图具有如下离散函数：

$$h(k) = n_k \tag{5.7}$$

式中，k 是第 k 级灰度，n_k 是图像中灰度级为 k 的像素数。进行归一化，概率 $p_r(k) = n_k / n$，n 为图像中像素的总数。

由于图像的视觉效果与直方图有对应关系，即直方图的形状和改变对视觉的感知影响很大，因此采用直方图变换的方式可以增强图像。

【例 5.2】 计算显示图像的直方图。

MATLAB 程序如下，程序运行结果如图 5.8 所示。

```
I=imread('lena512.bmp');
I=rgb2gray(I);
for i=1:256
    h(i)=sum(sum(I==i-1));
end
figure,imshow(I);
figure,plot(h);
```

2. 直方图均衡化

图像直方图描述图像中各灰度级出现的相对频率，基于直方图的灰度变换可将图像直方图调整到一个预定的形状。例如，一些图像的灰度分布集中在较窄的区间，对比度很弱，图像细节看不清楚。此时，可采用图像灰度直方图均衡化处理，使图像的灰度分布趋向均匀，图像所占有的像素灰度间距拉开，进而加大图像反差，改善视觉效果，达到增强的目的。从人眼视觉特性来考虑，一幅图像的直方图如果是均匀分布的，该图像色调给人的感觉会比较协调。

（a）原始图像

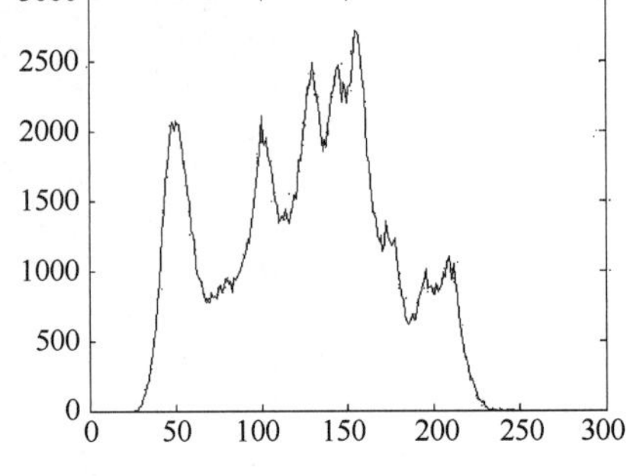

（b）图像的直方图

图 5.8　原始图像及对应的直方图

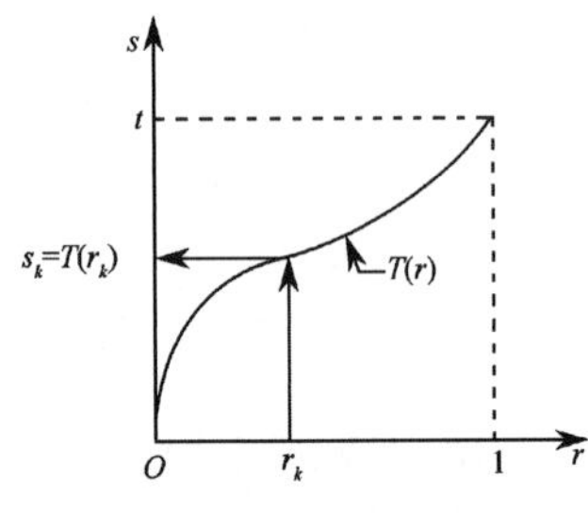

图 5.9　直方图均衡变换函数

假定原始图像灰度级 r 归一化在 0～1 之间，即 $0 \leqslant r \leqslant 1$。$p_r(r)$ 为原始图像灰度分布的概率密度函数，直方图均衡化处理实际上就是寻找一个灰度变换函数 T，使变化后的灰度值满足 $s = T(r)$。其中，s 归一化为 $0 \leqslant s \leqslant 1$，建立 r 与 s 之间的映射关系，要求处理后图像灰度分布的概率密度函数 $p_s(s) = 1$（变换后概率密度为[0, 1]上的均匀分布），期望所有灰度级出现概率相同。直方图均衡变换函数如图 5.9 所示。

从图 5.9 中可以看出，在灰度变换的 dr 和 ds 区间内，像素点个数是不变的，因此有

$$\int_{r_j}^{r_j+\mathrm{d}r} p_r(r)\mathrm{d}r = \int_{s_j}^{s_j+\mathrm{d}s} p_s(s)\mathrm{d}s \tag{5.8}$$

当 $\mathrm{d}r \to 0$，$\mathrm{d}s \to 0$，略去下标 j，有 $\dfrac{\mathrm{d}s}{\mathrm{d}r} = \dfrac{p_r(r)}{p_s(s)}$。由于 $s = T(r)$，$p_s(s) = 1$，因此 $\dfrac{\mathrm{d}s}{\mathrm{d}r} = \dfrac{\mathrm{d}T(r)}{\mathrm{d}r} = p_r(r)$，最终得到直方图均衡化的灰度变换函数为

$$s = T(r) = \int_0^r p_r(r)\mathrm{d}r \tag{5.9}$$

式（5.9）是原始图像灰度 r 的累积分布函数（Cumulative Density Function，CDF）。

对于数字图像离散情况，其直方图均衡化处理的计算步骤如下：

（1）统计原始图像的直方图；$p_r(r_k) = \dfrac{n_k}{n}$，$r_k$ 是归一化的输入图像灰度级。

（2）计算直方图累积分布曲线，$s_k = T(r_k) = \sum\limits_{j=0}^{k} p_r(r_j) = \sum\limits_{j=0}^{k} \dfrac{n_j}{n}$。

（3）用累积分布函数作为变换函数进行图像灰度变换。

根据计算得到的累积分布函数，建立输入图像与输出图像灰度级之间的对应关系，即重新定位累计分布函数 s_k。将 s_k 与归一化灰度等级 r_k 比较，寻找最接近的一个作为原灰度级 k 变换后的新灰度级）。

【例 5.3】假定有一幅 64 像素×64 像素的图像，灰度级数为 8，各灰度级分布列于表 5.1 中，均衡化计算过程及结果如表 5.1 和图 5.10 所示。

表 5.1　8 级灰度的均衡化

原始图像灰度级 k	归一化灰度级（r_k）	第 k 级灰度级的像素数/个	$p_r(r_k)$	$s_k=\sum_{j=0}^{k}p_r(r_j)$	变换后灰度级	n_{s_k}	$p(s_k)$
0	0/7=0	790	0.19	0.19--(1/7)	s_1	790	0.19
1	1/7=0.1428	1023	0.25	0.44--(3/7)	s_3	1023	0.25
2	2/7=0.2856	850	0.21	0.65--(5/7)	s_5	850	0.21
3	3/7=0.4285	656	0.16	0.81--(6/7)	s_6	985	0.24
4	4/7=0.5714	329	0.08	0.89--(6/7)	s_6		
5	5/7=0.7142	245	0.06	0.95--(7/7)	s_7	448	0.11
6	6/7=0.8571	122	0.03	0.98--(7/7)	s_7		
7	7/7=1	81	0.02	1.00--(7/7)	s_7		

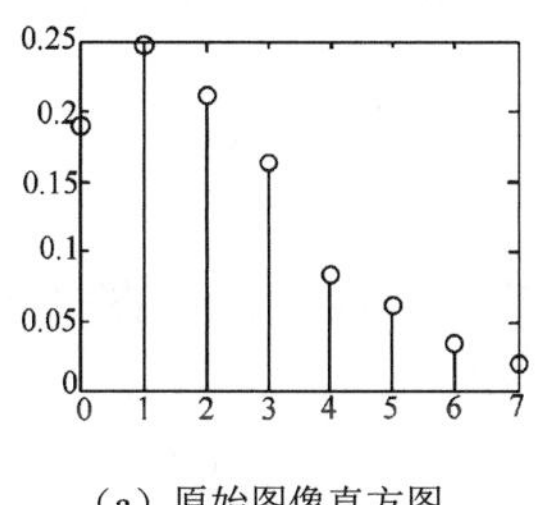
（a）原始图像直方图

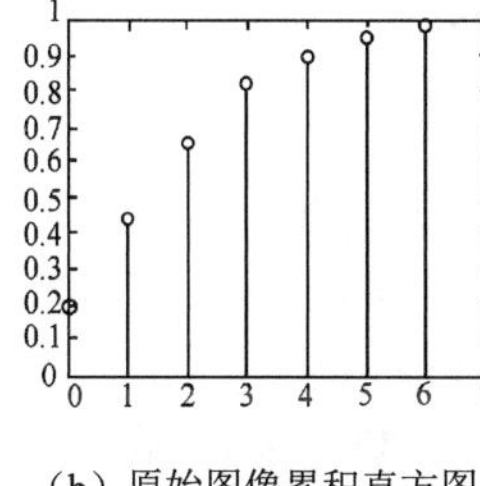
（b）原始图像累积直方图

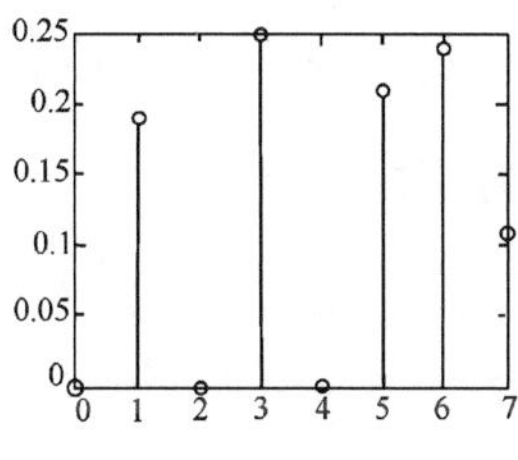
（c）均衡化后的直方图

图 5.10　均衡化前后的直方图

从例 5.3 可以看出，直方图均衡化的实质是减少图像的灰度级以换取对比度的增加。在均衡过程中，原来的直方图上频数较小的灰度级被归入很少几个或一个灰度级内，故得不到增强。若这些灰度级所构成的图像细节比较重要，则需采用局部区域直方图均衡。

【例 5.4】对灰度图像 Lena.bmp 进行均衡化，灰度级为 16 级，如图 5.11 所示。

（a）Lena 图

（b）均衡后的 Lena 图

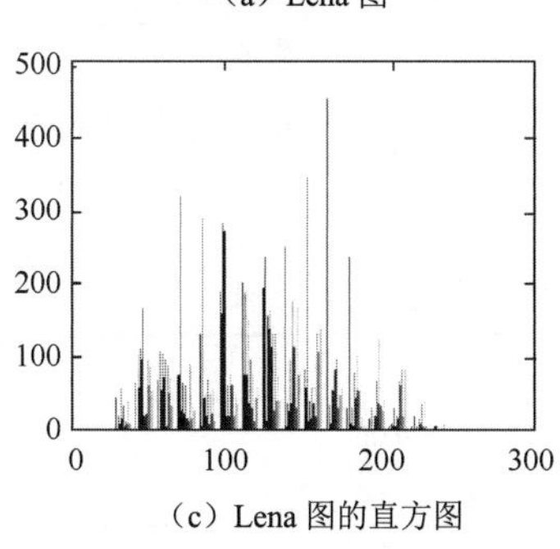
（c）Lena 图的直方图

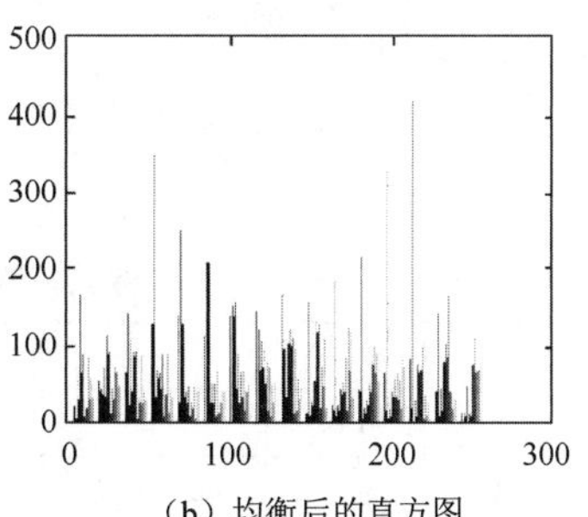
（b）均衡后的直方图

图 5.11　直方图均衡示例

MATLAB程序如下：

```
I=imread('lena512.bmp');
I=rgb2gray(I);
K=16;
H=histeq(I,K);
Figure,imshow(I,[]);
figure,imshow(H,[]);
figure,hist(double(I),16);
figure,hist(double(H),16);
```

由实验结果可知：

（1）变换后，直方图趋向平坦，灰度级减少，灰度合并。

（2）原始图像含有像素数多的几个灰度级间隔被拉大了，压缩的只是像素数少的几个灰度级，实际视觉能够接收的信息量大大增强了。

3. 直方图规定化

将输入图像灰度分布变换成一个期望的灰度分布直方图，$p_r(r)$ 为原始图像的灰度密度函数，$p_z(z)$ 为希望得到的灰度密度函数。

首先分别对 $p_r(r)$、$p_z(z)$ 进行直方图均衡化处理，则有

$$s=T(r)=\int_0^r p_r(r)\mathrm{d}r,\quad 0\leqslant r\leqslant 1 \tag{5.10}$$

$$v=G(z)=\int_0^z p_z(z)\mathrm{d}z,\quad 0\leqslant z\leqslant 1 \tag{5.11}$$

经上述变换的灰度 s 及 v，其密度函数是相同的均匀密度，再借助直方图均衡化结果作为媒介，实现从 $p_r(r)$ 到 $p_z(z)$ 的转换。

然后利用 $s=T(r)=\int_0^r p_r(r)\mathrm{d}r$ 和 $v=G(z)=\int_0^z p_z(z)\mathrm{d}z$ 分布相同的特点建立 $r\to z$ 的联系，即 $z=G^{-1}(v)=G^{-1}(s)=G^{-1}\left[T(r)\right]$。

图像规定化处理的实现步骤可归纳如下：

（1）直方图均衡化输入图像，计算 $r_j\leftrightarrow s_j$ 的对应关系。

（2）对规定直方图 $p_z(z)$ 进行均衡化处理，计算 $z_k\leftrightarrow v_k$ 的对应关系。

（3）选择适当的 v_k 和 s_j 点对，使 $v_k\approx s_j$。

（4）逆变换函数 $z=G^{-1}(s)=G^{-1}\left[T(r)\right]$，$s_k\to z_k$。

这个过程如图5.12所示。

【例5.5】采用例5.3中的输入数据进行直方图规定化处理，对应的直方图和表如图5.13和表5.2所示。

表5.2　64像素×64像素8级灰度的规定化

$r_j\to s_k$	n_k	$p_s(s_k)$	z_k	$p_z(z_k)$	v_k	$z_{k并}$	n_k	$p_z(z_k)$
$r_0\to s_0=1/7$	790	0.19	$z_0=0$	0.00	0.00	z_0	0	0.00
$r_1\to s_1=3/7$	1023	0.25	$z_1=1/7$	0.00	0.00	z_1	0	0.00
$r_2\to s_2=5/7$	850	0.21	$z_2=2/7$	0.00	0.00	z_2	0	0.00
$r_3\to s_3=6/7$			$z_3=3/7$	0.15	0.15	$z_3\to s_0=1/7$	790	0.19

续表

$r_j \to s_k$	n_k	$p_s(s_k)$	z_k	$p_z(z_k)$	v_k	$z_{k并}$	n_k	$p_z(z_k)$
$r_4 \to s_3 = 6/7$	985	0.24	$z_4 = 4/7$	0.20	0.35	$z_4 \to s_1 = 3/7$	1023	0.25
$r_5 \to s_4 = 1$			$z_5 = 5/7$	0.30	0.65	$z_5 \to s_2 = 5/7$	850	0.21
$r_6 \to s_4 = 1$			$z_6 = 6/7$	0.20	0.85	$z_6 \to s_3 = 6/7$	985	0.24
$r_7 \to s_4 = 1$	448	0.11	1	0.15	1.00	$z_7 \to s_4 = 1$	448	0.11

$$
\begin{aligned}
&r_0 = 0 \to z_3 = 3/7 \qquad && r_4 = 4/7 \to z_6 = 6/7 \\
&r_1 = 1/7 \to z_4 = 4/7 && r_5 = 5/7 \to z_7 = 1 \\
&r_2 = 2/7 \to z_5 = 5/7 && r_6 = 6/7 \to z_7 = 1 \\
&r_3 = 3/7 \to z_6 = 6/7 && r_7 = 1 \to z_7 = 1
\end{aligned}
$$

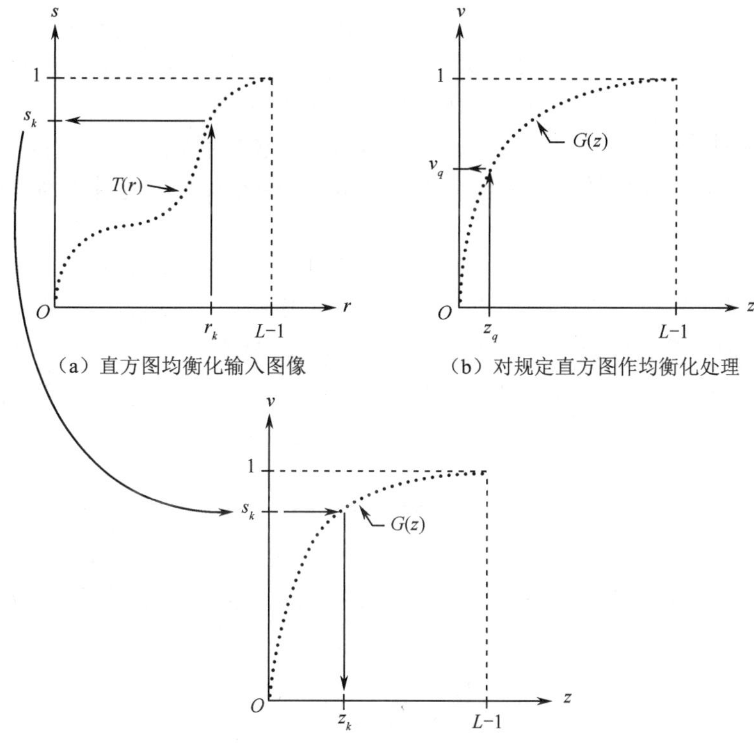

（c）根据逆变换函数由 $s_k \to z_k$

图 5.12　直方图规定化处理的实现

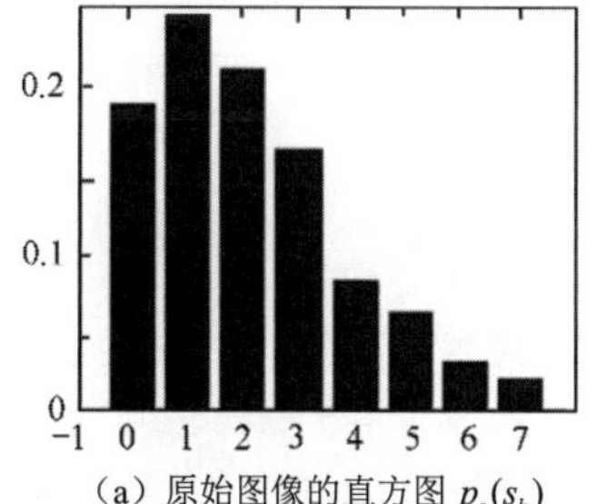

（a）原始图像的直方图 $p_s(s_k)$

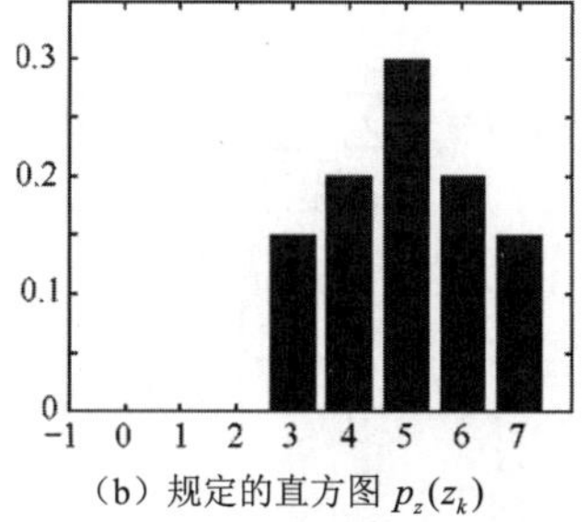

（b）规定的直方图 $p_z(z_k)$

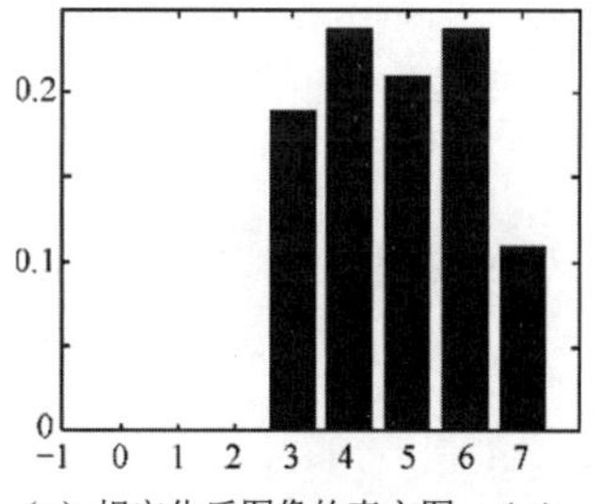

（c）规定化后图像的直方图 $p_z(z_k)$

图 5.13　直方图规定化示例

5.2.3　空间域滤波增强

1. 基本概念

空间域滤波增强采用模板处理方法对图像进行滤波，以去除图像噪声或增强图像的细节。空间域滤波增强时，模板的中心从一个像素点向另一个像素点移动，通过模板运算得到该点的输出，如图 5.14 所示。最常用的模板是一个小的 3×3 二维阵列，模板的系数决定了处理的性质，如图像平滑或图像锐化等。

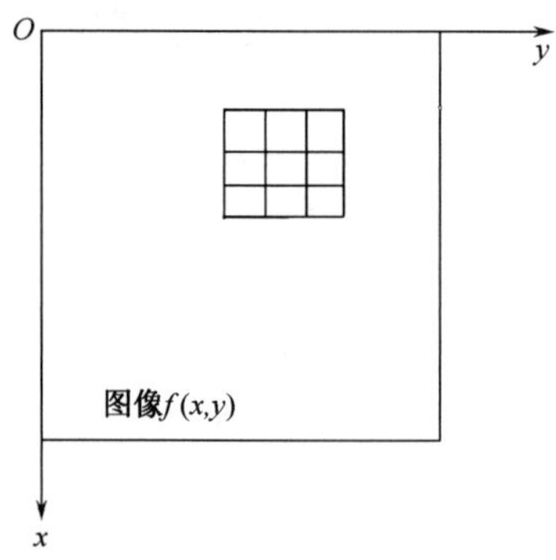

图 5.14　空间域滤波增强示意图

2. 空间域平滑滤波器

任何一幅原始图像，在获取和传输等过程中，会受到各种噪声的干扰，使图像恶化、质量下降、图像模糊、特征淹没，这些都对图像分析不利。

为了抑制噪声、改善图像质量所进行的处理称为图像平滑或去噪，它可以在空间域和频率域中进行，本节介绍空间域的几种平滑方法。

1）局部平滑法

局部平滑法是一种直接在空间域上进行平滑处理的方法。假设图像由许多灰度恒定的小块组成，相邻像素间存在很高的空间相关性，而噪声则是统计独立的。因此，可用邻域内各像素的灰度平均值代替该像素原来的灰度值，实现图像平滑，也称领域平均法。

设有一幅 $M×N$ 的图像 $f(x, y)$，若平滑图像为 $g(x, y)$，则对每个像素点(x, y)，有

$$g(x,y)=\frac{1}{(2s+1)(2t+1)}\sum_{(i,j)\in K}f(i,j) \tag{5.12}$$

式中，K 是以(x, y)为中心的$(2s+1)×(2t+1)$邻域内像素的集合，$x=0, 1, 2, \cdots, M-1$，$y=0, 1, 2, \cdots, N-1$。可见邻域平均法就是将当前像素邻域内各像素的灰度平均值作为其输出值的去噪方法。

例如，对图像采用 3×3 的邻域平均法，则在像素(m, n)处，其邻域像素如图 5.15 所示。

$(m-1, n-1)$	$(m-1, n)$	$(m-1, n+1)$
$(m, n-1)$	(m, n)	$(m, n+1)$
$(m+1, n-1)$	$(m+1, n)$	$(m+1, n+1)$

图 5.15　3×3 邻域示意表图

因此有

$$g(m,n)=\frac{1}{9}\sum_{i=-1}^{1}\sum_{j=-1}^{1}f(m+i,n+j)$$

对应的模板为

$$\boldsymbol{H}=\frac{1}{9}\begin{pmatrix}1&1&1\\1&1&1\\1&1&1\end{pmatrix}$$

【定理 5.1】设图像中的噪声是随机不相关的加性噪声，窗口内各点噪声是独立同分布的，

经过上述平滑后，信号与噪声的方差比可望提高(2*s*+1)(2*t*+1)倍。

证明：如果假设一个成像过程为

$$f(x,y)=f'(x,y)+n(x,y)$$

式中，$f'(x,y)$为无噪图像，$n(x,y)$为均值为 0、方差为σ^2的独立同分布的噪声图像。采用图 5.14 中的模板对该图像进行滤波，则有

$$\begin{aligned}g(x,y)&=\frac{1}{(2s+1)(2t+1)}\sum_{i=-s}^{s}\sum_{j=-t}^{t}[f'(x+i,y+j)+n(x+i,y+j)]\\&=\frac{1}{(2s+1)(2t+1)}\sum_{i=-s}^{s}\sum_{j=-t}^{t}f'(x+i,y+j)+\\&\quad\frac{1}{(2s+1)(2t+1)}\sum_{i=-s}^{s}\sum_{j=-t}^{t}n(x+i,y+j)\end{aligned} \tag{5.13}$$

根据噪声的分布特性，对式（5.13）中的第二项取期望值，有

$$E\left(\frac{1}{(2s+1)(2t+1)}\sum_{i=-s}^{s}\sum_{j=-t}^{t}n(x+i,y+j)\right)=0$$

则平滑后图像均值为无偏估计，即

$$E\{g(x,y)\}=E\left(\frac{1}{(2s+1)(2t+1)}\sum_{i=-s}^{s}\sum_{j=-t}^{t}f'(x+i,y+j)\right)=g'(x,y)$$

而平滑后图像的方差为

$$D\{g(x,y)=D\left(\frac{1}{(2s+1)(2t+1)}\sum_{i=-s}^{s}\sum_{j=-t}^{t}n(x+i,y+j)\right)=\frac{\sigma^2}{(2s+1)(2t+1)} \tag{5.14}$$

即平滑后图像灰度的方差变为原来的 1/(2*s*+1)(2*t*+1)。证毕。

【例 5.6】对图像加入“椒盐”噪声，采用局部 5×5 模板进行平滑处理。

MATLAB 程序如下：

```
img=imread('peppers.bmp');
figure; imshow(img);
img_noise=double(imnoise(img,'salt & pepper',0.06));
figure,imshow(img_noise,[]);
img_smoothed=imfilter(img_noise,fspecial('average',5));
figure; imshow(img_smoothed,[]);
```

MATLAB 程序运行结果如图 5.16 所示。

（a）原始图像

（b）对（a）加“椒盐”噪声的图像

（c）5×5 邻域平滑

图 5.16　平滑滤波结果

局部平滑法简单，但是在降低噪声的同时也使图像变得模糊了，特别是图像的边缘和细节处。而且邻域越大，在去噪能力增强的同时模糊程度越严重。

为解决局部平滑法的弊病，目前已提出许多保边缘、细节的局部平滑法。它们的出发点都集中在如何选择邻域的大小、形状和方向，以及参加平均的点数和邻域各点的权重系数等。

2）超限像素平滑法

对局部平滑法稍加改进，可导出超限像素平滑法。该方法是将 $f(x, y)$ 和邻域平均 $g(x, y)$ 差的绝对值与选定的阈值进行比较，根据比较结果决定点 (x, y) 的最后灰度 $g'(x, y)$。其表达式为

$$g'(x,y)=\begin{cases}g(x,y), & |f(x,y)-g(x,y)|>T\\ f(x,y), & |f(x,y)-g(x,y)|\leqslant T\end{cases} \tag{5.15}$$

这种算法对抑制“椒盐”噪声比较有效，对保护仅有微小灰度差的细节及纹理也有效。可见随着邻域的增大，去噪能力增强，但模糊程度也大。与局部平滑法相比，超限像素平滑法去“椒盐”噪声效果更好。

3）灰度最相近的 K 个邻域点平均法

该算法的出发点是在 $n\times n$ 的窗口内，属于同一集合体的像素，它们的灰度值将高度相关。因此，可用窗口内与中心像素的灰度最接近的 K 个邻域点像素的平均灰度来代替窗口中心像素的灰度值。这就是灰度最相近的 K 个邻域点平均法。

较小的 K 值使噪声方差下降较小，但保持细节效果较好；而较大的 K 值平滑噪声效果较好，但会使图像边缘模糊。

实验证明，对于 3×3 的窗口，取 K=6 为宜。

4）低通空间滤波法

邻域平均法可看成一个掩模作用于图像 $f(x, y)$ 的低通空间滤波，掩模就是一个滤波器，滤波输出的数字图像 $g(x, y)$ 用离散卷积表示为

$$g(x,y)=\frac{1}{N}\sum_{i=-M}^{M}\sum_{j=-M}^{M}f(x+i,y+j)h(i,j) \tag{5.16}$$

常用的掩模有

$$\frac{1}{9}\begin{pmatrix}1&1&1\\1&1&1\\1&1&1\end{pmatrix},\quad \frac{1}{10}\begin{pmatrix}1&1&1\\1&2&1\\1&1&1\end{pmatrix},\quad \frac{1}{16}\begin{pmatrix}1&2&1\\2&4&2\\1&2&1\end{pmatrix},\quad \frac{1}{8}\begin{pmatrix}1&1&1\\1&0&1\\1&1&1\end{pmatrix},\quad \frac{1}{2}\begin{pmatrix}0&\frac{1}{4}&0\\\frac{1}{4}&1&\frac{1}{4}\\0&\frac{1}{4}&0\end{pmatrix}$$

掩模不同，中心点或邻域的重要程度也不相同，应根据问题的需要选取合适的掩模。但不管什么样的掩模，必须保证全部权系数之和为单位值，这样可保证输出图像灰度值在许可范围内，不会出现“溢出”现象。

【定理 5.2】 图像平滑滤波 $g(x,y)=\frac{1}{N}\sum_{i=-M}^{M}\sum_{j=-M}^{M}f(x+i,y+j)h(i,j)$ 实际上相当于对 $f(x, y)$ 进行低通滤波，即 $h(x,y)$ 为低通滤波器。

证明： 根据卷积的时频性质 $f*h\Leftrightarrow F\cdot H$，$f\Leftrightarrow F$，$h\Leftrightarrow H$，$g\Leftrightarrow G$，可以推得 $G(u,v)=F(u,v)\cdot H(u,v)$，下面从 $H(u,v)$ 来分析 $h(x,y)$ 的频率特性。

以掩模 $\frac{1}{10}\begin{pmatrix}1 & 1 & 1\\1 & 2 & 1\\1 & 1 & 1\end{pmatrix}$ 为例，计算其传递函数（不考虑系数 1/10）：

$$H(u,v)=\sum_{x=0}^{N-1}\sum_{y=0}^{N-1}h(x,y)\exp\left(-\mathrm{j}2\pi\frac{ux+vy}{N}\right)=\sum_{x=-1}^{+1}\sum_{y=-1}^{+1}h(x,y)\exp\left(-\mathrm{j}2\pi\frac{ux+vy}{N}\right)$$

$$=1\times\exp\left[-\mathrm{j}2\pi\frac{-(u+v)}{N}\right]+\exp\left(-\mathrm{j}2\pi\frac{-u}{N}\right)+\exp\left(-\mathrm{j}2\pi\frac{-u+v}{N}\right)+$$

$$1\times\exp\left(-\mathrm{j}2\pi\frac{-v}{N}\right)+2\exp\left(-\mathrm{j}2\pi\frac{0}{N}\right)+\exp\left(-\mathrm{j}2\pi\frac{v}{N}\right)+\exp\left(-\mathrm{j}2\pi\frac{u-v}{N}\right)+$$

$$1\times\exp\left(-\mathrm{j}2\pi\frac{u}{N}\right)+\exp\left(-\mathrm{j}2\pi\frac{u+v}{N}\right)$$

由欧拉公式可知 $\cos x=\frac{1}{2}[\exp(\mathrm{j}x)+\exp(-\mathrm{j}x)]$，代入上式得

$$H(u,v)=2+2\cos\frac{2\pi(u+v)}{N}+2\cos\frac{2\pi v}{N}+2\cos\frac{2\pi u}{N}+2\cos\frac{2\pi(u-v)}{N}$$

$$=2+2\cos\frac{2\pi u}{N}+2\cos\frac{2\pi v}{N}+4\cos\frac{2\pi u}{N}\cos\frac{2\pi v}{N}$$

代入系数 $1/10$ 后：

$$H(u,v)=\frac{1}{5}\left(1+\cos\frac{2\pi u}{N}+\cos\frac{2\pi v}{N}+2\cos\frac{2\pi u}{N}\cos\frac{2\pi v}{N}\right)\tag{5.17}$$

令 $v=0$，则 $H=\frac{1}{5}\left(2+3\cos\frac{2\pi u}{N}\right)$，再令 $\omega=\frac{2\pi u}{N}$，则有

$$H=\frac{1}{5}(2+3\cos\omega)$$

$\omega=0^\circ$ 时，$H=1$；$\omega=90^\circ$ 时，$H=2/5$；$\omega=131^\circ$ 时，$H=0$；$\omega=180^\circ$ 时，$H=-1/5$。可见该掩模为低通滤波器的传递函数，其频域示意图如图 5.17 所示。
证毕。

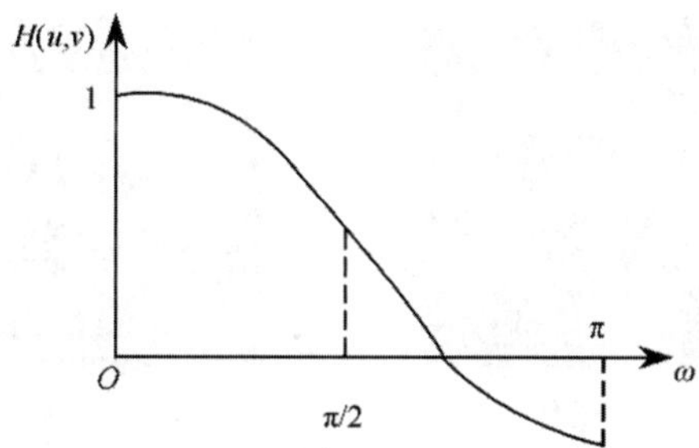

图 5.17　平滑滤波为低通滤波器频域示意图

【例 5.7】用平滑处理掩模 $\frac{1}{16}\begin{pmatrix}1 & 2 & 1\\2 & 4 & 2\\1 & 2 & 1\end{pmatrix}$ 处理以下图像，比较滤波前后相邻像素的灰度差。

$$\begin{bmatrix} f(x-1,y-1) & f(x-1,y) & f(x-1,y+1) & f(x-1,y+2) \\ f(x,y-1) & f(x,y) & f(x,y+1) & f(x,y+2) \\ f(x+1,y-1) & f(x+1,y) & f(x+1,y+1) & f(x+1,y+2) \end{bmatrix}$$

解：滤波后相邻像素灰度差为

$$\begin{aligned} & g(x,y)-g(x,y+1) \\ =& \frac{1}{4}f(x,y)+\frac{1}{16}[f(x-1,y-1)+f(x-1,y+1)+f(x+1,y-1)+f(x+1,y+1)]+ \\ & \frac{1}{8}[f(x-1,y)+f(x,y-1)+f(x,y+1)+f(x+1,y)]- \\ & \frac{1}{4}f(x,y+1)-\frac{1}{8}[f(x-1,y+1)+f(x,y)+f(x,y+2)+f(x+1,y+1)]- \\ & \frac{1}{16}[f(x-1,y)+f(x-1,y+2)+f(x+1,y)+f(x+1,y+2)] \\ =& \frac{1}{8}[f(x,y)-f(x,y+1)]+\frac{1}{8}[f(x,y-1)-f(x,y+2)]+ \\ & \frac{1}{16}[f(x-1,y)-f(x-1,y+1)+f(x+1,y)-f(x+1,y+1)+f(x-1,y-1)+ \\ & f(x+1,y-1)-f(x-1,y+2)-f(x+1,y+2)] \end{aligned}$$

假设 D_f 表示输入图像 $f(x,y)$ 相邻像素的灰度最大绝对差；D_g 表示处理后图像 $g(x,y)$ 相邻像素的灰度绝对差，则由上述方程可得

$$D_g \leqslant \frac{1}{8}D_f+\frac{3}{8}D_f+\frac{1}{16}\times 4\times 2D_f=D_f$$

可见，平滑处理后相邻像素灰度差只会减小不会加大，起到了平滑作用。

3. 空间域锐化滤波器

在图像识别中常需要突出边缘和轮廓信息，图像锐化就是增强图像的边缘或轮廓。图像平滑是通过积分过程使图像边缘模糊，图像锐化则是通过微分使图像边缘突出、清晰，如图 5.18 所示。

（a）原始图像

（b）锐化结果图像

图 5.18 图像锐化示意图

1）梯度锐化法

图像锐化最常用的方法是梯度锐化法。对于图像 $f(x,y)$，在 (x,y) 处的梯度定义为

$$\text{grad}(x,y)=\begin{pmatrix} f'_x \\ f'_y \end{pmatrix}=\begin{pmatrix} \dfrac{\partial f(x,y)}{\partial x} \\ \dfrac{\partial f(x,y)}{\partial y} \end{pmatrix} \tag{5.18}$$

梯度是一个矢量，其大小和方向为

$$\text{grad}(x,y)=\sqrt{f'^2_x+f'^2_y}=\sqrt{\left(\frac{\partial f(x,y)}{\partial x}\right)^2+\left(\frac{\partial f(x,y)}{\partial y}\right)^2}$$

$$\theta=\arctan\frac{f'_y}{f'_x}=\arctan\frac{\dfrac{\partial f(x,y)}{\partial y}}{\dfrac{\partial f(x,y)}{\partial x}}$$

对于离散图像处理而言，常用到梯度的大小，因此把梯度的大小习惯称为“梯度”。并且一阶偏导数采用一阶差分近似表示，即

$$f'_x=f(x+1,y)-f(x,y),\quad f'_y=f(x,y+1)-f(x,y)$$

为简化梯度的计算，经常使用：

$$\text{grad}(x,y)=\max(|f'_x|,|f'_y|)$$

或

$$\text{grad}(x,y)=|f'_x|+|f'_y|$$

除梯度算子以外，还可采用 Roberts 算子、Prewitt 算子和 Sobel 算子计算梯度，来增强图像边缘。Roberts 算子对应的模板如图 5.19（a）所示，差分计算式如下（取绝对值）：

$$f'_x=|f(x+1,y+1)-f(x,y)| \tag{5.19}$$

$$f'_y=|f(x+1,y)-f(x,y+1)| \tag{5.20}$$

为在锐化图像边缘的同时减少噪声的影响，Prewitt 算子从加大边缘增强算子的模板大小出发，由图 5.19（a）中 2×2 模板扩大到图 5.19（b）3×3 模板来计算差分。Sobel 算子在 Prewitt 算子的基础上，对 4 邻域采用带权的方法计算差分，对应的模板如图 5.19（c）所示。

$$\begin{pmatrix} -1 & 0 \\ 0 & 1 \end{pmatrix}\quad\begin{pmatrix} 0 & -1 \\ 1 & 0 \end{pmatrix}$$

（a）Roberts 算子

$$\begin{pmatrix} -1 & 0 & 1 \\ -1 & 0 & 1 \\ -1 & 0 & 1 \end{pmatrix}\quad\begin{pmatrix} -1 & -1 & -1 \\ 0 & 0 & 0 \\ 1 & 1 & 1 \end{pmatrix}$$

（b）Prewitt 算子

$$\begin{pmatrix} -1 & 0 & 1 \\ -2 & 0 & 2 \\ -1 & 0 & 1 \end{pmatrix}\quad\begin{pmatrix} -1 & -2 & -1 \\ 0 & 0 & 0 \\ 1 & 2 & 1 \end{pmatrix}$$

（c）Sobel 算子

图 5.19　各种边缘算子

2）拉普拉斯（Laplacian）算子

拉普拉斯算子定义图像 $f(x,y)$ 梯度为

$$\nabla^2 f=\frac{\partial^2 f}{\partial x^2}+\frac{\partial^2 f}{\partial y^2} \tag{5.21}$$

对于离散图像，其拉普拉斯算子为

$$\nabla^2 f=\Delta_x^2 f(x,y)+\Delta_y^2 f(x,y) \tag{5.22}$$

式中，Δ_y 为 y 方向的一阶差分，

$$\Delta_x^2 f(x,y) = \Delta_x f(x+1,y) - \Delta_x f(x,y) = f(x+1,y) + f(x-1,y) - 2f(x,y)$$
$$\Delta_y^2 f(x,y) = \Delta_y f(x,y+1) - \Delta_y f(x,y) = f(x,y+1) + f(x,y-1) - 2f(x,y)$$
$$\Delta_x f(x,y) = f(x,y) - f(x-1,y)$$
$$\Delta_y f(x,y) = f(x,y) - f(x,y-1)$$

因此，有

$$\nabla^2 f = f(x+1,y) + f(x-1,y) + f(x,y+1) + f(x,y-1) - 4f(x,y) \tag{5.23}$$

相当于原始图像与模板$\begin{pmatrix} 0 & 1 & 0 \\ 1 & -4 & 1 \\ 0 & 1 & 0 \end{pmatrix}$的卷积。

拉普拉斯算子边缘的方向信息丢失，对孤立噪声点的响应是阶跃边缘的 4 倍，对单像素线条的响应是阶跃边缘的 2 倍，对线端和斜向边缘的响应大于对垂直或水平边缘的响应。

图 5.20 给出了拉普拉斯算子模板的 4 种形式，其中右上角图是加入了两个对角方向的情况，左下角图和右下角图是拉普拉斯算子的另外两种模板，这两个模板与左上角图和右上角图的模板仅符号相反，上方模板与下方模板作用的效果相同。但是，当拉普拉斯滤波后的图像与其他图像合并时（相加或相减），必须考虑符号的差别。

0	1	0
1	−4	1
0	1	0

1	1	1
1	−8	1
1	1	1

0	−1	0
−1	4	−1
0	−1	0

−1	−1	−1
−1	8	−1
−1	−1	−1

图 5.20　拉普拉斯算子模板

3）低频分量消减法

空间域图像锐化实际上是增强图像中的细节，主要增强边缘特征。图像边缘是图像的基本特征之一，它包含对人类视觉和机器识别有价值的物体图像边缘信息。边缘是图像中特性（如像素灰度、纹理等）分布的不连续处，图像周围特性有阶跃变化或屋脊状变化的那些像素集合。图像边缘存在于目标与背景、目标与目标、基元与基元的边界，图像边缘标示出了目标物体或基元的实际含量，是图像识别信息最集中的地方。

边缘增强是要突出图像边缘，抑制图像中的非边缘信息，使图像轮廓更加清晰。由于边缘占据图像的高频成分，所以边缘增强通常属于高通滤波。

总之，图像锐化就是要增强图像频谱中的高频部分，相当于从原始图像中减去它的低频分量，即原始图像经平滑处理所得的图像。选择不同的平滑方法，会有不同的图像锐化结果。

方法一：从原始图像 $f(x,y)$ 中减去平滑低频图像 $\overline{f}(x,y)$，得到输出图像 $g(x,y)$，即

$$g(x,y) = Kf(x,y) - \overline{f}(x,y) \tag{5.24}$$

方法二：对原始图像进行加权，然后减去低通成分。

$$g(x,y) = Kf(x,y) - f_{Lp}(x,y) \tag{5.25}$$

当 $K=1$ 时，方法二等同于方法一，则滤波模板为

$$\begin{pmatrix} 0 & 0 & 0 \\ 0 & 1 & 0 \\ 0 & 0 & 0 \end{pmatrix} - \frac{1}{8}\begin{pmatrix} 1 & 1 & 1 \\ 1 & 0 & 1 \\ 1 & 1 & 1 \end{pmatrix} = \frac{1}{8}\begin{pmatrix} -1 & -1 & -1 \\ -1 & 8 & -1 \\ -1 & -1 & -1 \end{pmatrix}$$

平滑窗口　　　图像锐化模板

这个图像锐化算子的传递函数幅频图如图 5.21 所示。

4）空间域锐化增强

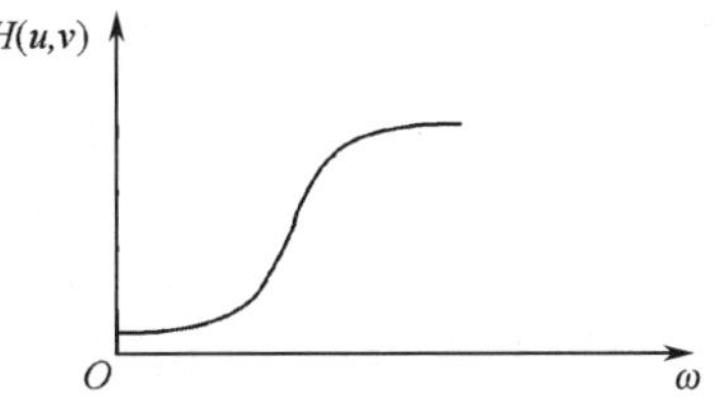

图 5.21　空间锐化高通滤波器幅频图

图像的锐化运算只能得到图像的高频信息，而图像的主要（低频）信息就会丢失。将图像的锐化结果叠加到原始图像上，这样既保留了原始图像的所有信息又更突出了高频信息，达到对图像锐化增强的效果。

拉普拉斯锐化增强是将原始图像和拉普拉斯图像叠加在一起。如果使用的拉普拉斯模板具有正的中心系数，那么就将原始图像加上经拉普拉斯变换后的图像得到锐化增强的结果；反之，如果使用的拉普拉斯模板具有负的中心系数，那么就将原始图像减去经拉普拉斯变换后的图像得到锐化增强的结果。拉普拉斯锐化增强的基本方法可以表示为

$$g(x,y)=\begin{cases} f(x,y)-\nabla^2 f(x,y), & \text{拉普拉斯模板中心系数为负} \\ f(x,y)+\nabla^2 f(x,y), & \text{拉普拉斯模板中心系数为正} \end{cases} \tag{5.26}$$

对于低频分量消减法的锐化增强，一般在式（5.24）和式（5.25）中取 $K>1$ 的整数，如 $K=2$，这样既有原始图像的所有信息，又叠加了图像的锐化信息。

5.3　频率域图像增强

5.3.1　频率域图像增强基本理论

频率域图像增强是增强技术的重要组成部分，通过傅里叶变换，可以把空间域混叠的成分在频率域中分离开来，从而提取或滤去相应的图像成分，如图 5.22 所示。这一过程的核心基础即为傅里叶变换。

（a）原始图像

（b）离散傅里叶变换后的频率域图像

图 5.22　数字图像的傅里叶变换

如果图像的行数与列数相等，二维离散傅里叶变换可写为

$$F(u,v)=\frac{1}{\sqrt{MN}}\sum_{x=0}^{M-1}\sum_{y=0}^{N-1} f(x,y)\mathrm{e}^{-\mathrm{j}2\pi\left(\frac{ux}{M}+\frac{vy}{N}\right)} \tag{5.27}$$

式中，$u=0, 1, 2,\cdots, M-1$；$v=0, 1, 2,\cdots, N-1$。

二维离散傅里叶反变换可写为

$$f(x,y)=\frac{1}{\sqrt{MN}}\sum_{u=0}^{M-1}\sum_{v=0}^{N-1}F(u,v)\mathrm{e}^{\mathrm{j}2\pi\left(\frac{ux}{M}+\frac{vy}{N}\right)} \tag{5.28}$$

式中，$x=0, 1, 2,\cdots, M-1$；$y=0, 1, 2,\cdots, N-1$。

一般来说，对一幅图像进行傅里叶变换运算量很大，不直接利用以上公式计算，现在都采用快速傅里叶变换算法，这样可大大减少计算量。

5.3.2 频率域平滑滤波器

图像空间域的线性邻域卷积实际上是图像经过滤波器对信号频率成分的滤波，这种功能也可以在变换域实现，即把原始图像进行正变换，设计一个滤波器用点操作的方法加工频谱数据（变换系数），然后再进行反变换，即完成处理工作。这里的关键在于设计频率域（变换域）滤波器的传递函数 $H(u,v)$。

图像增强的频率域处理工作流程如下：

$$\begin{aligned} g(x,y)&=f(x,y)h(x,y)\\ G(u,v)&=F(u,v)H(u,v)\end{aligned} \tag{5.29}$$

1. 理想低通滤波器

理想低通滤波器是指输入信号在通带内所有频率分量完全无损地通过，而在阻带内所有频率分量完全衰减。设傅里叶平面上理想低通滤波器离开原点的截止频率为 D_0，则理想低通滤波器如图 5.23 所示，其传递函数为

$$H(u,v)=\begin{cases}1, & D(u,v)\leqslant D_0\\ 0, & D(u,v)>D_0\end{cases} \tag{5.30}$$

式中，$D(u, v)$是(u, v)点距离频率矩形原点的距离。假设要研究的图像大小为 $M\times N$，该图像经过离散傅里叶变换在变换域的大小也相同，将变换中心移动到频率矩形中心$(M/2, N/2)$处，则 $D(u, v)$可以表示为

$$D(u,v)=\sqrt{\left(u-\frac{M}{2}\right)^2+\left(v-\frac{N}{2}\right)^2} \tag{5.31}$$

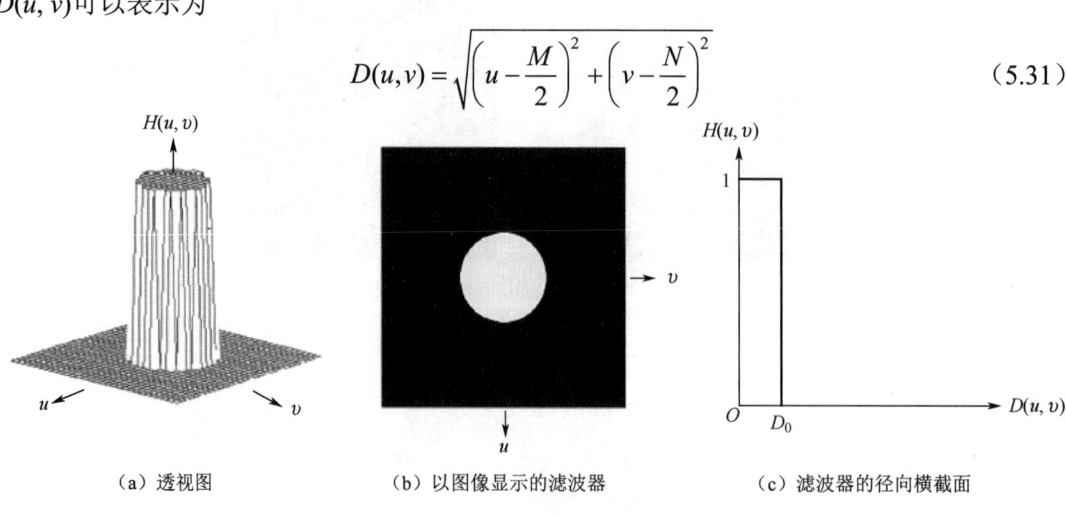

（a）透视图　（b）以图像显示的滤波器　（c）滤波器的径向横截面

图 5.23　理想低通滤波器

理想低通滤波器有陡峭频率的截止特性，但会产生振铃现象而使图像变得模糊，该滤波器具有物理不可实现性。

【例 5.8】 产生一个大小为 128×128、截止频率为 15 的理想滤波器。

MATLAB 程序如下：

```
for u=1:128
 for v=1:128
    if sqrt((u-64)^2+(v-64)^2)<=15
        H(u,v)=1;
    else
        H(u,v)=0;
    end;
 end;
end;
figure,imshow(H);
[u,v]=freqspace(128,'meshgrid');
figure, mesh(u,v,H)
```

2. 巴特沃斯低通滤波器

n 阶巴特沃斯（Butterworth）低通滤波器的传递函数为

$$H(u,v)=\frac{1}{1+\left[\dfrac{D(u,v)}{D_0}\right]^{2n}} \tag{5.32}$$

式中，$D(u,v)$是(u,v)点与频率矩形原点的距离，定义如式（5.31）所示；D_0 为截止频率。当 $\dfrac{D(u,v)}{D_0}=1$ 时，$H(u,v)=0.5$，n 阶 Butterworth 低通滤波器的特性是传递函数比较平滑，连续性衰减，而不像理想滤波器那样陡峭变化，即具有明显的不连续性。因此采用该滤波器滤波在抑制噪声的同时，图像边缘的模糊程度也大大减小，没有振铃效应产生，如图 5.24 所示。

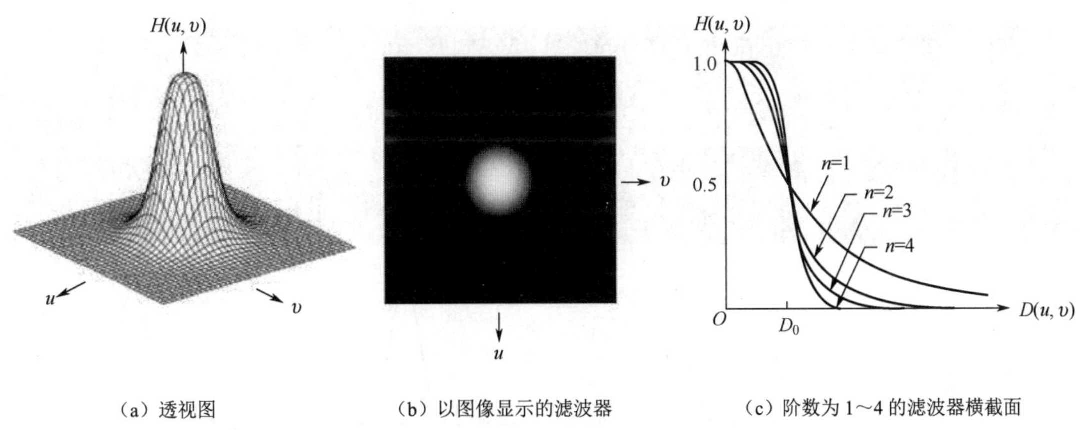

（a）透视图　　（b）以图像显示的滤波器　　（c）阶数为 1～4 的滤波器横截面

图 5.24　Butterworth 低通滤波器

【例 5.9】 采用二阶 Butterworth 低通滤波器对 Lena 图像进行低通滤波，结果如图 5.25 所示。可以看到，滤波后图像变模糊了。MATLAB 程序如下：

```
I=imread('lena256.bmp');
figure,imshow(I);
I1=fftshift(fft2(I));
[M,N]=size(I1);
n=2; d0=30;
n1=floor(M/2); n2=floor(N/2);
for i=1:M
    for j=1:N
        d=sqrt((i-n1)^2+(j-n2)^2);
        H=1/(1+(d/d0)^(2*n));
        I2(i,j)=H*I1(i,j);
    end
end
I2=ifftshift(I2);
I3=real(ifft2(I2));
figure,imshow(I3,[]);
```

（a）Lena 图像

（b）Butterworth 低通滤波结果

图 5.25 对 Lena 图像的 Butterworth 低通滤波

一个一阶 Butterworth 低通滤波器没有振铃，在二阶 Butterworth 低通滤波器中振铃很微小，但是随着阶数的增加振铃现象越来越严重。图 5.26 显示了具有 5 像素截止频率的不同阶数 Butterworth 低通滤波器在空间表示上的对比，同时显示了通过每个滤波器中心的水平扫描线的灰度级剖面线。从图 5.26 中可以看出，当阶数 n=1 时，没有振铃和负值；当阶数 n=2 时，有轻微的振铃和较小的负值；当阶数 n=5 时，振铃现象较明显；当阶数 n 达到 20 时，振铃现象特别严重，此时的 Butterworth 低通滤波器已经呈现出理想低通滤波器的特性。可见，二阶 Butterworth 低通滤波器是在有效的低通滤波器和可接受的振铃特性之间的折中。

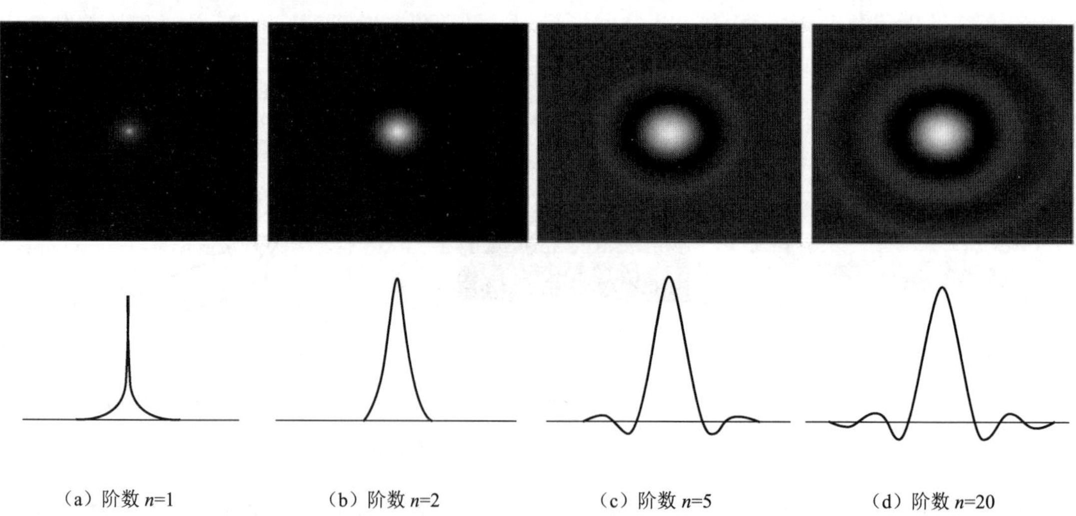

（a）阶数 n=1　（b）阶数 n=2　（c）阶数 n=5　（d）阶数 n=20

图 5.26 不同阶数的 Butterworth 低通滤波器的空间表示及相应的通过滤波器中心的灰度级截面图

3. 高斯低通滤波器

高斯低通滤波器是一种应用非常广泛的低通滤波器，其传递函数为

$$H(u,v)=\mathrm{e}^{-\frac{D^2(u,v)}{2D_0^2}} \tag{5.33}$$

式中，$D(u, v)$是(u, v)点与频率矩形原点的距离，定义如式（5.31）所示；D_0为截止频率。当$\frac{D(u,v)}{D_0}=1$时，$H(u, v)$=0.607。可以看出，高斯低通滤波器的傅里叶反变换也是高斯的，这也意味着，通过式（5.33）的傅里叶反变换得到的空间高斯滤波器将没有振铃。其透视图、以图像显示的滤波器及各种截止频率的滤波器横截面如图 5.27 所示。

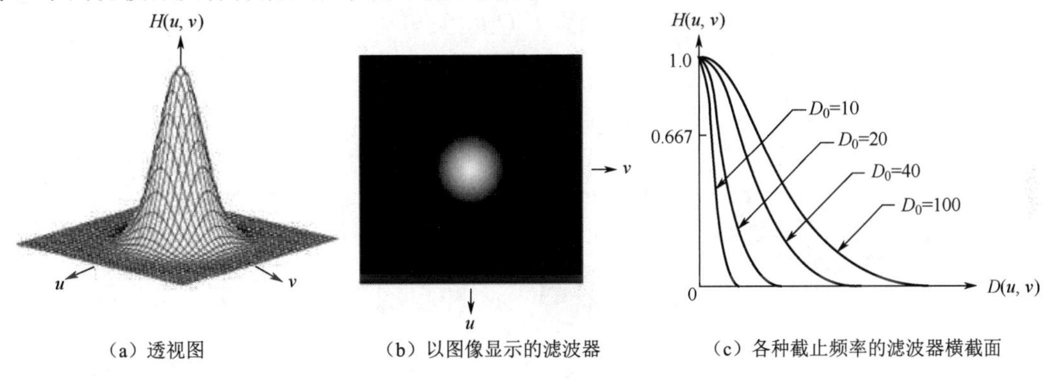

（a）透视图　（b）以图像显示的滤波器　（c）各种截止频率的滤波器横截面

图 5.27　高斯低通滤波器

比较图 5.27（c）和图 5.24（c）可以看出，高斯低通滤波器的横截面没有二阶 Butterworth 低通滤波器的横截面紧凑，高斯低通滤波器的滤波性能比二阶 Butterworth 低通滤波器略差一点，但是高斯低通滤波器的优点是没有振铃现象。

4. 指数低通滤波器

指数低通滤波器也是图像处理中较常用的一种滤波器，如图 5.28 所示，它的传递函数为

$$H(u,v)=\exp\left\{-\left[\frac{D(u,v)}{D_0}\right]^n\right\} \tag{5.34}$$

采用该滤波器滤波，在抑制噪声的同时，图像边缘的模糊程度较用 Butterworth 低通滤波器产生的大些，无明显的振铃效应。

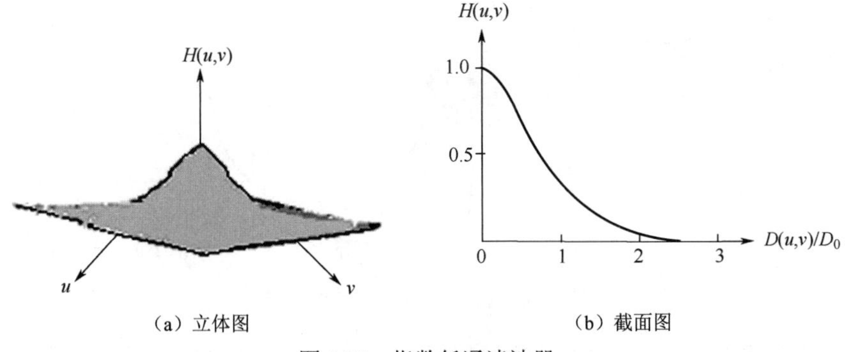

（a）立体图　（b）截面图

图 5.28　指数低通滤波器

5.3.3　频率域锐化滤波器

图像的边缘、细节主要位于高频部分，而图像的模糊是由于高频成分比较弱。频率域锐化就是为了消除模糊、突出边缘。因此采用高通滤波器让高频成分通过，使低频成分削弱，再经傅里叶逆变换得到边缘锐化的图像。常用的高通滤波器有理想高通滤波器、Butterworth 高通滤波器、高斯高通滤波器和指数高通滤波器。

1. 理想高通滤波器

二维理想高通滤波器的传递函数为

$$H(u,v)=\begin{cases}0, & D(u,v)\leqslant D_0\\ 1, & D(u,v)>D_0\end{cases} \tag{5.35}$$

理想高通滤波器如图 5.29 所示。

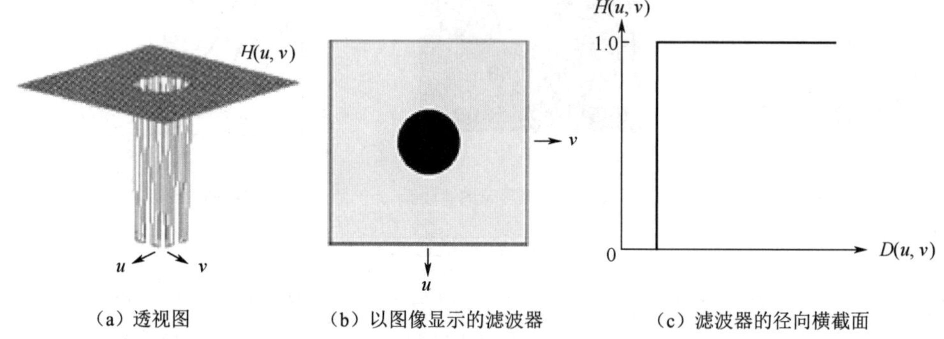

（a）透视图　（b）以图像显示的滤波器　（c）滤波器的径向横截面

图 5.29　理想高通滤波器

2. Butterworth 高通滤波器

n 阶 Butterworth 高通滤波器的传递函数定义为

$$H(u,v)=\frac{1}{1+\left[\dfrac{D_0}{D(u,v)}\right]^{2n}} \tag{5.36}$$

Butterworth 高通滤波器如图 5.30 所示。

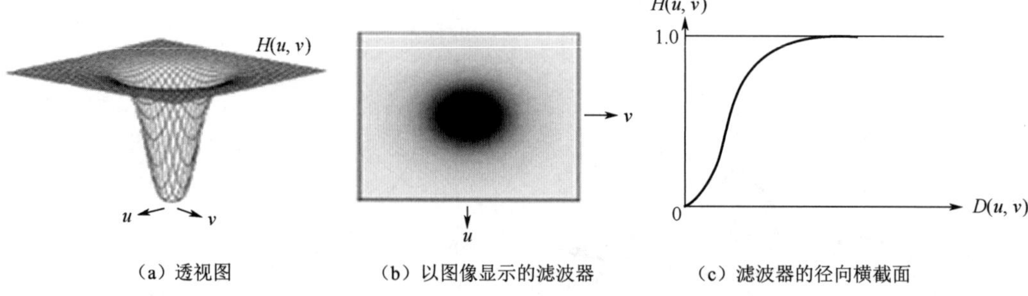

（a）透视图　（b）以图像显示的滤波器　（c）滤波器的径向横截面

图 5.30　Butterworth 高通滤波器

【例 5.10】 采用 Butterworth 高通滤波器对 Lena 图像进行锐化，其结果如图 5.31 所示。

MATLAB 程序同例 5.9，只是滤波器换成 $H=\dfrac{1}{1+\left(\dfrac{D_0}{D}\right)^{2n}}$。

（a）Lena 图像

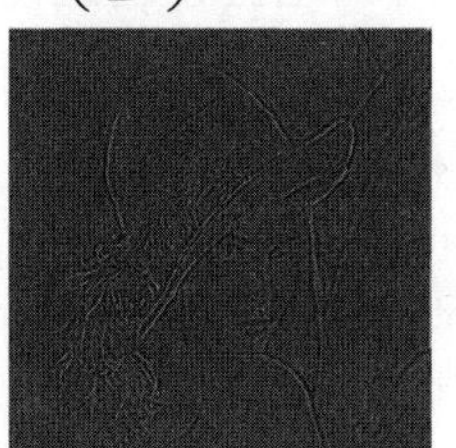

（b）Butterworth 高通滤波锐化结果

图 5.31 对 Lena 图像的 Butterworth 高通滤波

3. 高斯高通滤波器

高斯高通滤波器的传递函数定义为

$$H(u,v)=1-\mathrm{e}^{-\frac{D^2(u,v)}{2D_0^2}} \tag{5.37}$$

高斯高通滤波器如图 5.32 所示。

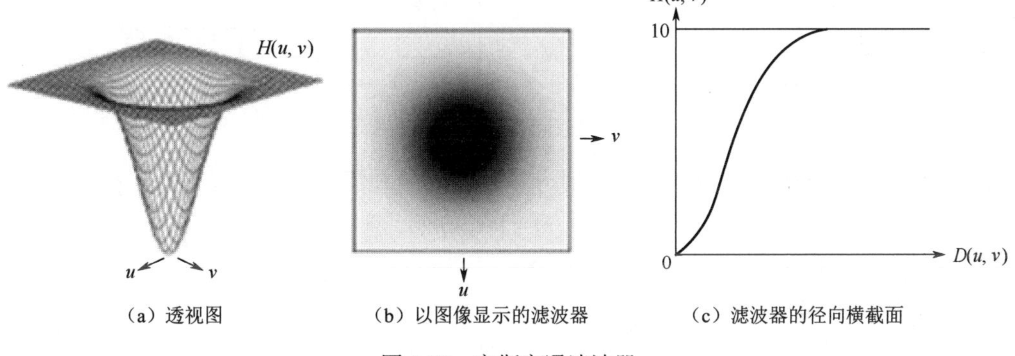

（a）透视图 （b）以图像显示的滤波器 （c）滤波器的径向横截面

图 5.32 高斯高通滤波器

4. 指数高通滤波器

指数高通滤波器如图 5.33 所示，它的传递函数为

$$H(u,v)=\exp\left\{-\left[\frac{D_0}{D(u,v)}\right]^n\right\} \tag{5.38}$$

4 种高通滤波函数的特性与 4 种低通滤波函数的特性类似。理想高通滤波器的滤波效果最差，有非常强的振铃现象，在图像的边缘出现抖动；Butterworth 高通滤波器的滤波效果最好，$H(u,v)$是渐变的，有一定的振铃影响，但是二阶 Butterworth 高通滤波器的小到可以忽略，所以二阶 Butterworth 高通滤波器是在有效高通滤波和可接受的振铃特性之间的折中；高斯高通滤波器的滤波效果较好，其滤波效果略低于 Butterworth

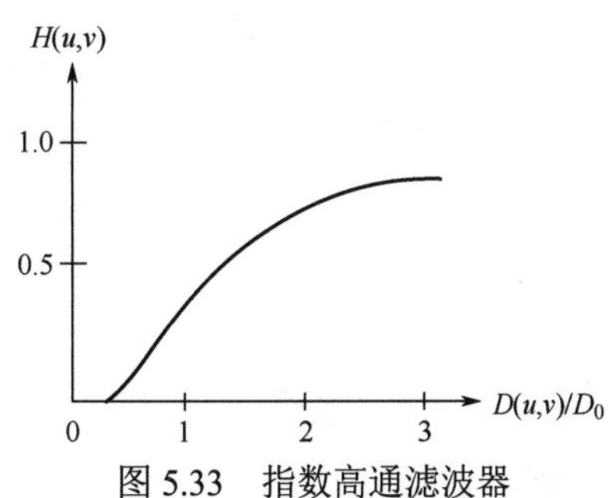

图 5.33 指数高通滤波器

高通滤波器，但其优点是没有振铃现象；指数高通滤波器的效果比高斯高通滤波器的略差，有振铃现象但不明显。一般来说，不管在空间域还是频率域，采用高通滤波不但会使有用的信息增强，同时也会使噪声增强，因此使用时要注意。

5.3.4 同态滤波器

频域滤波作为一种图像增强的工具，可以灵活地解决加性畸变问题，但实际成像中有许多非线性干扰问题，此时，直接用频率域滤波的方法，将无法消减乘性或卷积性噪声。例如，当物体受到的照度明暗不匀时，图像上对应照度暗的部分，其细节就较难辨别。这部分图像的特点是动态范围较大而对比度不足，此时需要对图像同时进行动态范围压缩和对比度增强。

从图像成形的过程来看，可以将图像看成照射光分量和反射光分量的乘积，经傅里叶变换后，两者因是卷积关系而难以分开。反射分量反映图像内容，随图像细节不同在空间上快速变化；照射分量在空间上通常均具有缓慢变化的性质，照射分量的频谱落在空间低频区域，反射分量的频谱落在空间高频区域。同态滤波是把频率滤波和灰度变换结合起来，首先对非线性混杂信号作对数运算，把两个相乘的分量变为两个相加的分量，它们分别代表图像的高频分量和低频分量，然后用线性滤波方法处理。最后作逆运算，恢复处理后图像。

同态滤波处理流程如图 5.34 所示。

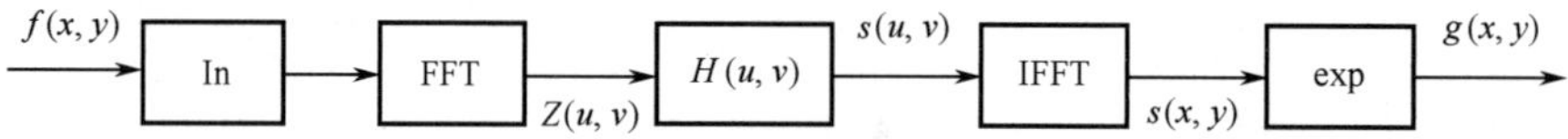

图 5.34　同态滤波处理流程

图像 $f(x,y)$ 由照射分量 $i(x,y)$ 与反射分量 $r(x,y)$ 的乘积构成：

$$f(x,y)=i(x,y)r(x,y) \tag{5.39}$$

式中，$0<r(x,y)<1$；$0<f(x,y)\leqslant i(x,y)<\infty$。

首先对 $f(x,y)$ 取对数：

$$z(x,y)=\ln f(x,y)=\ln i(x,y)+\ln r(x,y) \tag{5.40}$$

进行傅里叶变换 $F\left[z(x,y)\right]=F\left[\ln i(x,y)\right]+F\left[\ln r(x,y)\right]$

即

$$Z(u,v)=I(u,v)+R(u,v) \tag{5.41}$$

式（5.41）表明，照明分量的频谱 $I(u,v)$ 可以与反射分量 $R(u,v)$ 的频谱分离开，根据不同需要，选用不同的传递函数 $H(u,v)$，实现对图像的增强。

假定所设计的传递函数为 $H(u,v)$，则

$$S(u,v)=H(u,v)Z(u,v)=H(u,v)I(u,v)+H(u,v)R(u,v) \tag{5.42}$$

进行反变换 $s(x,y)=F^{-1}\left[S(u,v)\right]$，令

$$i'(x,y)=F^{-1}\left[H(u,v)I(u,v)\right]$$

$$r'(x,y)=F^{-1}\left[H(u,v)R(u,v)\right]$$

$$s(x,y)=i'(x,y)+r'(x,y)$$

可见，增强后的图像是由对应的照度分量与反射分量两部分叠加而成的。然后，对 $s(x,y)$ 取指数，即

$$g(x,y)=\exp[s(x,y)] \tag{5.43}$$

许多控制能通过同态滤波器对照射分量和反射分量操作来加强。这些控制需要一个滤波器函数 $H(u,v)$ 来规范，它能以不同的方法影响傅里叶变换的高低频成分。一个典型的同态滤波器幅频图如图 5.35 所示。

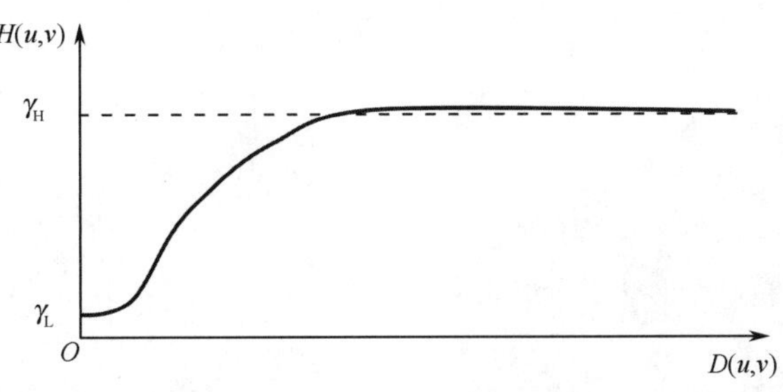

图 5.35　同态滤波器幅频图

γ_H 代表高频增益，γ_L 代表低频增益，一般选取 $\gamma_H>1$ 且 $\gamma_L<1$，图 5.35 所示的滤波器函数往往减少低频（照度）的贡献，增加高频（反射）的贡献，结果是同时进行动态范围的压缩和对比度的增强。

图 5.35 所示的曲线形状能用前述的任何一种高通滤波器的基本形式近似。例如，传递函数 $H(u,v)$ 可以是高斯高通滤波器稍微修改过的形式，即式（5.44）；或是 Butterworth 高通滤波器稍微修改过的形式，即式（5.45）。

$$H(u,v)=(\gamma_H-\gamma_L)\left\{1-\exp\left[-c\left(\frac{D^2(u,v)}{D_0^2}\right)\right]\right\}+\gamma_L \tag{5.44}$$

$$H(u,v)=(\gamma_H-\gamma_L)/\left[1+\frac{D_0}{(cD(u,v))}\right]^{2n}+\gamma_L \tag{5.45}$$

式中，$D(u,v)=[(u-M/2)^2+(v-N/2)^2]^{\frac{1}{2}}$；$D_0$ 是截止频率；引入常数 c 用来控制滤波器函数斜面的锐化，通常为 γ_L 和 γ_H 之间的一个常数。

【例 5.11】 采用同态滤波方法，对图像 5.36（a）进行滤波处理，结果如图 5.36（b）所示。MATLAB 程序如下：

```
I=imread('stonedark.bmp');
figure,imshow(I);
G=rgb2gray(I);
G=double(G);
I1=log(G+1);
I2=fft2(I1);
n=2;c=1; D0=5; rh=1.1; rl=0.2;
[m,k]=size(I2);
for i=1:m
  for j=1:k
    D1(i,j)=sqrt(i^2+j^2);
    H(i,j)=rl+(rh-rl)*(1/(1+(D0/(c*D1(i,j)))^(2*n)));
```

```
  end
end
I3=I2.*H;
I4=ifft2(I3);
I5=exp(real(I4))-1;
figure,imshow(I5);
```

（a）原始图像

（b）同态滤波处理

图 5.36　同态滤波示例

习题

5.1　图像增强的目的是什么？它通常包含哪些技术？

5.2　直接灰度变换增强技术通常包含哪些内容？

5.3　为什么在一般情况下对离散图像的直方图均衡化并不能产生完全平坦的直方图？

5.4　假定有 64 像素 × 64 像素的图像，灰度为 16 级，概率分布如表 5.3 所示，试进行直方图均衡化，并画出处理前后的直方图。

表 5.3　习题 5.4 表

k	0	1	2	3	4	5	6	7
r_k	0	1/15	1/15	1/15	1/15	1/15	1/15	1/15
n_k	800	650	600	430	300	230	200	170
$P(r_k)$	0.195	0.160	0.147	0.106	0.073	0.056	0.049	0.041
k	8	9	10	11	12	13	14	15
r_k	8/15	9/15	10/15	11/15	12/15	13/15	14/15	1
n_k	150	130	110	96	80	70	50	30
$P(r_k)$	0.037	0.031	0.027	0.023	0.019	0.017	0.012	0.007

5.5　采用 3×3 模板对如图 5.37 所示的图像进行平滑滤波，滤波过程中图像边界没有补零。

2	1	7	5	8	9	1	3
3	5	1	2	1	10	1	1
1	6	5	6	5	1	1	7
7	1	5	1	5	1	8	1
9	1	1	5	2	5	2	3
1	2	6	3	1	1	8	1
3	6	1	8	12	5	1	9
7	8	3	9	1	7	8	1

图 5.37　习题 5.5 图

5.6　采用式（5.23）中的拉普拉斯算子对习题 5.5 中的图像进行空间锐化，滤波过程中图像边界没有补零。

5.7　对于如下拉普拉斯锐化滤波表达式，试推导出其相应的频域等价滤波器 $H(u,v)$。

$$g(m, n)=4f(m, n)-f(m-1, n) -f(m+1, n) -f(m, n-1) -f(m, n+1)$$

5.8　证明可以通过在频率域中用原始图像减去高通滤波图得到低通滤波的结果。

5.9　从 Butterworth 高通滤波器出发推导它对应的低通滤波器。

5.10　假设对恒星的观测图像包含一组明亮且松散的点，可以用一组脉冲与恒定亮度背景相乘的方法进行建模。试设计一个同态滤波器来提取对应恒星的该组亮点。

第6章 图像复原

图像复原又称为图像恢复，图像复原和图像增强一样，都是为了改善图像视觉效果，以便后续进一步处理。只是图像增强方法更偏向主观判断，而图像复原则是根据图像畸变或退化原因进行模型化处理。本章首先介绍退化模型及复原技术基础，随后介绍空间域滤波复原技术，最后介绍频率域图像复原技术及应用。

6.1 图像复原及退化模型基础

图像的退化是指图像在形成、传输和记录过程中，成像系统、传输介质和设备不完善，而使图像的质量变坏。图像复原就是要尽可能恢复退化图像的本来面目，它是沿图像退化的逆过程进行处理的。典型的图像复原是根据图像退化的先验知识建立一个退化模型，以此模型为基础，采用各种逆退化处理方法进行恢复，得到质量改善的图像。图像复原过程为：寻找退化原因→建立退化模型→反向推演→复原图像。

可见，图像复原主要取决于对图像退化过程的先验知识所掌握的精确程度，体现在建立的退化模型是否合适，其关键在于找到退化原因。

图像复原与图像增强的相似之处在于它们都是为了改善图像的质量，但是它们又有明显的不同。图像增强主要是一个主观过程，而图像复原的大部分过程是一个客观过程。图像增强不考虑图像是如何退化的，而是试图采用各种技术来增强图像的视觉效果，可以不顾增强后的图像是否失真。因此，图像增强的过程基本上是一个探索的过程，利用人的心理状态和视觉系统去控制图像质量，直到人们的视觉系统满意为止。而图像复原需要知道图像退化过程的先验知识，据此找出一种相应的逆处理方法，使已退化的图像恢复本来面目，即根据退化的原因，分析引起退化的环境因素，建立相应的数学模型，并沿着使图像质量下降的逆过程恢复图像。如果图像已退化，应先进行恢复处理，再进行增强处理。

6.1.1 图像退化的原因及退化模型

1. 退化的原因

造成图像退化的原因很多，主要表现为：

（1）成像系统的像差、畸变、带宽有限等造成图像失真。

（2）成像器件拍摄姿态和扫描非线性引起的图像几何失真。

（3）运动模糊。成像传感器与被拍摄景物之间的相对运动引起所成图像的运动模糊。

（4）灰度失真。光学系统或成像传感器本身特性不均匀，造成同样亮度景物成像灰度不同。

（5）辐射失真。场景能量传输通道中的介质特性（如大气湍流效应、大气成分变化）引起图像失真。

（6）图像在成像、数字化、采集和处理过程中引入的噪声等。

图 6.1 是常见退化现象的物理模型。

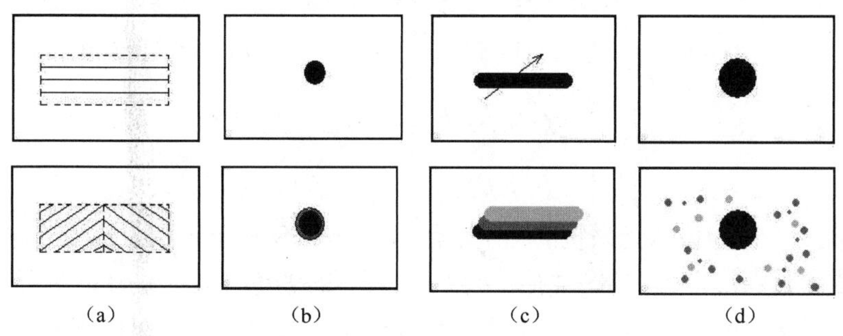

（a）　（b）　（c）　（d）

图 6.1　常见退化现象的物理模型

2. 退化模型

图像复原的关键问题在于建立退化模型，输入图像经过这个退化模型后的输出是一幅退化的图像。为了讨论方便，一般把噪声引起的退化（噪声对图像的影响）作为加性噪声考虑，这也与许多实际应用情况一致。如图像数字化时的量化噪声、随机噪声等就可以作为加性噪声，即使不是加性噪声而是乘性噪声，也可以用对数方式转化为相加形式。

场景辐射能量在物平面上的分布用 $f(x,y)$ 描述，在通过成像系统 H 时，在像平面所得图像为 $H\left[f(x,y)\right]$，如果再有加性噪声 $n(x,y)$，则实际所得退化图像 $g(x,y)$ 可用下列模型表示为

$$g(x,y)=H\left[f(x,y)\right]+n(x,y) \tag{6.1}$$

式中，$H[\cdot]$ 是综合所有退化因素的函数。

这里 $n(x,y)$ 是一种统计性质的信息。在实际应用中，常常假设噪声是白噪声，即它的频谱密度为常数，并且与图像不相关。

下面介绍连续图像退化的数学模型。

一幅连续图像 $f(x,y)$ 可以看成由一系列点源组成。因此，$f(x,y)$ 可以通过点源函数的卷积来表示，即

$$f(x,y)=\int_{-\infty}^{\infty}\int_{-\infty}^{\infty}f(\alpha,\beta)\delta(x-\alpha,y-\beta)\mathrm{d}\alpha\mathrm{d}\beta \tag{6.2}$$

式中，$\delta[\cdot]$ 为点源函数，表示空间上的点脉冲。

在不考虑噪声的一般情况下，连续图像经过退化系统 H 后的输出为

$$g(x,y)=H[f(x,y)] \tag{6.3}$$

把式（6.2）代入式（6.3）可得

$$g(x,y)=H\left[f(x,y)\right]=H[\int_{-\infty}^{\infty}\int_{-\infty}^{\infty}f(\alpha,\beta)\delta(x-\alpha,y-\beta)\mathrm{d}\alpha\,\mathrm{d}\beta] \tag{6.4}$$

在线性和空间不变系统的情况下，退化算子 H 具有如下性质。

【性质 6.1】 线性性。

设 $f_1(x,y)$ 和 $f_2(x,y)$ 为两幅输入图像，k_1 和 k_2 为常数，则

$$H[k_1f_1(x,y)+k_2f_2(x,y)]=k_1H[f_1(x,y)]+k_2H[f_2(x,y)] \tag{6.5}$$

【性质 6.2】 空间不变性（也称位移不变性）。

如果对于任意 $f(x,y)$ 及 a 和 b，有

$$H[f(x-a,y-b)]=g(x-a,y-b) \tag{6.6}$$

对于线性位移不变系统，输入图像经退化后的输出为

$$\begin{aligned}g(x,y)=H[f(x,y)]&=H\left[\int_{-\infty}^{\infty}\int_{-\infty}^{\infty}f(\alpha,\beta)\delta(x-\alpha,y-\beta)\mathrm{d}\alpha\mathrm{d}\beta\right]\\&=\int_{-\infty}^{\infty}\int_{-\infty}^{\infty}f(\alpha,\beta)H[\delta(x-\alpha,y-\beta)]\mathrm{d}\alpha\mathrm{d}\beta\\&=\int_{-\infty}^{\infty}\int_{-\infty}^{\infty}f(\alpha,\beta)h(x-\alpha,y-\beta)\mathrm{d}\alpha\mathrm{d}\beta\end{aligned} \tag{6.7}$$

式中，$h(x-\alpha,y-\beta)$ 为该退化系统的点扩散函数（Point Spread Function，PSF），或称系统的冲激响应函数，它表示系统对坐标为(α,β)处的冲激函数 $\delta(x-\alpha,y-\beta)$ 的响应。也就是说，只要系统对冲激函数的响应为已知，那么就可以清楚图像退化是如何形成的。因为对于任意输入 $f(\alpha,\beta)$ 的响应，都可以通过式（6.7）计算出来。

此时，退化系统的输出就是输入图像信号 $f(x,y)$ 与点扩展函数 $h(x,y)$ 的卷积：

$$g(x,y)=\int_{-\infty}^{\infty}\int_{-\infty}^{\infty}f(\alpha,\beta)h(x-\alpha,y-\beta)\mathrm{d}\alpha\mathrm{d}\beta=f(x,y)*h(x,y) \tag{6.8}$$

图像退化除受到成像系统本身的影响外，有时还受噪声的影响。假设噪声 $n(x,y)$ 是加性白噪声，这时式（6.8）可写为

$$\begin{aligned}g(x,y)&=\int_{-\infty}^{\infty}\int_{-\infty}^{\infty}f(\alpha,\beta)h(x-\alpha,y-\beta)\mathrm{d}\alpha\mathrm{d}\beta+n(x,y)\\&=f(x,y)*h(x,y)+n(x,y)\end{aligned} \tag{6.9}$$

式（6.9）就是连续函数的退化模型。可见，图像复原实际上就是在已知 $g(x,y)$ 、$h(x,y)$ 和 $n(x,y)$ 的一些先验知识的条件下，求得 $\hat{f}(x,y)$ 的问题。如图 6.2 所示为图像退化线性模型。

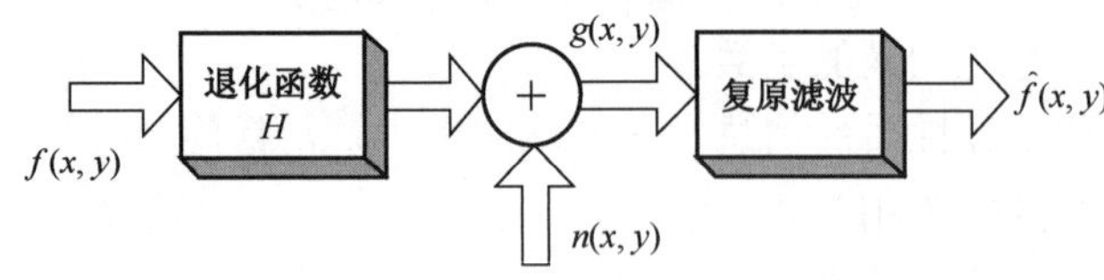

图 6.2　图像退化线性模型

显然，进行图像复原的关键问题是寻找降质系统在空间域上的冲激响应函数 $h(x,y)$ 。

采用线性位移不变系统模型的原因如下：

（1）许多种退化都可以用线性位移不变模型来近似，这样线性系统中的许多数学工具（如线性代数），能用于求解图像复原问题，从而使运算方法简捷和快速。

（2）当退化不太严重时，一般用线性位移不变系统模型来复原图像，在很多应用中有较好的复原结果，且计算大为简化。

（3）尽管实际非线性和位移可变的情况能更加准确且普遍地反映图像复原问题的本质，但在数学上求解困难。只有在要求很精确的情况下才用位移可变的模型去求解，其求解也常在位移不变的解法基础上加以修改而成。

6.1.2 图像退化的数学模型

假定成像系统是线性位移不变系统，它的点扩散函数用 $h(x, y)$表示，$f(x, y)$表示理想的、没有退化的图像，$g(x,y)$是劣化（被观察到）的图像，受加性噪声 $n(x,y)$的干扰，则退化图像可表示为

$$g(x, y)= f(x, y)*h(x, y)+n(x, y) \tag{6.10}$$

这就是线性位移不变系统的退化模型，下面给出离散化的退化模型。

若对图像$f(x,y)$和点扩散函数 $h(x,y)$均匀采样，就可以得到离散的退化模型。假设数字图像$f(x, y)$和点扩散函数 $h(x, y)$的大小分别为 $A×B$ 和 $C×D$，可先对它们进行大小为 $M×N$ 的周期延拓图像，其方法是添加零。即

$$f_e(x,y)=\begin{cases} f(x,y), & 0\leqslant x\leqslant A-1, \quad 0\leqslant y\leqslant B-1 \\ 0, & A\leqslant x\leqslant M-1, \quad B\leqslant y\leqslant N-1 \end{cases} \tag{6.11}$$

和

$$h_e(x,y)=\begin{cases} h(x,y), & 0\leqslant x\leqslant C-1, \quad 0\leqslant y\leqslant D-1 \\ 0, & C\leqslant x\leqslant M-1, \quad D\leqslant y\leqslant N-1 \end{cases} \tag{6.12}$$

把周期延拓的 $f_e(x, y)$和 $h_e(x, y)$作为二维周期函数来处理，即在 x 方向和 y 方向上，周期分别为 M 和 N，则由此得到离散的退化模型为两个函数的卷积：

$$g_e(x,y)=\sum_{m=0}^{M-1}\sum_{n=0}^{N-1} f_e(m,n)h_e(x-m,y-n) \tag{6.13}$$

式中，$x=0, 1, 2, \cdots, M-1$，$y=0, 1, 2, \cdots, N-1$。函数 $g_e(x, y)$为周期函数，其周期与$f_e(x, y)$和 $h_e(x, y)$的周期一样。在式（6.13）中加上一个延拓为 $M×N$ 的离散噪声项，从而可得

$$g_e(x,y)=\sum_{m=0}^{M-1}\sum_{n=0}^{N-1} f_e(m,n)h_e(x-m,y-n)+n_e(x,y) \tag{6.14}$$

令 $\boldsymbol{f}$、$\boldsymbol{g}$ 和 $\boldsymbol{n}$ 代表 $M×N$ 维列向量，这些列向量分别是由 $M×N$ 维的$f_e(x,y)$矩阵、$h_e(x,y)$和 $n_e(x,y)$的各个行堆积而成的。例如，$\boldsymbol{f}$ 的第一组 N 个元素是 $f_e(x,y)$的第一行元素，相应的第二组 N 个元素是由第二行得到的，对于 $f_e(x, y)$的所有行都是这样的。利用这一规定，式（6.14）可被表示为向量矩阵形式：

$$\boldsymbol{g}=\boldsymbol{Hf}+\boldsymbol{n} \tag{6.15}$$

式中，$\boldsymbol{H}$ 为 $MN×MN$ 维矩阵。这一矩阵是由大小为 $N×N$ 的 M^2 部分组成的，排列顺序为

$$\boldsymbol{H}=\begin{bmatrix} \boldsymbol{H}_0 & \boldsymbol{H}_{M-1} & \boldsymbol{H}_{M-2} & \dots & \boldsymbol{H}_1 \\ \boldsymbol{H}_1 & \boldsymbol{H}_0 & \boldsymbol{H}_{M-1} & \dots & \boldsymbol{H}_2 \\ \boldsymbol{H}_2 & \boldsymbol{H}_1 & \boldsymbol{H}_0 & \dots & \boldsymbol{H}_3 \\ \dots & \dots & \dots & \dots & \dots \\ \boldsymbol{H}_{M-1} & \boldsymbol{H}_{M-2} & \boldsymbol{H}_{M-3} & \dots & \boldsymbol{H}_0 \end{bmatrix} \tag{6.16}$$

每个部分 $\boldsymbol{H}_j$ 是由周期延拓图像 $h_e(x,y)$ 的第 j 行构成的，构成方法如下：

$$\boldsymbol{H}_j = \begin{bmatrix} h_e(j,0) & h_e(j,N-1) & h_e(j,N-2) & \dots & h_e(j,1) \\ h_e(j,1) & h_e(j,0) & h_e(j,N-1) & \dots & h_e(j,2) \\ h_e(j,2) & h_e(j,1) & h_e(j,0) & \dots & h_e(j,3) \\ \dots & \dots & \dots & \dots & \dots \\ h_e(j,N-1) & h_e(j,N-2) & h_e(j,N-3) & \dots & h_e(j,0) \end{bmatrix} \tag{6.17}$$

式（6.17）中利用了 $h_e(x,y)$的周期性。在这里，$\boldsymbol{H}_j$ 是一个循环矩阵，$\boldsymbol{H}$ 各分块的下标也均按循环方式标注。因此，式（6.16）中给出的矩阵 $\boldsymbol{H}$ 常被称为分块循环矩阵。

6.1.3 复原技术的概念及分类

图像复原根据退化原因建立相应的数学模型，从被污染或畸变的图像信号中提取所需要的信息，沿着使图像降质的逆过程恢复图像本来的面貌。实际的恢复过程是设计一个滤波器，使其能从降质图像 $g(x,y)$ 中计算得到真实图像的估值 $\hat{f}(x,y)$，使其根据预先规定的误差准则，最大程度地接近真实图像 $f(x,y)$。

从广义上讲，图像复原是一个求逆问题，逆问题经常存在非唯一解，甚至无解。为了得到逆问题的有用解，需要有先验知识及对解的附加约束条件。图像复原流程如图 6.3 所示。

图 6.3　图像复原流程图

图像复原的分类如下：

（1）在给定退化模型条件下，分为无约束和有约束两大类。

（2）根据是否需要外界干预，分为自动和交互两大类。

（3）根据处理所在的域，分为空间域和频率域两大类。

下面将按照空间域、频率域的分类方法对图像复原进行介绍。

6.2 噪声模型

数字图像的噪声主要来源于图像的获取（数字化过程）、传输或处理过程。噪声可能依赖图像内容，也可能与其无关。图像传感器的工作情况受各种因素的影响，如图像获取中的环境条件和传感元器件自身的质量等。例如，使用 CCD（电荷耦合器件）摄像机获取图像，光照程度和传感器温度是生成图像中产生大量噪声的主要因素。图像在传输过程中主要被所用的传输信道干扰而受到噪声污染。例如，通过无线网络传输的图像可能会因为光或其他天气因素的干扰而被污染。

噪声的频率特性是指噪声在傅里叶域的频率内容，如当噪声的傅里叶谱是常量（频谱的强度不随频率的改变而变化）时，噪声通常称为白噪声。白噪声这个术语是从白光的物理特性派生出来的，白光以相等的比例包含可见光谱中所有的频率，而以等比例包含所有频率的函数的傅里叶谱是一个常量。

噪声的空间特性是指定义噪声空间特性的参数和这些噪声是否与图像相关。由于空间的周期噪声的异常，因此本章假设噪声独立于空间坐标，并且它与图像本身无关联，即噪声分量值和像素值之间不相关。

6.2.1 一些重要噪声的概率密度函数

这里讨论的空间噪声描述符是在 6.1 节的假设下，由图 6.2 的图像退化模型描述的噪声分量灰度值的统计特性。它们可以被认为是由概率密度函数（Probability Density Function，PDF）表示的随机变量，下面是在图像处理应用中常见的随机噪声的概率密度函数。

1. 高斯噪声概率密度函数

理想的噪声称为白噪声（White Noise），具有常量的功率谱，即其强度不随着频率的增加而衰减。白噪声的一个特例是高斯噪声，高斯噪声是一种源于电子电路噪声和由低照明度或高温带来的传感器噪声。它在空间域和频率域中具有数学上的易处理性，因此高斯噪声经常被用于实践中。高斯噪声也称为正态噪声，如图 6.4 所示，它的概率密度函数为

$$p(z)=\frac{1}{\sqrt{2\pi}\sigma}\mathrm{e}^{\frac{-(z-\mu)^2}{2\sigma^2}} \tag{6.18}$$

式中，高斯随机变量 z 表示灰度值，μ 表示 z 的平均值或期望值，σ 表示 z 的标准差，而标准差的平方 σ^2 称为 z 的方差。当 z 服从式（6.18）的分布时，其值 70%落在$[(\mu-\sigma),(\mu+\sigma)]$范围内，且有 95%落在$[(\mu-2\sigma),(\mu+2\sigma)]$范围内。

在很多实际情况下，噪声可以很好地用高斯噪声来近似。

2. 均匀分布噪声概率密度函数

均匀分布噪声的概率密度函数为

$$p(z)=\begin{cases}\dfrac{1}{b-a}, & a\leqslant z\leqslant b\\ 0, & 其他\end{cases} \tag{6.19}$$

函数图像如图 6.5 所示，概率密度的期望值和方差分别为

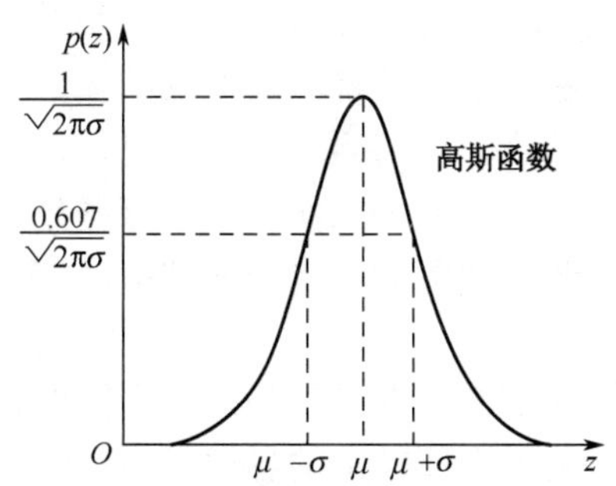

图 6.4　高斯噪声的概率密度函数

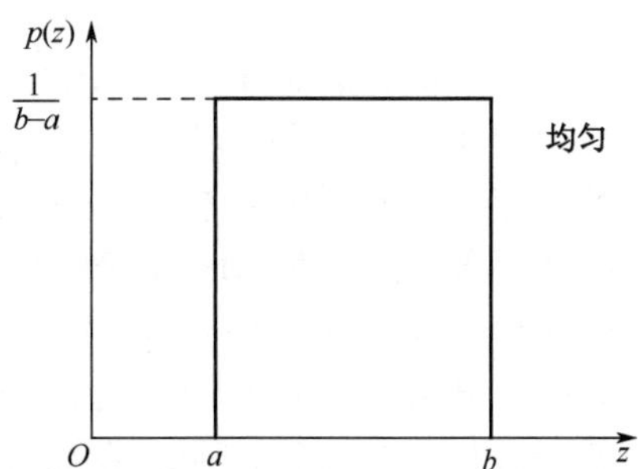

图 6.5　均匀分布噪声的概率密度函数

$$\mu = \frac{a+b}{2} \tag{6.20}$$

$$\sigma^2 = \frac{(b-a)^2}{12} \tag{6.21}$$

3. 脉冲噪声（“椒盐”噪声）概率密度函数

（双极）脉冲噪声的概率密度函数为

$$p(z) = \begin{cases} P_a, & z = a \\ P_b, & z = b \\ 0, & \text{其他} \end{cases} \tag{6.22}$$

脉冲噪声的概率密度函数如图 6.6 所示。

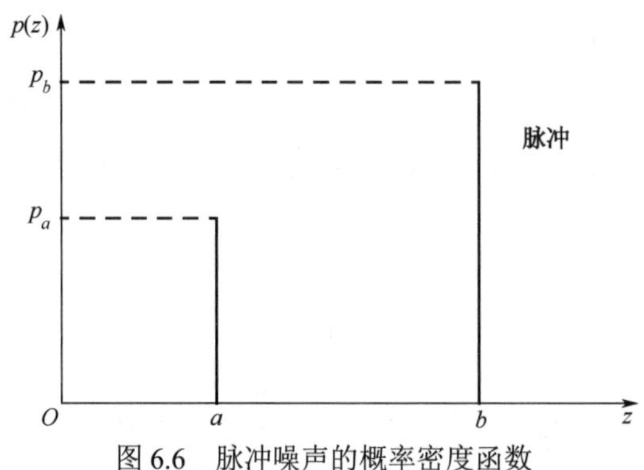

图 6.6　脉冲噪声的概率密度函数

如果 $b>a$，灰度 b 的值在图像中将显示一个亮点，而灰度 a 的值在图像中将显示一个暗点。如果 P_a 或 P_b 为零，则脉冲噪声称为单极脉冲噪声。如果 P_a 或 P_b 均不可能为零，尤其当它们近似相等时，脉冲噪声值就类似随机分布在图像上的胡椒和盐粉微粒，所以双极脉冲噪声也称为“椒盐”噪声。同时，它们有时也称为散粒和尖峰噪声。本书主要采用脉冲噪声和“椒盐”噪声这两个术语。

噪声脉冲可以是正值，也可以是负值。标定通常是图像数字化过程的一部分。因为脉冲干扰与图像信号的强度相比通常较大，因此，在一幅图像中，脉冲噪声总是数字化为最大值(纯黑或纯白)。这样，通常假设 a, b 是饱和值，从某种意义上看，在数字化图像中，它们等于所允许的最大值和最小值。因此，负脉冲以一个黑点（胡椒点）出现在图像中；同理，正脉冲以白点（盐点）出现在图像中。对于一个 8 位图像而言，意味着 a=0（黑），b=255（白）。

上述一组概率密度函数(PDF)为在实践中模型化宽带噪声干扰状态提供了有用的工具。例如，在一幅图像中，高斯噪声的产生源于电子电路噪声和由低照明度或高温带来的传感器噪声。脉冲噪声主要表现在成像中的短暂停留中，如错误的开关操作。均匀密度分布可能是在实践中描述得最少的，然而均匀密度作为模拟随机数产生器的基础是非常有用的。

【例 6.1】样本噪声图像和它们的直方图。

图 6.7（a）显示了一个适合阐述上述噪声模型的测试图。图 6.7（a）是由简单、恒定的区域组成的，且其只有三个灰度级变化。这样方便对附加在图像上的各种噪声分量特性的视觉分析。图 6.7（b）～图 6.7（d）分别显示了在原始图像上叠加高斯噪声、均匀分布噪声、“椒盐”噪声后的图像。图 6.7（e）～图 6.7（h）分别是从图 6.7（a）～图 6.7（d）直接计算

得到的直方图。该过程的MATLAB程序如下：

```
A=imread('fig606a.jpg');                        %读取图像
img=rgb2gray(img);                              %转换为灰度图像
figure,imshow(A);                               %显示图像
figure,hist(double(A),10);                      %求出A的直方图并显示
B=imnoise(A,'gaussian',0.05);                   %对A附加高斯噪声
figure,imshow(B);                               %显示附加高斯噪声后的图像B
figure,hist(double(B),10);                      %求出B的直方图并显示
C=imnoise(A,'speckle',0.05);                    %对A附加均匀分布噪声
figure,imshow(C);                               %显示附加均匀噪声后的图像C
figure,hist(double(C),10);                      %求出C的直方图并显示
D=imnoise(A,'salt & pepper',0.05);              %对A附加“椒盐”噪声
figure,imshow(D);                               %显示附加椒“盐噪”声后的图像D
figure,hist(double(D),10);                      %求出D的直方图并显示
```

比较图6.7的直方图和图6.4～图6.6的概率密度函数，可以看到它们相近的对应关系。叠加“椒盐”噪声图像的直方图在光谱的黑端和白端分别有额外的尖峰，因为噪声的分量是纯黑和纯白。除少许灰度值不同外，很难区别图6.7中（b）和图6.7（c）有什么显著的不同，即使它们的直方图有明显的区别。而图6.7（d）与它们有明显的不同，可见，“椒盐”噪声是可以引起退化的视觉可见的噪声类型。

还有一类重要的噪声，即周期噪声。在一幅图像中，周期噪声是在图像获取中从电力或机电干扰中产生的。这是唯一的一种空间依赖型噪声，在6.4节中的讨论中将会看到，周期噪声通过频域滤波可以显著地减少。

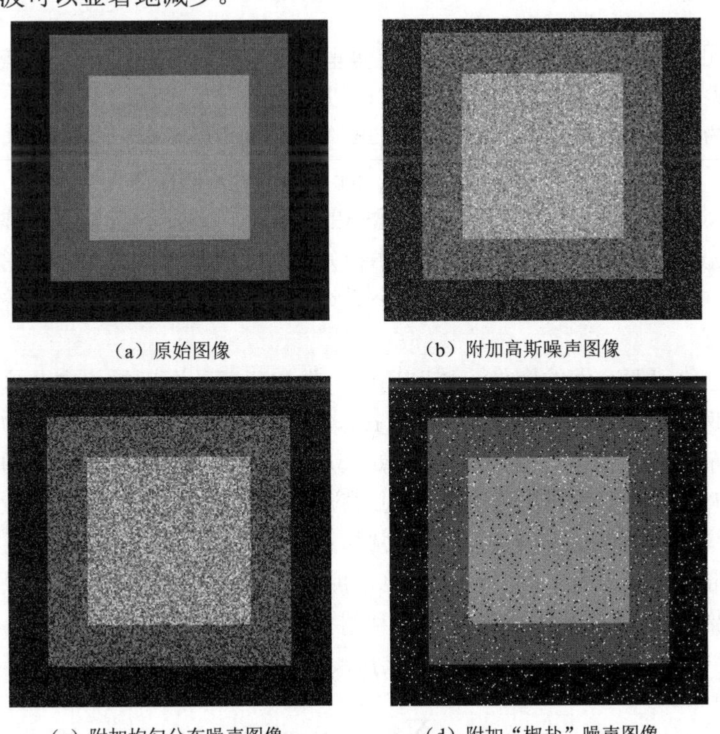

（a）原始图像　（b）附加高斯噪声图像

（c）附加均匀分布噪声图像　（d）附加“椒盐”噪声图像

图6.7　附加噪声后的图像及其直方图

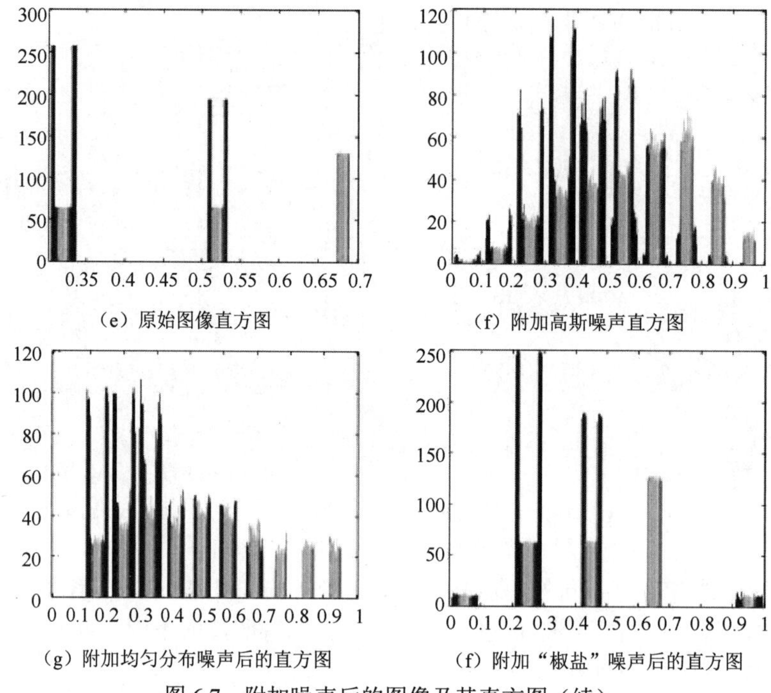

（e）原始图像直方图　　（f）附加高斯噪声直方图

（g）附加均匀分布噪声后的直方图　　（f）附加“椒盐”噪声后的直方图

图 6.7　附加噪声后的图像及其直方图（续）

6.2.2　噪声参数的估计

典型的周期噪声参数是通过检测图像的傅里叶谱来进行估计的。周期噪声趋向于产生频率尖峰，这些尖峰甚至通过视觉分析也经常可以检测到。另一种方法是尽可能直接从图像中推断噪声分量的周期性，但这仅仅在非常简单的情况下才是可能的。当噪声尖峰格外显著或可以使用有关干扰频率分量一般位置的某些知识时，可以采用自动分析的方法得到。

对于一个噪声模型，只有在 PDF 参数已知的情况下，才能准确得到该噪声的 PDF。噪声的 PDF 参数一般可以从传感器的技术说明中得知，但对于特殊的成像装置常常有必要去估计这些参数。如果成像系统可用，那么研究这个系统的噪声特性最简单的方法就是截取一组“平坦”环境的图像。

当仅仅通过传感器产生的图像可以利用时，常常可以从合理的恒定灰度值的一小部分估计 PDF 参数。例如，图 6.8 所示的垂直带（100 像素×40 像素）是从图 6.7 中分别附加了高斯噪声、均匀分布噪声、“椒盐”噪声后的图像中获取的，所显示的直方图是通过这些小带的图像数据计算出来的。图 6.8 中的直方图分别对应图 6.7 中的图 6.7（f）、图 6.7（g）和图 6.7（h），可以看出，这些相应的直方图形状非常接近。

利用图像带中数据最简单的方法是计算灰度值的均值和方差。考虑由 S 定义的一条带状图像块（子图像），可以从基本统计量出发利用下面的样本近似：

$$\mu = \sum_{z_i \in S} z_i p(z_i) \tag{6.23}$$

$$\sigma^2 = \sum_{z_i \in S} (z_i - \mu)^2 p(z_i) \tag{6.24}$$

式中，z_i 值是 S 中像素的灰度值，且 $p(z_i)$ 表示相应的归一化直方图值。

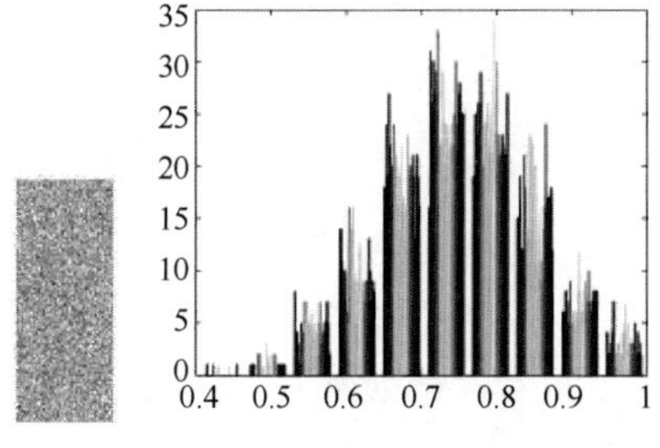

（a）高斯噪声小带图及其直方图

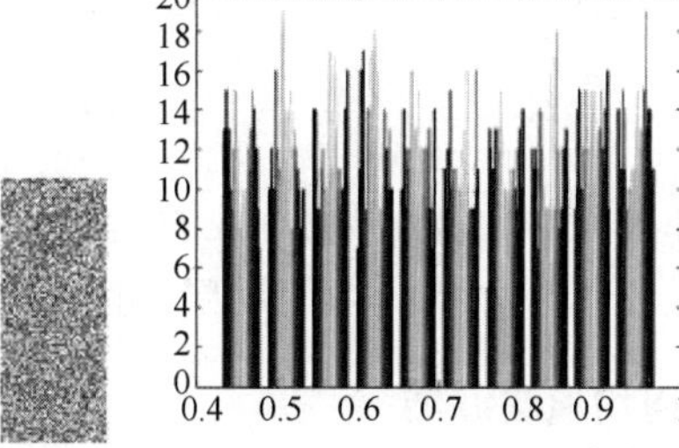

（b）均匀分布噪声小带图及其直方图

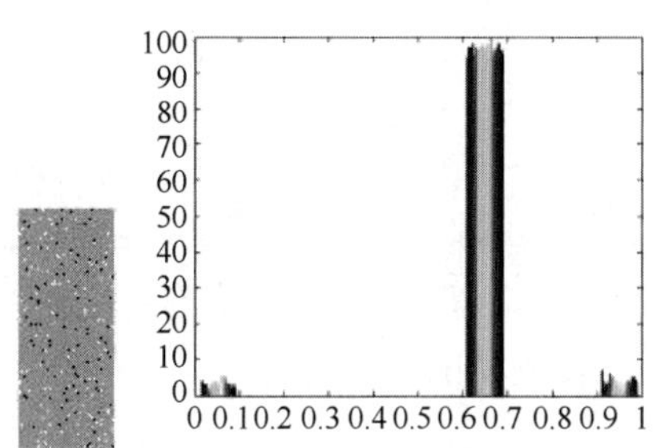

（c）“椒盐”噪声小带图及其直方图

图 6.8　从图 6.7（b）、图 6.7（c）和图 6.7（d）中裁剪的小带图及其直方图

直方图的形状可显示出最匹配的 PDF。如果其形状近似高斯 PDF，那么均值和方差正是所需要的，因为高斯 PDF 可以通过这两个参数完全确定下来。对于均匀分布，可以用均值和方差来解出参数 a 和参数 b。脉冲噪声用不同的方法处理，因为需要估计黑像素、白像素发生的实际概率。获得这些估计值需要黑像素、白像素是可见的，因此，为了计算直方图，图像中一个相对恒定的中等灰度区域是必需的。对应黑像素、白像素的尖峰高度是式（6.22）中 P_a 和 P_b 的估计值。

6.3　空间域滤波复原

空间域滤波复原是在已知噪声模型的基础上，对噪声的空间域滤波。

6.3.1　均值滤波器

设 $g(x,y)$ 为退化图像，$\hat{f}(x,y)$ 为复原后的图像，令 S_{xy} 表示中心在 (x,y) 点、尺寸为 $m \times n$ 的矩形子图像窗口的坐标组。

1. 算术均值滤波器

算术均值滤波器是最简单的均值滤波器。算术均值滤波器的过程就是计算由 S_{xy} 定义的区域中被干扰图像 $g(x,y)$ 的平均值。在任意点 (x,y) 处，复原图像 $\hat{f}(x,y)$ 的值就是用 S_{xy} 定义

的区域的像素计算出来的算术均值。即

$$\hat{f}(x,y)=\frac{1}{mn}\sum_{(s,t)\in S_{xy}}g(s,t) \tag{6.25}$$

这个操作可以用系数为$1/mn$的卷积模板来实现。正如 5.2.3 节所讨论的那样，算术平均均值简单地平滑了一幅图像的局部变化，在模糊了结果的同时减少了噪声。

2. 几何均值滤波器

用几何均值滤波器复原的一幅图像由如下表达式给出：

$$\hat{f}(x,y)=\left[\prod_{(s,t)\in S_{xy}}g(s,t)\right]^{\frac{1}{mn}} \tag{6.26}$$

式中，每个被复原像素点(x, y)处复原图像$\hat{f}(x,y)$的值由子图像窗口中像素点灰度值乘积的$1/mn$次幂给出。正如下面的例 6.2 所示，几何均值滤波器所达到的平滑度可以与算术均值滤波器相比，同时在滤波过程中会丢失更少的图像细节。

3. 谐波均值滤波器

使用谐波均值滤波器对图像进行复原操作由如下表达式给出：

$$\hat{f}(x,y)=\frac{mn}{\sum_{(s,t)\in S_{xy}}\frac{1}{g(s,t)}} \tag{6.27}$$

谐波均值滤波器善于处理像高斯噪声那样的一类噪声，且对“盐”噪声处理效果很好，但是不适用于对“胡椒”噪声的处理。

4. 逆谐波均值滤波器

使用逆谐波均值滤波器对图像进行复原操作由如下表达式给出：

$$\hat{f}(x,y)=\frac{\sum_{(s,t)\in S_{xy}}g(s,t)^{Q+1}}{\sum_{(s,t)\in S_{xy}}g(s,t)^{Q}} \tag{6.28}$$

式中，Q为滤波器的阶数。

逆谐波均值滤波器适合减少或消除“椒盐”噪声的影响。当Q为正数时，滤波器用于消除“胡椒”噪声；当Q为负数时，滤波器用于消除“盐”噪声。但它不能同时消除“胡椒”噪声和“盐”噪声。从式（6.28）可以看出，当$Q=0$时，逆谐波均值滤波器退变为算术均值滤波器；当$Q=-1$时，逆谐波均值滤波器退变为谐波均值滤波器。

【例 6.2】采用各种均值滤波器对附加高斯噪声图像进行滤波。

图 6.9（a）显示了一幅某人在进行摄影的图像，图 6.9（b）显示了相同的图像，但被附加的均值为 0、方差为 0.06 的高斯噪声污染了。图 6.9（c）和图 6.9（d）分别显示了经过 3×3 算术均值滤波器和同样尺寸的几何均值滤波器滤除噪声的结果。尽管这两种噪声滤波器对噪声的衰减都起到了作用，但几何均值滤波器并没有像算术滤波器那样使图像变得模糊。图 6.9（e）和图 6.9（f）分别显示了经过$Q=-1.5$和$Q=1.5$逆谐波均值滤波器滤除噪声的结果。可以

看出，这两种逆谐波均值滤波器的滤波结果不如算术均值滤波器和几何均值滤波器的滤波效果好。MATLAB 程序如下，实验结果如图 6.9 所示。

```
    img=imread('i_camera.bmp');  imshow(img);         %显示图像
    img_noise=double(imnoise(img,'gaussian',0.06));%对图像附加高斯噪声
    figure,imshow(img_noise,[]);                   %显示加噪图像
    img_mean=imfilter(img_noise,fspecial('average',3));
                                                   %对附加有高斯噪声的图像实行算术均值滤波
    figure; imshow(img_mean,[]);                   %显示算术均值滤波后的图像
    img_mean=exp(imfilter(log(img_noise),fspecial('average',3)));
                                                   %对附加有高斯噪声的图像实行几何均值滤波
    figure; imshow(img_mean,[]);                   %显示几何均值滤波后的图像
    Q=-1.5;                                        %对高斯噪声图像实行Q取负数的逆谐波滤波
    img_mean=imfilter(img_noise.^(Q+1),fspecial('average',3))./imfilter(img_n
oise.^Q,fspecial('average',3));
    figure; imshow(img_mean,[]);                   %显示逆谐波滤波后的图像
    Q=1.5;                                         %对高斯噪声图像实行Q取正数的逆谐波滤波
    img_mean=imfilter(img_noise.^(Q+1),fspecial('average',3))./imfilter(img_n
oise.^Q,fspecial('average',3));
    figure; imshow(img_mean,[]);                   %显示逆谐波滤波后的图像
```

（a）原始图像

（b）高斯噪声污染的图像

（c）用 3×3 算术均值滤波器滤波

（d）3×3 的几何均值滤波器滤波

（e）$Q=-1.5$ 的逆谐波滤波器滤波

（f）用 Q=1.5 的逆谐波滤波器滤波

图 6.9　对高斯噪声的均值滤波结果示意图

【例 6.3】采用逆谐波均值滤波器对附加“椒盐”噪声图像进行滤波。

图 6.10（a）显示了一块电路板的 X 射线图像，图 6.10（b）和图 6.10（c）是分别被附加有 0.1 概率的“胡椒”和“盐”噪声污染的图像。图 6.10（d）和图 6.10（e）分别显示了经过

Q=1.5 和 Q=−1.5 的逆谐波均值滤波器滤除噪声的结果。可以看出，两种滤波器都有很好的去除噪声效果，这种正阶滤波器在使暗区模糊的损失下，使背景变得清晰，对于负阶滤波器，情况则刚好相反。

采用逆谐波均值滤波方法对附加“椒盐”噪声图像进行滤波处理时，一定要注意对于“胡椒”噪声应该采用 Q 为正值的滤波器，而对于“盐”噪声应该采用 Q 为负值的滤波器，如果 Q 的符号选择错了，可能会引起灾难性后果，如图 6.11 所示。其中，图 6.11（a）是对图 6.10（b）采用 Q=−1.5 的逆谐波滤波器滤波结果，图 6.11（b）是对图 6.10（c）采用 Q=1.5 的逆谐波滤波器滤波结果。

（a）电路板 X 射线图

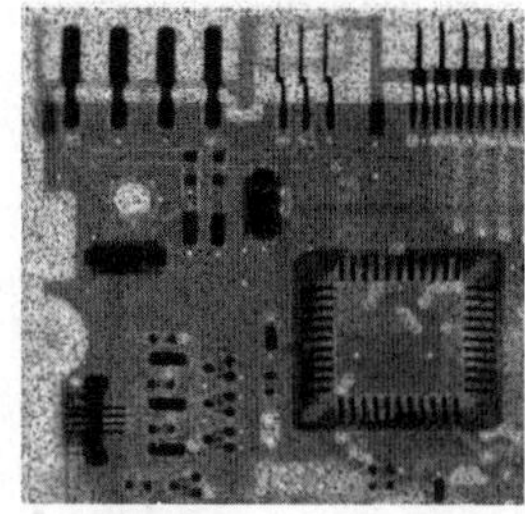

（b）“胡椒”噪声污染的图像

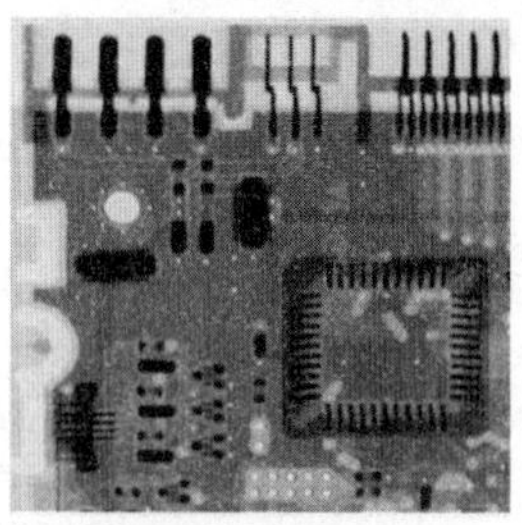

（c）“盐”噪声污染的图像

（d）用 Q=1.5 的逆谐波滤波器滤波

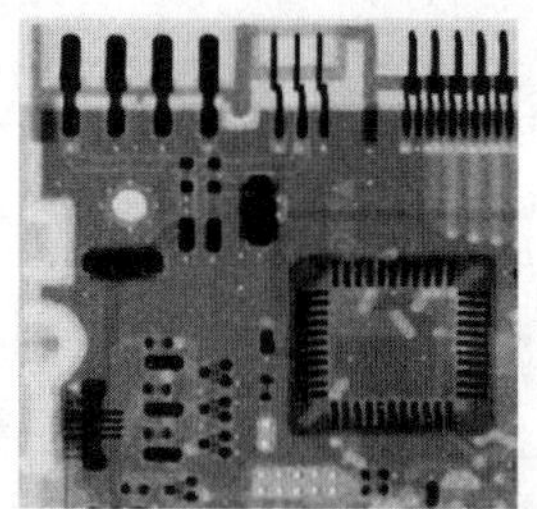

（e）Q=−1.5 的逆谐波滤波器滤波

图 6.10　对椒盐噪声的逆谐波均值滤波结果示意图

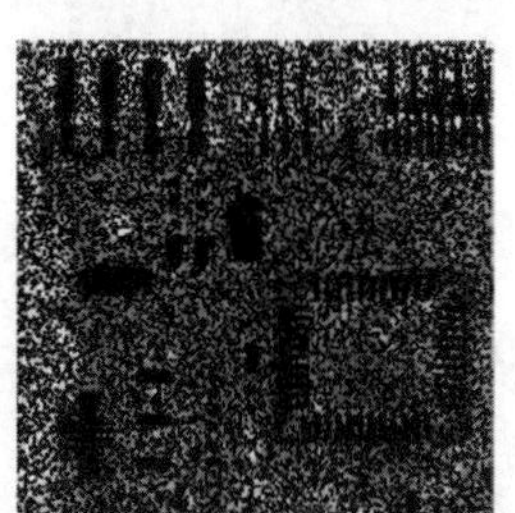

（a）用 Q=−1.5 的逆谐波滤波器滤波

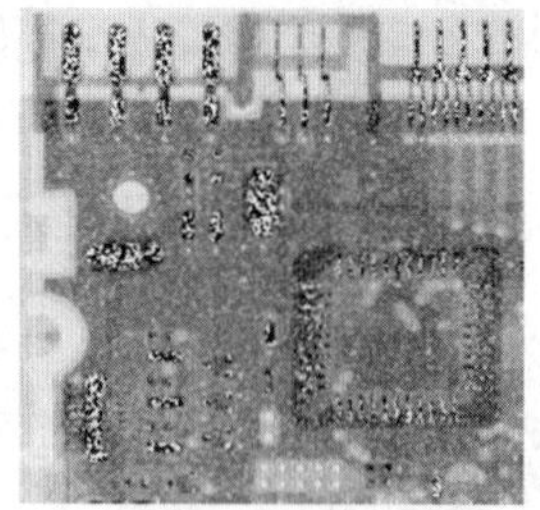

（b）Q=1.5 的逆谐波滤波器滤波

图 6.11　对“椒盐”噪声的逆谐波均值滤波中错误选择符号的结果

总而言之，算术均值滤波器和几何均值滤波器（尤其是后者）更适合处理高斯噪声或均匀分布噪声等随机噪声；逆谐波均值滤波器更适合处理脉冲噪声，但必须知道噪声是暗噪声还是亮噪声，以便选择合适的 Q 符号。

6.3.2　顺序统计滤波器

顺序统计滤波器是一种空间域滤波器，它们的响应基于由滤波器包围的图像区域中像素点的排序，滤波器在任意一点的响应由排序结果决定。顺序统计滤波器包括中值滤波器、最大值滤波器和最小值滤波器等。

1. 中值滤波器

中值滤波是一种保边缘的非线性图像平滑方法，在图像增强和图像复原中被广泛应用。中值滤波器的响应基于由滤波器包围的图像区域中像素灰度值的中值，对某个像素点的滤波结果就是用滤波器包围的图像区域中像素灰度值的中值来替代该像素的值。

（1）一维中值滤波器。

设包围某点的一维数据集是 $x_1, x_2, \cdots, x_n$，将它们按大小从小到大进行排序，得到一个有序序列 $x_1' < x_2' < \cdots < x_n'$，则对该点进行中值滤波的滤波结果为

$$y = \text{Med}(x_1, x_2, \cdots, x_n) = \begin{cases} x'_{\frac{n+1}{2}}, & n\text{ 为奇数} \\ \dfrac{1}{2}\left[x'_{\frac{n}{2}} + x'_{\frac{n}{2}+1}\right], & n\text{ 为偶数} \end{cases} \tag{6.29}$$

例如，Med(0, 3, 4, 1, 7)=Med(0, 1, 3, 4, 7)=3。

Med(2, 5, 10, 9, 8, 9)=Med(2, 5, 8, 9, 9, 10)=8.5。

（2）二维中值滤波器。

对图像进行中值滤波是指对图像中的任意一点(x, y)，以该点为中心的滤波窗口设为 S_{xy}，将 S_{xy} 内所有点的像素值从小到大进行排序，将处于排序结果中间位置的值，作为该点滤波结果值，即

$$\hat{f}(x, y) = \underset{(s,t)\in S_{xy}}{\text{Med}}[g(s,t)] \tag{6.30}$$

式中，$g(s,t)$ 为输入图像，S_{xy} 可以为以(x, y)为中心的矩形邻域或方形邻域，如 3×3 邻域、5×5 邻域等，其中最常用的是 3×3 邻域。

像素的原始值包含在中值的计算结果中。中值滤波器的应用非常普遍，因为对于很多种随机噪声，它都具有良好的去噪能力，且在相同尺寸下比线性平滑滤波器引起的模糊少。中值滤波器尤其对单极脉冲噪声或双极脉冲噪声非常有效，在下面的例 6.4 中将会看到，中值滤波器对于这种脉冲噪声有非常好的处理效果。

（3）修正后的阿尔法均值滤波器。

假设在 S_{xy} 邻域内去掉 $g(s,t)$ 最高的 $d/2$ 个灰度值和最低的 $d/2$ 个灰度值，用 $g_r(s,t)$ 代表剩余$(mn-d)$像素的灰度值。由这些剩余像素点的平均值形成的滤波器称为修正后的阿尔法均值滤波器。这类似通常电视播放的某类大奖赛中计算选手最后得分的规则，即去掉几个最高分和相同数量的最低分后再计算剩余分数的平均值。该滤波器的表达式为

$$\hat{f}(x, y) = \frac{1}{mn-d}\sum_{(s,t)\in S_{xy}} g_r(s,t) \tag{6.31}$$

式中，d 值可以取 0～$(mn-1)$之间的任意数，当 $d=0$ 时，修正后的阿尔法均值滤波器退变为算术均值滤波器。当 $d = mn-1$ 时，修正后的阿尔法均值滤波器退变为中值滤波器。当 d 取其他值时，修正后的阿尔法均值滤波器在包含多种噪声的情况下非常适用。例如，在混合有高斯噪声和“椒盐”噪声的情况下，脉冲噪声的存在使算术均值滤波器和几何均值滤波器并不

能起到较好的作用，中值滤波器和修正后的阿尔法均值滤波器可以得到较好的效果，而在噪声消除方面，阿尔法均值滤波器做得更好。对于大的 d 值，阿尔法均值滤波器的性能接近中值滤波器，同时还存在一些平滑能力。

【例 6.4】 采用标准的均值滤波器、中值滤波器对附加脉冲噪声后的图像进行滤波。

图 6.12（a）显示了被概率为 0.06 的“椒盐”噪声干扰的图像。图 6.12（b）显示了用规格为 5×5 的均值滤波器处理后的结果。图 6.12（c）是用规格为 3×3 的中值滤波器对图 6.12（a）处理后的结果。图 6.12（d）是再次用中值滤波器处理后的结果，即对图 6.12（c）进行一次中值滤波处理的结果。参考程序如下，实验结果如图 6.12 所示。

```
img=rgb2gray(imread('Image.bmp'));        %读取图像并将其转换成灰度图像
figure; imshow(img);                      %显示图像
img_noise=double(imnoise(img,'salt & pepper',0.06));%加“椒盐”噪声
figure,imshow(img_noise,[]);              %显示附加“椒盐”噪声后的图像
img_mean=imfilter(img_noise,fspecial('average',5));
                                          %对附加有“椒盐”噪声的图像实行算术均值滤波
figure; imshow(img_mean,[]);              %显示算术均值滤波后的图像
img_median=medfilt2(img_noise);           %对附加有“椒盐”噪声的图像实行中值滤波
figure; imshow(img_median,[]);            %显示中值滤波后的图像
img_median2=medfilt2(img_median);         %对中值滤波处理后的图像再次实行中值滤波
figure; imshow(img_median2,[]);           %显示再次中值滤波后的图像
```

（a）“椒盐”噪声污染的图像

（b）均值滤波结果

（c）中值滤波结果

（d）对（c）图再次进行中值滤波

图 6.12　对附加脉冲噪声后的图像进行中值及均值滤波

从图 6.12 可以看出，对于脉冲噪声，均值滤波基本上没有作用，而中值滤波的效果很明显，经过多次中值滤波处理，噪声即可逐渐消除。但需要注意的是，重复使用中值滤波器处理可能会使图像模糊，所以应使重复使用的次数尽可能地少。

2. 最大值滤波器、最小值滤波器

中值滤波器选择的是滤波区域的中值，中值相当于顺序排列数值中间的那个数，除此之外，还有很多其他的可能性。例如，可以选择有序序列中的最后一个数值、第一个数值等，由此可以得到最大值滤波器、最小值滤波器。

最大值滤波器的定义为

$$\hat{f}(x,y)=\max_{(s,t)\in S_{xy}}\{g(s,t)\} \tag{6.32}$$

这种滤波器在发现图像中的最亮点时非常有用。因为“胡椒”噪声是非常低的值，作为

滤波区域 S_{xy} 的最大值选择结果，它可以通过这种滤波器消除。

最小值滤波器的定义为

$$\hat{f}(x,y)=\min_{(s,t)\in S_{xy}}\{g(s,t)\} \tag{6.33}$$

这种滤波器对发现图像中的最暗点非常有用。同样，作为最小值操作的结果，它可以用来消除“盐”噪声。

图 6.13（a）显示了利用最大值滤波器对图 6.10（b）图像中的“胡椒”噪声进行处理后的图像。最大值滤波器对去除“胡椒”噪声的确很合适，但也要注意到它同时也从黑色物体的边缘移走了一些黑色像素。图 6.13（b）显示了利用最小值滤波器处理图 6.10（c）中的“盐”噪声的结果，最小值滤波器确能去除“盐”噪声，但它同时也从亮色物体的边缘移走了一些白色像素。这样就使亮色物体变小，而同时使暗色物体变大，这是因为围绕这些物体的白色点被设置成了暗灰度级。

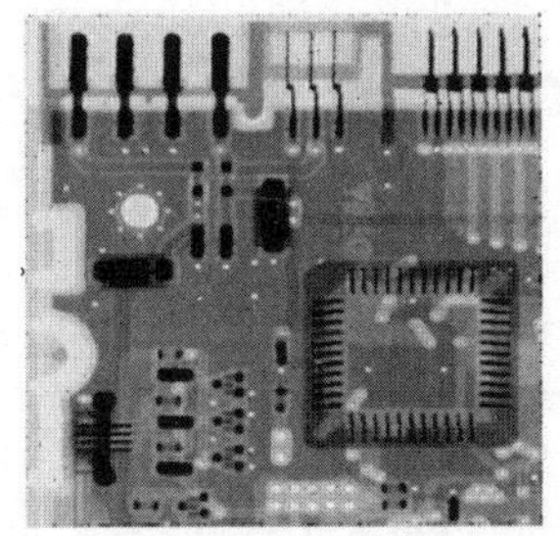

（a）最大值滤波结果

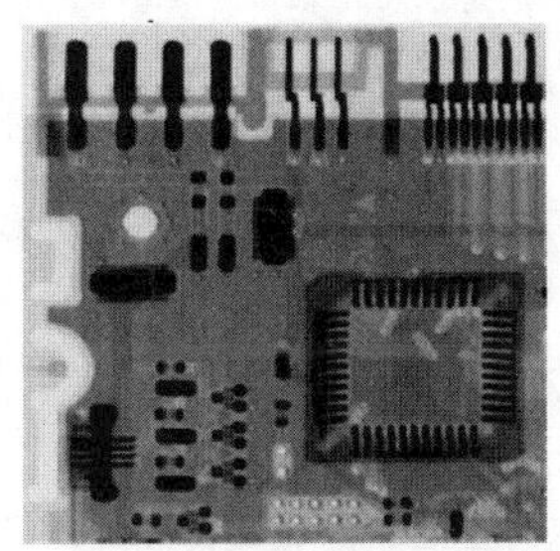

（b）最小值滤波结果

图 6.13　采用最大值滤波器、最小值滤波器对图 6.10（b）和图 6.10（c）的处理结果

3. 中点滤波器

中点滤波器是在滤波器涉及范围内计算最大值和最小值之间的中点：

$$\hat{f}(x,y)=\frac{1}{2}[\max_{(s,t)\in S_{xy}}\{g(s,t)\}+\min_{(s,t)\in S_{xy}}\{g(s,t)\}] \tag{6.34}$$

这种滤波器结合了顺序统计和求平均的操作，对于高斯噪声和均匀分布噪声这类随机噪声具有最好的滤波效果。

6.3.3　自适应滤波器

自适应滤波器是根据图像区域内的统计特性，利用自适应算法来改变滤波器参数和结构的一种滤波器，与上述均值滤波器与顺序统计滤波器相比，自适应滤波器可通过综合考虑图像中各像素特征的差异，有效提升滤波器的性能。

1. 自适应局部降噪滤波器

均值和方差是最简单的统计度量，若滤波器作用于局部域 S_{xy}， $g(x,y)$ 为被噪声污染图像在 (x,y) 处的值，δ_n^2 为噪声的方差，m_L 为区域 S_{xy} 上像素的局部均值，δ_L^2 为区域 S_{xy} 上像素点的局部方差。

定义自适应输出为

$$\hat{f}(x,y)=g(x,y)-\frac{\delta_n^2}{\delta_L^2}(g(x,y)-m_L) \tag{6.35}$$

若 δ_n^2 =0，滤波器直接返回 $g(x,y)$ 的值，如果局部方差 δ_L^2 与噪声方差 δ_n^2 是高度相关的，那么就不能直接返回 $g(x,y)$，而是返回 $g(x,y)$ 的近似值，高局部方差通常与边缘相关，且应保留这些边缘，如果局部方差与噪声方差相等，则返回局部域 S_{xy} 像素的算数均值。

自定义自适应局部降噪滤波函数如下：

```
function[f]=adpfilter(g, nhood ,noiseVar)
g=im2double(g);                      %局部均值模板滤波,重叠区相乘然后相加
localMean=filter2(ones(nhood),g)/prod(nhood);      %局部方差
localVar=filter2(ones(nhood), g.^2)/prod(nhood)-localMean.^2;
f=g-localMean;
g=localVar-noiseVar;                                %局部方差-噪声方差
g=max(g, 0);
f=localMean+((f./max(localVar, noiseVar)).*g);      %公式
end
```

对图像增加高斯噪声后分别使用均值滤波和自适应局部降噪滤波进行处理，得到

```
g=imread('i_camera.bmp');               %读取图像
H0=rgb2gray(g);                         %转化为灰度图像
H1=imnoise(H0,'gaussian', 0.03);        %增加高斯噪声
figure,imshow(H1, []);                  %显示加噪后图像
H2=fspecial('average',[7,7]);           %7×7 均值滤波
H2=imfilter(H1,H2);                     %算数均值滤波器
figure,imshow(H2, []);                  %显示使用算数均值滤波图像
H3 = adpfilter(H1,[7,7],0.03);          %使用自适应局部降噪滤波
figure,imshow(H3, []);                  %显示自适应局部降噪滤波图像
```

从图 6.14 中可以看出，被高斯噪声污染的图像[见图 6.14（a）]和利用均值滤波器得到的结果[见图 16.4（b）]虽然消除了噪声，但是图像的清晰程度大幅下降，利用自适应局部降噪模型得到的结果[见图 6.14（c）]效果好了很多。但利用自适应局部降噪滤波器只需要知道噪声的方差 δ_n^2 即可，其他参数可以根据图像计算出来，而在现实生活中并不能确切知道噪声方差的值，在实际操作中也有一定困难。

（a）高斯噪声污染的图像

（b）7×7 均值滤波结果

（c）自适应局部降噪滤波结果

图 6.14　对增加高斯噪声的图像进行均值滤波以及自适应局部降噪滤波

2. 自适应中值滤波器

自适应中值滤波算法可以自动调整窗口大小，针对不同的噪声采用不同方法，该算法可以保存非冲击噪声的部分细节。

1）自适应中值滤波算法参数

$S(x,y)$ 为图像在二维坐标 (x,y) 处的像素值；W 为初始化窗口大小，一般取 3；S_{max} 为允许窗口最大尺寸；Z_{min} 为窗口最小灰度值；Z_{max} 为窗口最大灰度值；Z_{med} 为窗口灰度中值。

2）自适应中值滤波算法步骤

第一步，先初始化窗口 $W=3$，如果 $Z_{min}<Z_{med}<Z_{max}$，则跳转至第二步，否则加大窗口 $W=W+2$。若 $W>S_{max}$ 则输出 Z_{med}，否则重复第一步。

第二步，如果 $Z_{min}<S(x,y)<Z_{max}$，则输出 $S(x,y)$，否则输出 Z_{med}，算法结束。

由上面的过程可知，噪声出现的概率较低，自适应中值滤波器可以较快得出结果，不需要加大窗口尺寸；反而当噪声出现的概率较高时，需要加大滤波器的窗口尺寸。自适应中值滤波器可以滤除“椒盐”噪声，也可以平滑其他非脉冲噪声，对图像中的细节信息也起到了尽可能大的保护作用，避免图像边缘的细化或者粗化。

定义自适应中值滤波函数如下：

```
function II=adpmedianfilter(I,Smax)
if(Smax<=1)||(Smax/2==round(Smax/2))||(Smax~=round(Smax))
    error('Smax must be an odd integer >1');
end                                                    %对 Smax 进行约束
II=I;II(:)=0;                                          %初始化
alreadyProcessed=false(size(I));
                                                       %创建大小为 I 的 0 矩阵表示已经处
                                                       理的点
for k=3:2:Smax                                         %迭代，步长为 2
  zmin=ordfilt2(I,1,ones(k,k),'symmetric');            %最小灰度
  zmax=ordfilt2(I,k*k,ones(k,k),'symmetric');          %最大灰度
  zmed=medfilt2(I,[k k],'symmetric');                  %中值滤波中值灰度
                                                       %进程 A 需要转到 B 步骤的像素
    processUsingLevelB=(zmed>zmin)&(zmax>zmed)&(~alreadyProcessed);
    zB=(I>zmin)&(zmax>I);
    outputZxy=processUsingLevelB&zB;                   %输出原值对应的像素位置
    outputZmed=processUsingLevelB&~zB;                 %输出中值对应的像素位置
    II(outputZxy)=I(outputZxy);
    II(outputZmed)=zmed(outputZmed);
    alreadyProcessed=alreadyProcessed|processUsingLevelB;
                                                      %处理过的像素
    if all(alreadyProcessed(:))
       break;
    end
end
II(~alreadyProcessed)=I(~alreadyProcessed);
                                                       %超过窗口大小没被处理的像素位
                                                        置，输出原值
```

对图像增加 0.06 的椒盐噪声后分别使用中值滤波和自适应中值滤波进行处理，得到

```
g=imread('i_camera.bmp');                    %读取图像
H0 = rgb2gray(g);                            %转化为灰度图像
H1 = imnoise(H0,'salt & pepper', .06);      %添加“椒盐”噪声(脉冲噪声)
figure,imshow(H1, []);                       %显示加噪后的图像
H2=medfilt2(H1,[7 7], 'symmetric');          %中值滤波
figure,imshow(H2, []);                       %显示经过中值滤波的图像
H3=adpmedianfilter(H1,7);                    %自适应中值滤波器
figure,imshow(H3, []);                       %显示自适应中值滤波后的图像
```

从图 6.15 中可以看出，被“椒盐”噪声污染的图像[见图 6.15（a）]和利用中值滤波器得到的结果[见图 6.15（b）]图像细节部分都被过滤掉了，但利用自适应中值模型得到的结果[见图 6.15（c））]不仅基本去除了噪声，还对图像进行了较好的复原。

（a）“椒盐”噪声污染的图像

（b）中值滤波的结果

（c）自适应中值滤波的结果

图 6.15　对增加椒盐噪声的图像进行中值滤波以及自适应中值滤波

6.4　频率域滤波复原

在频域上，线性移不变系统的复原模型可以写为

$$G(u,v) = F(u,v)H(u,v) + N(u,v) \tag{6.36}$$

式中，$G(u,v)$、$F(u,v)$、$N(u,v)$ 分别是退化图像 $g(x,y)$、原始图像 $f(x,y)$、噪声信号 $n(x,y)$ 的傅里叶变换；$H(u,v)$ 是系统的点冲激响应函数 $h(x,y)$ 的傅里叶变换，称为系统在频率域上的传递函数，式(6.36)就是连续函数的退化模型。可见，图像复原实际上就是在已知 $G(u,v)$、$H(u,v)$ 和 $N(u,v)$ 的条件下，求得 $F(u,v)$ 的近似解 $\hat{F}(u,v)$ 的问题，在第 5 章讨论了低通和高通频域滤波器，把它们作为图像增强的基本工具。本节将讨论更加专用的带阻滤波器、带通滤波器和陷波滤波器，它们能够消减或消除周期噪声。

6.4.1　带阻滤波器

带阻滤波器常用于处理含有周期噪声的图像。周期噪声可能由多种因素引入，如图像获取系统中的电子元件等。下面给出常用的三种带阻滤波器的传递函数和它们的透视图，随后的例子用来说明如何用一种带阻滤波器消减周期噪声。

（1）理想带阻滤波器：

$$H(u,v)=\begin{cases}1, & D(u,v)<D_0-\dfrac{W}{2}\\ 0, & D_0-\dfrac{W}{2}\leqslant D(u,v)\leqslant D_0+\dfrac{W}{2}\\ 1, & D(u,v)>D_0+\dfrac{W}{2}\end{cases} \tag{6.37}$$

式中，W 是频带的宽度，D_0 是频带的中心半径，$D(u,v)$ 是到中心化频率矩形原点的距离，如果图像的大小为 $M\times N$，频率矩形的中心在 $(M/2,N/2)$ 处，则有

$$D(u,v)=\left[\left(u-\frac{M}{2}\right)^2+\left(v-\frac{N}{2}\right)^2\right]^{1/2} \tag{6.38}$$

（2）Butterworth 带阻滤波器：

$$H(u,v)=\frac{1}{1+\left[\dfrac{D(u,v)W}{D^2(u,v)-D_0^2}\right]^{2n}} \tag{6.39}$$

式中，n 为阶数。

（3）高斯带阻滤波器：

$$H(u,v)=1-\mathrm{e}^{-\frac{1}{2}\left[\frac{D^2(u,v)-D_0^2}{D(u,v)W}\right]^2} \tag{6.40}$$

这三种带阻滤波器的透视图如图 6.16 所示。

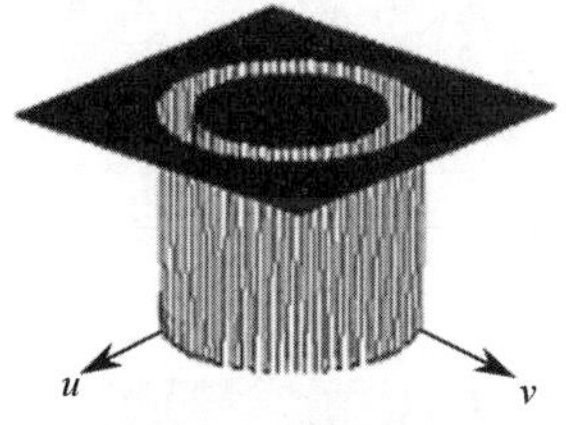

（a）理想带阻滤波器

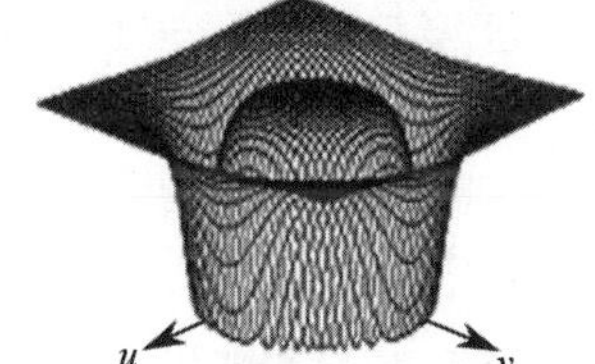

（b）Butterworth 带阻滤波器（阶数为 1）

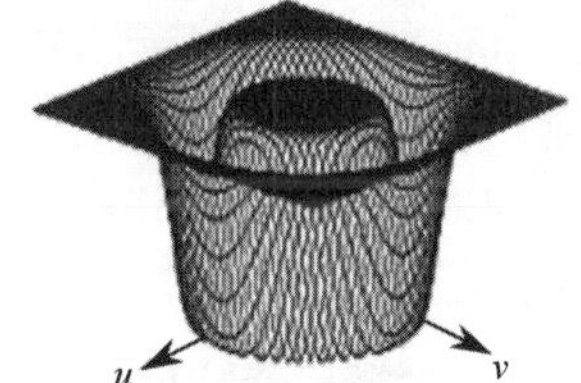

（c）高斯带阻滤波器

图 6.16　三种带阻滤波器的幅频透视图

【例 6.5】 利用带阻滤波器消除周期噪声。

带阻滤波器的主要应用之一是在频率域噪声分量的一般位置近似已知的应用中消除噪声。本例人为地生成了一幅带有周期噪声的图像，然后通过观察分析其频谱特征，选择合适的高斯带阻滤波器进行频域滤波。

```
I=imread('woman1.bmp');                                  %读取图像
I=rgb2gray(I);                                           %转换成灰度图像
[M,N]=size(I);                                           %得到图像的高度和宽度
P=I;
for i=1:M
    for j=1:N
        P(i,j)=P(i,j)+20*sin(20*i)+20*sin(20*j);         %添加周期噪声
    end
```

```
    end
    figure,imshow(I);                          %显示原始图像
    figure,imshow(P);                          %显示加噪图像
    IF=fftshift(fft2(I));                      %对原始图像进行傅里叶变换，并将原点移至中心
    IFV=log(1+abs(IF));                        %原始图像的频谱
    PF=fftshift(fft2(P));                      %对加噪图像进行傅里叶变换，并将原点移至中心
    PFV=log(1+abs(PF));                        %加噪图像的频谱
    figure,imshow(IFV,[]);                     %显示原始图像的频谱
    figure,imshow(PFV,[]);                     %显示加噪图像的频谱
    freq=50;                                   %设置带阻滤波器中心频率
    width=5;                                   %设置带阻滤波器频带宽度
    ff = ones(M,N);
    for i=1:M
        for j=1:N
          ff(i,j)=1-exp(-0.5*((((i-M/2)^2+(j-N/2)^2)-freq^2)/(sqrt((i-M/2)^2+(j-N/2)^2)
*width))^2);                                   %高斯带阻滤波器
        end
    end
    figure,imshow(ff,[]);                      %显示高斯带阻滤波器
    out = PF.* ff;                             %矩阵点乘实现频域滤波
    out = ifftshift(out);                      %原点移回左上角
    out = ifft2(out);                          %傅里叶逆变换
    out = abs(out);                            %取绝对值
    out = out/max(out(:));                     %归一化
    figure,imshow(out,[]);                     %显示滤波结果
```

原始图像如图 6.17（a）所示，附加二维正弦噪声的图像如图 6.17（b）所示，它们的频谱分别显示于图 6.17（c）和 6.17（d）中。

（a）原始图像

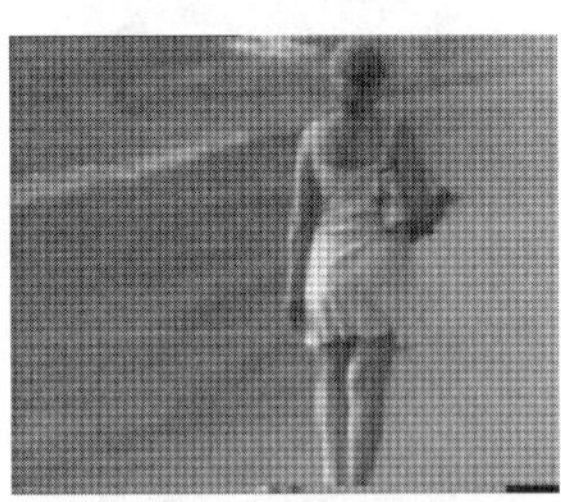

（b）加二维正弦噪声的图像

（c）图（a）的频谱

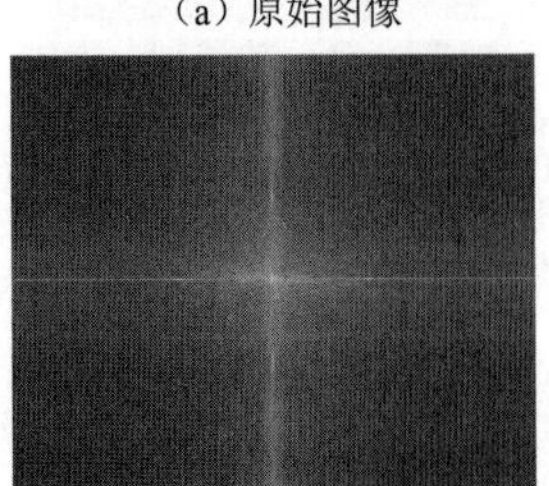

（d）图（b）的频谱

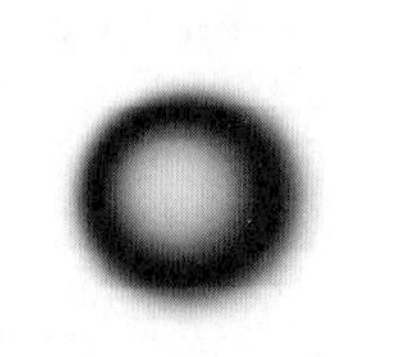

（e）高斯带阻滤波器（白色代表 1）

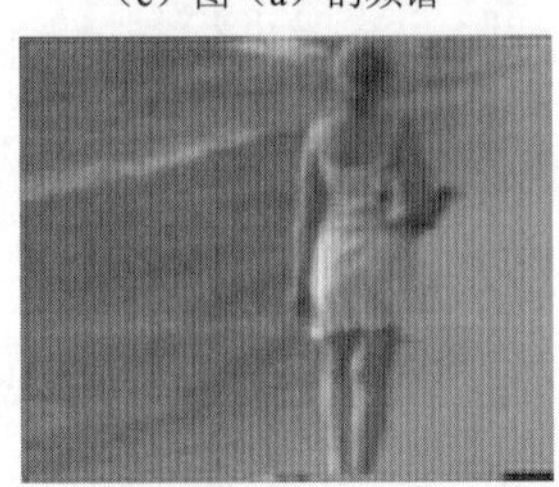

（f）滤波效果图

图 6.17　高斯带阻滤波器消除周期噪声

使用高斯带阻滤波器时，先要对需处理图像的频谱有一定的了解。观察图 6.17（d）可以发现，周期性图像的傅里叶频谱中出现了两对相对于坐标轴对称的亮点，它们分别对应图像中水平方向和垂直方向的正弦噪声。构造高斯带阻滤波器时，要考虑尽可能滤除具有这些亮点对应频率的正弦噪声，同时通常要求选择尖锐、窄的滤波器，希望尽可能小地削减细节。这 4 个点位于以频谱原点为中心、以 50 为半径的圆周上。因此，设置带阻滤波器中心频率为 50、频带宽度为 5 的高斯带阻滤波器，如图 6.17（e）所示。用这种高斯带阻滤波器对加噪图像进行滤波的结果如图 6.17（f）所示。

对于这类周期噪声使用高斯带阻滤波器可以很好地消除噪声，而如果使用小卷积模板的直接空间域滤波方式是不可能取得如此好的滤波效果的。

6.4.2　带通滤波器

带通滤波器执行与带阻滤波器相反的操作。带通滤波器的传递函数 $H_{\mathrm{BP}}(u,v)$ 可根据相应的带阻滤波器的传递函数 $H_{\mathrm{BR}}(u,v)$ 得到，即

$$H_{\mathrm{BP}}(u,v)=1-H_{\mathrm{BR}}(u,v) \tag{6.41}$$

根据式（6.41），可以推导出相应的理想带通滤波器、Butterworth 带通滤波器、高斯带通滤波器的传递函数。

当有用图像信号的频段已知时，可以用带通滤波器较好地提取出该图像的频谱，再经过逆变换得到该图像。同理，当噪声的频段已知时，也可用带通滤波器提取得到噪声图像。

6.4.3　其他频率域滤波器

陷波滤波器（Notch Filters）阻止（或通过）事先定义的中心频率邻域内的频率。图 6.18 分别显示了理想陷波（带阻）滤波器、Butterworth 陷波（带阻）滤波器和高斯陷波（带阻）滤波器的三维图。由于傅里叶变换是对称的，要获得有效结果，陷波滤波器必须以关于原点对称的形式出现。虽然为说明方便起见，本节只列举了一对，但是可实现的陷波滤波器的对数是任意的。陷波区域的形状也可以是任意的，如矩形。

半径为 D_0、中心在 (u_0,v_0) 且在 $(-u_0,-v_0)$ 对称的理想陷波（带阻）滤波器的传递函数为

$$H(u,v)=\begin{cases}0, & D_1(u,v)\leqslant D_0\text{或}\,D_2(u,v)\leqslant D_0\\ 1, & \text{其他}\end{cases} \tag{6.42}$$

其中

$$D_1(u,v)=\left[\left(u-\frac{M}{2}-u_0\right)^2+\left(v-\frac{N}{2}-v_0\right)^2\right]^{1/2}$$

$$D_2(u,v)=\left[\left(u-\frac{M}{2}+u_0\right)^2+\left(v-\frac{N}{2}+v_0\right)^2\right]^{1/2}$$

通常假定频率矩形的中心已经移到点 $(M/2,N/2)$，因此，(u_0,v_0) 的值对应移动中心。

阶数为 n 的 Butterworth 陷波（带阻）滤波器的传递函数为

$$H(u,v)=\frac{1}{1+\left[\frac{D_0^2}{D_1(u,v)D_2(u,v)}\right]^n} \tag{6.43}$$

高斯陷波（带阻）滤波器的传递函数为

$$H(u,v)=1-\mathrm{e}^{-\frac{1}{2}\left[\frac{D_1(u,v)D_2(u,v)}{D_0^2}\right]} \tag{6.44}$$

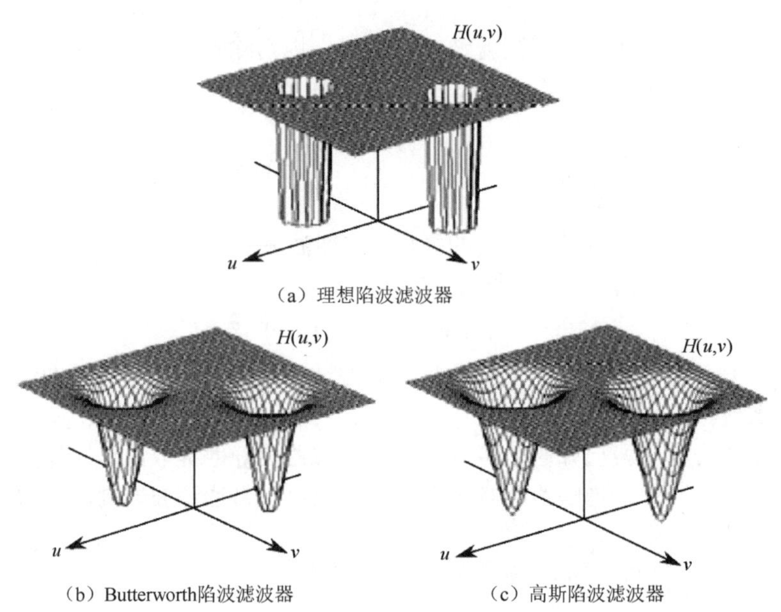

（a）理想陷波滤波器

（b）Butterworth陷波滤波器　　（c）高斯陷波滤波器

图 6.18　陷波滤波器

正如前面在带通滤波器部分所说明的那样，我们可以得到陷波（带通）滤波器，它能通过（而不是阻止）包含在陷波区的频率。陷波（带通）滤波器的传递函数 $H_{\mathrm{NP}}(u,v)$ 可根据相应的陷波（带阻）滤波器的传递函数 $H_{\mathrm{NR}}(u,v)$ 得到，即

$$H_{\mathrm{NP}}(u,v)=1-H_{\mathrm{NR}}(u,v) \tag{6.45}$$

根据式（6.45），可以得到理想陷波（带通）滤波器、Butterworth 陷波（带通）滤波器和高斯陷波（带通）滤波器的传递函数，同时不难看出，当 $u_0=v_0=0$ 时，陷波（带通）滤波器变为低通滤波器。

6.5　估计退化函数

如果已知引起图像退化过程的传递函数，对图像进行复原是比较容易的。但是，在一些实际问题中，我们并不知道退化函数，这时就需要对退化函数进行估计。在图像复原中，有观察估计法、试验估计法和模型估计法三种主要的估计退化函数的方法，下面将分别讨论这些方法。由于真正的退化函数很少能完全知晓，所以使用以某种方式估计的退化函数复原一幅图像的过程有时也称为盲去卷积（Blind Deconvolution）。

6.5.1　观察估计法

假设有一幅退化图像，但没有退化函数 H 的知识，可以通过收集图像自身的信息来估计该函数。例如，如果图像是模糊的，可以观察包含简单结构的一小部分图像，如某一物体和背景的一部分。为了减少观察时的噪声影响，可以寻找强信号内容区。使用目标和背景的样本灰度级，构建一个不模糊的图像，该图像和看到的子图像有相同的大小和特性。用 $g_s(x,y)$ 定义观察的子图像，用 $\hat{f}_s(x,y)$ 表示构建的子图像，实际中它是原始图像在该区域的估计图像。假定噪声效果可忽略，由于选择了一个强信号区，所以根据式（6.36）得

$$H_s(u,v)=\frac{G_s(u,v)}{\hat{F}_s(u,v)} \tag{6.46}$$

根据这一函数特性，并假设位置不变，可以推出完全函数 $H(u, v)$。例如，假设 $H_s(u,v)$ 的径向曲线显现出高斯曲线的形状或 Butterworth 低通滤波器的形状，我们可以利用该信息在更大比例上构建一个具有相同形状的函数 $H(u, v)$。

6.5.2　试验估计法

如果可以使用与获取退化图像的设备相似的装置，理论上得到一个准确的退化估计是可能的。利用相同的系统设置，由成像一个脉冲（小亮点）得到退化的冲激响应。如 6.1 节表明的那样，线性的空间不变系统完全由它的冲激响应来描述。一个冲激可由明亮的亮点来模拟，并使它尽可能地亮以减少噪声的干扰。冲激的傅里叶变换是一个常量，由式（6.36）得

$$H(u,v)=\frac{G(u,v)}{A} \tag{6.47}$$

式中，函数 $G(u, v)$是观察图像的傅里叶变换；A 是一个常量，表示冲激强度。

6.5.3　模型估计法

由于退化模型可以解决图像复原问题，因此多年来一直在应用。下面介绍两种模型估计法。

1. 大气湍流模型

在某些情况下，模型要把引起退化的环境因素考虑在内。Hufnagel 和 Stanley 提出了基于大气湍流物理特性的退化模型，该模型有一个通用公式：

$$H(u,v)=\mathrm{e}^{-k(u^2+v^2)^{\frac{5}{6}}} \tag{6.48}$$

式中，k 是常数，它与湍流的性质有关。除指数为 $\frac{5}{6}$ 次方之外，式（6.48）与高斯低通滤波器有相同的形式。事实上，高斯低通滤波器可用来淡化模型，实现对图像的均匀模糊。

【例 6.6】 大气湍流退化。

本例说明采用式（6.48）在不同的 k 值下用大气湍流模糊一幅图像的情况，其结果如图 6.19 所示。其中，k=0.0025 对应剧烈湍流，k=0.001 对应中等湍流，k=0.00025 对应轻微湍

流。本例的 MATLAB 程序实现作为练习题，留给读者完成。

（a）原始图像

（b）被 k=0.0025 的剧烈湍流退化

（c）被 k=0.001 的中等湍流退化

（d）被 k=0.00025 的轻微湍流退化

图 6.19　图像被大气湍流退化

2. 运动模糊模型

当成像传感器与被摄景物之间存在足够快的相对运动时，所摄取的图像就会出现运动模糊，运动模糊是场景能量在传感器拍摄瞬间（T）内在像平面上的非正常积累。假定 $f(x,y)$ 表示无运动模糊的清晰图像，相对运动用 $x_0(t)$ 和 $y_0(t)$ 表示，则运动模糊图像 $g(x,y)$ 是曝光时间内像平面上能量的积累。即在记录介质（如胶片或数字存储器）任意点的曝光总数是通过对时间间隔内瞬时曝光数的积分得到的，在该时间段，图像系统的快门是开着的。

假设快门的开启和关闭所用时间非常短，那么光学成像过程不会受到图像运动的干扰。设 T 为曝光时间，结果为

$$g(x,y)=\int_0^T f\left[x-x_0(t),y-y_0(t)\right]\mathrm{d}t \tag{6.49}$$

$G(x, y)$为模糊的图像，对式（6.49）进行傅里叶变换得

$$\begin{aligned}G(u,v)&=\int_{-\infty}^{+\infty}\int_{-\infty}^{+\infty}g(x,y)\exp(-\mathrm{j}2\pi(ux+vy))\mathrm{d}x\mathrm{d}y\\&=\int_{-\infty}^{+\infty}\int_{-\infty}^{+\infty}\int_0^T f(x-x_0(t),y-y_0(t))\mathrm{d}t\exp(-\mathrm{j}2\pi(ux+vy))\mathrm{d}x\mathrm{d}y\\&=\int_{-\infty}^{+\infty}\int_{-\infty}^{+\infty}f(x(t),y(t))\exp(-\mathrm{j}2\pi(ux+vy))\mathrm{d}x\mathrm{d}y\int_0^T\exp(-\mathrm{j}2\pi(ux_0(t)+vy_0(t)))\mathrm{d}t\\&=F(u,v)\int_0^T\exp(-\mathrm{j}2\pi(ux_0(t)+vy_0(t))\mathrm{d}t\end{aligned} \tag{6.50}$$

定义　$$H(u,v)=\int_0^T\exp\left[-\mathrm{j}2\pi(ux_0(t)+vy_0(t))\right]\mathrm{d}t$$

则有　$$G(u,v)=H(u,v)F(u,v)$$

可见 $H(u,v)$ 为运动模糊的传递函数。

如果考虑噪声，则有　$G(u,v)=H(u,v)F(u,v)+N(u,v)$

变化到空间域为　$g(x,y)=h(x,y)*f(x,y)+n(x,y)$

其中，$h(x,y)$ 为运动模糊的点扩散函数，在 $x_0(t)$ 、$y_0(t)$ 已知时，便可求得 $H(u,v)$ 和 $h(x,y)$ 。

假定景物只沿 x 方向做匀速直线运动，$x_0(t)=at/T$ 为运动方程，当 $t=T$ 时图像移动距离为 a ，$y_0(t)=0$ 时，有

$$\begin{aligned}H(u,v)&=\int_0^T\exp\left[-\mathrm{j}2\pi x_0(t)\right]\mathrm{d}t\\&=\frac{T}{\pi ua}\sin(\pi ua)\exp(-\mathrm{j}\pi ua)\end{aligned} \tag{6.51}$$

式（6.51）表明，当 u 设定为 $u = n/a$（n 为整数）时，H 就会变为 0。若允许 y 分量也变化，按 $y_0 = bt/T$ 运动，则退化函数变为

$$H(u,v) = \frac{T}{\pi(ua+vb)}\sin[\pi(ua+vb)]\exp(-\mathrm{j}\pi(ua+vb)) \tag{6.52}$$

【例 6.7】运动模糊退化。

对一幅图像实施运动模糊退化，参考程序如下，实验结果如图 6.20 所示。

```
I=imread('i_camera.bmp');                           %读取图像
I=rgb2gray(I);                                      %转换为灰度图像
figure,imshow(I);                                   %显示图像
LEN=25;                                             %设置线性运动位移
THETA=11;                                           %设置旋转角度
PSF=fspecial('motion',LEN,THETA);                   %图像线性运动
Blurred=imfilter(I,PSF,'circular','conv');          %图像被线性运动模糊
figure,imshow(Blurred);                             %显示运动模糊后的图像
```

（a）原始图像

（b）运动模糊退化结果

图 6.20　图像运动模糊退化

6.6 逆 滤 波

根据线性移不变系统图像的退化模型：

$$g(x,y) = f(x,y) * h(x,y) + n(x,y) \tag{6.53}$$

利用傅里叶变换从上式可得：

$$G(u,v) = H(u,v)F(u,v) + N(u,v) \tag{6.54}$$

式中，$G(u, v)$、$H(u, v)$、$F(u, v)$、$N(u, v)$分别为 $g(x, y)$、$h(x, y)$、$f(x, y)$、$n(x, y)$的傅里叶变换，$H(u,v)$ 为系统的传递函数。

在忽略噪声影响的前提下，退化模型的傅里叶变换可简化为

$$G(u,v) = H(u,v)F(u,v) \tag{6.55}$$

即

$$F(u,v) = G(u,v)/H(u,v) \tag{6.56}$$

如果已知系统的传递函数 $H(u,v)$，则根据式（6.56）可以求得没有退化的输入图像的频

谱，再采用傅里叶反变换即可得到恢复图像，这种方法称为逆滤波。

实际应用逆滤波恢复方法时存在病态的问题，即在 $H(u,v)$ 等于零或非常小的数值点上，$F(u,v)$ 将变成无穷大或非常大的数。此外，一般情况下系统中存在噪声，退化模型的傅里叶变换为

$$G(u,v)=H(u,v)F(u,v)+N(u,v) \tag{6.57}$$

或写成逆滤波恢复的方式，即

$$F(u,v)=\frac{G(u,v)}{H(u,v)}-\frac{N(u,v)}{H(u,v)} \tag{6.58}$$

由于噪声分布在很宽的频率空间，即使数值很小也会因为 $H(u,v)$（当 $H(u,v)$ 很小接近于 0 时）使得式（6.58）右侧第二项变得很大，噪声影响大大增强。在实际中，随 (u,v) 与原点距离的增加而迅速减少，而噪声却一般变换缓慢。这样恢复只能在与原点较近（接近频域中心）的范围内进行。

实验证明，当退化图像的噪声较小，即轻度降质时，采用逆滤波恢复的方法可以获得较好的结果。通常，由于 $H(u,v)$ 在离频率平面原点较远的地方数值较小或为零，因此限制滤波的频率使其接近原点值。由第 4 章傅里叶变换的性质可知，$H(0,0)$ 等于 $h(x,y)$ 的平均值，而且常常是 $H(u,v)$ 在频域的最高值。所以，通过将频率限制为接近原点进行分析就减少了遇到零值的概率。

6.7 最小均方误差滤波——维纳滤波

逆滤波复原方法对噪声极为敏感，要求信噪比较高，实际中通常不满足该条件。因此希望找到一种方法，在有噪声条件下，从退化图像 $g(x,y)$ 复原出 $f(x,y)$ 的估计值，该估计值符合一定的准则。维纳（Wiener）滤波器是一种最小均方误差滤波器，下面推导出维纳滤波器的表达式（详细的推导过程见参考文献[5]）。

用向量 $\boldsymbol{f},\boldsymbol{g},\boldsymbol{n}$ 来表示 $f(x,y)$、$g(x,y)$、$n(x,y)$，由式（6.1）可得

$$\boldsymbol{n}=\boldsymbol{g}-\boldsymbol{Hf} \tag{6.59}$$

在对 $\boldsymbol{n}$ 没有先验知识的情况下，需要寻找一个 $\boldsymbol{f}$ 的估计 $\hat{\boldsymbol{f}}$，使得 $\boldsymbol{H}\hat{\boldsymbol{f}}$ 在最小均方误差的意义下最接近 $\boldsymbol{g}$，即要使 $\boldsymbol{n}$ 的模或范数最小：

$$\|\boldsymbol{n}\|^2=\boldsymbol{n}^{\mathrm{T}}\boldsymbol{n}=\|\boldsymbol{g}-\boldsymbol{H}\hat{\boldsymbol{f}}\|=(\boldsymbol{g}-\boldsymbol{H}\hat{\boldsymbol{f}})^{\mathrm{T}}(\boldsymbol{g}-\boldsymbol{H}\hat{\boldsymbol{f}}) \tag{6.60}$$

我们可以把复原看成在满足式(6.1)的条件下，选取 $\hat{\boldsymbol{f}}$ 的一个线性操作符 $\boldsymbol{Q}$(变换矩阵)，使得 $\|\boldsymbol{Q}\hat{\boldsymbol{f}}\|$ 最小。这个问题可用拉格朗日乘数法解决。设为拉格朗日乘数建立目标函数：

$$\min J(\hat{\boldsymbol{f}})=\left\|\boldsymbol{Q}\hat{\boldsymbol{f}}\right\|^2+\alpha\left[\left\|\boldsymbol{g}-\boldsymbol{H}\hat{\boldsymbol{f}}\right\|^2-\|\boldsymbol{n}\|^2\right] \tag{6.61}$$

对两边进行微分，并令其为零，得

$$\frac{\partial J(\hat{\boldsymbol{f}})}{\partial\hat{\boldsymbol{f}}}=2\boldsymbol{Q}^{\mathrm{T}}\boldsymbol{Q}\hat{\boldsymbol{f}}-2\alpha\boldsymbol{H}^{\mathrm{T}}(\boldsymbol{g}-\boldsymbol{H}\boldsymbol{f})=0$$

$$\hat{\boldsymbol{f}}=(\boldsymbol{H}^{\mathrm{T}}\boldsymbol{H}+\gamma\boldsymbol{Q}^{\mathrm{T}}\boldsymbol{Q})^{-1}\boldsymbol{H}^{\mathrm{T}}\boldsymbol{g}$$

式中，$\gamma=1/\alpha$，可以调节，以满足约束条件。

设 $\boldsymbol{R}_f$ 和 $\boldsymbol{R}_n$ 为 $\boldsymbol{f}$ 和 $\boldsymbol{n}$ 的相关矩阵，即

$$\begin{aligned}\boldsymbol{R}_f &= E\left\{\boldsymbol{f}\boldsymbol{f}^{\mathrm{T}}\right\}\\ \boldsymbol{R}_n &= E\left\{\boldsymbol{n}\boldsymbol{n}^{\mathrm{T}}\right\}\end{aligned} \tag{6.62}$$

$\boldsymbol{R}_f$ 的第 ij 个元素是 $E\{f_i f_j\}$，代表 $\boldsymbol{f}$ 的第 i 个和第 j 个元素的相关。因为 $\boldsymbol{f}$ 和 $\boldsymbol{n}$ 中的元素是实数，所以 $\boldsymbol{R}_f$ 和 $\boldsymbol{R}_n$ 都是实对称矩阵。对于大多数图像而言，像素间的相关不超过 20～30 像素，所以典型的相关矩阵只在主对角线方向有一个条带不为 0，而右上角和左下角都是 0。在此条件下，$\boldsymbol{R}_f$ 和 $\boldsymbol{R}_n$ 可以近似为分块循环矩阵，即

$$\boldsymbol{R}_f = \boldsymbol{W}\boldsymbol{A}\boldsymbol{W}^{-1}$$

$$\boldsymbol{R}_n = \boldsymbol{W}\boldsymbol{B}\boldsymbol{W}^{-1}$$

式中，$\boldsymbol{W}$ 为酉阵，$\boldsymbol{A}$ 和 $\boldsymbol{B}$ 为对角阵，它们的元素分别对应 $\boldsymbol{R}_f$ 和 $\boldsymbol{R}_n$ 中相关元素的变换，这些相关元素的变换称为 $\boldsymbol{f}$ 和 $\boldsymbol{n}$ 的功率谱，在以下讨论中分别记为 $S_{ff}(u,v)$ 和 $S_{nn}(u,v)$。

现在我们定义 $\boldsymbol{Q}^{\mathrm{T}}\boldsymbol{Q}=\boldsymbol{R}_f^{-1}\boldsymbol{R}_n$，则有

$$\hat{\boldsymbol{f}} = (\boldsymbol{H}^{\mathrm{T}}\boldsymbol{H} + \gamma\boldsymbol{R}_f^{-1}\boldsymbol{R}_n)^{-1}\boldsymbol{H}^{\mathrm{T}}\boldsymbol{g}$$

当 $\boldsymbol{D}$ 为对角阵时，分块循环矩阵为

$$\boldsymbol{H} = \boldsymbol{W}\boldsymbol{D}\boldsymbol{W}^{-1}$$

$$\boldsymbol{H}^{\mathrm{T}} = \boldsymbol{W}\boldsymbol{D}^{*}\boldsymbol{W}^{-1}$$

因而有

$$\boldsymbol{W}^{-1}\hat{\boldsymbol{f}} = (\boldsymbol{D}\boldsymbol{D}^{*} + \gamma\boldsymbol{A}^{-1}\boldsymbol{B})^{-1}\boldsymbol{D}^{*}\boldsymbol{W}^{-1}\boldsymbol{g}$$

写成频率域形式为

$$\hat{F}(u,v) = \left[\frac{H^{*}(u,v)}{|H(u,v)|^2 + \gamma\left[S_{nn}(u,v)/S_{ff}(u,v)\right]}\right]G(u,v) \tag{6.63}$$

如果 $\gamma=1$，那么括号中的项就是维纳滤波器，通常称为最小均方误差滤波器，或最小二乘方误差滤波器，是 N. Wiener 于 1942 年首次提出的概念。如果 γ 是变量，括号中的项就称为参数维纳滤波器。当没有噪声时，$S_{nn}(u,v)=0$，维纳滤波器退化成逆滤波器。

对于维纳滤波器，式（6.63）可写为

$$\hat{F}(u,v) = \left[\frac{1}{H(u,v)}\frac{|H(u,v)|^2}{|H(u,v)|^2 + \dfrac{S_{nn}(u,v)}{S_{ff}(u,v)}}\right]G(u,v) \tag{6.64}$$

式中，$H(u,v)$ 是退化函数，$|H(u,v)|^2 = H^{*}(u,v)H(u,v)$。$S_{nn}(u,v)=|N(u,v)|^2$ 是噪声的功率谱，$S_{ff}(u,v)=|F(u,v)|^2$ 是未退化图像的功率谱。在空间域被复原的图像由频率域估计值 $\hat{F}(u,v)$ 的傅里叶逆变换给出。

维纳滤波器的传递函数为

$$H_w(u,v) = \frac{1}{H(u,v)}\frac{|H(u,v)|^2}{|H(u,v)|^2 + S_{nn}(u,v)/S_{ff}(u,v)} \tag{6.65}$$

注意：

（1）维纳滤波能够自动抑制噪声。当 $H(u,v)=0$ 时，由于 $S_{nn}(u,v)$ 和 $S_{ff}(u,v)$ 的存在，因此分母不为0，不会出现被零除的情形。

（2）如果信噪比比较高，即当 $S_{ff}(u,v)$ 远远大于 $S_{nn}(u,v)$ 时，$S_{nn}(u,v)/S_{ff}(u,v)$ 很小，因此 $H_w(u,v)$ 趋向于 $1/H(u,v)$，即维纳滤波器变为逆滤波器，所以说逆滤波是维纳滤波的特例。反之，当 $S_{nn}(u,v)$ 远大于 $S_{ff}(u,v)$ 时，$H_w(u,v)$ 趋向于 0，即维纳滤波器避免了逆滤波器过于放大噪声的问题。

（3）维纳滤波需要知道原始图像和噪声的功率谱 $S_{ff}(u,v)$ 和 $S_{nn}(u,v)$。实际上，$S_{ff}(u,v)$ 和 $S_{nn}(u,v)$ 都是未知的，这时常用一个常数 K 来代替 $S_{nn}(u,v)/S_{ff}(u,v)$，式（6.64）变为

$$\hat{F}(u,v)=\left[\frac{1}{H(u,v)}\frac{|H(u,v)|^2}{|H(u,v)|^2+K}\right]G(u,v) \tag{6.66}$$

那么，如何确定特殊常数 K 呢？K 可由平均噪声功率谱和平均图像功率谱的比值得到，设图像的大小为 $M\times N$，则有

$$K=\frac{\frac{1}{MN}\sum_u\sum_v S_{nn}(u,v)}{\frac{1}{MN}\sum_u\sum_v S_{ff}(u,v)} \tag{6.67}$$

MATLAB 直接提供了维纳滤波的 deconvwnr 函数，该函数有三种调用形式：

（1）***J***=deconvwnr(***I***, PSF)；

（2）***J***=deconvwnr(***I***, PSF, NSR)；

（3）***J***=deconvwnr(***I***, PSF, NCORR, ICORR)。

其中，***I*** 表示退化后的二维图像矩阵，PSF 表示点扩散函数（退化函数的空间域模板），NSR 表示噪声平均功率与原始图像平均功率的比值，即信噪比。NCORR 和 ICORR 分别表示噪声的自相关函数和原始图像的自相关函数，它们可以通过分别计算噪声和原始图像功率谱的傅里叶反变换获得。输出 ***J*** 为与 ***I*** 具有相同大小和类型的矩阵，表示复原后的图像。形式（1）是对图像和噪声信息都未知情况下的维纳滤波形式，其效果相当于逆滤波形式。形式（2）是在已知噪信比参数（NSR）情况下的维纳滤波形式。形式（3）是在已知噪声和图像自相关函数等参数情况下的维纳滤波形式。例 6.8 说明用三种维纳滤波形式对运动模糊退化且加噪声的图像进行滤波复原的结果。

【例 6.8】对运动模糊退化且加噪声的图像进行逆滤波和维纳滤波复原。

对图 6.20（a）进行运动模糊退化且加噪声后，进行维纳滤波复原处理，程序实现如下，运行结果图如图 6.21 所示。

```
I=imread('i_camera.bmp');                              %读取图像
figure(1);imshow(I,[]);                                %显示图像
PSF=fspecial('motion',25,11);        %运动模糊函数，运动位移是 25 像素，角度是 11 度
Blurred=imfilter(I,PSF,'conv','circular');            %对图像运动模糊进行处理
Noise=0.1*randn(size(I));                              %正态分布的随机噪声
BlurredNoisy=imadd(Blurred,im2uint8(Noise));           %对退化后的图像附加噪声
figure(2);imshow(BlurredNoisy,[]);                     %显示运动模糊且加噪声后的图像
WI1=deconvwnr(BlurredNoisy,PSF);                       %不带参数的维纳滤波（逆滤波）复原
```

```
figure(3); imshow(WI1,[]);                          %显示逆滤波复原结果
NSR=sum(Noise(:).^2)/sum(im2double(I(:)).^2);       %计算噪信比
WI2=deconvwnr(BlurredNoisy,PSF,NSR);                %带噪信比参数的维纳滤波复原
figure(4);imshow(WI2,[]);                           %显示带噪信比参数的维纳滤波复原
                                                     结果
NP=abs(fftn(Noise)).^2;
NCORR=real(ifftn(NP));                              %计算噪声的自相关函数
IP=abs(fftn(im2double(I))).^2;
ICORR=real(ifftn(IP));                              %计算信号的自相关函数
WI3=deconvwnr(BlurredNoisy,PSF,NCORR,ICORR);
                                                    %带自相关函数的维纳滤波复原
figure(5);imshow(WI3,[]);
```

（a）运动模糊退化且加噪声后的图像　　（b）不带参数的维纳滤波（逆滤波）复原

（c）带噪信比参数的维纳滤波复原　　（d）带自相关函数参数的维纳滤波复原

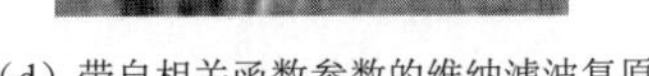

图 6.21　对运动模糊退化且加噪声的图像进行维纳滤波

比较复原结果图不难发现，在图像和噪声信息都未知的情况下，采用不带参数的维纳滤波形式进行复原的效果很不好，在已知噪信比参数（NSR）情况下的维纳滤波复原效果有了较大的改善，在已知噪声和原图像自相关函数等参数情况下的维纳滤波复原效果最佳。

例 6.8 是利用 MATLAB 自带的维纳滤波函数 deconvwnr 直接实现的。实际上，我们也可以通过上述推导的维纳滤波函数表达式自己编写程序加以实现，该实现部分的程序作为练习题，留给读者完成。

6.8 几何失真校正

在图像的获取或显示过程中往往会产生几何失真，如成像系统有一定的几何非线性。这主要是由于视像管摄像机及阴极射线管显示器的扫描偏转系统有一定的非线性，因此会造成如图6.22所示的枕形失真或桶形失真。图6.22（a）为原始图像，图6.22（b）、图6.22（c）和图6.22（d）为失真图像。另外，卫星摄取的地球表面的图像往往覆盖较大的面积，由于地球表面呈球形，因此这样摄取的平面图像也会有较大的几何失真。

图像的几何失真一般分为系统失真和非系统失真。系统失真是有规律的、能预测的；非系统失真则是随机的。当对图像进行定量分析时，就要对失真的图像先进行精确的几何校正（将存在几何失真的图像校正成无几何失真的图像），以免影响分析精度。基本方法是先建立几何校正的数学模型；其次利用已知条件确定模型参数；最后根据模型对图像进行几何校正。通常分以下两步进行几何校正：

（1）图像空间坐标的变换；

（2）确定校正空间各像素的灰度值（灰度内插）。

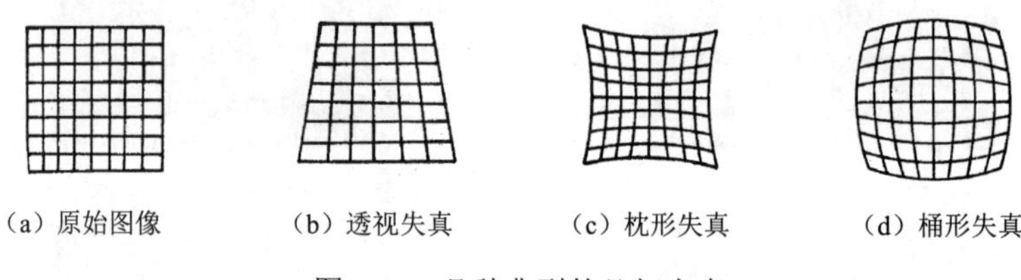

（a）原始图像　（b）透视失真　（c）枕形失真　（d）桶形失真

图6.22　几种典型的几何失真

 6.8.1 空间变换

假设一幅图像为$f(x,y)$，经过几何失真变成了$g(u,v)$，这里的(u,v)表示失真图像的坐标，它已不是原始图像的坐标(x,y)了。上述变化可表示为

$$u = r(x,y) \tag{6.68}$$

$$v = s(x,y) \tag{6.69}$$

式中，$r(x,y)$和$s(x,y)$是空间变换，产生了几何失真图像$g(u,v)$。

若函数$r(x,y)$和$s(x,y)$已知，则可以根据一个坐标系统的像素坐标算出在另一坐标系统中对应像素的坐标。在未知情况下，通常$r(x,y)$和$s(x,y)$可用多项式来近似：

$$u = \sum_{i=0}^{N-1}\sum_{j=0}^{N-1} a_{ij} x^i y^j \tag{6.70}$$

$$v = \sum_{i=0}^{N-1}\sum_{j=0}^{N-1} b_{ij} x^i y^j \tag{6.71}$$

式中，N为多项式的次数，a_{ij}和b_{ij}为各项系数。

1. 已知$r(x,y)$和$s(x,y)$条件下的几何校正

若我们具备先验知识$r(x,y)$、$s(x,y)$，则希望将几何畸变图像$g(u,v)$恢复为基准几何坐

标的图像$f(x,y)$。几何校正方法可分为直接法和间接法两种。

（1）直接法。先由$\begin{cases}u=r(x,y)\\v=s(x,y)\end{cases}$推出$\begin{cases}x=r'(u,v)\\y=s'(u,v)\end{cases}$，然后依次计算每像素的校正坐标值，保持各像素灰度值不变，这样生成一幅校正图像，但其像素分布是不规则的，会出现像素挤压、疏密不均等现象，不能满足要求。因此最后还需通过灰度内插对不规则图像生成规则的栅格图像。

（2）间接法。设恢复的图像像素在基准坐标系统为等距网格的交叉点，从网格交叉点的坐标(x,y)出发算出在已知畸变图像上的坐标(u,v)，即

$$(u,v)=\left[r\left(x,y\right),s\left(x,y\right)\right] \tag{6.72}$$

虽然点(x,y)坐标为整数，但(u,v)一般不为整数，不会位于畸变图像像素中心，因而不能直接确定该点的灰度值，而只能由其在畸变图像的周围像素灰度内插求出，作为对应像素(x,y)的灰度值，据此获得校正图像。由于间接法内插灰度容易，所以一般采用间接法进行几何纠正。

2. $r(x,y)$和$s(x,y)$未知条件下的几何校正

在这种情况下，通常用基准图像和几何畸变图像上多对“连接点”的坐标来确定$r(x,y)$和$s(x,y)$。

假定基准图像像素的空间坐标(x,y)和被校正图像对应像素的空间坐标(u,v)之间的关系用二元多项式来表示。

$$u=r(x,y)=\sum_{i=0}^{N-1}\sum_{j=0}^{N-1}a_{ij}x^i y^j \tag{6.73}$$

$$v=s(x,y)=\sum_{i=0}^{N-1}\sum_{j=0}^{N-1}b_{ij}x^i y^j \tag{6.74}$$

式中，N为多项式的次数，a_{ij}和b_{ij}为各项待定系数。

对于线性失真：

$$u=r(x,y)=a_{00}+a_{10}x+a_{01}y \tag{6.75}$$

$$v=s(x,y)=b_{00}+b_{10}x+b_{01}y \tag{6.76}$$

对于一般的（非线性）二次失真：

$$u=r(x,y)=a_{00}+a_{10}x+a_{01}y+a_{11}xy \tag{6.77}$$

$$v=s(x,y)=b_{00}+b_{10}x+b_{01}y+b_{11}xy \tag{6.78}$$

利用“连接点”建立失真图像与校正图像之间其他像素空间位置的对应关系，而这些“连接点”在输入（失真）图像和输出（校正）图像中的位置是精确已知的。图6.23显示了失真图像和校正图像中的四边形区域，这两个四边形的顶点就是相应的“连接点”。假设四边形区域中的几何变形过程可以用二次失真方程来表示，即

$$r(x,y)=a_{00}+a_{10}x+a_{01}y+a_{11}xy \tag{6.79}$$

$$s(x,y)=b_{00}+b_{10}x+b_{01}y+b_{11}xy \tag{6.80}$$

将以上式（6.79）和式（6.80）代入式（6.68）和式（6.69）中，得

$$u=a_{00}+a_{10}x+a_{01}y+a_{11}xy \tag{6.81}$$

$$v=b_{00}+b_{10}x+b_{01}y+b_{11}xy \tag{6.82}$$

一共有 4 对连接点，代入式（6.81）和式（6.82）可得 8 个联立方程，由这些方程可以解出 8 个系数 $a_{00},a_{10},a_{01},a_{11},b_{00},b_{10},b_{01},b_{11}$。这些系数就构成了用于变换四边形区域内所有像素的几何失真模型，即空间映射公式。一般来说，可将一幅图像分成一系列覆盖全图的四边形区域的集合，对每个区域都寻找足够的连接点以计算进行映射所需的系数。

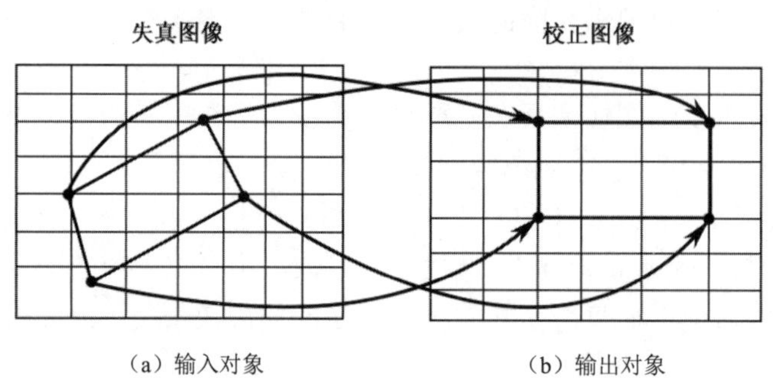

（a）输入对象　　（b）输出对象

图 6.23　失真图像和校正图像的“连接点”

一旦有了系数，产生校正（复原）图像就不困难了。如果想找到非失真图像在任意点 (x_0,y_0) 的值，需要简单地知道 $f(x_0,y_0)$ 在失真图像中的什么地方被映射。为此，可以把 (x_0,y_0) 代入式（6.81）和式（6.82）得到几何失真坐标 (u_0,v_0)。在无失真图像中被映射到 (u_0,v_0) 点的值是 $g(u_0,v_0)$。这样简单地令 $\hat{f}(x_0,y_0)=g(u_0,v_0)$，就得到了复原图像的值。

除以上介绍的“连接点”方法外，空间变换也可借助图像整体匹配的方法实现。例如借助 10.5 节区域描述中介绍的重心、长轴长度和方向确定变换所需平移、旋转和尺度放缩的矩阵，从而进行空间校正。

6.8.2　灰度插值

我们知道，数字图像中的坐标 (x,y) 总是整数。失真图像 $g(u,v)$ 是数字图像，其像素值仅在坐标为整数处有定义。而由式（6.81）和式（6.82）计算出来的坐标 (u,v) 值可能不是整数。此时，非整数处的像素值就要用其周围一些整数坐标处的像素值来推断，用于完成该任务的技术称为灰度插值。

最简单的灰度插值是最近邻插值（也称零阶插值），该方法实现起来简单方便，但有时不够精确，甚至经常产生不希望的人为疵点，如高分辨率图像直边的扭曲；对于通常的图像处理，双线性插值很实用；更完善的技术（如样条插值、立方卷积内插等）可以得到较平滑的结果，但更平滑的近似所付出的代价是增加计算开销。

6.8.3　实现

MATLAB 提供了一组函数用于几何失真图像的校正，包括连接点选择、空间变换和灰度插值。下面对这些主要函数及其用法进行介绍。

（1）tform=maketform(transform_type, transform_parameters)。

该函数建立几何变换结构。其中，transform_type 表示变换类型，其值可以是 affine（仿射变换）、projective（投影变换）、custom（用户自定义变换）、box（各个维上独立的仿射变换）、composite（基本变换的组合变换）；transform_parameters 是根据变换类型设置的变换参数，如当变换类型是 affine 时，其变换参数为 3×3 矩阵。设原始图像坐标系统为 (x, y)，几何失真后图像的坐标系统为 (u,v)，则有

$$(u \quad v \quad 1) = (x \quad y \quad 1)\boldsymbol{T} \tag{6.83}$$

当 $\boldsymbol{T} = \begin{pmatrix} \cos\theta & \sin\theta & 0 \\ -\sin\theta & \cos\theta & 0 \\ 0 & 0 & 1 \end{pmatrix}$ 时，表示失真后的图像是原始图像旋转一个角度 θ 后的结果。

（2）g=imtransform(f, tform, interp)。

其中，f 和 g 分别是几何变换前后的图像；interp 是字符串，用于规定灰度插值的方式，其值有 nearest（最近邻插值）、bilinear（双线性插值）、bicubic（双三次插值），默认值为 bilinear；tform 是变换结构。

例 6.9 说明了通过函数 maketform 得到几何变换结构 tform，再利用 tform 并采用某种灰度插值方式对图像进行几何变换的处理过程。

【例 6.9】 图像的仿射变换。

```
f=imread('fig620.jpg');                    %读取图像
figure(1),imshow(f);                       %显示原始图像
k=0.7;                                     %变换拉伸系数
theta=pi/6;                                %变换旋转角度
T=[k*cos(theta) k*sin(theta) 0
   -k*sin(theta) k*cos(theta) 0
   0 0 1];                                 %变换矩阵
tform1=maketform('affine',T);              %几何变换结构
g1=imtransform(f,tform1,'nearest');        %以最近邻插值进行仿射变换
figure(2),imshow(g1);                      %显示变换结果
g2=imtransform(f,tform1,'bilinear');       %以双线性插值进行仿射变换
figure(3),imshow(g2);                      %显示变换结果
```

程序的运行结果如图 6.24 所示，图 6.24（a）是原始图像，图 6.24（b）是按照最近邻插值方式对图像进行变换矩阵为 $\boldsymbol{T}$ 的仿射变换的变换结果，图 6.24（c）是按照双线性插值方式对图像进行变换矩阵为 $\boldsymbol{T}$ 的仿射变换的变换结果。

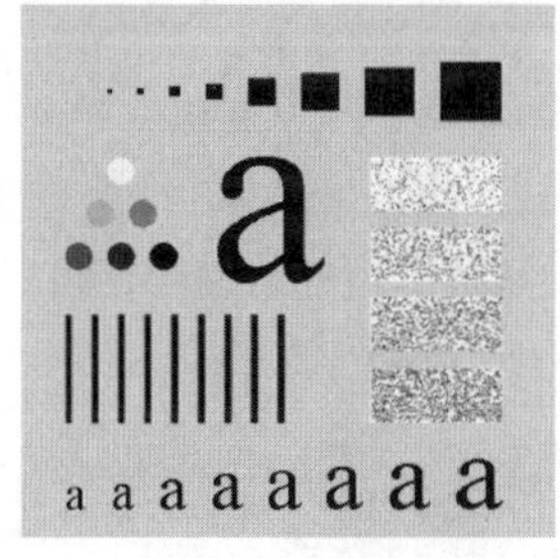

（a）原始图像

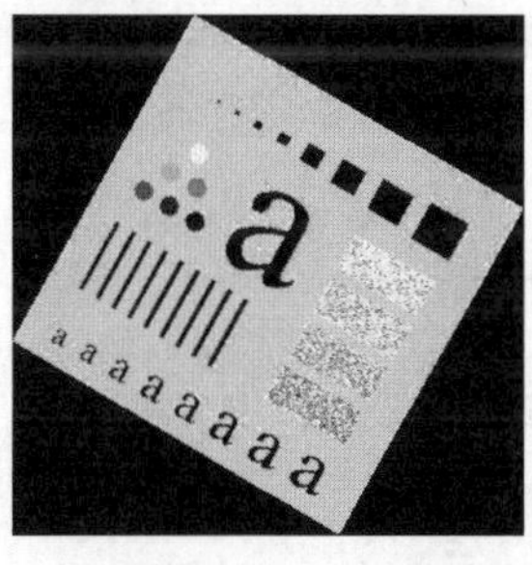

（b）最近邻插值的仿射变换

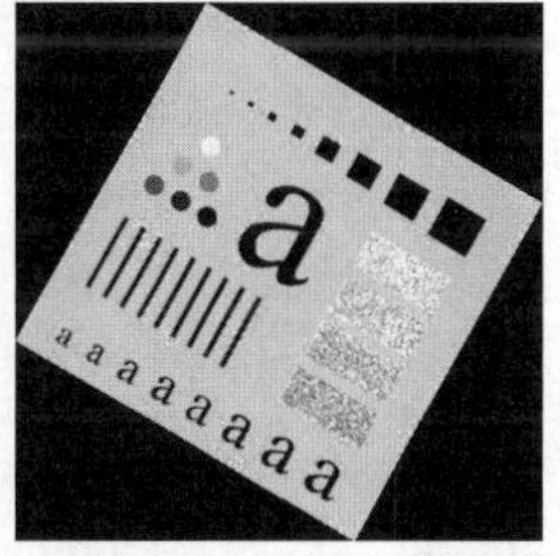

（c）双线性插值的仿射变换

图 6.24　仿射变换实例

（3）cpselect (g, f)。

其中，g 和 f 分别是失真图像和原始图像。调用该函数，系统启动交互选择连接点工具，如图 6.25 所示。通过在两幅图像上寻找对应的连接点，并用鼠标点击之。连接点选好后，将其保存在系统工作区的 input_points 和 base_points 两个矩阵中。其中，input_points 保存失真图像 g 中的点，base_points 保存原始图像 f 中的对应点。如图 6.25 所示，针对一幅图像和它的几何失真图像，启动交互选择连接点工具，选择 2 幅图像中对应的 9 对连接点；这 9 对连接点被分别存储在系统工作区的 input_points 和 base_points 两个矩阵中。再利用下面的函数 cp2tform 建立几何变换结构。

图 6.25 “连接点”交互选择工具

（4）tform=cp2tform(input_points, base_points, transformtype)。

该函数由连接点建立几何变换结构。其中，input_points 和 base_points 都是 $m\times2$ 矩阵，其值分别是几何失真图像和基准图像（原始图像）中对应连接点的坐标，由上述交互选择连接点工具得到；transformtype 指定空间变换类型，其值可以是 affine、projective、polynomial、piecewise linear 等。

【例 6.10】 利用连接点实施图像几何校正复原。

```
f=imread('fig622.jpg');                              %读取原始图像
figure(1),imshow(f);                                 %显示原始图像
g=imread('fig622b.jpg');                             %读取几何失真图像
figure(2),imshow(g);                                 %显示几何失真图像
                          %利用 cpselect(g, f)交互选择如下 9 对连接点
base_points=[61.7500  99.2500; 36.7500  149.2500;
   86.7500  148.7500;  128.2500  109.2500;
  168.7500  156.7500;  166.2500  117.7500;
  211.7500   91.7500;  212.2500  133.2500;
  211.7500  173.2500];                   %从 f 中选择的 9 对连接点的坐标矩阵
 input_points=[111.7500  98.7500;  110.2500  148.2500;
  162.7500  148.7500;  184.7500  108.7500;
  251.7500  159.7500;  224.2500  117.2500;
  258.2500   91.7500;  279.7500  133.7500;
  299.7500  173.7500];                   %从 g 中选择的 9 对连接点的坐标矩阵
```

```
tform=cp2tform(input_points,base_points,'projective');
                                        %由 9 对连接点坐标矩阵建立几何变换结构
gp=imtransform(g,tform,'XData',[1 256],'YData',[1 256]);
                                        %由得到的几何变换结构对失真图像 g 进行校正
figure(3),imshow(gp);                   %显示校正后的图像
```

程序的运行结果如图 6.26 所示，图 6.26（a）是原始图像，图 6.26（b）是几何失真图像。以图 6.26（b）和图 6.26（a）作为参数调用 cpselect，启动交互选择连接点工具，如图 6.25 所示，在 2 幅图像的矩形框中选择 9 对连接点，这 9 对连接点的坐标记录于 input_points 和 base_points 矩阵中，从而得到几何变换的结构，再按照这个变换对失真图像进行校正，最后得到校正后的图像，如图 6.26（c）所示。

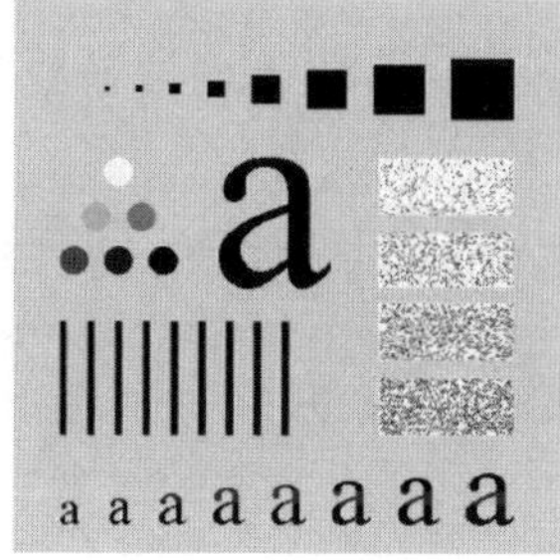

（a）原始图像

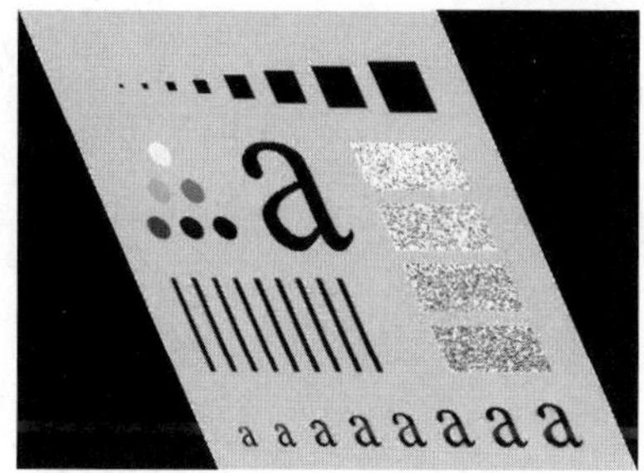

（b）几何失真图像

（c）几何失真校正后的图像

图 6.26　图像几何失真校正

习题

6.1　试述图像恢复的流程？画出退化模型及恢复模型。

6.2　分析图像恢复与图像增强的区别与联系？

6.3　简述中值滤波、均值滤波原理，分析比较中值滤波、均值滤波的性能特点，并通过实例予以说明。

6.4　图 6.27 是从图像中取出的一个小块区域，请分别用人工计算和 MATLAB 程序实现 3×3 的中值滤波处理，写出处理结果。

2	1	7	5	8	9	1	3
3	5	1	2	1	10	1	1
1	6	5	6	5	1	1	7
7	1	5	1	5	1	8	1
9	1	1	5	2	5	2	3
1	2	6	3	1	1	8	1
3	6	1	8	12	5	1	9
7	8	3	9	1	7	8	1

图 6.27　习题 6.4 图

6.5　频率域滤波恢复有哪些通用技术？分别适用于哪种情况的图像恢复？

6.6　简述逆滤波恢复的基本原理，它的主要难点是什么？如何避开该难点？

6.7　简述维纳滤波优化的目标函数及推导结论，相较于逆滤波的优点。

6.8　请编写程序，用高斯带阻滤波器式（6.40）实现对一幅图像的滤波处理。

6.9　请编写程序，用 Butterworth 陷波（带阻）滤波器式（6.43）实现对一幅图像的滤波处理。

6.10　请编写出实现例 6.6 的程序。

6.11　根据 6.7 节推导出的维纳滤波表达式，不用 deconvwnr 函数，自己编写程序实现对退化图像的维纳滤波。

6.12　用三角形代替图 6.23 中的四边形，建立与式（6.81）和式（6.82）相对应的校正几何失真的空间变换式。

6.13　选取一幅几何失真图像，或对一幅正常图像进行几何失真处理，然后借助 MATLAB，利用连接点实施图像校正复原。

第7章 图像压缩编码

图像压缩编码是将图像信息进行变换、编码和压缩，以减少图像的数据量。图像的压缩编码在图像的存储、传输、加密等领域都有重要的作用。本章首先介绍了图像编码的一些基本概念，如信息量和信息熵、图像数据冗余、图像压缩编码方法、图像压缩技术的性能指标及保真度准则，然后重点介绍了无失真图像压缩编码和有限失真图像压缩编码的几种方法及其特点，最后介绍了子带编码与模型基编码、分形编码等图像编码新技术，以及图像压缩技术标准。

7.1 概　　述

图像信号经数字化后，数据量相当大。如果根据 CCIR601 号建议（电视演播中心数字电视编码标准），数字电视的数据率高达 216MB/s。对于计算机图像，在 VGA 显示模式下，分辨率为 640×480、256 色的一帧图像数据为 307200 字节。若要达到每秒 30 帧的动态显示，其数据率为 9.2 MB/s。显然，数据量是非常大的，很难直接保存。由此可见，为了提高信道利用率和在有限的信道容量下传输更多的图像信息，必须对图像数据进行压缩。因而数据压缩在数字图像传输中具有关键性的作用。

7.1.1 图像的信息量及信息熵

图像信息的编码必须在保持信息源内容不变，或者损失不大的前提下才有意义，这就必然涉及信息的度量问题。为此下面首先简单回顾一下有关信息论的基本内容，然后再将它们运用到图像信息的度量中。

1. 信息量

表面看起来信息似乎是一种无法度量的抽象概念，但是如果从概率统计学的角度来看，信息出现的概率还是可以度量的，这个度量方法就是信息量。一般而言，小概率的事件所包含的信息量更大，所以事件所包含的信息量与其发生的概率呈反比例关系。将信息量定义为信息源发出的所有消息中该信息出现概率的倒数的对数。设信息源 X 可发出的消息符号集合为 $A=\{a_i \mid i=1,2,3,\cdots,m\}$，并设 X 发出符号 a_i 的概率为 $p(a_i)$，则定义符号 a_i 出现的自信息量

为

$$I(a_i) = -\log p(a_i) \tag{7.1}$$

式（7.1）中对数的底数决定了衡量信息的单位。如果使用 k 作为对数的底数，则信息量单位为 k 元单位。通常，取 2 为对数的底数，这时定义的信息量单位为比特（bit）。本章讨论的内容都假定选取 2 作为对数的底数。

如果各符号 a_i 的出现是独立的，那么 X 发出一个符号序列的概率等于发出各符号的概率之积，因而该序列出现的信息量等于相继出现的各符号的自信息量之和。这类信息源称为无记忆信息源。

2. 信息熵

对信息源 X 的各符号的自信息量取统计平均，可得平均自信息量为

$$H(X) = -\sum_{i=1}^{m} p(a_i)\log_2 p(a_i) \tag{7.2}$$

在信息论中，香农借鉴热力学的概念，把平均自信息量 $H(X)$称为信息源 X 的信息熵（Information Entropy），用以衡量信息的不确定性。信息熵可以理解为信息源发出的一个符号所携带的平均信息量，单位为比特/符号，通常也称为 X 的零阶熵。在无失真信源编码中，信息熵给出了无失真编码时每个符号所需平均码长的下限。

图 7.1　Lena 图像

现在把信息论中熵值的概念应用到图像信息源。以灰度级为[0, $L-1$]的图像为例，可以通过直方图得到各灰度级概率 $p(s_k)$，k=0, 1, 2,⋯, $L-1$，这时图像的熵为

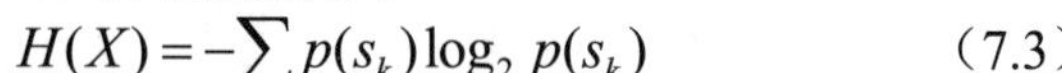

$$H(X) = -\sum p(s_k)\log_2 p(s_k) \tag{7.3}$$

【例 7.1】 大小为 256 像素×256 像素、灰度级为 256 的 Lena 图像如图 7.1 所示，试求其熵。

MATLAB 程序如下：

```
I=imread('lena.bmp');                    %读取图像
x=double(I);                             %转换成 double 型
n=256;                                   %灰度级总数
xh=hist(x(:),n);                         %计算出图像的直方图
xh=xh/sum(xh(:));                        %求出各个灰度级出现的概率
i=find(xh);                              %直方图对应的灰度级
h=-sum(xh(i).*log2(xh(i)))               %求出图像的熵
```

运行程序的结果是 h=7.5534，说明对该图像进行无失真编码，其平均码长一定不会小于 7.5534。

7.1.2　图像数据冗余

数字图像的数据量大与信道容量有限的矛盾说明了数据压缩的必要性，而通常一幅图像中的各像素之间存在一定的相关性。特别是在活动图像中，由于两幅相邻图像之间的时间间隔很短，因此这两幅图像信息中包含了大量的相关信息。这些就是图像信息中的冗余。数据压缩的目的就是要去除图像信息中的大量冗余，同时又能保证图像的质量。一般针对不同类

型的冗余，采取不同的压缩方法。

1. 空间冗余

图 7.2 是一幅图像，其中心部分为一个灰色的方块，灰色区域的所有像素点的光强、色彩及饱和度都是相同的，因此该区域的数据之间存在很大的冗余度。可见所谓的空间冗余就是指一幅图像中存在许多灰度或颜色相同的邻近像素，在由这些像素组成的局部区域中，各像素值具有很强的相关性。

图 7.2　空间冗余

空间冗余是图像数据中最基本的冗余。要去除这种冗余，人们通常将其视为一个整体，并用极少的数据量来表示，从而减少邻近像素之间的空间相关性，以达到数据压缩的目的。这种压缩方法称为空间压缩或帧内压缩。

2. 时间冗余

由于活动图像序列中的任意两相邻的图像之间的时间间隔很短，因此两幅图像中存在大量的相关信息，如图 7.3 所示。从图中可以看出，前后两幅图像的背景并没有变化，所不同的是其中的运动物体的位置随时间 t 发生变化，因此这两幅图像之间存在相关性。此时在前一幅图像的基础上，只需要改变少量的数据，便可以表示后一幅图像，从而达到数据压缩的目的。

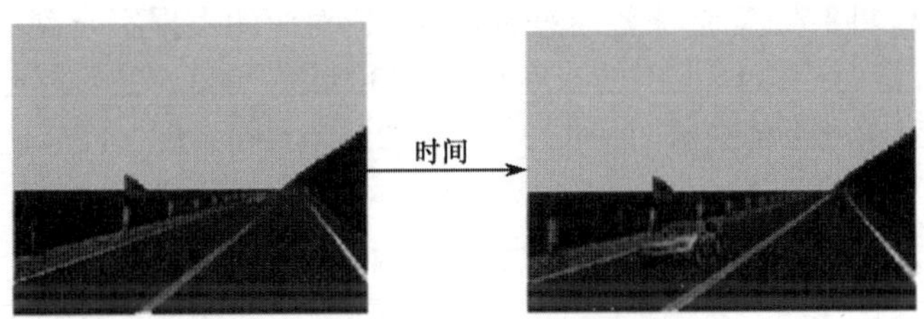

图 7.3　时间冗余

时间冗余是活动图像和语音数据中经常存在的一种冗余，其压缩方法称为时间压缩或帧间压缩。

3. 信息熵冗余

信息熵冗余是针对数据的信息量而言的。设某种编码的平均码长为

$$L = \sum_{i=0}^{k-1} p(s_i) l(s_i) \tag{7.4}$$

式中，$l(s_i)$ 为分配给第 s_i 符号的比特数，$p(s_i)$ 为符号 s_i 出现的概率。

这种压缩的目的就是要使 L 接近 $H(X)$，但实际上 $L \geqslant H(X)$，即描述某一信息所需的“比特数”大于理论上表示该信息所需要的最小“比特数”，因此它们之间存在冗余。这种冗余被称为信息熵冗余或编码冗余。

例如，图 7.4 表示一个图像块的灰度值，该块图像共有 64 个像素点，其中灰度值为 3 的点有 40 个，灰度值为 255 的点有 21 个，灰度值为 150 的点有 3 个。若每个灰度值用 8 位二进制表示，则共需要 64×8=512 位（比特）的存储空间。我们可以用一位二进制的 0 表示出

现次数最多的3，用一位二进制的1表示255，用两位二进制的10表示出现次数最少的150，则表示该块图像只需要40+21+2×3=67位（比特）空间即可。

3	255	3	255	3	255	3	3
3	255	3	255	3	255	3	3
3	255	3	255	3	255	3	3
3	255	3	255	3	255	3	3
3	255	3	255	3	255	3	3
3	255	3	150	3	255	3	3
3	255	3	150	3	255	3	3
3	255	3	150	3	255	3	3

图7.4　编码冗余表图

4. 视觉冗余

人观察图像的目的就是获得有用的信息，但人眼并不是对所有的视觉信息具有相同的敏感度，在实际应用中，人也不是对所有的信息具有相同的关心度的。在特定场合，一些信息相对另一些信息而言就不那么重要，这些相对不重要的信息就是视觉冗余。科学实验表明，人眼的分辨力是有限的，人眼不能完全区别每种颜色或灰度级。对整幅图像而言，人眼能区别40～60个灰度级；而对图像的局部，人眼只能区别32个灰度级，其他灰度级相对来说就是视觉冗余。图7.4与图7.5看起来没有差别，但它们对应的数据不一致。在这两幅图像中，2、4的灰度级与3相近；149、151的灰度级与150相近；253、254的灰度级与255相近。若将图7.5中的相应灰度级都换成对应的3、150、255，人眼看起来没有区别，但这样处理后便于压缩。

2	254	3	255	4	254	3	2
3	255	3	253	3	253	2	3
2	254	3	255	2	254	3	3
3	255	3	254	3	254	4	2
2	254	3	253	4	255	3	3
3	255	3	149	3	254	2	4
2	254	3	150	2	253	4	4
3	255	3	151	3	255	3	3

图7.5　视觉冗余表图

5. 结构冗余

图7.6表示了一种结构冗余。从图中可以看出。它存在非常强的纹理结构，这使图像在结构上产生了冗余。

图7.6　结构冗余

6. 知识冗余

随着人们认识的深入，某些图像所具有的先验知识，如人脸图像的固有结构（包括眼、耳、鼻、口等）为人们所熟悉。这些由先验知识得到的规律结构就是知识冗余。

7.1.3 图像压缩编码方法

数字图像压缩编码方法有很多，但从不同的角度，可以有不同的划分。从信息论角度分，可以将图像的压缩编码方法分为无失真图像压缩编码和有限失真图像压缩编码。

无失真图像压缩编码利用图像信息源概率分布的不均匀性，通过变长编码来减少信息源数据冗余，使编码后的图像数据接近其信息熵而不产生失真，因而也通常被称为熵编码。常用的无失真图像压缩编码主要有 Huffman（哈夫曼）编码、算术编码和游程编码。近年来，在无失真图像压缩编码中，一种被称为“通用编码”的编码方法受到很大关注。该编码方法不像其他无失真图像压缩编码方法那样对信息源的统计特性十分敏感，因而特别适合于活动视频图像这类统计特性变化较大的信息源。但该方法目前仍处于研究阶段，尚不能使用。

有限失真图像压缩编码则是根据人眼视觉特性，在允许图像产生一定失真的情况下（尽管这种失真常常不为人眼所察觉），利用图像信息源在空间和时间上具有较大的相关性这一特点，通过某一种信号变换来消除信息源的相关性、减少信号方差，达到压缩编码的目的。常用的有限失真图像压缩编码方法主要有预测编码、变换编码、矢量量化编码，以及运动检测和运动补偿技术。在实际应用中，往往是综合利用上述各种编码方式以达到最佳压缩编码的效果。

按照压缩原理分，数字图像压缩编码方法可以分为预测编码、变换编码、标量量化编码和矢量量化编码、信息熵编码、子带编码、结构编码和模型编码。

7.1.4 图像压缩技术的性能指标

在数字图像通信系统中，压缩比、平均码字长度、编码效率、冗余度是衡量数据压缩性能的重要指标。

1. 压缩比

为了表明某种压缩编码的效率，通常引入压缩比 c 这一参数，它的定义为

$$c = \frac{b_1}{b_2} \tag{7.5}$$

式中，b_1 表示压缩前图像每像素的平均比特数，b_2 表示压缩后每像素所需的平均比特数。一般情况下，压缩比 c 总是大于或等于 1 的，c 越大则压缩程度越高。

【例 7.2】 图 7.7（a）为压缩前的图像 lena.bmp，图 7.7（b）为压缩后的图像 lena1.jpg，压缩比的计算可以由以下 MATLAB 程序实现：

```
fi=imread('lena.bmp');                        %读取原始图像（非压缩 BMP 图）
imwrite(fi,'lena1.jpg');                      %以 jpeg 压缩格式存储为 lena1
info1=dir('lena.bmp');
b1=info1.bytes                                %得到原始图像的字节数
```

```
info2=dir('lena1.jpg');
b2=info2.bytes                                       %得到压缩图像的字节数
ratio=b1/b2                                          %计算压缩比
figure;imshow('lena.bmp');                           %显示原始图像
figure;imshow('lena1.jpg');                          %显示压缩图像
```

MATLAB 程序运行结果如下：

```
b1=66616
b2=11390
ratio=5.8486
```

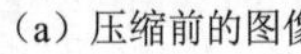

（a）压缩前的图像　　（b）压缩后的图像

图 7.7　图像压缩前后的比较（计算压缩比）

2. 平均码字长度

设 $l(c_k)$ 为数字图像第 k 个码字 c_k 的长度（ c_k 编码成二进制码的位数），其相应出现的概率为 $p(c_k)$ ，则该数字图像所赋予的平均码字长度（单位为 bit）为

$$L=\sum_{k=1}^{m}p(c_k)l(c_k) \tag{7.6}$$

3. 编码效率

在一般情况下，编码效率往往可用下列简单公式表示为

$$\eta=\frac{H}{L} \tag{7.7}$$

式中，H 是原始图像的熵，L 是实际编码图像的平均码字长度。

4. 冗余度

如果编码效率 $\eta \neq 100\%$ ，说明还有冗余信息，因此冗余度 R 为

$$R=1-\eta \tag{7.8}$$

R 越小，说明可压缩的余地越小。

根据信息论中的信息源编码理论，可以证明在 $L \geqslant H$ 的条件下，总可以设计出某种无失真的图像压缩编码方法。如果编码结果的平均码字长度 L 远大于信息源的信息熵 H ，则其编码效率很低，占用比特数太多，但具有较高的保真度。例如，对图像样本量化值直接采用 PCM（脉冲编码调制）编码方法就属于这类情况。最好的编码结果应使 L 等于或很接近 H。这样的编码方法，称为最佳编码，它既不丢失信息，不引起图像失真，又占用最少的比特数，哈夫曼编码就属于这类情况。若要求编码结果 $L<H$，则必然会丢失有用信息而引起图像失真，这

就是允许有某种失真的所谓失真编码。一般来说，压缩比越大，图像信息就被压缩得越厉害。一个编码系统要研究的问题是平均码字长度 L 要尽可能小，使编码效率 η 接近 1，冗余度尽量趋于 0。

7.1.5　保真度准则

前面提到，消除视觉冗余数据导致真实的或一定数量的视觉信息丢失。由于可能会由此丢失重要的信息，所以迫切需要一种可重复或可再生的对丢失信息的性质和范围定量评估的方法。目前有两类评估准则：客观保真度准则和主观保真度准则。

1. 客观保真度准则

当信息损失的程度可以表示成输入图像或先被压缩而后被解压缩的输出图像的函数时，就称这是基于客观保真度准则的。最常用的客观保真度准则是输入、输出图像间的均方根误差准则。令 $f(x,y)$ 表示输入图像，$\hat{f}(x,y)$ 表示对输入先压缩后解压缩得到的 $f(x,y)$ 的估计量或近似量。对 x 和 y 的所有值，$f(x,y)$ 和 $\hat{f}(x,y)$ 之间的误差 $e(x,y)$ 定义为

$$e(x,y)=\hat{f}(x,y)-f(x,y) \tag{7.9}$$

对于大小为 $M\times N$ 的图像，$f(x,y)$ 和 $\hat{f}(x,y)$ 之间的均方根误差（Root-Mean-Square Error）e_{rms} 定义为

$$e_{\text{rms}}=\sqrt{\frac{1}{MN}\sum_{x=0}^{M-1}\sum_{y=0}^{N-1}\left[\hat{f}(x,y)-f(x,y)\right]^2} \tag{7.10}$$

另一种常用的客观保真度准则是压缩-解压缩图像的均方信噪比。如果认为 $\hat{f}(x,y)$ 是输入图像和噪声信号 $e(x,y)$ 的和，则输出图像的均方信噪比（Mean-Square Signal-to-Noise Ratio）用 SNR_{ms} 表示，定义为

$$\text{SNR}_{\text{ms}}=\frac{\sum_{x=0}^{M-1}\sum_{y=0}^{N-1}\hat{f}^2(x,y)}{\sum_{x=0}^{M-1}\sum_{y=0}^{N-1}\left[\hat{f}(x,y)-f(x,y)\right]^2} \tag{7.11}$$

式（7.11）的平方根称为均方根信噪比 SNR_{rms}。

2. 主观保真度准则

尽管客观保真度准则提供了一种简单便捷的评估信息损失的方法，但大部分解压缩图像最终还是由人来进行观察的。所以，使用观察者的主观评估衡量图像品质通常更为恰当。主观评估是通过向一组典型的观察者（通常多于 20 位）显示典型的解压缩图像并将他们的评估结果进行平均得到的。评估可以按照某种绝对尺度进行，如对一幅图像的观感，给出绝对等级，用数量值{1, 2, 3, 4, 5, 6}分别表示每个观察者的主观评估{极好, 好, 可用, 勉强可以, 差, 不可用}；也可以通过比较两幅图像（标准图像与解压缩图像）进行，如用数量值{−3，−2, −1, 0, 1, 2, 3}分别表示每个观察者的主观评估{非常差, 差, 稍差, 普通, 稍好, 好, 非常好}。不管使用何种形式，这些评估都称为基于主观保真度准则。

7.2 无失真图像压缩编码

无失真图像压缩编码就是指图像经过压缩、编码后恢复的图像与原图像完全一样，没有任何失真。无失真图像压缩编码的理论极限是图像信息源的平均信息量（熵），总能找到某种适宜的编码方法，使每像素的平均编码长度不低于此极限，并且任意地接近信息源熵。

图像是由几十万以上的像素构成的，它们不仅在空间上存在相关性，而且还存在灰度或色度概率分布上的不均匀性。另外，在运动图像中还存在时间上的相关性，因而无失真图像压缩编码可以通过减少图像数据的冗余度来达到数据压缩的目的。由于其中并没有考虑人眼的视觉特性，因此其所能达到的压缩比非常有限。

常用的无失真图像压缩编码有许多种。如哈夫曼编码、游程编码和算术编码。在实际应用中，常将游程编码与哈夫曼编码结合起来使用。例如，在H.261、JPEG、MPEG等国际标准中采用此种编码技术，而在JPEG 2000、H.263等国际标准中则采用算术编码技术。

7.2.1 哈夫曼编码

哈夫曼编码是根据可变长最佳编码定理，应用哈夫曼算法而产生的一种编码方法。

1. 可变长最佳编码定理

对于一个无记忆离散信息源中的每个符号，若采用相同长度的不同码字代表相应符号，就称为等长编码。若对信息源中的不同符号用不同长度的码字表示，就称为不等长编码或变长编码。

在变长编码中，对出现概率大的信息符号赋予短码字，而对出现概率小的信息符号赋予长码字。如果码字长度严格按照所对应符号出现概率的大小逆序排列，则编码结果的平均码字长度一定小于任何其他排列形式。

2. 哈夫曼编码的编码思路

哈夫曼于1952年提出了一种编码方法，它完全依据信息源字符出现的概率大小来构造码字，这种编码方法形成的平均码字长度最短。实现哈夫曼编码的基本步骤如下：

（1）将信息源符号出现的概率按由大到小的顺序排列。

（2）将两处最小的概率进行组合相加，形成一个新概率。并按第（1）步方法重排，如此重复进行直到只有两个概率为止。

（3）分配码字，码字分配从最后一步开始反向进行，对最后两个概率一个赋予“0”码字，一个赋予“1”码字。如此反向进行到开始的概率排列，在此过程中，若概率不变，则采用原码字。

【例7.3】 设输入图像的灰度级$\{y_1, y_2, y_3, y_4, y_5, y_6, y_7, y_8\}$出现的概率分别为0.40、0.18、0.10、0.10、0.07、0.06、0.05、0.04。试进行哈夫曼编码，并计算编码效率、压缩比、冗余度。

按照上述的编码过程和例题所给出的参数，其哈夫曼编码过程如图7.8所示。根据式(7.3)

可求得图像信息源熵为

$$H=-\sum_{K=1}^{M}P_K\log_2 P_K=-(0.4\times\log_2 0.4+0.18\times\log_2 0.18+2\times 0.1\log 0.1+$$
$$0.07\times\log_2 0.07+0.06\times\log_2 0.06+0.05\times\log_2 0.05+0.04\times\log_2 0.04)$$
$$=2.55$$

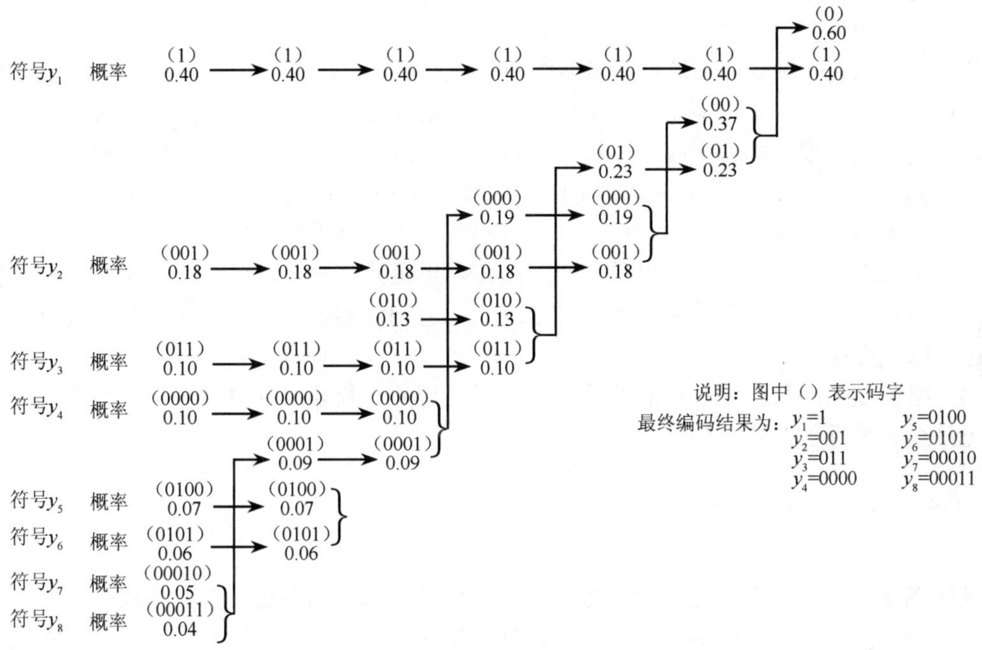

图 7.8　哈夫曼编码过程

根据图 7-8 给出的结果，可以求出它的平均码字长度为

$$L=\sum_{K=1}^{M}l_K P_K=0.40\times1+0.18\times3+0.10\times3+0.10\times4+0.07\times4+$$
$$0.06\times4+0.05\times5+0.04\times5=2.61$$

根据式（7.7）求出编码效率为

$$\eta=H/L=2.55/2.61=97.8\%$$

压缩之前 8 个符号需 3 比特量化，经压缩之后的平均码字长度为 2.61，因此压缩比为

$$C=3/2.61=1.15$$

冗余度为

$$R=1-\eta=2.2\%$$

3. 哈夫曼编码的特点

（1）哈夫曼编码构造的码并不是唯一的，但其编码效率是唯一的。

在对最小的两个概率符号赋值时，既可以规定较大的为“1”，较小的为“0”；又可以规定较大的为“0”，较小的为“1”。当两个符号出现概率相等时，在排序时哪个符号放在前面均可，由此获得的编码也不是唯一的，但对于同一个信息源而言，其平均码字长度不会因为上述原因而发生变化，即其编码效率是唯一的。

（2）对不同信息源，其编码效率是不同的。

当信息源各符号出现的概率互不相同，分别为 2^{-n} 时（n 为正整数，n=1, 2, 3, …），哈夫曼编码效率最高，可达到 100%；但当信息源各符号出现的概率相等时，即 $p(s_i)=\dfrac{1}{n}$，可以证明此时信息源具有最大熵，其编码效率最低（产生定长码）。由此可知，只有当信息源各符号出现的概率很不平均时，哈夫曼编码的效果才显著。

（3）实现电路复杂，且存在误码传播问题。

哈夫曼编码是一种变字长编码。当硬件实现编码/解码功能时，由于电路复杂，因此编码/解码所需时间较长，在实际应用中，常使用默认的哈夫曼编码表。该表是通过大量的统计得到的，分别存储在发送端和接收端。这样可以减少编码时间，从而改进编码和解码的时间不对称性；同时也能够使编码/解码电路简化，从而适应实时性的要求。

在哈夫曼编码的存储和传输过程中，一旦出现误码，易引起误码的连续传播，因而人们提出了双字长编码方法，即对于出现概率大的符号用短码字表示，而对于出现概率小的符号用长码字表示。尽管其编码效率不如哈夫曼编码，但硬件实现起来相对简单，而且抗干扰能力要强于哈夫曼编码。

（4）哈夫曼编码只能用近似的整数而不能用理想的小数来表示单个符号，这也是哈夫曼编码无法达到最理想的压缩效果的原因。

7.2.2 游程编码

某些图像特别是计算机生成的图像往往包含许多颜色相同的块，在这些块中，许多连续的扫描行或同一扫描行上许多连续的像素都具有相同的颜色值。在这些情况下，就不需要存储每个像素块的颜色值，而仅仅存储一个像素值及具有相同颜色的像素数目，将这种编码方法称为游程（或行程）编码（Run-Length Encoding，RLE），连续的具有相同颜色值的所有像素构成一个行程。

下面以二值图像为例进行说明。二值图像是指图像中的像素值只有两种值，即“0”和“1”，因而在图像中这些符号会连续地出现，通常将连“0”这一段称为“0”游程，而将连“1”的一段称为“1”游程，它们的长度分别为 $L(0)$和 $L(1)$，往往“0”游程和“1”游程会交替出现，即第一游程为“0”游程，第二游程为“1”游程，第三游程又为“0”游程。例如，已知一个二值序列 00101110001001…，根据游程编码的规则，可知其游程序列为 21133121…。对于复杂的图像，通常采用游程编码与哈夫曼编码的混合编码方式，即首先进行二值序列的游程编码，然后根据“0”游程与“1”游程长度的分布概率，再进行哈夫曼编码。游程编码常用于二值图像的压缩，这种方法已经被 CCITT 制定为标准，主要用于在公用电话网上传真二值图像。

游程编码技术相当直观和经济，且运算简单，因此解压缩速度很快。压缩率的大小取决于图像本身的特点。图像中具有相同颜色的横向色块越大、图像块数目越多，压缩比就越大，反之就越小。如果图像中有大量纵向色块，则可先把图像旋转 90°，再用游程编码压缩，也可以得到较大的压缩比。游程编码适用于计算机生成的图像，尤其是二进制图像，能够有效地减少存储容量。然而，由于自然图像往往是五光十色的，其行程长度非常短，若用游程编码对它进行编码，不仅不能压缩数据，反而会造成更大的冗余，因此对复杂的图像就不要单纯地采用游程编码行编码。

【例 7.4】用游程编码对二值化后的 Lena 图像进行编码，写出使用 MATLAB 实现的程序。

（1）主程序。

```
I=imread('lena.bmp');                          %读入图像
if ndims(I)>2                                  %将非单通道图像转换成灰度图像
   I=rgb2gray(I);
end
BW=im2bw(I,0.4);                               %对图像二值化
[zipped,info]=RLEencode(BW);                   %调用 RLEencode 函数对 BW 进行游程编码
unzipped=RLEdecode(zipped,info);               %调用 RLEdecode 函数对 zipped 进行游程解码
subplot(131);imshow(I);                        %显示原始图像
subplot(132);imshow(BW);                       %显示二值化后的图像
subplot(133);imshow(uint8(unzipped)*255);            %显示二值图像经编解码后的图像
cr=info.ratio                                  %显示压缩比
whos BW unzipped zipped                        %显示二值图像、压缩解压图像、压缩图像的信息
```

MATLAB 程序运行结果如图 7.9 所示。

（a）原始图像

（b）二值化后的图像

（c）对（b）经游程编码及解码后的图像

图 7.9　游程编码及解码

计算得到的压缩比是 cr = 41.2176，可见游程编码对二值图像的压缩比非常高。显示的二值图像 BW、压缩解压图像 unzipped、压缩图像 zipped 的信息如下：

Name	Size	Bytes	Class	Attributes
BW	256×256	65536	logical	
unzipped	256×256	65536	uint8	
zipped	3180×2	6360	uint8	

（2）游程编码函数程序。

```
function [zipped,info]=RLEencode(vector)
[m,n]=size(vector);                            %获取图像的高度和宽度
vector=uint8(vector(:));                       %转换成整型
L=length(vector)                               %得到元素个数
c=vector(1);                                   %获取第 1 个像素值
e(1,1)=c;                                      %游程矩阵第 1 列为像素值
e(1,2)=0;                                      %游程矩阵第 2 列为游程长度
t1=1;                                          %游程矩阵行下标变量
for j=1:L                                      %对图像所有元素循环处理
   if (vector(j)==c)                           %如果值不变
       e(t1,2)=double(e(t1,2))+1;              %将游程长度加 1
```

```
        else                                    %如果值改变
            c=vector(j);                        %记录新的值
            t1=t1+1;                            %游程矩阵行下标变量加 1
            e(t1,1)=c;                          %游程矩阵新 1 行第 1 列的值
            e(t1,2)=1;                          %游程矩阵新 1 行第 2 列的值（游程长度）
        end
    end
    zipped=e;                                   %游程矩阵
    info.rows=m;                                %记录原始图像的高度
    info.cols=n;                                %记录原始图像的宽度
    [m,n]=size(e)                               %获取游程矩阵的高度和宽度
    info.ratio=(info.rows*info.cols)/m*n;       %显示压缩比
```

（3）游程编码的解码函数程序。

```
    function unzipped=RLEdecode(zip,info)
    zip=uint8(zip);                             %将游程矩阵转换成整型
    [m,n]=size(zip);                            %获取游程矩阵的高度和宽度
    unzipped=[];                                %解压矩阵初始化
    for i=1:m                                   %对游程矩阵的每行循环处理
        section=repmat(zip(i,1),1,double(zip(i,2)));    %第 i 行复制还原
        unzipped=[unzipped section];                    %与矩阵前面的部分进行拼接
    end
    unzipped=reshape(unzipped,info.rows,info.cols);     %按原始图像形式重排矩阵
```

7.2.3 算术编码

前面已经说明，哈夫曼编码使用的是二进制符号，这种方法在许多情况下无法得到最佳的压缩效果。假设某个信息源符号出现的概率为 85%，那么其自信息量为 $-\log_2(0.85)$，该值为 0.23456，也就是说用 0.2345 位编码就可以了。但是哈夫曼编码只能分配一位 0 或一位 1 进行编码。由此可知，整个数据的 85%的信息在哈夫曼编码中用的是理想长度 4 倍的码字，其压缩效果可想而知。算术编码就能解决这个问题，算术编码在图像数据压缩标准（如 JPEG 2000）中起到很重要的作用。

算术编码是一种从整个符号序列出发，采用递推形式连续编码的方法。在算术编码中，信息源符号和码字间的一一对应关系并不存在。其不是将单个信息源符号映射成一个码字，而是把整个信息源表示为实数线上的 0～1 的一个区间。随着符号序列中的符号数量增加，用来代表它的区间减少，而用来表达区间所需的信息单位的数量变多。每个符号序列中的符号根据区间的概率减少区间长度。与哈夫曼方法不同，这里不需要将每个信息源符号转换为整数个码字(1 次编 1 个符号)，所以在理论上它可达到无失真图像压缩编码定理给出的极限。

下面用一个简单的例子说明算术编码的编码过程。

【例 7.5】 假设信息源符号为 $X=\{00, 01, 10, 11\}$，其中各符号的概率为 $p(x)=\{0.1, 0.4, 0.2, 0.3\}$。对这个信息源进行算法编码的具体步骤如下。

（1）已知符号的概率后，就可以沿着“概率线”为每个符号设定一个范围：[0, 0.1)，[0.1, 0.5)，[0.5, 0.7)，[0.7, 1.0)。把以上信息综合到表 7.1 中。

表 7.1　信息源符号、概率和初始区间

符号	00	01	10	11
概率	0.1	0.4	0.2	0.3
初始区间	[0, 0.1)	[0.1, 0.5)	[0.5, 0.7)	[0.7, 1.0)

（2）假如输入的消息序列为 10、00、11、00、10、11、01，其算术编码过程如下。

第一步：初始化时，范围 range 为 1.0，低端值 low 为 0。下一个范围的低、高端值分别由下式计算：

$$\begin{cases} \text{low=low} + \text{range} \times \text{range\_low} \\ \text{high=low+range} \times \text{range\_high} \end{cases} \tag{7.12}$$

式中，等号右边的 range 和 low 为上一个被编码符号的范围和低端值；range_low 和 range_high 分别为被编码符号已给定的出现概率范围的低端值和高端值。

对第一个信息源符号 10 编码：

$$\begin{cases} \text{low=low+range} \times \text{range\_low=0+1} \times 0.5\text{=0.5} \\ \text{high=low+range} \times \text{range\_high=0+1} \times 0.7\text{=0.7} \end{cases}$$

所以，信息源符号 10 将区间 $[0,1) \Rightarrow [0.5,0.7)$。

下一个信息源符号的范围为 $\text{range=range\_high} - \text{range\_low=0.2}$ 。

第二步：对第二个信息源符号 00 编码：

$$\begin{cases} \text{low=low+range} \times \text{range\_low=0.5+0.2} \times 0\text{=0.5} \\ \text{high=low+range} \times \text{range\_high=0.5+0.2} \times 0.1\text{=0.52} \end{cases}$$

所以信息源符号 00 将区间 $[0.5,0.7) \Rightarrow [0.5,0.52)$。

下一个信息源符号的范围为 $\text{range=range\_high} - \text{range\_low=0.02}$

第三步：对第三个信息源符号 11 编码：

$$\begin{cases} \text{low=low+range} \times \text{range\_low=0.5+0.02} \times 0.7\text{=0.514} \\ \text{high=low+range} \times \text{range\_high=0.5+0.02} \times 1\text{=0.52} \end{cases}$$

所以信息源符号 11 将区间 $[0.5,0.52) \Rightarrow [0.514,0.52)$。

下一个信息源符号的范围为 $\text{range=range\_high} - \text{range\_low=0.006}$ 。

第四步：对信息源符号 00 编码：

$$\begin{cases} \text{low=low+range} \times \text{range\_low=0.514+0.006} \times 0\text{=0.514} \\ \text{high=low+range} \times \text{range\_high=0.514+0.006} \times 0.1\text{=0.5146} \end{cases}$$

所以，信息源符号 00 将区间 $[0.514,0.52) \Rightarrow [0.514,0.5146)$。

下一个信息源符号的范围为 $\text{range=range\_high} - \text{range\_low=0.0006}$ 。

第五步：对第五个信息源符号 10 编码：

$$\begin{cases} \text{low=low+range} \times \text{range\_low} = 0.514 + 0.0006 \times 0.5 = 0.5143 \\ \text{high=low+range} \times \text{range\_high} = 0.514 + 0.0006 \times 0.7 = 0.51442 \end{cases}$$

所以，信息源符号 10 将区间 $[0.514,0.5146) \Rightarrow [0.5143,0.51442)$。

下一个信息源符号的范围为 $\text{range=range\_high} - \text{range\_low=0.00012}$ 。

第六步：对第六个信息源符号 11 编码：

$$\begin{cases}\text{low=low+range}\times\text{range\_low}=0.5143+0.00012\times 0.7=0.514384\\ \text{high=low+range}\times\text{range\_high}=0.5143+0.00012\times 1=0.51442\end{cases}$$

所以，信息源符号 11 将区间 $[0.5143,0.51442)\Rightarrow[0.514384,0.51442)$。

下一个信息源符号的范围为 range=range_high－range_low=0.000036。

第七步：对第七个信息源符号 01 编码：

$$\begin{cases}\text{low=low+range}\times\text{range\_low}=0.514384+0.000036\times 0.1=0.5143876\\ \text{high=low+range}\times\text{range\_high}=0.514384+0.000036\times 0.5=0.514402\end{cases}$$

所以，信息源符号 01 将区间 $[0.514384,0.51442)\Rightarrow[0.5143876,0.514402)$。

最后从[0.514387 6, 0.514402]中选择一个数作为编码输出，这里选择 0.5143876。

综上所述，算术编码是从全序列出发，采用递推形式的一种连续编码，使得每个序列对应该区间内一点，也就是一个浮点小数；这些点把[0, 1)区间分成许多小段，每一段的长度则等于某序列的概率。再在段内取一个浮点小数，其长度可与序列的概率匹配，从而达到高效的目的。

解码是编码的逆过程，通过编码最后的下标界值 0.5143876 得到信息源“10 00 11 00 10 11 01”是唯一的编码。

由于 0.5143876 在[0.5, 0.7]区间，所以可知第一个信息源符号为 10。

得到信息源符号 10 后，由于已知信息源符号 10 的上界和下界，利用编码可逆性，减去信息源符号 10 的下界 0.5，得到 0.0143876，再用信息源符号 10 的范围 0.2 去除，得到 0.071938，已知 0.071938 落在信息源符号 00 的区间，所以得到第二个信息源符号为 00。同样再减去信息源符号 00 的下界 0，除以信息源符号 00 的范围 0.1，得到 0.71938，已知 0.71938 落在信息源符号 11 区间，所以得到第三个信息源符号为 11……已知 0.1 落在信息源符号 01 区间，再减去信息源符号 01 的下界得到 0，解码结束。解码操作过程综合如下：

$$\frac{0.5143876-0}{1}=0.5143876\Rightarrow 10$$

$$\frac{0.5143876-0.5}{0.2}=0.071938\Rightarrow 00$$

$$\frac{0.071938-0}{0.1}=0.71938\Rightarrow 11$$

$$\frac{0.71938-0.7}{0.3}=0.0646\Rightarrow 00$$

$$\frac{0.0646-0}{0.1}=0.646\Rightarrow 10$$

$$\frac{0.646-0.5}{0.2}=0.73\Rightarrow 11$$

$$\frac{0.73-0.7}{0.3}=0.1\Rightarrow 01$$

$$\frac{0.1-0.1}{0.4}=0\Rightarrow \text{结束}$$

从以上算术编码算法可以看出，算术编码具有以下特点。

（1）由于实际的计算机精度不可能无限长，运算中会出现溢出问题。

（2）算术编码器对整个消息只产生一个码字，这个码字是在[0, 1)的一个实数，因此译码器必须在接收到这个实数后才能译码。

（3）算术编码也是一种对错误很敏感的方法。

（4）算数编码可以高效地清除字串冗余，但其计算量大，不利于实际应用。

7.3　有限失真图像压缩编码

实际生活中，人们一般并不要求获得完全无失真的消息，通常只要求近似地再现原始消息，即允许一定的失真存在。例如，打电话时，即使语音信号有一些失真，接电话的人也能听懂，音频在几千赫兹到十几千赫兹就可以满足人类听觉要求；放电影时，理论上需要无穷多幅静态画面，但由于人眼的视觉暂留性，每秒传送 25 帧图，即可满足人类视觉要求；实际通信系统也允许一定的失真存在，有些失真没有必要完全消除。

从前面的分析可知，无失真图像压缩编码的平均码字长度存在一个下限，这就是信息熵。换句话说，如果无失真图像压缩编码的压缩效率越高，那么编码的平均码字长度越接近信息源的熵。因此，无失真图像压缩编码的压缩比不可能很高，而在有限失真图像压缩编码方法中，则允许有一定的失真存在，因而可以大大提高压缩比。压缩比越大，引入的失真也就越大，但同样提出了一个新的问题，这就是在失真不超过某种极限的情况下，所允许的编码比特率的下限是多少。率失真函数回答的便是这一问题，因此本节首先介绍率失真函数。

7.3.1　率失真函数

信息源编码器的目的是使编码后所需的信息传输率 R 尽量小，然而 R 越小，引起的平均失真就越大。给出一个失真的限制值 D，在满足平均失真 $\bar{D} \leqslant D$ 的条件下，选择一种编码方法，使信息传输率 R 尽可能小，信息传输率 R 就是所需输出的有关信源 X 的信息量。将此问题对应到信道，即为接收端 Y 需要获得的有关 X 的信息量，也就是互信息 $I(X;Y)$。这样，选择信源编码方法的问题就变成了选择假想信道的问题。

率失真函数是指在信息源一定的情况下，使信号的失真小于或等于某一值 D 所必需的最小的信道容量，常用 $R(D)$表示，其中，D 代表所允许的失真。对连续信息源的编码与传输，可以用失真度函数 $d(x,y)$ 和失真函数 $D(x,y)$ 表示，即

$$D(x,y)=\iint p(x,y)d(x,y)\,\mathrm{d}x\,\mathrm{d}y \tag{7.13}$$

式中，x 代表信息源发出的信号；y 代表解码后通过有噪声信道后收到的信号；$p(x,y)$ 代表发出 x 信号，而接收到 y 信号的联合概率密度。

通常采用以下几种失真度量。

1. 均方误差

$$d(x,y)=\frac{1}{T}\int_0^T [x(t)-y(t)]^2\,\mathrm{d}t \tag{7.14}$$

2. 绝对误差

$$d(x,y)=\frac{1}{T}\int_0^T |x(t)-y(t)|\mathrm{d}t \tag{7.15}$$

3. 频率域加权误差

由于人耳对语音信号和人眼对图像信号中不同频率的敏感度不同，如人眼通常对高频成分不敏感，因此采用加权技术可以使误差的高频成分获得较小的权重，以满足听觉和视觉特性的要求。这相当于将差值 $e(t)=x(t)-y(t)$ 通过一个成形滤波器。设该滤波器的响应函数为 $k(t)$，这样，滤波器的输出为 $f(t)=\int_{-\infty}^{+\infty}e(\tau)k(t-\tau)\mathrm{d}\tau$，误差函数为

$$d(x,y)=\frac{1}{T}\int_0^T f^2(t)\mathrm{d}t=\frac{1}{T}\int_0^T\left[\int_{-\infty}^{+\infty}e(\tau)k(t-\tau)\mathrm{d}\tau\right]^2\mathrm{d}t \tag{7.16}$$

4. 超视觉阈值均方误差

视觉试验表明，当图像信号的误差在一定范围内时，人眼未能觉察出它们引起的图像失真，通常称该范围为视觉阈值 L。当人眼作为信息的接收者时，只对那些大于 L 的误差进行计算，而忽略不计小于 L 的误差。按照上述定义可以写出函数 $\mu(T)$，即

$$\mu(T)=\begin{cases}1, & |x(t)-y(t)|\geqslant L\\ 0, & |x(t)-y(t)|<L\end{cases} \tag{7.17}$$

可见，超视觉阈值均方误差为

$$d(x,y)=\frac{1}{T}\int_0^T[x(t)-y(t)]^2\mu(T)\mathrm{d}t \tag{7.18}$$

如果信息源为离散信息源，同样可以用上面的结果定义失真度函数和失真函数，只是用求和代替其中的积分。

失真度量的方法还有许多种，人们希望找到一种在数学上既合理，又易于处理，同时还符合人眼视觉特性的方法。然而，到目前为止，仍没有一个失真度量方法能同时满足这几方面的要求，大多数场合仍用均方误差进行度量。

图 7.10 给出了率失真函数 $R(D)$ 的典型曲线。

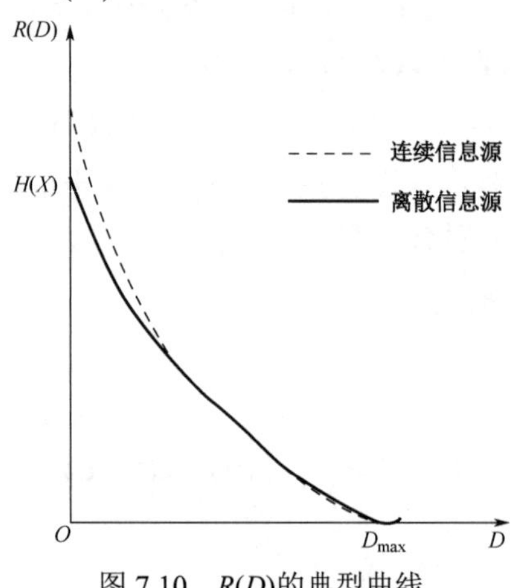

图 7.10　$R(D)$的典型曲线

率失真函数具有以下性质

（1）当 $D<0$ 时，$R(D)$无定义。

（2）存在一个 D_{max}，使 $D>D_{max}$ 时，$H(X)$连续信息源 $R(D)=0$。

（3）当 $0<D<D_{max}$ 时，$R(D)$是离散信息源正的连续单调递减的下凸函数。

（4）对于连续信息源，当 D 趋于 0 时，$R(D)$趋于无穷大。

（5）对于离散信息源，$R(D)=H(X)$，即熵编码的结论。

率失真函数对信息源编码是具有指导意义的。然而遗憾的是，对实际信息源来说，计算其 $R(D)$是极其困难的。一方面，信息源符号的概率分布很难确知；另一方面，即使知道了概率分布，求解 $R(D)$也是极为困难的，它是一个条件极小值的求解问题，其解的一般结果以参数形式给出。

7.3.2　预测编码及变换编码

1. 预测编码

预测编码是根据离散信号之间存在一定相关性的特点，利用前面一个或多个信号预测当前信号，然后对实际值和预测值的差（预测误差）进行编码。如果预测比较准确，误差就会很小。在同等精度要求的条件下，就可以用比较少的比特进行编码，达到压缩数据的目的。

在图像压缩中，预测编码建立在去除图像空间冗余和时间冗余的基础上，利用邻近像素间或相邻帧之间图像的高度相关性，在编码时，只对新的信息（预测误差信息）进行编码，从而提高压缩率。

预测编码器由预测器、量化器和编码器构成。预测器的目的是由过去的信息预测当前的信息，在这一步并没有减少数据量。在图像编码中，预测器分为帧内预测和帧间预测。帧内预测是利用若干个像素点的值来预测当前像素点的灰度值，目的是去除空间冗余；帧间预测是利用过去的帧来预测当前帧，目的是去除时间冗余。量化器是用来表示如何看待误差的问题的，由于人眼存在心理视觉冗余，在图像压缩时，可以忽略较小的误差，减少数据量而不影响图像视觉效果，但这种损失不可恢复，因此将带有量化器的预测编码称为有损预测编码，而将不带量化器的预测编码称为无损预测编码。编码器的目的在于对量化后的误差进行压缩，减少数据量。

预测器可分为线性预测器和非线性预测器。利用非线性方程计算预测值的预测器称为非线性预测器；用线性方程计算预测值的预测器称为线性预测器。在图像编码中，为了提高预测效率，一般采用线性预测器。本节我们主要介绍图像线性预测编码。

1）线性预测编码基本原理

正如前面所述，图像预测编码利用图像信号的空间或时间相关性，用已传输的像素对当前的像素进行预测，然后对预测值与真实值的差——预测误差进行编码处理和传输。目前用得较多的是线性预测编码方法，全称为差值脉冲编码调制（Differential Pulse Code Modulation，DPCM）。

DPCM 是图像编码技术中研究得最早且应用最广的一种方法，它的一个重要的特点是算法简单，易于硬件实现。DPCM 系统框图如图 7.11 所示。其中左边的编码单元主要包括线性预测器和量化器两部分。编码器的输出不是图像像素的样值 f_0，而是该样值与预测值 $\hat{f}_0$ 之间的差值，即预测误差 e_0 的量化值 $\hat{e}_0$。根据对图像信号的统计特性的分析，可以做出一组恰当的预测系数，使得预测误差的分布大部分集中在“0”附近，经非均匀量化，采用较少的量化分层，图像数据得到了压缩。而量化噪声又不易被人眼所觉察，从而使图像的主观质量并不明显下降。图 7.11 的右边是 DPCM 解码器，其原理和编码器刚好相反。

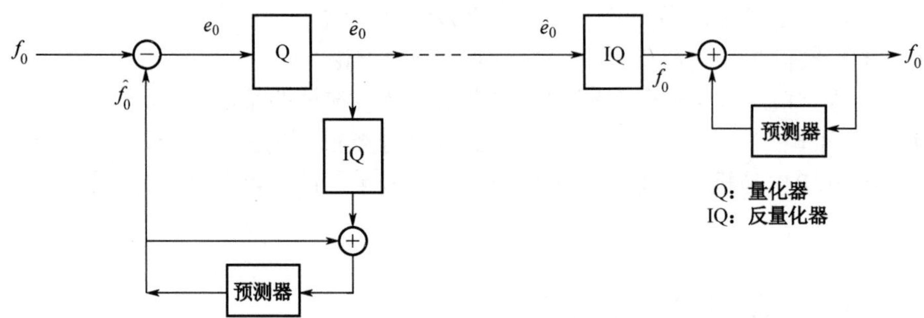

图 7.11　DPCM 系统框图

DPCM 编码性能的优劣，一方面取决于量化器产生失真的大小；另一方面取决于预测器的设计。预测器的设计主要是确定预测器的阶数 N，以及各个预测系数 a_i。预测器的输出可表示为

$$\hat{f}_0 = \sum_{i=1}^{N} a_i f_i \tag{7.19}$$

式（7.19）中，当 a_i 为常数时，当前编码像素的预测值 $\hat{f}_0$ 是前 N 个已编码像素值 f_i 的线性组合，故称为线性预测，这里 N 是线性预测器的阶。图 7.12 是一个 4 阶预测器的示意图，图 7.12（a）表示预测器所用的输入像素和被预测像素之间的位置关系，图 7.12（b）表示预测器的结构。

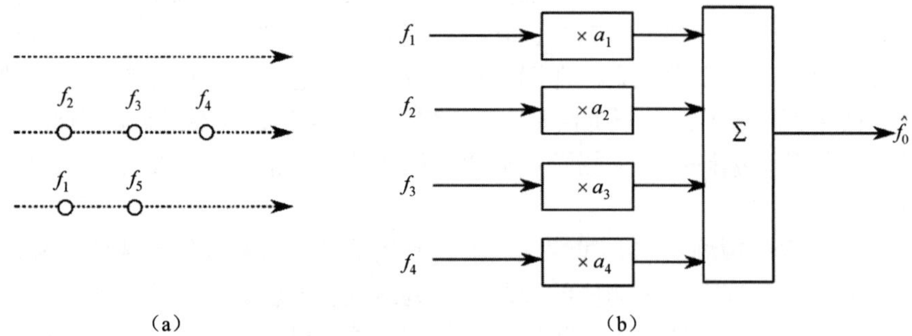

图 7.12　4 阶预测器示意图

2）最佳线性预测

假定当前待编码的像素为 f_0，其前面 N 个已编码像素分别为 $f_1, f_2, \cdots, f_N$，若用它们对 f_0 进行预测，并用 $\hat{f}_0$ 表示预测值，$\{a_i \mid i = 1,2,\cdots,N\}$ 表示预测系数，则

$$\hat{f}_0 = a_1 f_1 + a_2 f_2 + a_3 f_3 + a_4 f_4 + \cdots + a_N f_N \tag{7.20}$$

则预测误差为

$$e = f_0 - \sum_{i=1}^{N} a_i f_i \tag{7.21}$$

线性预测系统的数据压缩比的大小取决于预测器性能的好坏。最佳线性预测就是选择合适的系数 a_i，使得误差信号的均方误差最小。预测误差信号的均方误差（方差）为

$$\sigma_e^2 = E[(f_0 - \hat{f}_0)^2] \tag{7.22}$$

采用均方误差极小准则，要求：

$$\frac{\partial \sigma_e^2}{\partial \alpha_j} = E\left[-2(f_0 - \hat{f}_0)\frac{\partial \hat{f}_0}{\partial \alpha_j}\right] = -2 \cdot E\left[(f_0 - \hat{f}_0)f_j\right] = 0\text{，}\quad j = 1, 2, \cdots, N \tag{7.23}$$

整理后可得

$$E\left[(f_0 - \hat{f}_0)f_j\right] = 0\text{，}\quad j = 1, 2, \cdots, N \tag{7.24}$$

这是一个 N 阶线性方程组，可由此解出 N 个预测系数 $\{a_i \mid i = 1, 2, \cdots, N\}$。由于它们使预测误差的均方值最小，因此称之为最佳预测系数。

为了对恒定的输入得到恒定的输出，预测系数应满足等式：

$$\sum_{i=1}^{N} a_i = 1 \tag{7.25}$$

在此条件的约束下，可将上面的各信号 f_i 都减去其均值，化为零均值，此时：

$$E\left[(f_0 - \hat{f}_0)f_j\right] = R_{0j} - \sum_{i=1}^{N} a_i R_{ij}\text{，}j = 1, 2, \cdots, N \tag{7.26}$$

由此可得

$$R_{0j} = \sum_{i=1}^{N} a_i R_{ij}\text{，}\quad j = 1, 2, \cdots, N \tag{7.27}$$

式中，$R_{ij}=E\left[f_i f_j\right]$，$j = 1, 2, \cdots, N$，是信号的协方差。

这个方程写成矩阵形式为

$$\begin{pmatrix} R_{11} & R_{12} & \cdots & R_{1N} \\ R_{21} & R_{22} & \cdots & R_{2N} \\ \vdots & \vdots & \vdots & \vdots \\ R_{N1} & R_{N2} & \cdots & R_{NN} \end{pmatrix} \tag{7.28}$$

式中，R_{ii} 就是图像信号的方差σ^2。在平稳过程的假设下，用σ^2除以式（7.26）两边化简后，可以得到用相关系数表示的方程式：

$$\rho_{0j} = \sum_{i=1}^{N} a_i \rho_{ij}\text{，}\quad j = 1, 2, \cdots, N \tag{7.29}$$

在最佳预测的前提下，可以证明预测误差的均方值为

$$\sigma_e^2 = E[(f_0 - \hat{f}_0)^2] = \sigma^2 - \sum_{i=1}^{N} a_i R_{i0} \tag{7.30}$$

由此可见，$\sigma_e^2 < \sigma^2$，这就说明误差序列的方差比信号序列的方差要小，甚至可能小很多；另外，其相关性也比原始信号序列的相关性弱一些，甚至弱很多。

【例 7.6】下面是对大小为 256 像素×256 像素、灰度级为 256 的 Lena 图像进行的一阶预测编码，其 MATLAB 程序实现如下。

（1）主程序。

```
X=imread('13.BMP');                              %装入图像
figure(1),imshow(X);                             %显示原始图像
if (ndims(X)>2)                                  %对于非灰度图像，需要转换成灰度图像
    X=rgb2gray(X);
end
X=double(X);                                     %转换成 double 型
Y=LPCencode(X);                                  %调用函数 LPCencode 进行线性预测编码
XX=LPCdecode(Y);                                 %调用函数 LPCdecode 进行线性预测解码
figure(2),imshow(mat2gray(255-Y));               %为便于观察，对预测误差图像取反后显示
e=double(X)-double(XX);                          %计算原始图像与编解码后图像的误差
[m,n]=size(e);
erms=sqrt(sum(e(:).^2)/(m*n));                   %计算均方根误差
figure(3);
[h,x]=hist(X(:));                                %得到原始图像的直方图
subplot(121);bar(x,h,'k');                       %显示原始图像的直方图
[h,x]=hist(Y(:));                                %得到预测误差图像的直方图
subplot(122);bar(x,h,'k');                       %显示预测误差图像的直方图
```

（2）编码函数。

这里定义编码函数 LPCencode，该函数用一维线性预测编码压缩图像 x，f 为预测系数，默认值是 1，就是根据前值预测。

```
function y=LPCencode(x,f)                    %定义编码函数
error(nargchk(1,2,nargin));                  %当调用函数的参数个数不对时提示出错
if nargin<2
    f=1;                                     %当调用函数的参数个数<2（默认情况下）时，f=1
end
x=double(x);                                 %将 x 转换成 double 型
[m,n]=size(x);                               %得到 x 的高度和宽度参数
p=zeros(m,n);                                %设置存放预测值的矩阵，初始值为 0
xs=x;                                        %计算时需要的中间矩阵变量
zc=zeros(m,1);                               %一个 0 值向量列
for j=1:length(f)
    xs=[zc xs(:,1:end-1)];                   %构造预测矩阵
    p=p+f(j)*xs;                             %将 x 的第 i-1 列的值作为 x 的第 i 列的预测值
end
y=x-round(p);                                %计算原值与预测值的差值
```

（3）解码函数。

这里定义解码函数 LPCdecode，该函数与编码函数 LPCencode 用的是同一个预测器，是针对编码函数 LPCencode 的解码。

```
function x=LPCdecode(y,f)                        %定义解码函数
error(nargchk(1,2,nargin));                      %当调用函数的参数个数不对时提示出错
if nargin<2
    f=1;                                         %当调用函数的参数<2 个(默认情况下)时，f=1
```

```
    end
    f=f(end:-1:1);
    [m,n]=size(y);                                    %得到 y 的高度和宽度
    order=length(f);                                  %得到 f 的元素的个数
    f=repmat(f,m,1);
    x=zeros(m,n+order);                               %定义一个较大的用于解码的矩阵，初值为 0
    for j=1:n
       jj=j+order;      x(:,jj)=y(:,j)+round(sum(f(:,order:-1:1).*x(:,(jj-1):-
1:(jj-order)), 2));                                   %计算用于解码的矩阵
    end
    x=x(:,order+1:end);                               %得到解码矩阵
```

MATLAB 程序运行结果如图 7.13 所示。

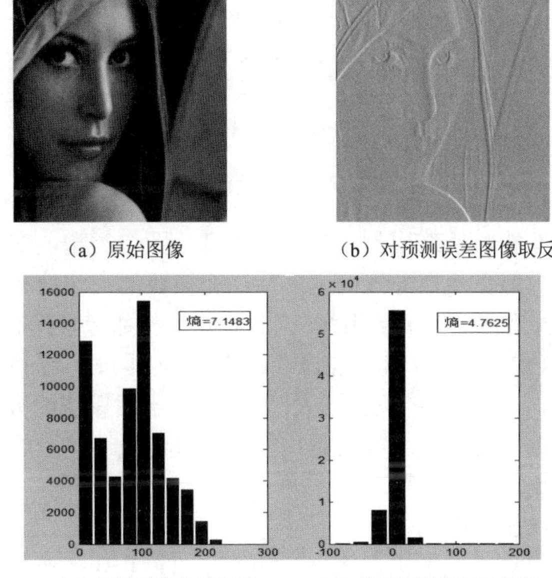

（a）原始图像　　（b）对预测误差图像取反

（c）原始图像的直方图　　（d）预测误差图像直方图

图 7.13　一阶预测编码运行结果

2. 变换编码

1）变换编码的基本原理

前面几节讨论的图像编码技术都直接对像素空间进行操作，常称为空间域方法。本节将在第 4 章数字图像变换技术基础上，讨论数字图像变换编码。

图像数据一般具有较强的相关性，若所选用的正交矢量空间的基矢量与图像本身的主要特征相近，在该正交矢量空间中描述图像数据则会变得更简单。图像经过正交变换后，把原来分散在原空间的图像数据在新的坐标空间中集中。对于大多数图像，大量变换系数很小，只需要删除接近于零的系数，并且对较小的系数进行粗量化，保留包含图像主要信息的系数，以此进行压缩编码。在重建图像进行解码（逆变换）时，所损失的将是一些不重要的信息，几乎不会引起图像的失真。图像的变换编码就是利用这些来压缩图像的，这种方法可得到较高的压缩比。

图 7.14 给出了变换编码系统图，从图中可以看出，变换编码并不是一次对整幅图像进行变换和编码的，而是将图像分成 $n \times n$（常用的 n 为 8 或 16）个子图像后分别处理。这是因为：

（1）小块图像的变换计算容易。

（2）距离较远的像素之间的相关性比距离较近的像素之间的相关性小。

变换编码首先将一幅 $N \times N$ 大小的图像分割成 $(N/n)^2$ 个子图像。然后对子图像进行变换操作，解除子图像像素间的相关性，达到用少量的变换系数包含尽可能多的图像信息的目的。接下来的量化步骤是有选择地消除或粗量化带有很少信息的变换系数，因为它们对重建图像的质量影响很小。最后是编码，一般用变长码对量化后的系数进行编码。解码是编码的逆操作，由于量化是不可逆的，所以在解码中没有对应的模块。其实压缩并不是在变换步骤中取得的，而是在量化变换系数和编码时取得的。

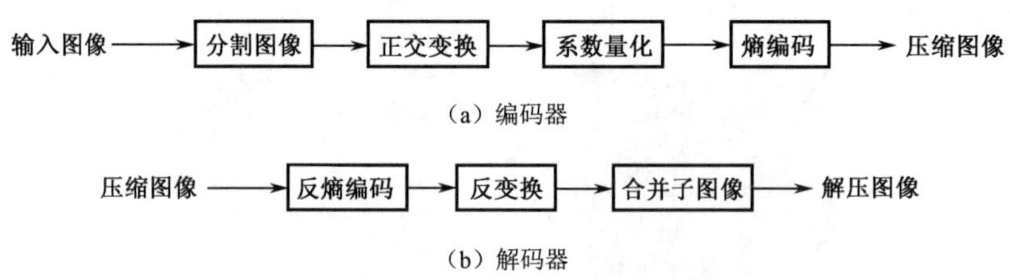

图 7.14　变换编码系统

在变换编码中，其性能与所选用的正交变换类型、图像类型、变换块的大小、压缩方式和压缩程度等因素有关。但在变换方式确定之后，变换块的大小选择就显得尤为重要，这是因为大量的图像统计结果显示，大多数图像仅在约 20 个相邻像素间有较大的相关性，而且一般当子图像尺寸 $n > 16$（像素）时，其性能已经改善不多。同时，子图像块越大，其中所包含的像素就越多，变换时所需的计算量也就越大，因此一般子图像块的大小选为 8×8 或 16×16。

对图像进行子图像划分还有一个好处是：它可以将传输误差造成的图像损伤限制在子图像的范围之内，从而避免误码的扩散。

2）基于 DCT 的图像压缩编码

图像的 DCT（离散余弦变换）已在 4.6 节中阐明。DCT 具有把高度相关数据能量集中的能力，这一点和傅里叶变换相似，且 DCT 得到的变换系数是实数。因此，DCT 广泛用于图像压缩。下面是用二维 DCT 进行图像压缩的例子。

例如，一个图像信号的灰度值 $\boldsymbol{f}(j,k)_{8\times 8}$ 为

$$\boldsymbol{f}(j,k)_{8\times 8} = \begin{pmatrix} 79 & 75 & 79 & 82 & 82 & 86 & 94 & 94 \\ 76 & 78 & 76 & 82 & 83 & 86 & 85 & 94 \\ 72 & 75 & 67 & 78 & 80 & 78 & 74 & 82 \\ 74 & 76 & 75 & 75 & 86 & 80 & 81 & 79 \\ 73 & 70 & 75 & 67 & 78 & 78 & 79 & 85 \\ 69 & 63 & 68 & 69 & 75 & 78 & 82 & 80 \\ 76 & 76 & 71 & 71 & 67 & 79 & 80 & 83 \\ 72 & 77 & 78 & 69 & 75 & 75 & 78 & 78 \end{pmatrix} \tag{7.31}$$

由式（4.46）得到 DCT 系数矩阵为

$$
F(\mu,v)_{8\times8}=\begin{pmatrix}619 & -29 & 8 & 2 & 1 & -3 & 0 & 1\\ 22 & -6 & -4 & 0 & 7 & 0 & -2 & -3\\ 11 & 0 & 5 & -4 & -3 & 4 & 0 & -3\\ 2 & -10 & 5 & 0 & 0 & 7 & 3 & 2\\ 6 & 2 & -1 & -1 & -3 & 0 & 0 & 8\\ 1 & 2 & 1 & 2 & 0 & 2 & -2 & -2\\ -8 & -2 & -4 & 1 & 5 & 1 & -1 & 1\\ -3 & 1 & 5 & -2 & 1 & -1 & 1 & -3\end{pmatrix} \tag{7.32}
$$

由式（7.32）可以看出，DCT 系数集中在低频区域，越是高频区域，系数值越小。根据人眼的视觉特性，通过设置不同的视觉阈值或量化电平，将许多能量较小的高频分量量化为0，可以增加变换系数中“0”的个数，同时保留能量较大的系数分量，从而获得进一步的压缩。在 JPEG 的基本系统中，就是采用二维 DCT 算法作为压缩的基本方法。

在 JPEG 图像压缩算法里，输入图像被分成 8×8 和 16×16 的小块，然后对每一个小块进行二维 DCT。在 DCT 后，舍弃那些不严重影响图像重构、接近 0 的系数，然后进行系数量化、编码并传输。JPEG 文件解码量化了的 DCT 系数，对每块图像进行二维逆 DCT，最后把结果块拼接成一个完整的图像。DCT 图像压缩可由下面的程序来实现，图像压缩前后的比较如图 7.15 所示。

```
I=imread('cameraman.tif');                  %读取图像
I=im2double(I);                             %转换成 double 型
T=dctmtx(8);                                %离散余弦变换矩阵
B=blkproc(I,[8 8],'P1*x*P2',T,T');          %对原始图像分块进行 DCT
mask=[1 1 1 1 0 0 0 0
    1 1 1 0 0 0 0 0
    1 1 0 0 0 0 0 0
    1 0 0 0 0 0 0 0
    0 0 0 0 0 0 0 0
    0 0 0 0 0 0 0 0
    0 0 0 0 0 0 0 0
    0 0 0 0 0 0 0 0];                       %设置模板矩阵
B2=blkproc(B,[8 8],'P1.*x',mask);           %数据压缩，丢弃右下角的高频数据
I2=blkproc(B2,[8 8],'P1*x*P2',T',T);        %进行逆 DCT，得到压缩后的图像
figure,imshow(I);                           %显示原始图像
figure,imshow(I2);                          %显示经过 DCT 压缩再解压后的图像
```

（a）原始图像

（b）经过压缩再解压后的图像

图 7.15　图像压缩前后的比较

图像块处理的整个过程由函数 blkproc 自动实现。函数 blkproc 的格式为：

$$B\text{=blkproc}(A, [M, N], \text{FUN}, P1, P2\cdots)$$

函数 blkproc 的参量为：一幅输入图像 A，将被处理的块的大小$[M, N]$，用于处理这些块的函数 FUN，以及块处理函数 FUN 的一些可选输入参数 $P1$, $P2$，并重新将结果组合到输出图像。

7.3.3 矢量量化编码

矢量量化编码是 20 世纪 70 年代后期发展起来的一种数据压缩技术，是图像、语音信号编码技术中研究较多的新型量化编码方法。在传统的预测编码和变换编码中，首先将信号经某种映射变换为数的序列，对其进行标量量化，然后进行熵编码。而在矢量量化编码中，输入图像数据分成许多互不重叠的组，将每组数据看成一个矢量，再根据一定的失真测度在码书中搜索出输入矢量失真最小的码字的索引作为码字输出，这样图像就变成码矢量下标的序列，对这个序列进行熵编码去除编码冗余，然后传输出去。解码端接收到码字后，进行熵解码，根据索引号到码书中（事先建立好或者从编码端传输过来）将码矢量提出，放到图像中的相应位置，以此类推，构成解码后的整幅图像。

1. 矢量量化原理

矢量量化的过程如图 7.16 所示，可以分为量化和反量化两部分。在矢量量化中，根据某种失真最小原则，分别决定如何对 n 维矢量空间 $\boldsymbol{X}$ 进行划分，以得到合适的 C 个分块，以及如何从每个分块选出它们各自合适的代表 $\boldsymbol{X}_i'$。

（1）量化过程。将一幅 $M\times N$ 的图像依次分为若干组，每组 n 像素构成一个 n 维矢量 $\boldsymbol{X}$。将得到的每个矢量 $\boldsymbol{X}$ 和码书中预先按一定顺序存储的码矢量集合 $\{\boldsymbol{X}_i' \mid i=1,2,\cdots,C\}$ 相比较，得到最为接近的码矢量 $\boldsymbol{X}_j'$，并将其序号 j 发送到信道上。

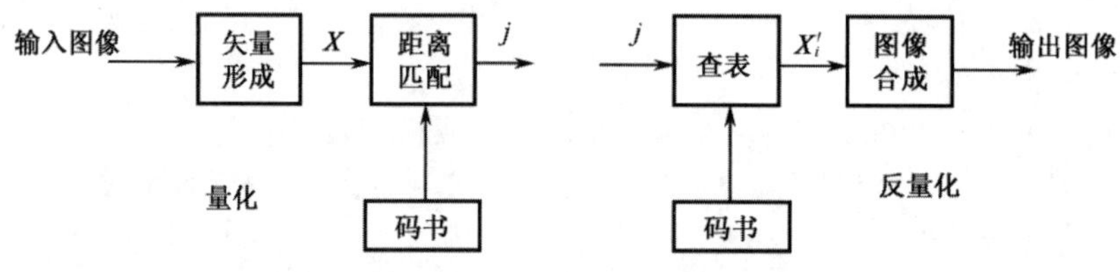

图 7.16　矢量量化过程

（2）反量化过程。解码器按照收到的序号 j 进行查表，从与编码器完全相同的码书中找到码矢量 $\boldsymbol{X}_j'$，并用该矢量代替原始的编码矢量 $\boldsymbol{X}$。

所谓矢量 $\boldsymbol{X}$ 和 $\boldsymbol{X}'$ 的“接近”程度可以有多种衡量方法，最常用的误差测度是均方误差，相当于两者之间的欧氏距离，即

$$d(\boldsymbol{X},\boldsymbol{X}')=\frac{1}{n}\sum_{i=1}^{n}\left(x_i-x_i'\right)^2 \tag{7.33}$$

该误差虽不能总与视觉结果相一致，但由于它计算简单而得到广泛应用。

2. 码书的设计

由上可知，矢量量化编码中的一个关键问题就是码书的设计。码书的设计越适合待编码的图像的类型，矢量量化器的性能就越好。因为实际中不可能为每一幅待编码的图像单独设计一个码书，所以通常是以一些代表性的图像构成的训练集为基础，为一类图像设计一个码书。

码书是所有的输出码矢量的集合，这里以二维矢量量化编码为例来说明码书的生成方法。此时的输入矢量为 $\boldsymbol{X}=\{x_1,x_2\}$，它是一个二维矢量。图 7.17 所示为该二维矢量空间的划分示意图，通过适当的方法将此二维平面空间划分为多个小区域，在每个小区域找出一个代表矢量 $\boldsymbol{X}'_j$，也就是图中的黑点表示的码矢量。所有的这些代表码矢量的集合 $\{\boldsymbol{X}'_i \mid i=1,2,\cdots,C\}$ 就是码书。因此，设计码书就是在给定训练矢量集的基础上对矢量空间进行划分，并确定所有的码矢量，以使量化误差最小。

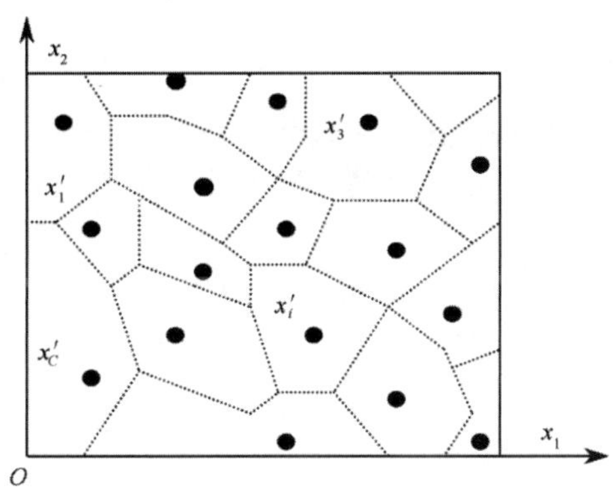

图 7.17　二维矢量空间的划分示意图

码书设计常用的算法是 LBG（Linde-Buzo-Gray）算法，对于给定的训练矢量集 $\{\boldsymbol{X}_i \mid i=1,2,\cdots,N\}$，$N$ 是训练矢量的个数，所设计的矢量量化编码的码书共有 C 个输出码字。具体过程如下。

（1）开始，置迭代次数初值为 $m=1$，并任选初始码书为 $\{\boldsymbol{X}_i'^{(m)} \mid i=1,2,\cdots,C\}$，取相对误差变化量阈值为 ε（为 0～1，一般不大于 0.01，用于判断算法是否收敛），将所有训练矢量的平均量化误差 $D^{(0)}$ 初始化为一个较大的值。

（2）确定每个码矢量 $\boldsymbol{X}_i'^{(m)}$ 所在的区间 R_i。即按照最小距离原则，将训练集中的每个矢量划归相应的码矢量。

（3）计算用码矢量代替所在判决区间中所有训练矢量的平均量化误差 $D^{(m)}$，若相对误差变化量 $(D^{(m-1)}-D^{(m)})/D^{(m-1)} \leqslant \varepsilon$，则算法已收敛，结束迭代。否则，继续下一步。$D^{(m)}$ 的计算如下，先计算各个判决区间中的判决量化误差：

$$D_j^{(m)}=\frac{1}{N_j}\sum_{\boldsymbol{X}_i \in R_j}^{n}\left(\left|\boldsymbol{X}_i-\boldsymbol{X}'_j\right|\right)^2 \tag{7.34}$$

式中，N_j 为判决区间 R_j 中含有训练矢量的数目。然后计算总的平均量化误差：

$$D^{(m)}=\frac{1}{N}\sum_{j=1}^{c} N_j D_j^{(m)} \tag{7.35}$$

（4）重新确定各判决区间中的码矢量，使它等于各区间中所有训练矢量的平均矢量并转第（2）步。

$$\boldsymbol{X}_i'^{(m+1)} = \frac{1}{N_j} \sum_{\boldsymbol{X}_i \in R_j} \boldsymbol{X}_j \tag{7.36}$$

上述 LBG 算法只能保证所设计的码书是局部最优的，但实际中通常存在多个局部最优点，而且有一些局部最优点的性能并不好。因此，初始码书的选择非常重要，好的初始码书通常能产生高性能的矢量量化器。选取初始码书的方法很多，大多以给定的训练矢量集为基础产生。一种最为简单的办法是随机码书法，即随机地从训练矢量集中选取 C 个矢量作为初始码书，一般取前 C 个矢量。

如果 ε 取得太小，可能出现算法不收敛的情况。因此，通常规定迭代次数达到某个预定的最大值以后，算法强制结束。

3. 量化性能

矢量量化的量化性能可以用输出比特率来衡量。假定设计的码书共有 C 个输出码字，矢量量化器输出为 $1,2,\cdots,C$，只需 $\log_2 C$ 比特。输入矢量为 n 个（n 维），那么，每个抽样的输入所需的比特数为：

$$B = (1/n)\log_2 C \tag{7.37}$$

在满足一定失真条件下，选定了量化级 C 后，由式（7.37）可以看出，矢量量化可以减少所需的比特数。

7.4　图像编码新技术

7.4.1　子带编码

子带编码的基本思想是将信号分解为若干个频带分量，然后分别对这些子带信号进行频带搬移，将其转换成基带信号，再根据奈奎斯特定理对各个基带信号进行抽样、量化和编码，最后合并成一个数据流进行传送。

接收端将根据所接收到的数据流，分解出与原来子带相应的子带码流，然后分别进行解码，即将频谱搬移到原子带所在的位置，最后经过带通滤波器和相加器，这样可以获得重建的图像信号。子带编码工作原理如图 7.18 所示。

在子带编码器中，由于编码、传输及解码都是以一个子带为基础进行的，因此，在此过程中引入的噪声在解码后仍被限制在该子带内，不会扩展到其他子带。根据人眼的视觉特性，为不同的子带分配不同的码率，从而在压缩图像数据量的条件下，保证图像的主观质量，因此，在具有相同压缩比的情况下，采用子带编码的图像质量要略高于未进行子带划分而直接使用预测编码或变换编码的图像质量。采用子带的划分技术，也可以使各子带的取样频率大幅下降。设将输入信号分成彼此面积相同的 N 个子带，则每个子带的取样频带将下降为原始图像信号抽样频率的 $1/N$，这样可以采用并行处理手段以减少硬件实现的难度。

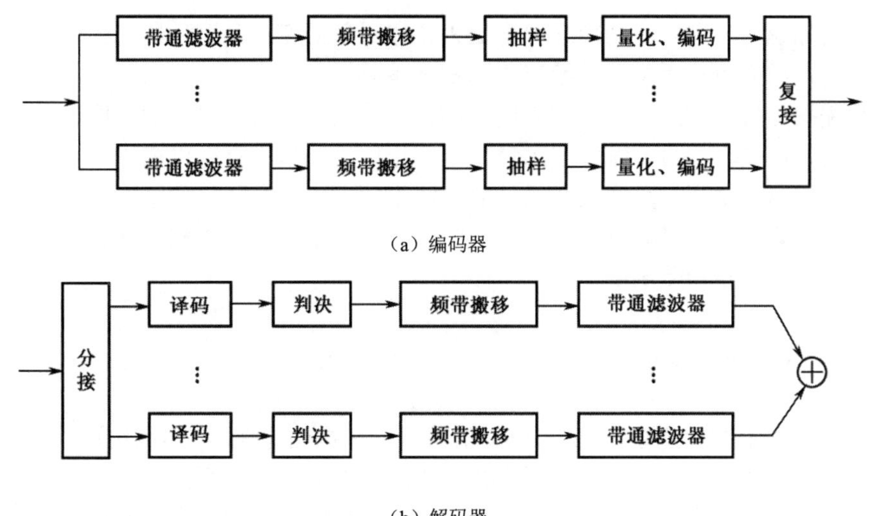

（a）编码器

（b）解码器

图 7.18　子带编码工作原理

7.4.2　模型基编码

模型基编码主要是一种参数编码方法，它与基于保持信号原始波形的所谓波形编码相比有着本质的区别。相对于对像素进行编码而言，对参数的编码所需的比特数要少得多，因此，可以节省大量的编码数据。

模型基编码主要依据对图像内容的先验知识的了解，根据掌握的信息，由编码器对图像内容进行复杂的分析，并借助一定的模型，用一系列模型的参数对图像内容进行描述，并把这些参数进行编码后传输到解码器。解码器根据接收的参数和用同样方法建立的模型可以重建图像的内容。因此，这类编码器也可称为分析综合编码器，图 7.19 为其原理图。

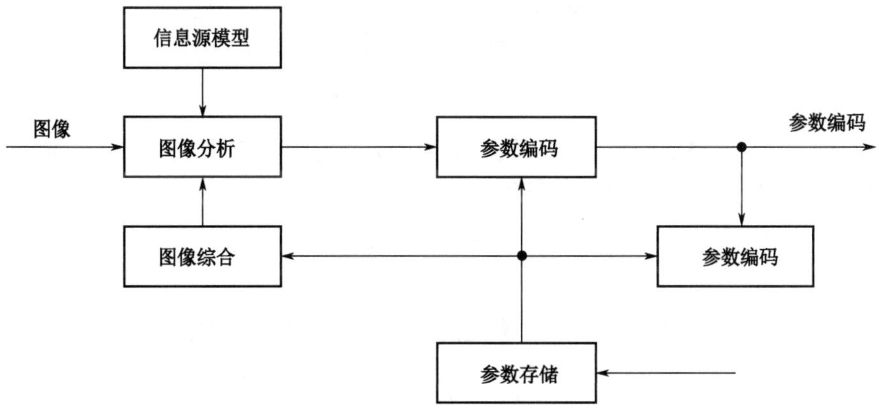

图 7.19　分析综合编码器原理图

根据对图像先验知识的使用程度，模型基编码可以分为三个层次。其中，物体基编码为最低层次，它使用的先验知识最少，相应地，适应的面较宽，但压缩比比较低。语义基为最高层次，它使用的先验知识最多，目前主要以可视电话的头肩图像为目标，可以得到极高的压缩比。处在两者之间的情形是，编码对象基本为头肩图像，但没有像语义基编码时那样得到对象全面的知识，还需要用物理几何参数来描述对象的变化。这种情况的压缩比稍低，定义的范围较宽，通常也称为模型基编码或知识基编码。

模型基编码与传统方法有两点较为明显的区别：第一是编码失真的不同，模型基编码所引起的失真为几何失真，与传统方法的量化误差相比，几何失真有可能进一步转化为物理失真或行为失真；第二是评价重建图像质量的方法不同，传统方法以像素为单位计算图像与重建图像之间“逼真度”（如均方误差、信噪比），不能测量几何失真和物理失真等，需要根据模型的具体情况来确定误差函数。

7.4.3 分形编码

分形编码使用了迭代函数（IFS）理论、仿射理论和拼贴定理，具体应用过程如下。首先，采用如颜色分割、边缘检测、频谱分析等，将原始图像分割成一系列子图像，如一棵树、一片树叶等。然后在分形集中查找这些子图像，但分形集所存储的并不是具体的子图像，而是迭代函数。因此，分形集中包含许多迭代函数。迭代只需要用几个参数来表示，能够得到高压缩比。由此可见，分形编码中存在两大难点，即如何进行图像分割和如何构造迭代函数系统。分形编码的流程如图 7.20 所示。

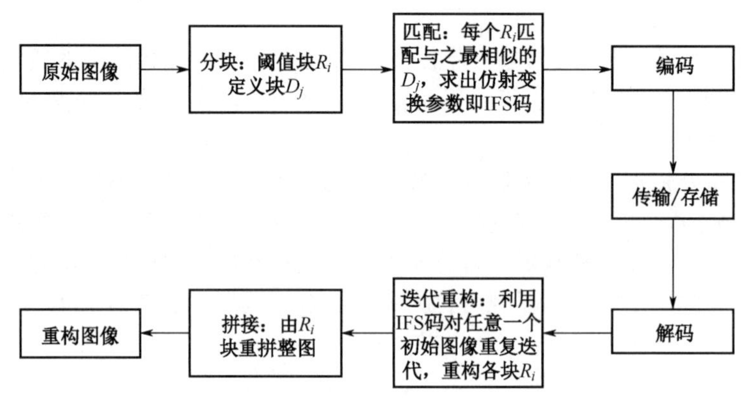

图 7.20　分形编码流程图

图像编码的新技术层出不穷，本节仅对其中的几种进行了简要的介绍，其他新技术，比如小波编码应用十分广泛，读者可以参考其他教材。

7.5 图像压缩技术标准

基于巨大的商业利益和各生产商设备之间的兼容性，视频图像编解码标准应运而生。近 30 年来，国际电信联盟远程通信标准化组织（ITU-T，即原来的 CCITT）和国际标准化组织国际电工委员会（ISO/IEC，即原来的 ISO 和 CCIR）先后颁布了一系列有关静态图像和活动图像编码的国际标准，这些标准集成了图像编码 50 多年的研究成果，综合考虑了压缩效率、实现复杂度及应用便捷性等因素，提出了相对最优的方案，代表了目前图像编码的发展水平。

7.5.1 概述

静态图像标准是由国际标准化组织（ISO）所属从事静态图像压缩标准制定的委员会——联合摄像专家组（Joint Photographic Expert Group）负责制定的。1992 年，它制定了第一套国际静态图像压缩标准 ISO 10918-1，这就是静态图像压缩的经典之作 JPEG。JPEG 优良的品质使得它在几年内获得极大的成功，目前网站上 80%的图像都采用 JPEG 的压缩标准。然而，随着多媒体应用领域的激增，传统 JPEG 压缩技术已无法满足人们对多媒体图像资料的要求。因此，更高压缩率及更多新功能的新一代静态图像压缩技术 JPEG 2000 就诞生了。JPEG 2000 的正式名称为 ISO 15444。该标准由联合摄像专家组于 1997 年开始征集提案，是 JPEG 标准的更新换代标准。其目标是进一步改进目前压缩算法的性能，以适应低带宽、高噪声的传输环境，拓展其在医疗图像、电子图书馆、传真、互联网上服务和保安等领域的应用。

目前，视频编码标准包括 ITU-T 制定的 H.26x 系列标准和 ISO/IEC 制定的 MPEG-x 系列标准。从 H.261 视频编码标准到 H.262/3、MPEG-1/2/4 等，都有一个共同的不断追求的目标，即在尽可能低的码率（或存储容量）下获得尽可能好的图像质量。同时，随着市场对图像传输需求的增加，如何适应不同信道传输特性的问题也日益显现出来。于是 ISO/IEC 和 ITU-T 两大国际标准化组织联手制定了视频标准 H.264 来解决这些问题。

两大系列标准的针对性不同。H.26x 系列标准是围绕各种电信网络所构成的信道而设计的，力图在有限的信道资源条件下，实现数字视频信息的高效传输，主要针对的是实时视频通信领域。而 MPEG-x 系列标准则针对更为广泛的多媒体信息处理，侧重通用多媒体产业未来发展的需要，并覆盖整个多媒体系统的系统层、视频层、音频等各个子系统。H.26x 系列标准相当于 MPEG-x 系列标准中的视频部分。两大系列标准在视频编码方面采用的原理基本相同，都是预测编码、变换编码和熵编码的有机融合，形成统一的基于图像块的混合编码系统模式，各种编码方案的差异在于实现方式的不同。

7.5.2 JPEG 压缩

JPEG 的目的是给出一个适合于各种连续色调图像的压缩方法，其中原图像类型可以不受图像尺寸、内容、统计特性、像素形状及颜色空间等的限制，压缩性能可达到目前技术所能实现的最好效果。目前 JPEG 标准有两种：一种是第一套静态图像压缩标准 ISO 10918-1，俗称 JPEG；另一种是 2000 年发布的 ISO 15444，俗称 JPEG 2000（该标准将在 7.5.3 中介绍）。

JPEG 提供了两种基本的压缩编码技术，即基于差分预测编码（DPCM）的无损压缩编码技术和基于离散余弦变换（DCT）的有损压缩编码技术。JPEG 算法共有以下 4 种工作模式：一种是基于 DPCM 的无损压缩算法，另外三种是基于 DCT 的有损压缩算法，即基于 DCT 的顺序模式、基于 DCT 的渐进模式、基于 DCT 的分层模式。

在 JPEG 基准编码系统中，输入和输出图像都限制为 8bit 图像，而量化的 DCT 系数值限制在 11bit。图 7.21 给出了 JPEG 编码/解码方框图。

JPEG 压缩处理的第一步是将整个图像分为不重叠的 8 像素×8 像素子块（共有 Y、U、V 三个分量数字图像），接着对各个子块进行 DCT，然后根据式（7.38）将得到的系数归一化和量化。

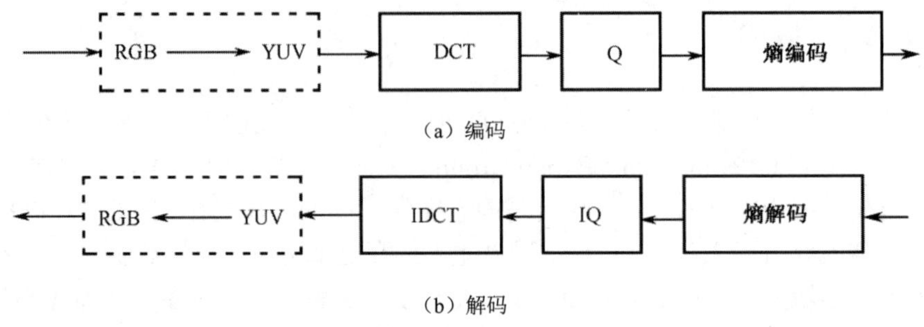

图 7.21　JPEG 编码/解码方框图

$$\hat{T}(\mu,\nu)=\mathrm{round}\left[\frac{T(\mu,\nu)}{Z(\mu,\nu)}\right] \tag{7.38}$$

式中，round(x)是四舍五入函数，$T(\mu,\nu)$是图像 $f(x,y)$ 的一个 8 像素×8 像素子块的 DCT，$Z(\mu,\nu)$是量化表，量化表可以采用推荐的量化表，也可以根据具体应用场合自行决定，或者在编码过程中根据需要进行调整。

量化之后，对 DCT 量化系数进行熵编码，进一步压缩码率。这里可以采用算术编码、哈夫曼编码、或游程编码，但目前大部分应用都使用游程编码。

7.5.3　JPEG 2000

JPEG 静止图像压缩标准在高码率上有较好的压缩效果。但是，在低比特率情况下，重构图像存在严重的方块效应，不能很好地适应网络图像传输的要求。虽然 JPEG 标准有 4 种操作模式，但是大部分模式是针对不同的应用提出的，不具备通用性，这给交换、传输压缩图像带来很大的麻烦。因此，诞生了具有更高压缩率和更多新功能的新一代静态图像压缩技术 JPEG 2000，JPEG 2000 把 JPEG 的 4 种模式（顺序模式、渐进模式、无损模式和分层模式）集成在一个标准中，在编码端以最高的压缩质量（包括无失真压缩）和最大的图像分辨率压缩图像，在解码端可以从码流中以任意的图像质量和分辨率解压图像，解码后的图像质量最好可达到编码时的图像质量和分辨率。JPEG 2000 的设计满足了多样性的应用，包括互联网、彩色传真、打印、扫描、数字摄影、遥感、医学图像、数字图书馆及电子出版物等。

JPEG 2000 主要由 6 个部分组成，其中，第一部分为编码的核心部分，具有最小的复杂性，可以满足 80%的应用需要，其地位相当于 JPEG 标准的基本系统，是公开并可免费使用的。第二部分至第六部分则定义了压缩技术和文件格式的扩展部分，包括编码扩展（第二部分）、MotionJPEG 2000（MJP2，第三部分）、一致性测试（第四部分）、参考软件（第五部分）和混合图像文件格式（第六部分）。

图 7.22 是 JPEG 2000 的基本编码模块组成，其中包括预处理、DWT（离散小波变换）、均匀量化、自适应算术编码及码流组织 5 个模块。下面将对前 4 个模块进行简要介绍。

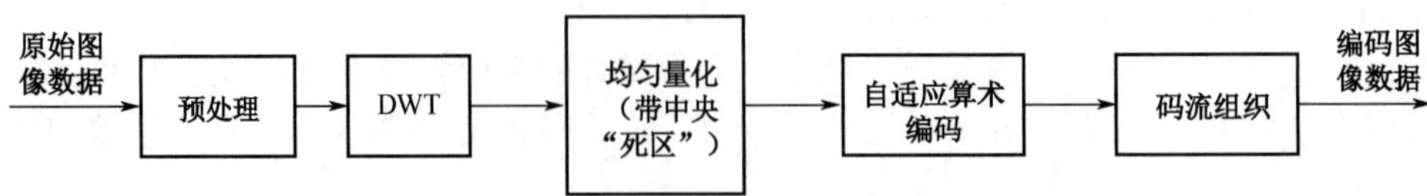

图 7.22　JPEG 2000 的基本编码模块组成

1. 输入

输入图像可以包含多个分量。通常的彩色图像包含三个分量（R、G、B 或 Y、Cb、Cr），但为了适应多谱图像的压缩，JPEG 2000 允许一个输入图像最高有 16 384（2^{14}）个分量。每个分量的采样值可以是无符号数或有符号数，比特深度为 1～38。每个分量的分辨率、采样值符号及比特深度可以不同。

2. 预处理

在预处理中，第一步是把图像分成大小相同、互不重叠的矩形叠块（Tile）。叠块的尺寸是任意的，可以大到整幅图像或小到单个像素点。每个叠块使用自己的参数单独进行编码。

第二步是对每个分量进行采样值的位移，使值的范围关于 0 电平对称。设比特深度为 B，当采样值为无符号数时，每个采样值减去 2^{B-1}；当采样值是有符号数时，则无须处理。

第三步是进行采样点分量间的变换，以便除去彩色分量之间的相关性，要求是分量的尺寸、比特深度相同。JPEG 2000 的第一部分中有两种变换可供选择，它们假设图像的前面三个分量为 R、G、B，并且只对这三个分量进行变换：一种是不可逆彩色变换（ICT），它是 R、G、B 到 Y、Cb、Cr 的变换；另一种是可逆彩色变换（RCT），它是对 ICT 的整数近似，既可用于有失真编码，也可用于无失真编码。

3. DWT

在 JPEG 基本系统中使用的基于子块的 DCT 被全帧 DWT 取代。如果图像被分为小的叠块，则是对各叠块进行 DWT。

4. 均匀量化

JPEG 2000 第一部分采用中央有“死区”的均匀量化器，其区间宽度是量化步长的两倍。对于每个子带 b，首先由用户选择一个基本量化步长 $\varDelta_b$，它可以根据子带的视觉特性或码率控制的要求决定。将子带 b 的小波系数 $\gamma_b(\mu,v)$ 量化为量化系数 $q_b(\mu,v)$：

$$q_b(\mu,v)=\text{sign}(\gamma_b(\mu,v))\cdot\text{floor}\left[\frac{|a_b(\mu,v)|}{\varDelta_b}\right] \tag{7.39}$$

量化步长 $\varDelta_b$ 被表示为 2byte（1byte=8bit），其中 11bit 为尾数 μ_b，5bit 为指数 ε_b：

$$\varDelta_b=2^{R_b-\varepsilon_b}\left[1+\frac{u_b}{2^{11}}\right] \tag{7.40}$$

式中，R_b 为子带 b 的标称动态范围的比特数。由此保证最大可能的量化步长被限制在输入样值动态范围的两倍左右。

5. 自适应算术编码

为了实现抗干扰和任意水平的逐渐显示，JPEG 2000 对小波变换系数的量化值按不同的子带分别进行编码。它把子带分成小的矩形块——编码块（Codeblock），每个编码块单独进行编码。编码块的大小由编码器设定，它必须是 2 的整数幂，高不小于 4，总数不大于 4096。对于每个编码块的各比特面分别进行三次扫描：重要性传播（Significance Propagation Pass）、细化（Refinement Pass）及清除（Cleanup Pass）。对于每次扫描输出，使用 MQ 算法进行基于上下文的自适应算术编码。最后将压缩的各子比特面组织成数据包的形式输出。

6. 码流组织

JPEG 2000 码流组织原则是分层打包，即保证一定码长下的失真度最小。一个数据包是由相关过程码流组成的，每个包隶属于某个层，最后将压缩的各子比特面组成数据包的形式输出。

7.5.4 H.26x 标准

1. H.261

ITU-T 于 1990 年 7 月通过 H.261 建议——“p×64kbps 视听业务的视频编解码器”，其中 p 的范围是 1～30，覆盖了整个窄带 ISDN 基群信道速率。该标准的应用目标是会议电视和可视电话，通常 p=1、2 时适用于可视电话，p 在 6 以上时可以适用于会议电视。H.261 规范了 ISDN 网上会议电视和可视电话应用中的视频编码技术，它采用了可减少时间冗余的帧间预测与可减少空间冗余的 DCT 相结合的混合编码方法。

2. H.263

ITU-T 于 1995 年 4 月公布了用于低码率的视频编码建议草案，即 H.263 建议。该建议中仍采用 H.261 建议的混合编码器，但去掉了信道编码部分。在信息源编码器中，DCT、量化器的种类，以及对 DCT 的量化系数的 Z 字形扫描和二维 VLC 等处理与 H.261 建议是一致的，H.263 的基本编码方法与 H.261 是相同的，均为混合编码方法。但 H.263 在编码的各个环节上考虑得更加细致，以便节省码字。为了能适合极低码率的传输，H.263 增加了 4 个编码的高级选项，包括无限制的运动矢量模式、基于语法的算术编码、高级预测模式及 PB-帧模式。这是 H.263 在技术上显著区别于 H.261 的地方，这些高级选项的使用进一步提高了编码效率，在极低码率下获得了较好的图像质量。H.263 系列标准特别适用于公众电话（PSTN）网络、无线网络及互联网等环境的视频传输。

3. H.264

H.264 是 2001 年后由 ISO/IEC 与 ITU-T 组成的联合视频组（JVT）制定的新一代视频压缩编码标准。在 ISO/IEC 中，该标准被命名为 AVC（Advanced Video Coding），它是 MPEG-4 标准的第 10 个选项。H.264 的主导思想与现有的视频编码标准一致——基于块的混合编码。但是它运用了大量不同的技术，使得其视频编码性能远远优于其他任何标准。

7.5.5 MPEG 标准

1. MPEG-1

ISO/IEC 的运动图像专家组 MPEG（Moving Picture Expert Group）一直致力于运动图像及其伴音编码标准化工作，并制定了一系列关于一般活动图像的国际标准。于 1992 年制定的 MPEG-1 标准是针对 1.5Mbps 速率的数字存储媒体运动图像及其伴音编码制定的国际标准，该标准的制定使得基于 CD-ROM 的数字视频及 MP3 等产品成为可能。MPEG-1 的带宽最多为 1.5Mbps，其中 1.1Mbps 用于视频，128bps 用于音频，其余带宽用于 MPEG 系统本身。MPEG-1 标准视频编码部分的基本算法与 H.261/H.263 相似，采用运动补偿的帧间预测、二维 DCT、VLC 等措施。

2. MPEG-2

MPEG 组织于 1994 年推出的 MPEG-2 标准是在 MPEG-1 标准基础上的进一步扩展和改进，主要是针对数字视频广播、高清晰度电视和数字视盘等制定的 4～9Mbps 运动图像及其伴音编码标准，MPEG-2 是数字电视机顶盒与 DVD 等产品的基础。MPEG-2 系统要求必须与 MPEG-1 系统向下兼容，因此其语法特点在于兼容性好并可扩展。MPEG-2 视频允许数据速率高达 100Mbps，支持隔行扫描视频格式和许多高级性能。

MPEG-3 是 ISO/IEC 最初为 HDTV 开发的编码和压缩标准，它要求传输速率在 20～40Mbps。MPEG-2 由于出色的性能表现，已能适用于 HDTV，使得原打算为 HDTV 设计的 MPEG-3 被扼杀在摇篮中。

3. MPEG-4

1998 年 11 月，MPEG 决定开发新的适应于极低码率的音频/视频（AV）编码的国际标准 MPEG-4。对于学术界而言，极低码率（小于 64kbps）是视频编码标准的最后一个比特率范围。MPEG-4 标准主要应用于视频电话、视频电子邮件和电子新闻等，其传输速率要求较低，为 4.8～64kbps，分辨率为 176×144。MPEG-4 利用很窄的带宽，通过帧重建技术压缩和传输数据，以求得到最小的数据，获得最佳的图像质量。

MPEG-4 标准引入了基于视听对象（Audio Visual Object，AVO）的编码技术，大大提高了视频通信的交互能力和编码效率。MPEG-4 中采用了一些新技术，如形状编码、自适应 DCT、任意形状视频对象编码等，但 MPEG-4 的基本视频编码器还是采用与 H.263 相似的混合编码器。

4. MPEG-7

MPEG-7 是“多媒体内容描述接口”。它定义了一个描述符标准集，用于描述各种类型的多媒体信息，与之相应的描述方案可以用于规范多媒体描述符的生成和不同描述符之间的有机联系。MPEG-7 的目的在于提供一个标准化的核心技术，以便描述多媒体环境下的视频和音频内容，最终使视频和音频的搜索像文本搜索一样简单方便。MPEG-7 提供的是内容的描述而不是内容本身，它不能替代已有的 MPEG 标准（MPEG-1、MPEG-2、MPEG-4），仅仅是已有的三个标准的补充。

习题

7.1　简述信息量与信息熵的概念，并写出它们之间的关系式。

7.2　简述率失真函数的概念。

7.3 简述线性预测编码的基本原理。

7.4 简述子带编码思路，并说明其特点。

7.5 试述 H.263 与 H.261 的区别。

7.6 已知 4 个符号 X_1、X_2、X_3、X_4，它们出现的概率分别为 3/8、1/4、1/4、1/8，试求其哈夫曼编码和编码效率。

7.7 简述数字图像压缩的必要性和可能性。

7.8 设信息源 $x=\{a,b,c,d\}$，且 $p(a)$=1/8，$p(b)$=5/8，$p(c)$=1/8，$p(d)$=1/8，计算各符号的自信息量和信息源熵。

7.9 设信息源 $x=\{a,b,c,d\}$，且 $p(a)$=0.2，$p(b)$=0.2，$p(c)$=0.4，$p(d)$=0.2，对数 0.0624 进行算术解码。

7.10 在图像变换编码中，为什么要对图像进行分块？简述 DCT 编码的原理及基本过程。

7.11 简要说明 JPEG 基本编码系统的编码过程和实现步骤。

7.12 举例说明流程编码方法的适用场合。

第8章 图像分割

图像分割是图像识别和图像理解的前提步骤。图像分割算法一般是基于灰度的不连续性和相似性这两个性质进行的。第一个性质的应用是基于灰度的不连续变化来分割图像，如提取图像的边缘；第二个性质的应用是根据事先制定的准则将图像分割为相似的区域，如阈值分割和区域分割。本章主要讨论图像分割中所涉及的各类算法，每种算法均有不同的用途。

8.1 概　　述

人类感知外部世界的两大途径是听觉和视觉，尤其是视觉感知，因此图像和视频信息是非常重要的一类信息。在一幅图像中，人们往往只对其中的某些目标感兴趣，这些目标通常占据一定的区域，并且在某些特性（如灰度、轮廓、颜色、纹理等）上和周围的图像有差别。这些特性差别可能非常明显，也可能很细微，以致人眼觉察不出来。图像分割是图像识别和图像理解的前提步骤。如图 8.1 所示，图像分割的作用是把反映物体真实情况的、占据不同区域的、具有不同特性的目标区分开来，以便计算各个目标的数字特征，从而对图像中的目标进行识别和理解。图像分割质量的好坏直接影响后续图像识别和理解的效果，因此，图像分割至关重要。

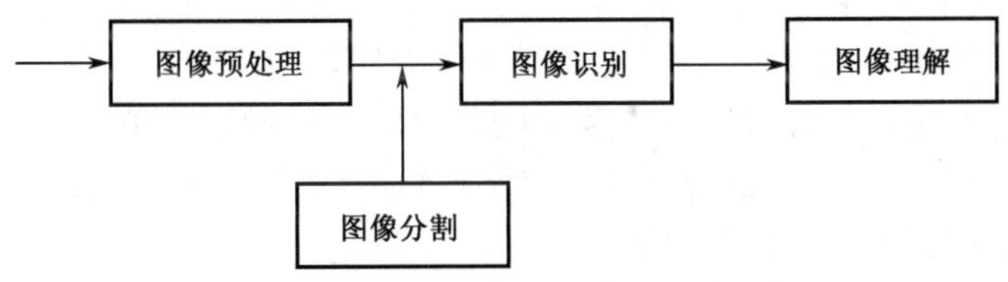

图 8.1　图像分割在图像处理过程中的作用

图像分割是指将一幅图像分解为若干互不交叠的、有意义的、具有相同性质的区域。好的图像分割应具备以下特征。

（1）分割出来的各区域对某种性质（如灰度、纹理）而言具有相似性，区域内部是连通的且没有过多小孔。

（2）相邻区域对分割所依据的性质有明显的差异。

（3）区域边界是明确的。

图像分割的形式化定义如下：令 I 表示整幅图像，图像分割将 I 划分为 n 个区域 $R_1, R_2, \cdots, R_n$，满足：

（1）$\bigcup_{i=1}^{n} R_i = I$；

（2）R_i 是一个连通的区域，$i = 1, 2, \cdots, n$；

（3）$R_i \bigcap R_j = \varnothing$，对所有的 i 和 j，$i \neq j$；

（4）$P(R_i) = \text{True}$，对于 $i = 1, 2, \cdots, n$；

（5）$P(R_i \bigcup R_j) = \text{False}$，对于 $i \neq j$。

这里，$P(R_i)$ 是定义在集合 R_i 的点上的逻辑谓词，$\varnothing$ 是空集。

条件（1）说明分割必须是完全的，即每个像素必须属于一个区域；条件（2）要求区域中的点必须与某个预定义的准则相联系（满足连通性）；条件（3）说明不同区域必须是不相交的；条件（4）表示区域内的像素必须满足相同的性质（如区域内的像素具有相同或相似的灰度级或像素值或纹理）；条件（5）表示区域 R_i 和 R_j 对于谓词 P 是不同的。

实际的图像处理和分析都是面向某种具体应用的，所以上述条件中的各种关系也要视具体情况而定。目前，还没有一种通用的方法可以很好地兼顾这些约束条件，也没有一种通用的方法可以完成不同的图像分割任务。一个原因在于，实际的图像是千差万别的；另一个重要原因在于，图像数据质量不高，包括图像在获取和传输过程中引入的种种噪声及光照不均等因素。到目前为止，图像分割尚无统一的评价准则。因此，图像分割是图像分析和计算机视觉中的经典难题。至今，提出的分割算法已有上千种，每年还有新的算法被提出。这些算法的实现方式各不相同，然而它们大多基于图像在像素级的两个性质：不连续性和相似性，即属于同一目标的区域一般具有相似性，而不同的区域在边界表现出不连续性。

8.2 边缘检测及连接

确定图像中的物体边界的一种方法是先检测每个像素和其直接邻域的状态，以决定该像素是否确实处于一个物体的边界上，具有这种特性的像素被标为边缘点。当图像中各个像素的灰度级用来反映各像素符合边缘像素要求的程度时，这种图像被称为边缘图像或边缘图（Edgemap），也可用表示边缘点的位置而没有强弱程度的二值图像来表示。对边缘方向而不是幅度进行编码的图像称为含方向边缘图。

一幅边缘图通常用边缘点勾画出各个物体的轮廓，但很少能形成图像分割所需要的闭合且连通的边界。因此，需要对边缘点进行连接才能完成物体的检测过程。边缘点连接就是一个将邻近的边缘点连接起来，从而产生一条闭合的连通边界的过程。这个过程填补了因为噪声和阴影的影响所产生的间隙。

8.2.1 边缘检测

图像的边缘对人的视觉具有重要意义，一般而言，当人看一个有边缘的物体时，首先感觉到的就是边缘。边缘处于灰度或结构等信息的突变处，是一个区域的结束，也是另一个区域的开始，利用该特征可以分割图像。需要指出的是，检测出的边缘并不等同于实际目标的真实边缘。图像数据是二维的，而实际物体是三维的，从三维到二维的投影必然会造成信息的丢失，再加上成像过程中的光照不均和噪声等因素的影响，使得有边缘的地方不一定能被检测出来，而检测出的边缘也不一定代表实际边缘。图像的边缘有方向和幅度值两个属性，沿边缘方向像素变化平缓，垂直于边缘方向像素变化剧烈。边缘上的这种变化可以用微分算子检测出来，通常用一阶或二阶导数来检测边缘，不同的是，一阶导数认为最大值对应边缘位置，而二阶导数则以过零点对应边缘位置，下面会详细讨论这个问题。

基于一阶导数的边缘检测算子包括 Roberts 算子、Sobel 算子、Prewitt 算子、Kirsch 算子等，在算法实现过程中，通过 2×2（Roberts 算子）或 3×3 算子模板作为核与图像中的每个像素点做卷积和运算，然后选取合适的阈值以提取边缘。拉普拉斯边缘检测算子是基于二阶导数的边缘检测算子，该算子对噪声敏感。一种改进方式是先对图像进行平滑处理，然后再应用基于二阶导数的边缘检测算子，其代表是 LoG 算子。

1. 边缘

直观上，一条边缘是一组相连的像素集合，这些像素位于两个区域的边界上。给边缘下一个合理的定义需要具有以某种有意义的方式测量灰度级跃变的能力。从感觉上说，一条理想的边缘具有如图 8.2（a）所示模型的特性。依据这个模型生成的完美边缘是一组相连的像素的集合（此处在垂直方向上），是具有一个像素宽的直线条，每个像素都处在灰度级跃变的一个垂直的台阶上。实际上，光学系统和图像采样等的不完善性使得到的边缘是模糊的，模糊的程度取决于诸如图像采集系统的性能、取样率和获得图像的照明条件等因素。结果，边缘被更精确地模拟成具有“类斜面”的剖面，如图 8.2（b）所示。斜坡部分与边缘的模糊程度成比例。边缘的点是包含于斜坡中的任意点，且边缘成为一组彼此相连接的点集。边缘的“宽度”取决于从初始灰度级跃变到最终灰度级的斜坡的长度。这个斜坡的长度取决于斜坡，斜坡又取决于模糊程度。可见，模糊的边缘变得较粗，而清晰的边缘变得较细。

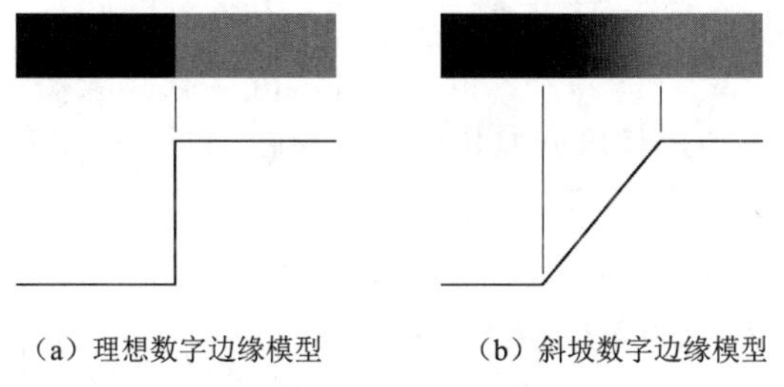

（a）理想数字边缘模型　　（b）斜坡数字边缘模型

图 8.2　边缘模型及水平线通过图像的灰度剖面图

图 8.3（a）显示的图像是从图 8.2（b）的放大特写中提取出来的。图 8.3（b）显示了两个区域之间边缘的一条水平的灰度级剖面线。该图同时显示了灰度级剖面线的一阶导数和二阶导数。当我们沿着剖面线从左到右经过时，在进入和离开斜面的变化点，一阶导数为正；在灰度级不变的区域，一阶导数为零。在边缘与黑色一边相关的跃变点二阶导数为正，在边缘与亮色一边相关的跃变点二阶导数为负，沿着斜坡和灰度为常数的区域二阶导数为零。

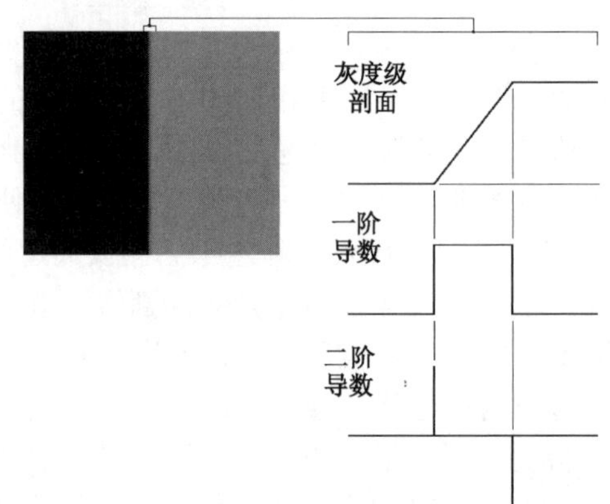

（a）由一条垂直边缘分开的两个不同区　（b）边界附近的细节

图 8.3　边界处灰度级剖面图和一阶导数与二阶导数的剖面图

由这些现象我们可以得到以下结论：一阶导数可以用于检测图像中的一个点是否是边缘点，即判断这个点是否在斜坡上；同样地，二阶导数的符号可以用于判断一个边缘像素是在边缘亮的一边还是暗的一边。一条连接二阶导数正极值和负极值的虚构直线将在边缘中点附近穿过零点，二阶导数的这个过零点的性质对于确定粗边线的中心非常有用。尽管上述讨论是针对一维水平剖面线的，但同样的结论可以应用于图像中的其他任何方向上。

2. 梯度算子

如果一个像素落在图像中某一个物体的边界上，那么它的邻域将成为一个灰度级变化的带。对这种变化最有用的两个特征是灰度的变化率和方向，它们分别用梯度向量的幅度值和方向角来表示。

梯度算子是一阶导数算子。图像 $f(x,y)$ 在位置 (i,j) 的梯度定义为下列向量：

$$\nabla \boldsymbol{f}=\begin{bmatrix} G_x(i,j) \\ G_y(i,j) \end{bmatrix}=\begin{bmatrix} \dfrac{\partial f(i,j)}{\partial x} \\ \dfrac{\partial f(i,j)}{\partial y} \end{bmatrix} \tag{8.1}$$

从向量分析中我们知道，梯度向量指向在坐标 (i,j) 的 $f(x,y)$最大变化率的方向。

该向量的幅度值为

$$\nabla f=\text{mag}(\nabla f)=(G_x^2+G_y^2)^{1/2}=\left[\left(\frac{\partial f}{\partial x}\right)^2+\left(\frac{\partial f}{\partial y}\right)^2\right]^{\frac{1}{2}} \tag{8.2}$$

这个量给出了在$\nabla \boldsymbol{f}$方向上每增加单位距离后 $f(x,y)$ 值增大的最大变化率。

为了简化计算，幅度值可用下列三个式子来近似：

$$M_1=|G_x|+|G_y| \tag{8.3}$$

$$M_2=G_x^2+G_y^2 \tag{8.4}$$

$$M_3=\max(G_x,G_y) \tag{8.5}$$

这些近似值仍然具有导数性质；换言之，它们在不变亮度区中的值为零，而且它们的值与像素值在可变区域的亮度变化的程度成比例。在实际中，通常将梯度的幅度值或它的近似值称为“梯度”。

该向量的方向角表示为

$$\alpha(i,j)=\arctan\left(\frac{G_y(i,j)}{G_x(i,j)}\right) \tag{8.6}$$

这里，角度是以 x 轴为基准度量的。边缘在 (i,j) 处的方向与此点的梯度向量的方向垂直。

数字图像是离散的，计算偏导数 G_x 和 G_y 时，常用差分来代替微分。为计算方便，常用小区域模板和图像卷积来近似计算梯度值。采用不同的模板计算 G_x 和 G_y 可产生不同的边缘检测算子。设图像函数在某一点 (i,j) 处的邻域（3×3 邻域）像素灰度值如图 8.4 所示。

$f(i-1,j-1)$	$f(i-1,j)$	$f(i-1,j+1)$
$f(i,j-1)$	$f(i,j)$	$f(i,j+1)$
$f(i+1,j-1)$	$f(i+1,j)$	$f(i+1,j+1)$

图 8.4　图像在 (i,j) 处的邻域像素灰度值表图

（1）Roberts 算子。

Roberts 算子用图 8.5 所示的 2×2 模板来近似计算图像函数 $f(x,y)$ 在点 (i,j) 对 x 和 y 的偏导数，如式（8.7）所示。用此方法可以计算得到图像中所有点的偏导数。

$$\begin{aligned}G_x(i,j)&=f(i+1,j+1)-f(i,j)\\ G_y(i,j)&=f(i+1,j)-f(i,j+1)\end{aligned} \tag{8.7}$$

–1	0
0	1

0	–1
1	0

图 8.5　Roberts 模板

（2）Prewitt 算子。

Prewitt 算子用图 8.6 所示的 3×3 模板来近似计算图像函数 $f(x,y)$ 在点 (i,j) 对 x 和 y 的偏导数，如式（8.8）、式（8.9）所示。在这组公式中，3×3 大小的图像区域的第 3 行和第 1 行间的差近似于 x 方向上的导数，第 3 列和第 1 列之差近似于 y 方向上的导数。

$$\begin{aligned}G_x(i,j)=&[f(i+1,j-1)+f(i+1,j)+f(i+1,j+1)]-\\&[f(i-1,j-1)+f(i-1,j)+f(i-1,j+1)]\end{aligned} \tag{8.8}$$

$$\begin{aligned}G_y(i,j)=&[f(i-1,j+1)+f(i,j+1)+f(i+1,j+1)]-\\&[f(i-1,j-1)+f(i,j-1)+f(i+1,j-1)]\end{aligned} \tag{8.9}$$

–1	–1	–1
0	0	0
1	1	1

–1	0	1
–1	0	1
–1	0	1

图 8.6　Prewitt 模板

（3）Sobel 算子。

Sobel 算子用图 8.7 所示的 3×3 模板来近似计算图像函数 $f(x,y)$ 在点 (i,j) 对 x 和 y 的偏

导数，如式（8.10）、式（8.11）所示。这两个公式相对于 Prewitt 算子的一个小小的变化是在中心系数上使用一个权值 2，权值 2 用于通过增加中心点的重要性而实现某种程度的平滑效果。

$$\begin{aligned} G_x(i,j) &= [f(i+1,j-1)+2f(i+1,j)+f(i+1,j+1)]- \\ &\quad [f(i-1,j-1)+2f(i-1,j)+f(i-1,j+1)] \end{aligned} \tag{8.10}$$

$$\begin{aligned} G_y(i,j) &= [f(i-1,j+1)+2f(i,j+1)+f(i+1,j+1)]- \\ &\quad [f(i-1,j-1)+2f(i,j-1)+f(i+1,j-1)] \end{aligned} \tag{8.11}$$

−1	−2	−1
0	0	0
1	2	1

−1	0	1
−2	0	2
−1	0	1

图 8.7　Sobel 模板

计算出 G_x 和 G_y 的值后，用式（8.2）计算 (i,j) 点处的梯度幅度值，计算出图像中每个点的梯度幅度值后，设定一个合适的阈值 T，如果 (i,j) 处的梯度幅度值 $\nabla f(i,j) \geqslant T$，则认为该点是边缘点。

3．Kirsch 算子

图 8.8 所示的是 Kirsch 算子的 8 个卷积核模板，该边缘算子使用这 8 个模板的梯度的幅度值和方向角。图像中的每个点均与这 8 个模板进行卷积，每个模板对某个特定边缘方向做出最大响应。所有 8 个方向中的最大值作为边缘幅度图像的输出，最大响应模板的序号构成了对边缘方向的编码。

设在点 (x,y) 处由 8 个模板计算得到的值分别为 M_1、M_2、M_3、M_4、M_5、M_6、M_7、M_8，则 Kirsch 算子的梯度幅度值采用式（8.12）计算。

$$G(x,y) = \max\left(|M_1|,|M_2|,|M_3|,|M_4|,|M_5|,|M_6|,|M_7|,|M_8|\right) \tag{8.12}$$

式中，$G(x,y)$ 为对应图像在 (x,y) 点的幅度值。

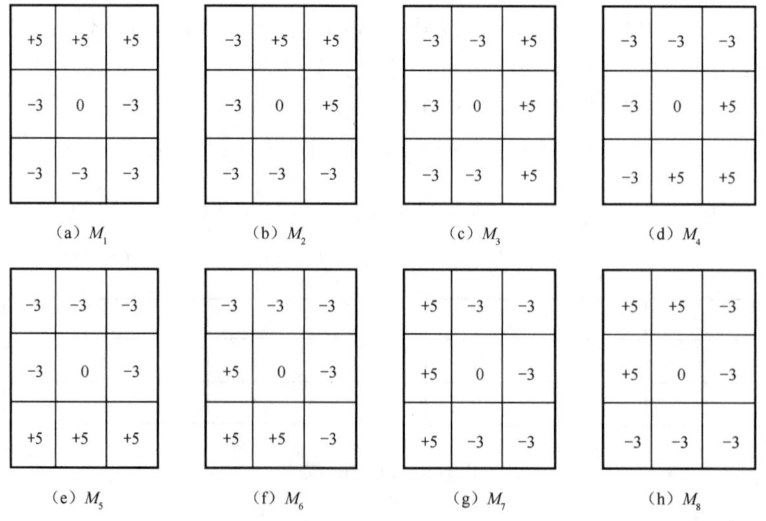

+5	+5	+5
−3	0	−3
−3	−3	−3

（a）M_1

−3	+5	+5
−3	0	+5
−3	−3	−3

（b）M_2

−3	−3	+5
−3	0	+5
−3	−3	+5

（c）M_3

−3	−3	−3
−3	0	+5
−3	+5	+5

（d）M_4

−3	−3	−3
−3	0	−3
+5	+5	+5

（e）M_5

−3	−3	−3
+5	0	−3
+5	+5	−3

（f）M_6

+5	−3	−3
+5	0	−3
+5	−3	−3

（g）M_7

+5	+5	−3
+5	0	−3
−3	−3	−3

（h）M_8

图 8.8　Kirsch 模板

4. 高斯-拉普拉斯算子

拉普拉斯算子是对二维函数进行运算的二阶导数算子，它是一个标量，具有各向同性的性质。它定义为

$$\nabla^2 f(x,y)=\frac{\partial^2}{\partial x^2}f(x,y)+\frac{\partial^2}{\partial y^2}f(x,y) \tag{8.13}$$

对于数字图像，用差分近似表示为

$$\nabla^2 f(x,y)=f(x+1,y)+f(x-1,y)+f(x,y+1)+f(x,y-1)-4f(x,y) \tag{8.14}$$

其实际计算也是借助模板卷积来实现的，两种常用的拉普拉斯模板如图 8.9 所示。

0	1	0
1	-4	1
0	1	0

1	1	1
1	-8	1
1	1	1

图 8.9 两种常用的拉普拉斯模板

由于拉普拉斯算子是无方向的，因而计算时只需要一个模板即可。拉普拉斯算子是一个线性的、移不变算子，它的传递函数在频率域空间的原点为零。因此，一个经拉普拉斯滤波过的图像具有零平均灰度。

如果一个无噪声图像具有陡峭的边缘，可用拉普拉斯算子将它们找出来。对经拉普拉斯算子滤波后的图像进行二值化会产生闭合的、连通的轮廓，并消除了所有的内部点。

拉普拉斯算子是二阶导数算子，它对噪声具有无法接受的敏感性，因此在实际应用中，一般先要对图像进行平滑滤波，然后再用拉普拉斯算子检测图像的边缘。常用的平滑函数为高斯低通滤波函数，高斯平滑滤波器对去除服从正态分布的噪声是很有效的。二维高斯函数及其一、二阶导数如下所示：

$$h(x,y)=\frac{1}{2\pi\sigma^2}\mathrm{e}^{-\frac{x^2+y^2}{2\sigma^2}} \tag{8.15}$$

$$\frac{\partial h(x,y)}{\partial x}=\frac{-x}{2\pi\sigma^4}\mathrm{e}^{-\frac{x^2+y^2}{2\sigma^2}},\quad \frac{\partial h(x,y)}{\partial y}=\frac{-y}{2\pi\sigma^4}\mathrm{e}^{-\frac{x^2+y^2}{2\sigma^2}} \tag{8.16}$$

$$\frac{\partial^2 h(x,y)}{\partial x^2}=\frac{1}{2\pi\sigma^4}\left[\frac{x^2}{\sigma^2}-1\right]\mathrm{e}^{-\frac{x^2+y^2}{2\sigma^2}},\quad \frac{\partial^2 h(x,y)}{\partial y^2}=\frac{1}{2\pi\sigma^4}\left[\frac{y^2}{\sigma^2}-1\right]\mathrm{e}^{-\frac{x^2+y^2}{2\sigma^2}} \tag{8.17}$$

式中，σ为高斯分布的标准方差，它决定了高斯滤波器的宽度。用高斯函数对图像进行平滑滤波，结果为

$$g(x,y)=h(x,y)*f(x,y) \tag{8.18}$$

式中，*为卷积运算符，图像平滑后再应用拉普拉斯算子，结果为

$$\nabla^2 g(x,y)=\nabla^2(h(x,y)*f(x,y)) \tag{8.19}$$

由于线性系统中卷积与微分的次序是可以交换的，因而：

$$\nabla^2(h(x,y)*f(x,y))=\nabla^2 h(x,y)*f(x,y)=\frac{1}{\pi\sigma^4}\left[\frac{x^2+y^2}{2\sigma^2}-2\right]\mathrm{e}^{-\frac{x^2+y^2}{2\sigma^2}}*f(x,y) \tag{8.20}$$

其中，平滑和微分合并后的算子为

$$\nabla^2 h(x,y)=\frac{1}{\pi\sigma^4}\left[\frac{x^2+y^2}{2\sigma^2}-2\right]\mathrm{e}^{-\frac{x^2+y^2}{2\sigma^2}}=\frac{x^2+y^2-4\sigma^2}{\sigma^4}\frac{1}{2\pi\sigma^2}\mathrm{e}^{-\frac{x^2+y^2}{2\sigma^2}} \tag{8.21}$$

这种由高斯平滑和拉普拉斯微分合并得到的算子称为高斯-拉普拉斯（Laplacian of Gaussian，LoG）算子，这种边缘检测方法也称为Marr边缘检测方法。图8.10显示了LoG算子的三维曲线、图像和LoG算子的横截面，还显示了一个对该算子近似的5×5模板。这种近似不是唯一的，其目的是得到该算子本质的形状，即一个正的中心项，周围被一个相邻的负值区域围绕，并被一个零值的外部区域所包围。模板的系数的总和为零，这使得在灰度级不变的区域中模板的响应为零。这个小的模板仅对基本上无噪声的图像有用。由于图像的形状，LoG算子有时被称为墨西哥草帽函数。

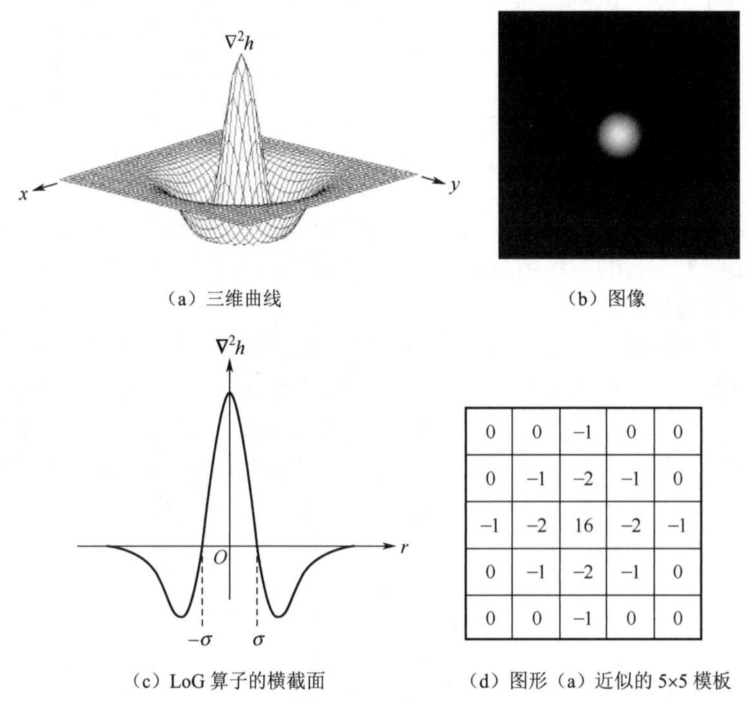

0	0	−1	0	0
0	−1	−2	−1	0
−1	−2	16	−2	−1
0	−1	−2	−1	0
0	0	−1	0	0

（a）三维曲线　（b）图像

（c）LoG算子的横截面　（d）图形（a）近似的5×5模板

图8.10　高斯-拉普拉斯算子

5. 边缘检测算子的性能

【例8.1】 应用梯度算子和LoG算子检测边缘。

```
a=imread('peppers.bmp');                  %读取图像
bw1=edge(a,'sobel');                      %Sobel 边缘检测
bw2=edge(a,'prewitt');                    %Prewitt 边缘检测
bw3=edge(a,'roberts');                    %Roberts 边缘检测
bw4=edge(a,'log');                        %LoG 边缘检测
figure, imshow(a);                        %显示原始图像
subplot(2,2,1),imshow(bw1);               %显示 Sobel 边缘图
xlabel('sobel');
subplot(2,2,2),imshow(bw2);               %显示 Prewitt 边缘图
xlabel('prewitt');
```

```
subplot(2,2,3), imshow(bw3);                %显示 Roberts 边缘图
xlabel('roberts');
subplot(2,2,4),imshow(bw4);                 %显示 LoG 边缘图
xlabel('log');
```

程序运行结果如图 8.11 所示。

由上述边缘算子产生的边缘图像具有一定的相似性。使用两个模板组成边缘检测器时，通常取较大的幅度作为输出值，这使得它们对边缘的走向有些敏感，而取它们平方和的开方可以获得性能更一致的全方位响应，更接近真实的梯度值。值得注意的是，3×3 的 Sobel 算子和 Prewitt 算子可扩展成 8 个方向。

在边缘检测中，边缘定位能力和噪声抑制能力是一对矛盾体，有的算法边缘定位能力比较强，有的抗噪声能力比较强。因此，每种算子都具有各自的优缺点。

（a）原始图像

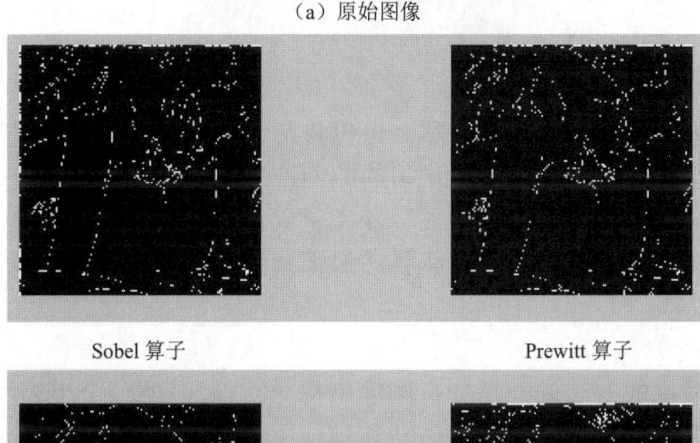

Sobel 算子　　Prewitt 算子

Roberts 算子　　LoG 算子

（b）边缘提取

图 8.11　用几种常用的边缘检测算子提取边缘的结果

（1）Roberts 算子。Roberts 算子利用局部差分算子寻找边缘，边缘定位精度较高，但容

易丢失一部分边缘，同时由于图像没经过平滑处理，因此不具备抑制噪声能力。该算子对具有陡峭边缘且含噪声少的图像效果较好。

（2）Prewitt 算子和 Sobel 算子。它们都对图像先做加权平滑处理，然后再做微分运算，所不同的是平滑部分的权值有些差异，因此它们对噪声具有一定的抑制能力。Sobel 算子比 Prewitt 算子在噪声抑制方面略胜一筹，但不能完全排除检测结果中出现虚假边缘。虽然这两个算子的边缘定位效果不错，但检测出的边缘容易出现多像素宽度。

（3）拉普拉斯算子。它是无方向的二阶微分算子，对图像中的阶跃型边缘定位准确，该算子对噪声非常敏感，它使噪声成分得到加强。这两个特性使得该算子容易丢失一部分边缘的方向信息，造成一些不连续的检测边缘。

（4）LoG 算子。该算子克服了拉普拉斯算子抗噪声能力比较差的缺点，但是在抑制噪声的同时也可能将原有的比较尖锐的边缘平滑掉。应用 LoG 算子时，高斯函数中方差参数σ的选择很关键。高斯滤波器为低通滤波器，σ越大，通频带越窄，对较高频率噪声的抑制作用越大，避免了虚假边缘的检出，但同时信号的边缘也被平滑了，造成某些边缘点的丢失；反之，σ越小，通频带越宽，可以检测到图像的更高频率的细节，但对噪声的抑制能力相对下降，容易出现虚假边缘。因此，应用 LoG 算子时，为取得更佳的效果，应该对不同图像选择不同参数。

上面介绍了几种比较有代表性的边缘检测算法。边缘检测还有很多种方法，具体哪一种方法最好，没有通用的答案。每一种方法都是在一定的假设前提下给出的，效果的好坏要看实际与假设的符合程度。

8.2.2 边缘连接

如果边缘很明显，而且噪声极低，那么可以将边缘图像二值化并将其细化为单像素宽的闭合连通边界图。然而，由于噪声、不均匀的照明产生的边缘间断及其他由于引入虚假的亮度间断所带来的影响，得到的一组像素很少能完整地描述一条边缘。因此，典型的做法是在使用边缘检测算法后紧接着使用连接过程将边缘像素组合成有意义的边缘。

1. 局部处理

连接边缘点最简单的方法之一是分析图像中每个点(x,y)的一个小邻域（如 3×3、5×5）内像素的特点，该点是用前节中讨论过的某一种技术标记了的边缘点。将所有依据事先预定的准则被认为是相似的点连接起来，形成由共同满足这些准则的像素组成的一条边缘。

确定边缘像素相似性的两个主要性质是：①边缘像素梯度算子的响应强度；②边缘像素梯度算子的方向。由式（8.2）中∇f的定义，第①条性质可以描述为

$$|\nabla f(x,y)-\nabla f(x_0,y_0)|\leqslant E \tag{8.22}$$

式中，点(x_0,y_0)是点(x,y)邻域内的像素点，E是一个非负阈值。由式（8.6）中$\alpha(x,y)$的定义，第②条性质可以描述为

$$|\alpha(x,y)-\alpha(x_0,y_0)|<C \tag{8.23}$$

式中，点(x_0,y_0)是点(x,y)邻域内的像素点，C是一个非负阈值。正如式（8.6）所说明的那样，(x,y)处边缘的方向是垂直于此点处梯度向量的方向的。

（1）启发式搜索。

假定在一幅边缘图像的某条边界上有一个像素间隙的缺口，但是这个缺口太长而不能仅用一条直线填充，它还可能不是同一条边界上的缺口，可能在两条边界上。作为质量的度量，我们可以建立一个可以在任意连接两端点（称为A，B）的路径上进行计算的函数。这个边缘质量函数可以包括各点边缘强度的平均值，也可能会减去反映它们在方向角上的差值的某个度量。

首先要对A的邻域点进行评价，衡量哪一个可作为走向B第一步的候选点，通常只考虑位于通向B的大致方向上的邻域点。选择哪一点以能使A点到该点的边缘质量函数最大为原则，然后该点成为下一次迭代的起点。当最后连接到B时，将新建路径的边缘质量函数与一个阈值比较。如果新建边缘质量函数不满足阈值条件，则被舍弃。

如果边缘质量函数很复杂而且要评价的缺口既多又长，启发式搜索技术的计算会很复杂。这样的技术在相对简单的图像中性能很好，但不一定能找出两端点间的全局最佳路径。

（2）曲线拟合。

如果边缘点很稀疏，那么可能需要用分段线性或高阶样条曲线来拟合这些点，从而形成一条为抽取物体所适用的边界。这里，我们介绍一种称为迭代端点拟合的分段线性方法。

假定有一组散布在两个特定边缘点A和B之间的边缘点，我们希望从中选取一个子集作为从A到B一条分段线性路径上的节点集。首先从A到B引一条直线。接着计算其他的每个边缘点到该直线的垂直距离。其中最远的点成为所求路径上的另一个节点，这样一来这条路径有两个分支。对路径上的每条新分支重复这个过程，直到剩下的边缘点与其最近的分支的距离都不大于某固定距离时为止。对所有围绕物体的点对(A, B)施行此过程会产生边界的一个多边形近似。

2. 通过 Hough 变换进行整体处理

如果点在一条特定形状的曲线上，则先确定这些边缘点再进行连接。与上述讨论的局部分析方法不同，这里考虑像素之间的整体关系。本节介绍一种图像分割中常用的对直线及各种形状的检测算法，称为 Hough 变换。

（1）利用直角坐标系中的 Hough 变换检测直线。

在二维平面中，经过点(x, y)的直线可以表示为

$$y=ax+b \tag{8.24}$$

式中，a为斜率，b为截距。式（8.24）可以变换为

$$b=-xa+y \tag{8.25}$$

该变换即直角坐标系中对(x, y)点的 Hough 变换，它表示参数空间的一条直线，如图 8.12 所示。图像空间中的点(x_i, y_i)对应于参数空间中的直线$b=-x_i a+y_i$，点(x_j, y_j)对应于参数空间中的直线$b=-x_j a+y_j$，这两条直线的交点(a', b')即图像空间中过点(x_i, y_i)和点(x_j, y_j)的直线的斜率和截距，事实上，图像空间中所有过这条直线的点经 Hough 变换后在参数空间中的直线都会交于(x_i, y_i)点。这样，通过 Hough 变换，就可以将图像空间中直线的检测问题转化为参数空间中对点的检测问题。Hough 变换的具体计算步骤如下。

① 在参数空间中建立一个二维累加数组$\boldsymbol{A}$，开始时将数组$\boldsymbol{A}$初始化为零，数组的第一维为图像空间中直线的斜率，第二维为图像空间中直线的截距。

② 对图像空间中的点用 Hough 变换计算出所有的 a, b 值，每计算出一对(a, b)值，就对数组元素 $\boldsymbol{A}(a,b)$ 加 1。计算结束后，$\boldsymbol{A}(a,b)$ 的值就是图像空间中落在以 a 为斜率、b 为截距的直线上点的数目。

数组 $\boldsymbol{A}$ 的大小对计算量和计算精度影响很大，当图像空间中有直线为竖直线时，斜率 a 为无穷大，使得计算量大增。此时，参数空间可采用极坐标。

（2）利用极坐标系中的 Hough 变换检测直线。

与直角坐标系类似，可以在极坐标系中通过 Hough 变换将图像空间中的直线对应于参数空间中的点。如图 8.13 所示，对于图像空间中的一条直线，ρ 代表直线距原点的法线距离，θ代表该法线与 x 轴的夹角，则可以用以下参数方程来表示该直线：

$$\rho = x\cos(\theta) + y\sin(\theta) \tag{8.26}$$

式（8.26）就是极坐标系中对点 (x, y) 的 Hough 变换。在极坐标系中，横坐标为直线的法向角，纵坐标为直角坐标原点到直线的法向距离。

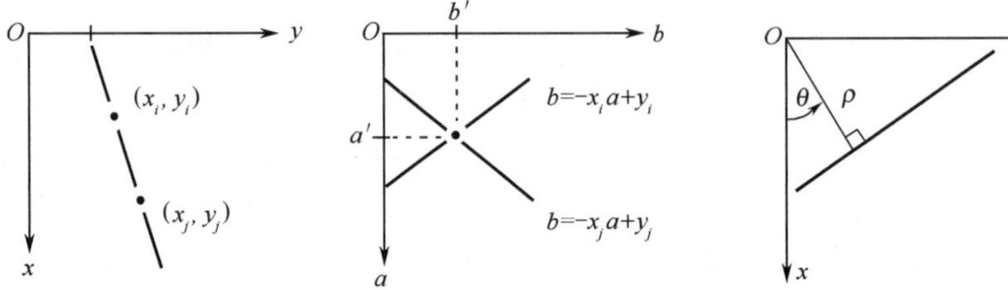

图 8.12　直角坐标系中的 Hough 变换　　　　图 8.13　极坐标系中的 Hough 变换

图像空间中的点 (x, y)，经 Hough 变换映射到参数空间中的一条曲线，这条曲线其实是正弦曲线。图像空间中共直线的点 (x_i, y_i) 和点 (x_j, y_j) 映射到参数空间中是两条正弦曲线，这两条正弦曲线相交于点 (ρ', θ')，该点即图像空间中过点 (x_i, y_i) 和点 (x_j, y_j) 的直线的法向角和原点到直线的法向距离；同样地，图像空间中所有过这条直线的点经 Hough 变换后在参数空间中的曲线都会交于点 (ρ', θ')。

与直角坐标系类似，极坐标系中也要在参数空间中建立一个二维累加数组 $\boldsymbol{A}$，但是数组范围不同，第一维的范围为$[-d, d]$，d 为图像的对角线长度；第二维的范围为$[-90°, 90°]$。开始时把数组 $\boldsymbol{A}$ 初始化为零，然后对图像空间中的点用 Hough 变换计算出所有的 (ρ, θ) 值，每计算一对 (ρ, θ) 值，就对数组元素 $\boldsymbol{A}(\rho, \theta)$ 加 1，计算结束后，$\boldsymbol{A}(\rho, \theta)$ 的值就是图像空间中落在距原点的法线距离为ρ、法线与 x 轴的夹角为θ 的直线上点的数目。下面是用 MATLAB 编程实现用 Hough 变换检测直线的例子。

【例 8.2】 Hough 变换直线检测。

```
I  = imread('library.jpg');                          %读取图像
I = rgb2gray(I);                                     %转换为灰度图像
figure,imshow(I);
BW = edge(I,'log');                                  %LoG 算子边缘检测
[H,T,R]  = hough(BW);                                %对边缘图进行 Hough 变换
figure,imshow(BW);
P  = houghpeaks(H,15);
lines=houghlines(BW,T,R,P);
```

```
figure,imshow(BW);                                    %在边缘图上显示线段
hold on;
for k = 1:length(lines)
xy = [lines(k).point1; lines(k).point2];
plot(xy(:,1),xy(:,2),'LineWidth',2,'Color','green');
plot(xy(1,1),xy(1,2),'x','LineWidth',2,'Color','yellow');
plot(xy(2,1),xy(2,2),'x','LineWidth',2,'Color','red');
end
```

程序运行结果如图 8.14 所示。

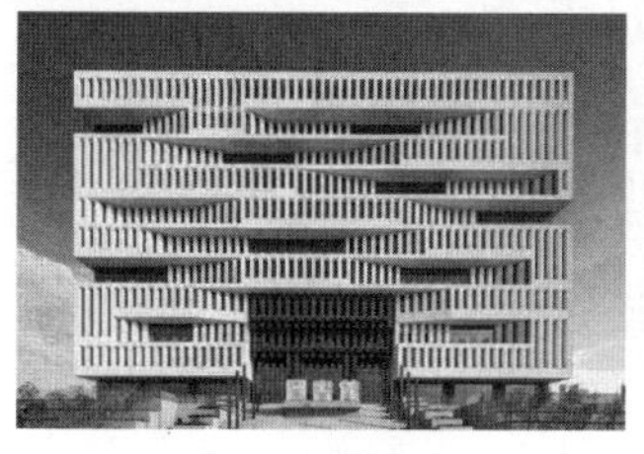

（a）原始图像

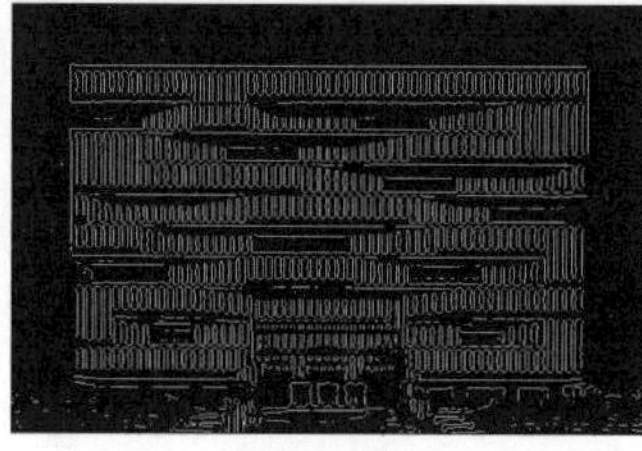

（b）边缘图像

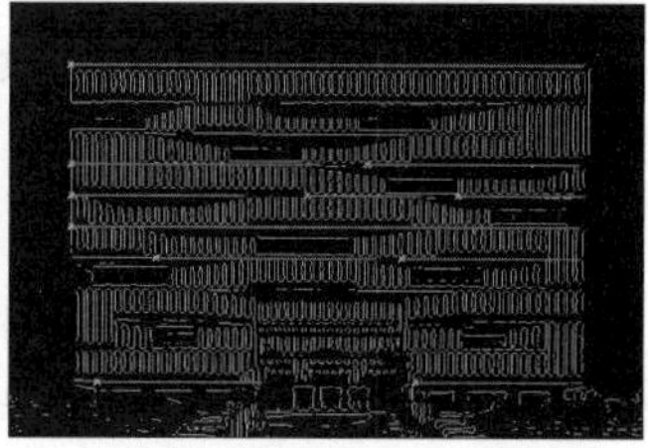

（c）在边缘图上标示出显著线段

图 8.14　Hough 变换直线检测结果

8.3　阈 值 分 割

阈值分割是一种区域分割技术，它适用于物体与背景有较强对比的景物分割。它计算简单，而且总能用封闭且连通的边界定义不交叠的区域。当使用阈值规则进行图像分割时，所有灰度值大于或等于某阈值的像素都被判属于物体，所有灰度值小于该阈值的像素被排除在物体之外。于是，边界就成为这样一些内部点的集合，这些点都至少有一个邻域点不属于该物体。

如果受关注的物体在其内部具有均匀一致的灰度值并分布在一个具有另一个灰度值的均匀背景上，使用阈值分割方法效果就很好。如果物体与背景的差别在于某些性质而不是灰度值（如纹理等），那么，可以首先把那个性质转化为灰度，然后，利用灰度阈值化技术分割待处理的图像。

8.3.1　基础

基于灰度阈值的分割方法通过设置阈值，把像素点按灰度级分成若干类，从而实现图像分割。当图像的直方图具有比较明显的双峰或多峰时，利用这种方法进行图像分割是非常有效的。

假设图 8.15（a）所示的灰度级直方图对应于一幅图像 $f(x,y)$，这幅图像由亮的对象和暗的背景组成，这样的组成方式将对象和背景具有灰度级的像素分成两组不同的支配模式。从背景中提取对象的一种显然的方法是选择一个阈值 T，将这两个模式分离开。然后，所有

$f(x,y)>T$ 的点 (x,y) 称为对象点；否则，就称为背景点。

图 8.15（b）显示了这种方法更为一般化的情况。这里三个主模式描绘了图像的直方图特性（如在暗色背景上的两类亮色对象）。这里，多阈值处理把一个点分类，如果 $T_1 < f(x,y) \leqslant T_2$，将点分为某一对象；如果 $f(x,y) > T_2$，则将其归为另一个对象；如果 $f(x,y) \leqslant T_1$，将其归为背景。总的来说，对于需要多个阈值的分割问题，用区域生长方法能得到最好的解决，如 8.4 节中讨论的那些方法。

基于上述介绍，阈值处理可被看作测试下列形式函数 G 的一种操作。

$$G = G[x, y, p(x,y), f(x,y)] \tag{8.27}$$

式中，$f(x,y)$ 是点 (x,y) 的灰度级，$p(x,y)$ 表示这个点的局部性质。例如，以 (x,y) 为中心的邻域的平均灰度级。经过阈值处理后的图像 $g(x,y)$ 定义为

$$g(x,y)=\begin{cases}1, & f(x,y)>T \\ 0, & f(x,y)\leqslant T\end{cases} \tag{8.28}$$

因此，标记为 1（或其他任何合适的灰度级）的像素对应于对象（物体），而标记为 0（或任何其他没有被标记为对象的灰度）的像素对应于背景。

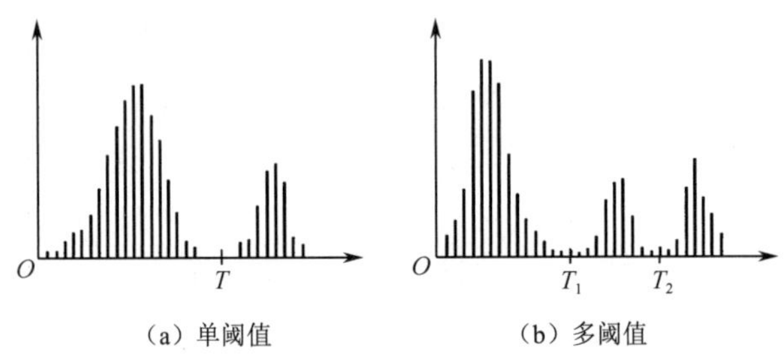

（a）单阈值　　（b）多阈值

图 8.15　具有双峰或多峰的图像灰度级直方图

当 T 仅取决于 $f(x,y)$（仅取决于灰度级值）时，阈值就是全局阈值。如果 T 取决于 $f(x,y)$ 和 $p(x,y)$ 时，阈值就是局部阈值。如果 T 取决于空间坐标 x 和 y，阈值就是动态的或自适应的。基于灰度阈值的分割方法，不论是全局阈值，还是自适应阈值，其关键是如何合理地选择阈值。

 8.3.2　全局阈值

采用阈值确定边界的最简单做法是在整个图像中将灰度阈值的值设置为常数，也就是全局阈值。如果背景的灰度值在整个图像中可合理地看作恒定，而且所有物体与背景都具有几乎相同的对比度，正如图 8.15（a）显示的那样，图像的直方图具有明显的双峰，那么，只要选择了正确的阈值，使用一个固定的全局阈值一般会有较好的效果。下面介绍全局阈值选择的主要方法，包括人工选择法、直方图技术选择法、自动计算选择法，在自动计算选择法中，主要介绍迭代式阈值选择法和最大类间方差阈值选择法。

1. 人工选择法

人工选择法通过人眼的观察，应用人对图像的知识，在分析图像直方图的基础上，人工选出合适的阈值。也可以在人工选出阈值后，根据分割效果，不断地交互操作，从而选择最

佳的阈值。

2. 直方图技术选择法

一幅含有一个与背景对比明显的物体的图像，有包含双峰的灰度直方图（见图 8.16）。两个尖峰对应于物体内部和外部较多数目的点，两峰间的谷对应于物体边缘附近相对较少数目的点。在这样的情况下，通常使用直方图来确定灰度阈值。

【例 8.3】生成直方图。

```
a=imread('boat.bmp');                    %读取图像
imshow(a);                               %显示图像
figure; imhist(a);                       %计算并显示图像的直方图
```

(a) 原始图像

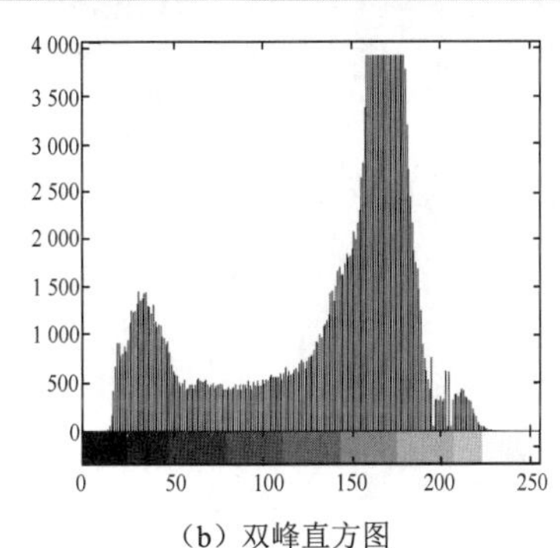

(b) 双峰直方图

图 8.16　生成直方图

利用灰度阈值 T 对物体面积进行计算的定义为

$$A=\int_{T}^{+\infty} h(t)\mathrm{d}t \tag{8.29}$$

式中，t 为灰度级变量，$h(t)$为直方图。显然，如果阈值对应于直方图的谷，阈值从 T 增加到 $T+\Delta T$ 只会引起面积略微减少。因此，把阈值设在直方图的谷，可以把阈值选择中的错误对面积测量的影响降到最低。

如果图像或包含物体图像的区域面积不大且有噪声，那么，直方图本身就会有噪声。除了凹谷特别尖锐的情况，噪声会使谷的定位难以辨认，或至少使不同幅图像得到的结果不稳定可靠。这个问题在一定程度上可以通过用卷积或曲线拟合过程对直方图进行平滑加以克服。如果两峰大小不一样，那么，平滑化可能会导致最小值的位置发生移动。但是，在平滑化程度适当的情况下，峰值还是容易定位的且也是相对稳定的。一种更可靠的方法是把阈值设在相对于两峰的某个固定位置，如中间位置上，这两个峰分别代表物体内部点和外部点典型（出现最频繁）的灰度值。一般情况下，对这些参数的估计比对最少出现的灰度值，即直方图的谷的估计更可靠。

可以构造一个只包含具有较大的梯度幅度值的像素的直方图，如取最高的 10%。这种方法排除了大量的内部和外部像素，而且可能会使直方图的谷点更容易检测到。还可以用各灰度级像素的平均梯度值除直方图来增强凹谷，或利用高梯度像素的灰度平均值来确定阈值。

拉普拉斯滤波是一个二维的二阶导数算子。使用拉普拉斯滤波，并随之进行平滑，然后将阈值设为 0 或略偏正，可以在二阶导数的过零点处分割物体。这些过零点对应于物体边缘上的拐点。由灰度-梯度组成的二维直方图也可以用来确定分割准则。

3. 迭代式阈值选择法

迭代式阈值选择法的基本思想是：开始时选择一个阈值作为初始估计值，然后按某种策略不断地改进这一估计值，直到满足给定的准则为止。在迭代过程中，关键之处在于选择什么样的阈值改进策略。好的阈值改进策略应该具备两个特征：一是能够快速收敛，二是在每一个迭代过程中，新产生的阈值优于上一次的阈值。其算法步骤如下。

（1）选择图像灰度的中值作为初始阈值 T_0。

（2）利用阈值 T_i 将图像分割成两个区域—— R_1 和 R_2，用式（8.30）计算区域 R_1 和 R_2 的灰度均值 μ_1 和 μ_2。

$$\mu_1 = \frac{\sum_{i=0}^{T_i-1} ip_i}{\sum_{i=0}^{T_i-1} p_i} \qquad \mu_2 = \frac{\sum_{i=T_i}^{L-1} ip_i}{\sum_{i=T_i}^{L-1} p_i} \tag{8.30}$$

式中，L 是图像的灰度级总数，p_i 是第 i 个灰度级在图像中出现的次数。

（3）计算出 μ_1 和 μ_2 后，用下式计算出新的阈值 T_{i+1}：

$$T_{i+1} = \frac{1}{2}(\mu_1 + \mu_2) \tag{8.31}$$

（4）重复步骤（2）～（3），直到 T_{i+1} 和 T_i 的差小于某个给定值。

4. 最大类间方差阈值选择法

最大类间方差阈值选择法又称为 Otsu 算法，该算法是在灰度直方图的基础上用最小二乘法原理推导出来的，具有统计意义上的最佳分割阈值。它的基本原理是以最佳阈值将图像的灰度直方图分割成两部分，使两部分之间的方差取得最大值，即分离性最大。

设 X 是一幅具有 L 级灰度级的图像，其中第 i 级像素为 n_i 个，其中 i 的值为 0～L–1，图像的总像素点个数为。

$$N = \sum_{i=0}^{L-1} n_i \tag{8.32}$$

第 i 级像素出现的概率为

$$p_i = \frac{n_i}{N} \tag{8.33}$$

在 Otsu 算法中，以阈值 k 将所有的像素分为目标 C_0 和背景 C_1 两类。其中，C_0 类的像素灰度级为 0～k–1，C_1 类的像素灰度级为 k～L–1。

图像的总平均灰度级为

$$\mu = \sum_{i=0}^{L-1} ip_i \tag{8.34}$$

C_0 类像素所占面积的比例为

$$w_0 = \sum_{i=0}^{k-1} p_i \tag{8.35}$$

C_1 类像素所占面积的比例为

$$w_1 = \sum_{i=k}^{L-1} p_i = 1 - w_0 \tag{8.36}$$

C_0类像素的平均灰度为

$$\mu_0 = \mu_0(k)/w_0 \tag{8.37}$$

C_1类像素的平均灰度为

$$\mu_1 = \mu_1(k)/w_1 \tag{8.38}$$

其中，

$$\mu_0(k) = \sum_{i=0}^{k-1} ip_i \tag{8.39}$$

$$\mu_1(k) = \sum_{i=k}^{L-1} ip_i = 1 - \mu_0(k) \tag{8.40}$$

由式（8.34）～式（8.40）可得

$$\mu = w_0\mu_0 + w_1\mu_1 \tag{8.41}$$

则类间方差公式为

$$\begin{aligned}\sigma^2(k) &= w_0(\mu_0 - \mu)^2 + w_1(\mu_1 - \mu)^2 \\ &= w_0(\mu_0 - w_0\mu_0 - w_1\mu_1)^2 + w_1(\mu_1 - w_0\mu_0 - w_1\mu_1)^2 \\ &= w_0 w_1{}^2(\mu_0 - \mu_1)^2 + w_1 w_0{}^2(\mu_1 - \mu_0)^2 \\ &= w_1 w_2(\mu_0 - \mu_1)^2\end{aligned} \tag{8.42}$$

令k从0～L–1变化取值，计算在不同k值下的类间方差$\sigma^2(k)$，使得$\sigma^2(k)$最大时的那个k值就是所要求的最佳阈值。MATLAB工具箱提供的graythresh函数求取阈值采用的就是Otsu算法。

【例8.4】 用人工选择法、Otsu算法及迭代式阈值选择法求阈值，并对图像进行分割。

给定一幅灰度图像，显示该图像的直方图，然后分别用人工选择法、Otsu算法、迭代式阈值选择法确定阈值，根据阈值对图像进行分割，分割后的图像用二值图像表示。参考程序如下，实验结果图如图8.17所示。

```
x=imread('fingerprint.jpg');        %读取图像
I=rgb2gray(x);                      %转换成灰度图像
figure,imshow(I);                   %显示原始图像
figure,imhist(I);                   %计算并显示该图像的直方图
[width,height]=size(I)              %获取图像的宽度和高度
T1=80                               %用人工选择法，选择阈值为80
BW1=zeros(width,height);
for i=1:width
    for j=1:height
        if(I(i,j) < T1)
          BW1(i,j)=0;               %用人工选择阈值80对图像进行分割
        else
            BW1(i,j)=1;
        end
    end
```

```
end
figure,imshow(BW1);                    %显示人工阈值图像分割结果
T2=graythresh(I)                       %用 Otsu 算法，通过 MATLAB 函数 graythresh 选择阈值
BW2=im2bw(I,T2);                       %用 Otsu 阈值对图像进行分割
figure,imshow(BW2);                    %显示 Otsu 阈值图像分割结果
f=double(I);                           %用迭代式阈值选择法，求出阈值
T=(min(f(:))+max(f(:)))/2;
done=false;
i=0;
while ~done
    r1=find(f<=T);
    r2=find(f>T);
    Tnew=(mean(f(r1))+mean(f(r2)))/2
    done=abs(Tnew-T)<1
    T=Tnew;
    i=i+1;
end
f(r1)=0;
f(r2)=1;                               %用迭代式阈值选择法得到的阈值对图像进行分割
figure,imshow(f);                      %显示迭代式阈值选择法阈值图像分割结果
```

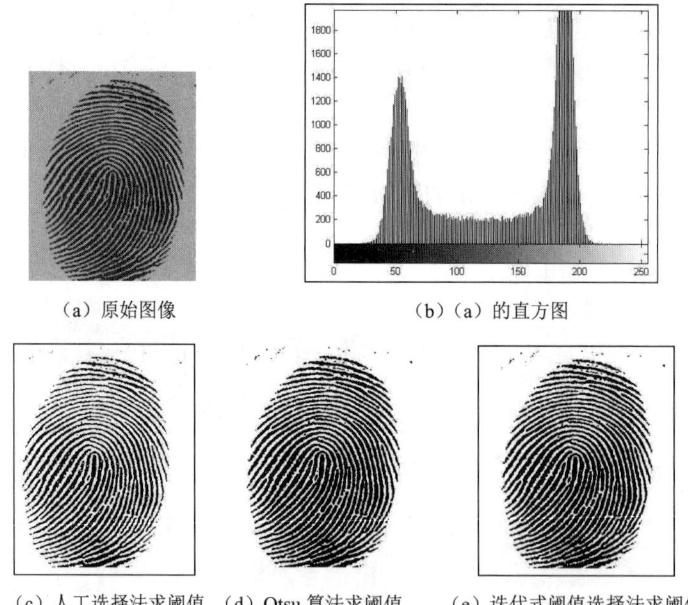

（a）原始图像　（b）（a）的直方图

（c）人工选择法求阈值　（d）Otsu 算法求阈值　（e）迭代式阈值选择法求阈值

图 8.17　用人工选择法、Otsu 算法及迭代式阈值选择法求阈值的分割

在本例中，人工选择的阈值为 80，Otsu 算法计算得到的阈值为 123.01，用迭代式阈值选择法计算经过 1 次迭代完成，最终求得的阈值是 123.74。利用全局阈值对图像进行分割，结果是否有效，取决于物体和背景之间是否有足够的对比度。

8.3.3　自适应阈值

在许多的情况下，背景的灰度值并不是常数，物体和背景的对比度在图像中也有变化。这时，一个在图像中某一区域效果良好的阈值在其他区域却可能效果很差。在这种情况下，需要把灰度阈值取成一个随图像中位置缓慢变化的函数值，即自适应阈值。

一种处理这种情况的方法就是，将图像进一步细分为子图像，并对不同的子图像使用不同的阈值进行分割。这种方法的关键问题是如何将图像进行细分和如何为得到的子图像估计阈值。

8.3.4　最佳阈值的选择

下面讨论一种最佳阈值选择法，也称为最小误差阈值选择法。该方法以图像中的灰度为模式特征，假设各模式的灰度是独立同分布的随机变量，并假设图像中待分割的模式服从一定的概率分布，此时可以得到满足最小误差分类准则的分割阈值。

假设图像中只有目标和背景两种模式，先验概率分别是 $p_1(z)$ 和 $p_2(z)$，均值为 μ_1 和 μ_2，如图 8.18 所示。设目标像素点数占图像总像素点数的百分比为 w_1，背景像素点占比为 $w_2 = 1 - w_1$，混合概率密度为

$$p(z) = w_1 p_1(z) + w_2 p_2(z) \tag{8.43}$$

当选定阈值 T 时，目标像素点错划为背景像素点的概率为

$$e_1(T) = \int_T^{\infty} p_1(z)\mathrm{d}z \tag{8.44}$$

把背景像素点错划为目标像素点的概率为

$$e_2(T) = \int_{-\infty}^{T} p_2(z)\mathrm{d}z \tag{8.45}$$

则总错误概率为

$$e(T) = w_1 e_1(T) + w_2 e_2(T) = w_1 e_1(T) + (1 - w_1) e_2(T) \tag{8.46}$$

最佳阈值就是使总错误概率最小的阈值，将式（8.46）对 T 求导，并令其为 0 得

$$w_1 p_1(T) = (1 - w_1) p_2(T) \tag{8.47}$$

利用式（8.47）解出 T，即最佳阈值。注意如果 $w_1 = w_2$，则最佳阈值位于曲线 $p_1(z)$ 和 $p_2(z)$ 的交点处。

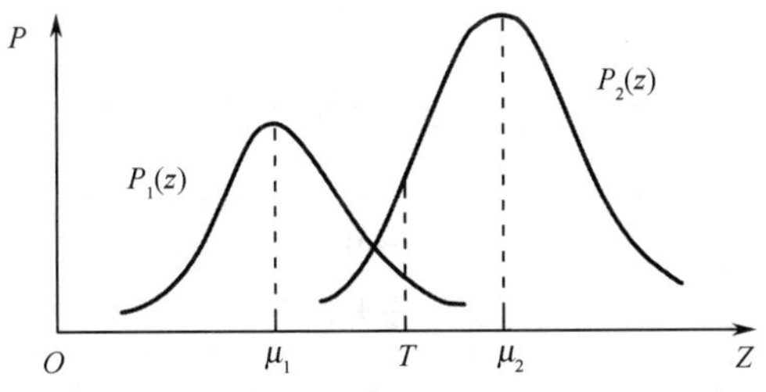

图 8.18　图像目标和背景概率分布

要得到一个 T 的分析表达式（8.47），需要知道两个概率密度函数，在实践中并不是总可

以对这两个密度进行估计。通常做法是利用参数比较容易得到的密度，此时使用的主要密度之一是高斯密度。高斯密度可以用两个参数均值和方差完全描述。对于正态分布：

$$p_1(z)=\frac{1}{\sqrt{2\pi}\sigma_1}e^{-\frac{(z-\mu_1)^2}{2\sigma_1^2}} \tag{8.48}$$

$$p_2(z)=\frac{1}{\sqrt{2\pi}\sigma_2}e^{-\frac{(z-\mu_2)^2}{2\sigma_2^2}} \tag{8.49}$$

将式（8.48）和式（8.49）代入式（8.47）且两边取对数得

$$\ln\frac{w_1\sigma_2}{(1-w_1)\sigma_1}-\frac{(T-\mu_1)^2}{2\sigma_1^2}=-\frac{(T-\mu_2)^2}{2\sigma_2^2} \tag{8.50}$$

当$\sigma_1^2=\sigma_2^2=\sigma^2$时，

$$T=\frac{\mu_1+\mu_2}{2}+\frac{\sigma^2}{\mu_1-\mu_2}\ln\frac{1-w_1}{w_1} \tag{8.51}$$

当$w_1=w_2=1/2$时，

$$T=\frac{\mu_1+\mu_2}{2} \tag{8.52}$$

可见，当图像中目标和背景像素的灰度呈正态分布，并且方差相等、目标和背景的像素比例相等时，最佳分割阈值就是目标和背景像素灰度均值的平均值。对于其他形式的密度函数，可以用类似的方法得到阈值。用最小误差阈值选择法自动选取阈值的困难在于待分割的模式的概率分布难以获得。

8.3.5 分水岭算法

最常用的分水岭算法是 F. Meyer 在 20 世纪 90 年代早期提出的基于灰度图像的分割算法。分水岭算法是一种与自适应二值化有关的一个算法。图 8.19 说明了这种算法的工作机理。假定图中的物体灰度值低，而背景的灰度值高。图 8.19 中显示了沿一条扫描线的灰度分布，该线穿过两个靠得很近的物体。

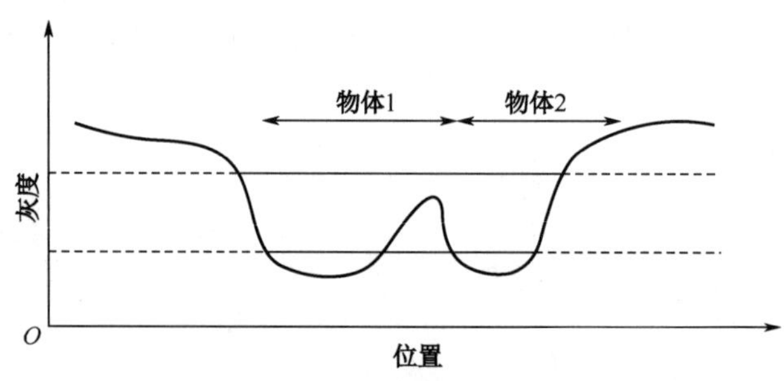

图 8.19 分水岭算法

图像最初在一个低灰度值上二值化。该灰度值把图像分割成正确数目的物体，但它们的边界偏向物体内部。随后阈值逐渐增加，每次增加一个灰度级。物体的边界将随着阈值增加而扩展。当边界相互接触时，这些物体并没有合并。因此，这些初次接触的点变成了相邻物体间的最终边界。这个过程在阈值达到背景的灰度级之前终止。

分水岭算法不是简单地将图像在最佳灰度级进行阈值处理，而是从一个偏低但仍然能正确分割各个物体的阈值开始。然后随着阈值逐渐上升到最佳值，各个物体不会被合并。这个方法可以解决那些由于物体靠得太近而不能用全局阈值解决的问题。只要采用最初的阈值进行分割的结果是正确的，那么，最后的分割也是正确的（图像中每个实际物体都有相应的边界）。

最初和最终的阈值灰度级都必须很好地选取。如果初始阈值太低，那么低对比度的物体开始时会被丢失，然后随着阈值的增加会和相邻的物体合并。如果初始阈值太高，物体一开始便会被合并。最终的阈值决定了最后的边界与实际物体的吻合程度。

MATLAB 图像处理工具箱中的 watershed 函数可用于实现分水岭算法，该函数的调用语法为：

```
L=watertshed(f)
```

其中，f 为输入图像；L 为输出的标记矩阵，其元素为整数值，第一个吸水盆地被标记为 1，第二个吸水盆地被标记为 2，以此类推，分水岭被标记为 0。

【例 8.5】用分水岭算法分割图像。

```
f=imread('misty.bmp');                     %读取图像
f=rgb2gray(f);                             %转换成灰度图像
figure(1), imshow(f);                      %显示原始图像
f=double(f);                               %转换为 double 类型
hv=fspecial('prewitt');                    %取 Prewitt 模板
hh=hv.';                                   %转置
gv=abs(imfilter(f,hv,'replicate'));        %垂直方向梯度
gh=abs(imfilter(f,hh,'replicate'));        %水平方向梯度
g=sqrt(gv.^2+gh.^2);                       %梯度幅度值
L=watershed(g);                            %分水岭处理
wr=L==0;
figure(2), imshow(wr);                     %显示分水岭结果
f(wr)=255;
figure(3), imshow(uint8(f));               %显示分水岭结果
rm=imregionalmin(g);                       %得到局部最小值
figure(4), imshow(rm);                     %显示局部最小值
```

实验结果如图 8.20 所示。

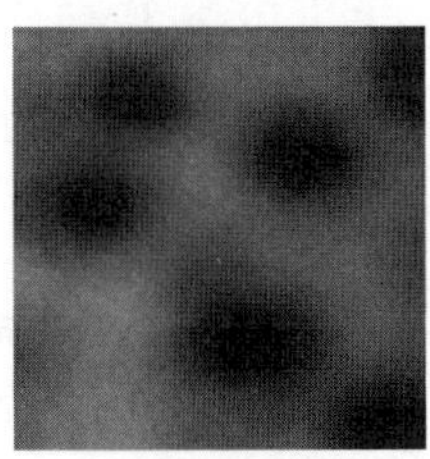

（a）原始图像

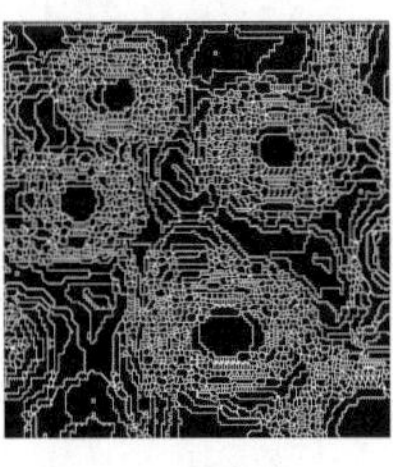

（b）分水岭

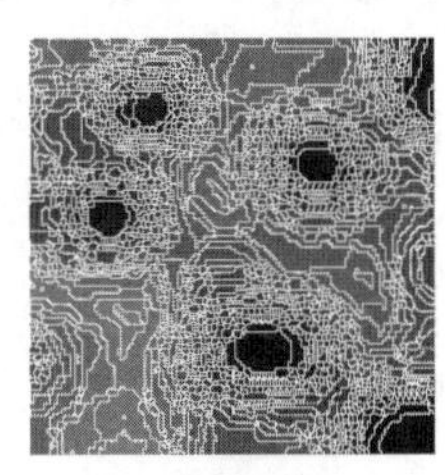

（c）分割结果

（d）局部最小值

图 8.20　用分水岭算法分割图像

8.4 区 域 分 割

分割的目的是将图像划分为不同区域。在 8.2 节中，根据区域间灰度不连续性，通过搜寻区域之间的边界来处理这一问题，而在 8.3 节中，分割是通过用以像素性质的分布为基础的阈值来进行的，如灰度级或颜色。阈值分割法由于没有或很少考虑空间关系，应用受限。基于区域的分割方法可以弥补这个不足。该方法利用的是图像的空间性质，认为分割出来的属于同一区域的像素应具有相似的性质。传统的区域分割法主要有区域生长法和区域分裂合并法，该类方法在没有先验知识可以利用时，对含复杂场景或自然场景等先验知识不足的图像进行分割，也可以取得较好的性能。但是，该类方法是一种迭代的方法，空间和时间开销都比较大。

8.4.1 区域生长法

区域生长法主要考虑像素及其空间邻域像素之间的关系，开始时确定一个或多个像素点作为种子，然后按某种相似性准则增长区域，将相邻的具有相似性质的像素或区域归并，从而逐步增长区域，直到没有可以归并的点或其他小区域为止。区域内像素的相似性度量可以是平均灰度值、纹理、颜色等信息。

图 8.21 为区域生长示例。8.21（a）是从一幅图像中取出的一个块，数字代表像素点的灰度值，其中带阴影的 3 个像素点为初始种子点，灰度值分别为 2、5、9，假设生长准则为所考虑的像素点和种子点区域的灰度值均值的差的绝对值小于或等于某个阈值 T，如果满足这一准则就将该像素点归入种子点区域。图 8.21（b）为 T=1 时的区域生长结果，每个种子点生长得到一个区域，图像块被分成 3 个小区域。图 8.21（c）为 T=2.7 时的区域生长结果，图像块被分成 2 个小区域。图 8.21（d）为 T=5 时的区域生长结果，图像块被分成 1 个区域。

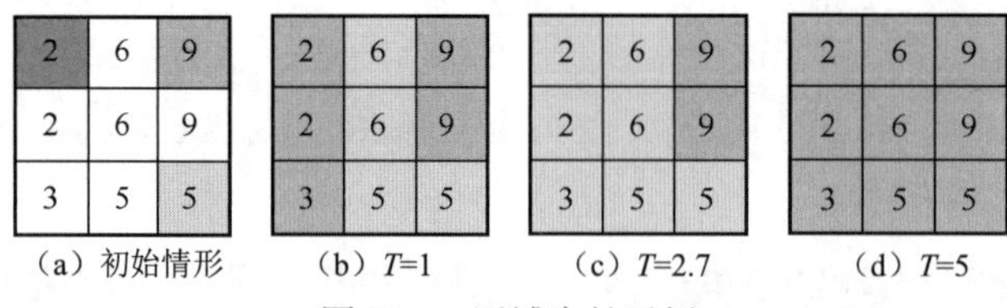

图 8.21　区域生长示例

可见，区域生长法主要由以下三个步骤组成。

（1）选择合适的种子点。

（2）确定相似性准则（生长准则）。

（3）确定生长停止条件。

下面的例子说明了用 MATLAB 程序实现区域生长的过程。首先指定几个种子点，然后以种子点为中心，如果邻域中各像素点与种子点的灰度值的差不超过某个阈值，则认为该像素点和种子点具有相似性质，并将该像素点加入种子点的生长区域。区域生长是通过 MATLAB 图像处理工具箱中的函数 imreconstruct 完成的，该函数的调用语法为

```
outim=imreconstruct(markerim, maskim)
```

其中，markerim 为标记图像，maskim 为模板图像，outim 为输出图像。imreconstruct 函数的工作过程是一个迭代过程，大致过程如下。

（1）把 f_1 初始化为标记图像 markerim。

（2）创建一个结构元素 $\boldsymbol{B}=\begin{bmatrix}1&1&1\\1&1&1\\1&1&1\end{bmatrix}$。

（3）计算 $f_{k+1}=(f_k\oplus\boldsymbol{B})\cap\text{maskim}$，其中⊕为数学形态学中的膨胀算子（在 8.5 节说明）。

（4）重复步骤（3），直到 $f_{k+1}=f_k$。

当 imreconstruct 函数完成图像的生长后，用 MATLAB 图像处理工具箱中的函数 bwlabel 把 8 连通的区域连接起来，完成图像的分割。bwlabel 函数的调用语法为：

```
[L, NUM]=bwlabel(BW, N)
```

其中，BW 为输入图像；N 可取值为 4 或 8，分别表示按照 4 连通或 8 连通；NUM 为找到的连通区域数目；L 为输出矩阵，其元素值为整数，背景被标记为 0，第一个连通区域被标记为 1，第二个连通区域被标记为 2，以此类推。

利用 MATLAB 函数 imreconstruct 和 bwlabel 进行区域生长的图像分割较简单，相关的例子可以在一些教材中找到。这里给出一个不用这两个 MATLAB 函数，而是直接按照区域生长的思想对图像进行区域分割的例子。

【例 8.6】用区域生长法分割图像。

```
I=imread('coins.png');  %读取图像
if isinteger(I)
    I=im2double(I);     %将 uint 类型转换成 double 类型
end
figure,imshow(I);       %显示原始图像
[M,N]=size(I);          %获取图像的大小
[y,x]=getpts;           %选取种子点
x1=round(x);            %横坐标取整
y1=round(y);            %纵坐标取整
seed=I(x1,y1);          %将种子点灰度值存入 seed 中
J=zeros(M,N);           %一个全零与原图像等大的图像矩阵 J，作为输出图像矩阵
J(x1,y1)=1;             %将 J 中与所取点相对应位置的点设置为白
sum=seed;               %存储符合区域生长条件的点的灰度值的和
suit=1;                 %存储符合区域生长条件的点的个数
count=1;                %记录每次判断一点周围八点符合条件的新点的数目
threshold=0.15;         %阈值，注意需要和 double 类型存储的图像相符合
while count>0
    s=0;                %记录判断一点周围八点符合条件时的新点的灰度值之和
     count=0;
     for i=1:M
       for j=1:N
         if J(i,j)==1    %判断此点是否为目标点，下面判断该点的邻域点是否越界
          if (i-1)>0 & (i+1)<(M+1) & (j-1)>0 & (j+1)<(N+1)
```

```
            for u= -1:1                        %判断点周围八点是否符合生长规则
             for v= -1:1
               if  J(i+u,j+v)==0 & abs(I(i+u,j+v)-seed)<=threshold
                                               %判断符合尚未标记，且满足条件的点
                  J(i+u,j+v)=1;                %将满足条件的点在 J 中对应的位置设置为白
                  count=count+1;
                  s=s+I(i+u,j+v);              %将此点的灰度值加入 s 中
               end
             end
            end
           end
          end
        end
       end
      suit=suit+count;                         %将 count 加入符合点数的计数器中
      sum=sum+s;                               %将 s 加入符合点的灰度值总和中
      seed=sum/suit;                           %计算新的灰度平均值
  end
  figure,imshow(J);                            %显示区域生长结果图
```

本例中，通过调用函数 getpts，在最上面的那个硬币上选择一个种子点，如图 8.22（b）所示，以该种子点按照程序中规定的生长规则进行区域生长分割，得到的分割结果如图 8.22（c）所示。我们也可以在每一个图像块选择一个种子点，生长得到一些互不连通的区域。

（a）原始图像

（b）在最上面那个硬币上选择标识 1 个种子点

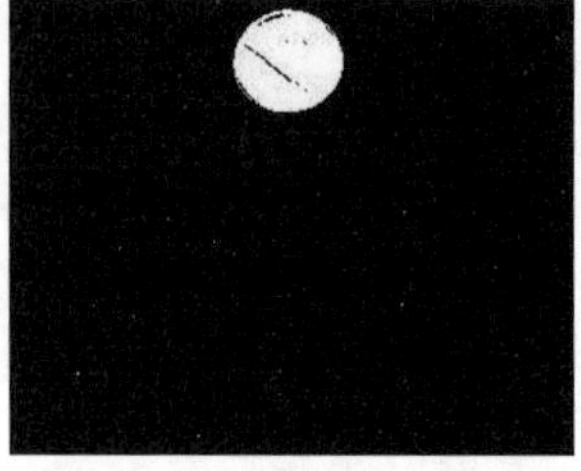

（c）以种子点进行区域生长的结果

图 8.22　区域生长

上例是用人工方法选择种子点进行区域生长的。实际问题中，我们可以根据图像像素点的灰度值的特性自动选择种子点来进行区域生长，一般种子点应该在区域的内部（非边界），而且种子点所在的邻域应该比较平滑，这两条特性可以作为选择种子点的条件。

 8.4.2　区域分裂合并法

1. 区域分裂法

如果区域的特性差别比较大，即不满足一致性准则，需要采用区域分裂法。分类过程从图像的最大区域开始，一般情况下，是从整幅图像开始。区域分裂要注意的两大问题是：

（1）确定分裂准则（一致性准则）；

（2）确定分类方法，即如何分裂区域，使得分裂后的子区域的特性尽可能满足一致性准则。

如果用一个阈值 $T(x)$运算来表示区域的一致性准则，其算法步骤如下。

（1）形成初始区域。

（2）对图像的每个区域 R_i，计算 $T(R_i)$，如果 $T(R_i) = \text{False}$，则沿着某一个合适的边界分类区域。

（3）重复步骤（2），当没有区域需要分裂时，算法结束。

2. 区域合并法

上述区域分裂法存在的问题是，将整体区域分裂成不同子区域时，每个子区域由于区域分类规则不同，其区域分割算法的结果不同，可能某些相连子区域满足一致性准则。因此，需要采用区域合并的方法将这些子区域再合并在一起。

这里假设以同样的一致性阈值规则 $T(x)$进行区域合并，其算法过程如下。

（1）根据上述区域分裂法获得分割区域。

（2）对图像中相邻的区域，计算是否满足一致性阈值规则 $T(x)$，满足则合并为一个区域。

（3）重复步骤（2），直到没有区域可以合并，算法结束。

3. 区域分裂合并法

区域生长法通常需要人工交互以获得种子点，这样使用者必须在每个需要抽取的区域中植入一个种子点。区域分裂合并法不需要预先指定种子点，它按照某种一致性准则分裂或合并区域：当一个区域不满足一致性准则时，被分裂成几个小的区域；当相邻区域性质相似时，合并成一个大区域。

区域分裂合并法可以先进行分裂运算，再进行合并运算；也可以分裂和合并同时进行，经过连续的分裂和合并，最后得到图像的精确分割结果。

具体实现时，区域分裂合并法通常是基于四叉树数据表示方式进行的。如图 8.23 所示，用 R 表示整个图像，$T(x)$表示一致性准则，对某一个区域 R_i，如果 $T(R_i)$=False，则将 R_i 分割成 4 个正方形子区域。这种分割从整幅图像区域开始，直到 $T(R_i)$=True 或 R_i 为单个像素。如图 8.24 所示，图中阴影部分为目标图像，对整个图像 R，$T(R)$=False，所以先将其分裂成如图 8.24（a）所示的 4 个正方形区域，由于左上角区域满足 T，所以不必继续分裂，其他 3 个区域继续分裂而得到图 8.24（b），此时除包括目标下部的两个子区域外，其他区域都满足 T，不再分裂，对下面的两个子区域继续分裂可得到图 8.24（c），因为此时所有区域都已满足 T，再经过合并可得到图 8.24（d）所示的分割结果。

基于四叉树数据的区域分裂合并法可表述如下。

（1）设整幅图像为初始区域。

（2）对每个区域 R_i，如果 $T(R_i)$=False，则把该区域分裂成 4 个子区域。

（3）重复步骤（2），直到没有区域可以分裂。

（4）对图像中任意两个相邻的区域 R_i 和 R_j，如果 $T(R_i \cup R_j)$=True，则把这两个区域合并成一个区域。

（5）重复步骤（4），直到没有相邻区域可以合并，算法结束。

区域分裂合并法是针对区域的分割算法，这种算法能够较好地将图像中的相似区域分割出来，但是由于该类算法存在对一致性准则的设定，使算法结果存在一定的可变性。而且该类算法是一个迭代过程，因此算法需要的时间较长。

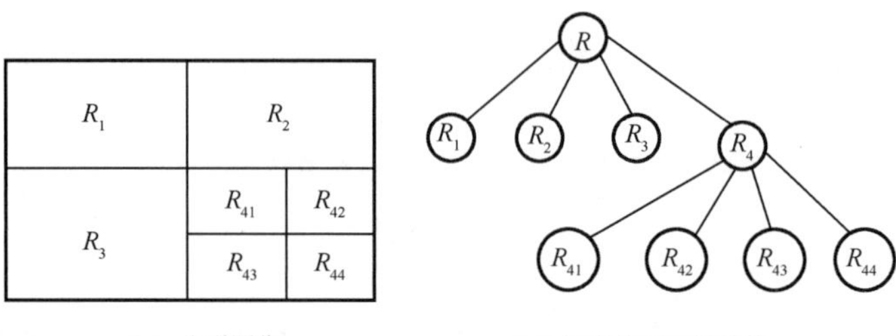

（a）分裂图像　　（b）相应的四叉树结构

图 8.23　图像分裂合并数据结构

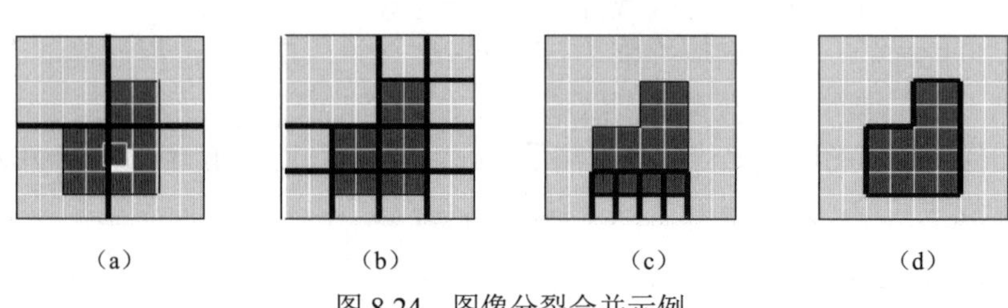

（a）　（b）　（c）　（d）

图 8.24　图像分裂合并示例

8.5　二值图像处理

二值图像也就是只具有两个灰度级的图像，它是一类重要的数字图像。一个二值图像（如一个剪影像或一个轮廓图）通常是由一个图像分割操作产生的。如果初始的分割不够令人满意，对二值图像的某些形式的处理通常能提高其质量。

有两种可供选择的连通性标准，如果只依据上、下、左、右 4 个相邻的像素确定连通，就称为 4 连通，物体也被称为是 4 连通的。如果再加上对角相邻的像素也被认为是连通的，那么，就得到 8 连通。这两种中的任何一种都可用，只要具有一致性即可。通常 8 连通的结果与人的感觉更接近。

本节讨论的许多过程都是在 3×3 邻域进行运算执行的。在一幅二值图像中，任意点加上其 8 个邻域点代表了 9 位信息。因此在一幅二值图像中，一个 3×3 邻域只有 $2^9=512$ 种可能的配置。

【例 8.7】二值图像的 4 连通和 8 连通区域标记。

```
BW=[1 1 1 0 0 0 1 0 1 0 1 1
    1 0 1 0 1 1 0 1 0 1 0 1
    0 1 0 1 0 1 0 1 1 1 1 1
    1 1 0 1 0 1 1 0 0 1 1 1
    0 0 0 1 0 0 1 0 1 0 1 1]                   %一幅二值图像
L4=bwlabel(BW,4)                                %按 4 连通标记出各个连通区域
L8=bwlabel(BW,8)                                %按 8 连通标记出各个连通区域
```

程序运行结果如图 8.25 所示。

1	1	1	0	0	0	5	0	7	0	6	6
1	0	1	0	4	4	0	6	0	6	0	6
0	2	0	3	0	4	0	6	6	6	6	6
2	2	0	3	0	4	4	0	0	6	6	6
0	0	0	3	0	0	4	0	8	0	6	6

（a）4 连通结果

1	1	1	0	0	0	1	0	1	0	1	1
1	0	1	0	1	1	0	1	0	1	0	1
0	1	0	1	0	1	0	1	1	1	1	1
1	1	0	1	0	1	1	0	0	1	1	1
0	0	0	1	0	0	1	0	1	0	1	1

（b）8 连通结果

图 8.25　4 连通和 8 连通区域标记结果

从图 8.25（a）可以看出，按照 4 连通，该二值图像被分成了 8 个不同的连通区域，这 8 个不同的连通区域被分别标记为 1, 2, 3, 4, 5, 6, 7, 8，标记为同一个数字的像素点属于同一个连通区域。从图 8.25（b）可知，按照 8 连通，该二值图像的所有目标点都属于同一个连通区域，即图像只有一个连通区域，标记为 1。

8.5.1　数学形态学图像处理

形态学（Morphology）一词通常代表生物学的一个分支，它是研究动物和植物的形态和结构的学科。我们在这里使用同一词语表示数学形态学的内容，将数学形态学（Mathematical Morphology）作为工具从图像中提取对于表达和描述区域形状有用的图像分量，如边界、骨架以及凸壳等。同时在图像预处理和后处理中，数学形态学所起的作用非常大，比如形态学过滤、细化、修剪、填充等。

一个有效的二值图像处理运算集是从数学形态学下的集合论方法发展起来的。尽管它的基本运算很简单，但它们和它们的推广结合起来可以产生复杂得多的效果。并且，它们适合于用相应的硬件构造查找表的方式，实现快速的流水线处理。这种方法通常用于二值图像，但也可以扩展到灰度级图像的处理。

在通常的情况下，形态学图像处理以在图像中移动一个结构元素并进行一种类似于卷积操作的方式进行，如图 8.26 所示。像卷积核一样，结构元素可以具有任意的大小，也可以包含任意的 0 与 1 的组合。在每个像素位置，结构元素核与在它下面的二值图像之间进行一种特定的逻辑运算。逻辑运算的二进制结果存在输出图像中对应于该像素的位置上。产生的效果取决于结构元素的大小、内容及逻辑运算的性质。

1. 集合论术语

在形态学处理语言中，二值图像 A 和结构元素 B 都是定义在二维笛卡尔网格上的集合，

“1”是这些集合中的元素。

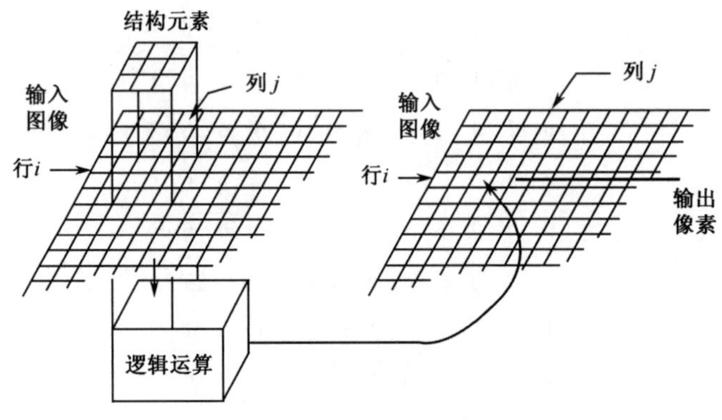

图 8.26　形态学图像处理

当一个结构元素的原点位移到点 (x, y) 处时，我们将其记为 B_{xy}。形态学运算的输出是另一个集合，这个运算可用一个集合论方程来确定。

2. 腐蚀

一般意义的腐蚀概念定义为

$$E = A \ominus B = \{x, y \mid B_{xy} \subseteq A\} \tag{8.53}$$

也就是说，由 B 对 A 腐蚀所产生的二值图像 E 是这样的点 (x, y) 的集合：如果 B 的原点位移到点 (x, y)，那么 B 将完全包含于 A 中。

图 8.27（a）显示了一个简单的二值图像，图 8.27（b）显示了一个结构元素（黑色点表示元素的原点）。图 8.27（c）中的虚线显示了作为基准的初始图像 A，阴影区域的边界说明 B 的原点进一步移动的界限，超出这个界限会使集合不再完全包含于 A 中。因此，在这个边界内（阴影区域）点的位置构成了使用 B 对 A 进行的腐蚀。图 8.27（d）显示了一个拉长的结构元素，图 8.27（e）显示了用这个元素腐蚀 A 的结果，发现原来的图像被腐蚀成一条线。

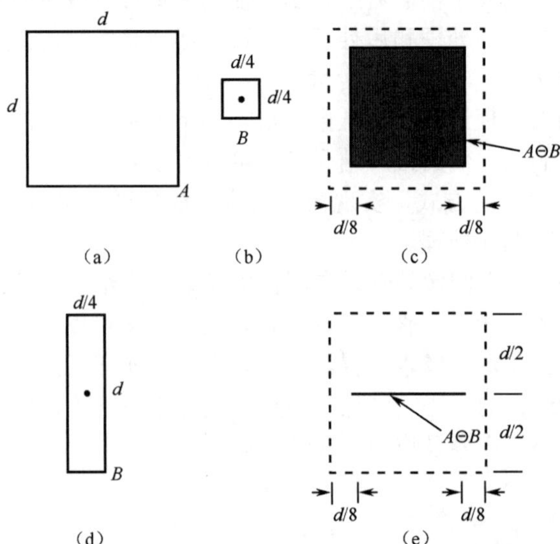

图 8.27　（a）原图，（b）方形结构元素，（c）B 对 A 腐蚀，（d）拉长结构元素，（e）长结构元素对 A 腐蚀

可见，腐蚀结果与结构元素的大小相关。除此之外，结构元素可以有不同的形状，如线段型、十字型、矩形、正方形等。如图 8.28 所示，这里采用的结构元素是十字型，阴影部分表示原图像，标记"×"的是腐蚀后的图像部分。

简单的腐蚀，如结构元素是一个 2×2 的小块，是消除物体的所有边界点的一种过程，其结果使剩下的物体沿其周边比原物体小一个像素的面积。如果物体是圆的，它的直径在每次腐蚀后将减少 2 个像素。如果物体任一点的宽度少于 3 个像素，那么它在该点将变为非连通的（变为两个物体），在任何方向的宽度不大于 2 个像素的物体将被除去。腐蚀对从一幅分割图像中去除小且无意义的物体来说是很有用的。

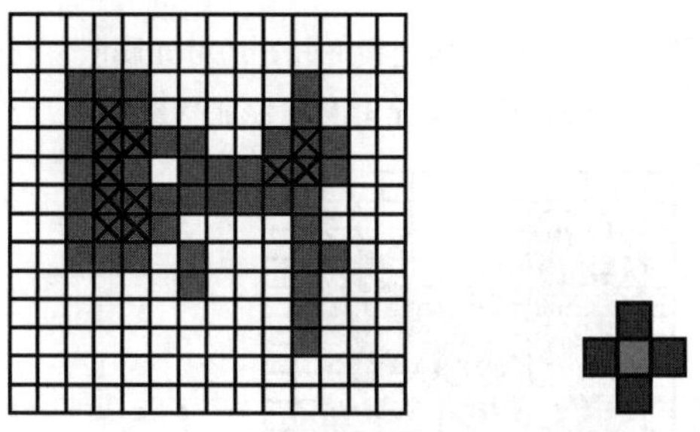

图 8.28　用十字型结构元素对图像腐蚀

3. 膨胀

一般膨胀定义为

$$D = A \oplus B = \{x, y \mid B_{xy} \cap A \neq \phi\} \tag{8.54}$$

也就是说，B 对 A 膨胀产生的二值图像 D 是由这样的点(x, y)组成的集合，如果 B 的原点位移到(x, y)，那么它与 A 的交集非空。

图 8.29（a）是二值图像，图 8.29（b）是结构元素（黑色点表示元素的原点）。图 8.29（c）中的虚线显示了作为基准的初始图像 A，阴影区域的边界说明 B 的原点进一步移动的界限，超出这个界限会使 B_{xy} 和 A 的交集为空。因此，所有处在这个边界内的点的位置构成了使用 B 对 A 进行的膨胀。图 8.29（d）显示了一个拉长的结构元素，图 8.29（e）显示了用这个元素膨胀 A 的结果。可见，膨胀结果与结构元素的大小相关。除此之外，结构元素可以有不同的形状，如线段型、十字型、矩形、正方形等。如图 8.30 所示，采用的结构元素是十字型，阴影部分表示原图像，标记"×"的是膨胀后的图像部分。

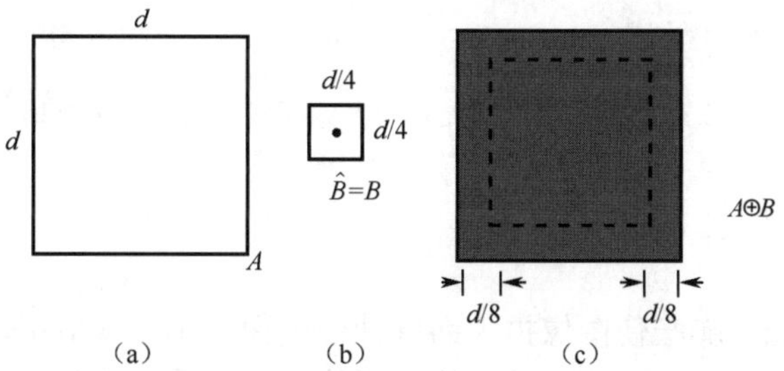

图 8.29　（a）原图，（b）方形结构元素，（c）B 对 A 膨胀，（d）拉长结构元素，（e）长结构元素对 A 膨胀

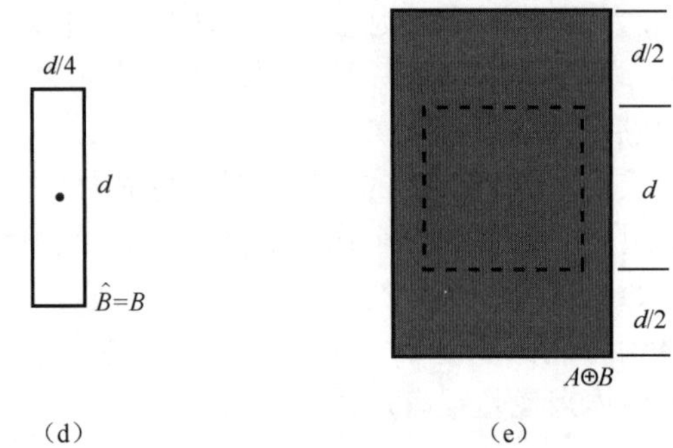

图 8.29 （a）原图，（b）方形结构元素，（c）B 对 A 膨胀，（d）拉长结构元素，（e）长结构元素对 A 膨胀（续）

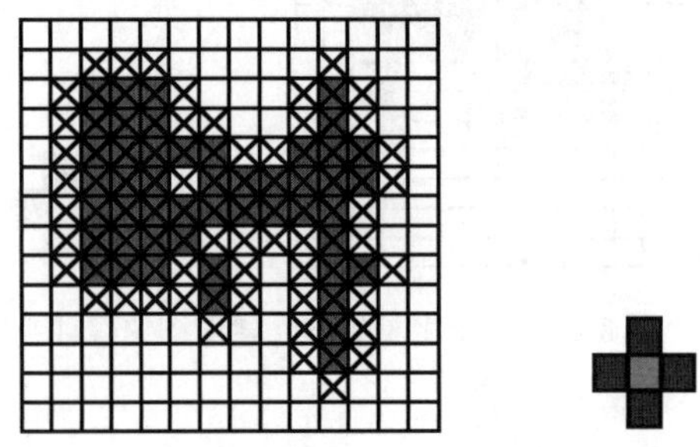

图 8.30 用十字型结构元素对图像膨胀

简单的膨胀，如结构元素是一个 2×2 的小块，是将与某物体接触的所有背景点合并到该物体中的过程。过程的结果是使物体的面积增大了相应数量的点。如果物体是圆的，它的直径在每次膨胀后增大两个像素。如果两个物体在某一点相隔少于三个像素，它们将在该点连通起来（合并成一个物体），如图 8.31 所示。膨胀在填补分割后物体中的空洞很有用。

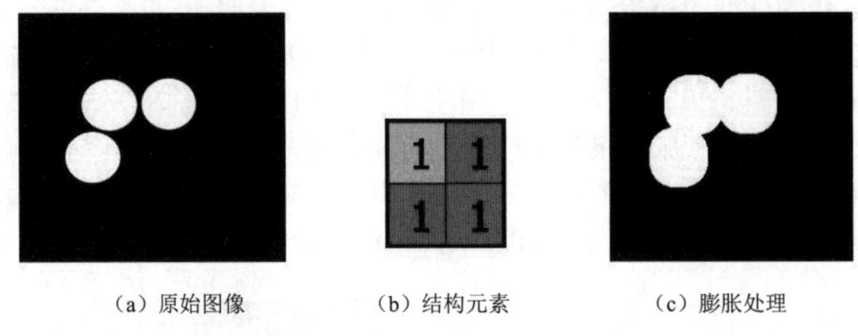

（a）原始图像 （b）结构元素 （c）膨胀处理

图 8.31 用 2×2 结构元素对图像膨胀来连通分离物体

8.5.2 开运算及闭运算

正如我们所看到的，膨胀使图像扩大而腐蚀使图像缩小。本节中，我们讨论另外两个重要的形态学运算：开运算和闭运算。开运算一般使对象的轮廓变得光滑，断开狭窄的间断和消除细的突出物。闭运算同样使轮廓线更为光滑，但与开运算相反的是，它通常弥合狭窄的间断和长细的鸿沟，消除小的孔洞，并填补轮廓线中的断裂。

使用结构元素 B 对 A 进行开运算，定义为

$$A \circ B = (A \ominus B) \oplus B \tag{8.55}$$

可见，用 B 对 A 进行开运算就是用 B 对 A 腐蚀，然后用 B 对结果进行膨胀。

同样，使用结构元素 B 对 A 进行闭运算，定义为

$$A \bullet B = (A \oplus B) \ominus B \tag{8.56}$$

可见，用 B 对 A 进行闭运算就是用 B 对 A 膨胀，然后用 B 对结果进行腐蚀。

【例 8.8】使用开运算除去图像的某些部分。

图 8.32（a）显示的二值图像包含边长为 1, 3, 5, 7, 9 和 15 个像素的正方形。假设我们只想留下最大的正方形而除去其他的正方形，可以通过用比我们要保留的对象稍小的结构元素对图像进行开运算。这里我们选择 13 像素×13 像素大小的结构元素。图 8.32（b）显示了用这个结构元素对原图像进行腐蚀后得到的结果，此时只保留了 3 个最大正方形的点。再用同样大小的结构元素对这 3 个正方形进行膨胀恢复它们原来 15 像素×15 像素的尺寸，如图 8.32（c）所示。

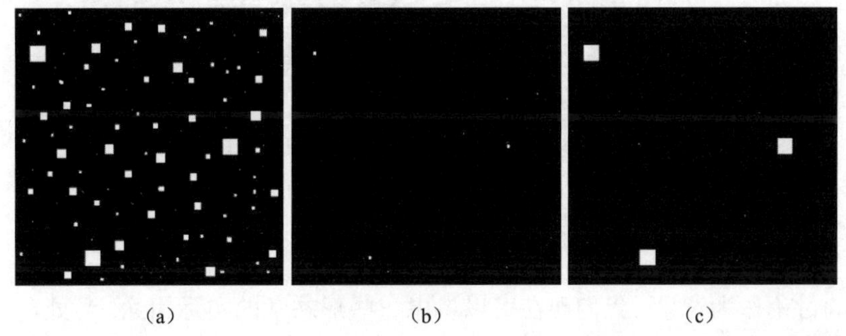

（a） （b） （c）

图 8.32 （a）内部边长为 1, 3, 5, 7, 9 和 15 像素的正方形图像，（b）用方形结构元素（边长为 13）对（a）进行腐蚀，（c）使用相同的结构元素对（b）进行膨胀

【例 8.9】形态学滤波的开运算和闭运算的应用。

图 8.33（a）中的二值图像显示了受噪声污染的部分指纹图像。这里噪声表现为黑色背景上的亮元素和亮指纹部分的暗元素。我们的目的是消除噪声及它对印刷所造成的影响，使图像失真尽可能减小。由开运算后紧跟着进行闭运算形成的形态学滤波器可用于实现这个目的。

图 8.33（b）显示了所使用的结构元素，图 8.33（c）显示了使用结构元素对 A 进行腐蚀的结果。由于噪声部分的物理尺寸均比结构元素小，所以背景噪声在腐蚀过程中被完全消除了。再进行膨胀消除包含于指纹中的噪声元素（黑点），结果如图 8.33（d）所示。刚才描述的两种运算构成了用 B 对 A 进行的开运算。我们注意到图 8.33（d）的指纹纹路间产生了新的间断，为了防止这种不希望的影响，我们在开运算的基础上进行膨胀，如图 8.33（e）所示。大部分间断被恢复了，但指纹的纹路变粗了，再通过腐蚀来弥补出现的情况，结果显示于图 8.33（f），该结果构成了对图 8.33（d）中开运算的闭运算。最后结果显示噪声斑点清除得相当干净。

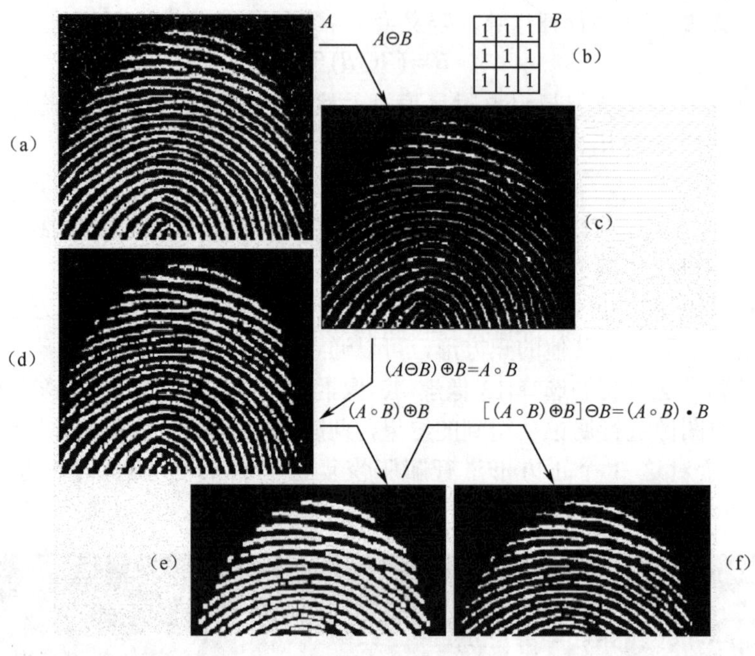

图 8.33　形态学开运算和闭运算的应用

8.5.3　一些基本形态学算法

以前面的讨论作为背景，我们现在可以考虑一些形态学的实际用途。当处理二值图像时，形态学的主要应用是提取对于描绘和表达形状有用的图像成分。形态学算法如提取边界、连通分量、凸壳、区域骨架等，预处理或后处理方法如区域填充、细化、粗化、修剪等，这些算法非常重要，在实际中非常有用。限于篇幅，这里不一一介绍，仅对边界提取和区域填充进行讨论，其余内容可以参考其他相关资料。

1. 边界提取

要在二值图像中提取物体的边界，容易想到的一个方法是将所有物体内部的点删除（置为背景色）。具体而言，可以逐行扫描原图像，如果发现一个白点的 8 个邻域都是白点，则该点为内部点，在目标轮廓中将它删除。实际上这相当于采用一个 3×3 的结构元素对原图像进行腐蚀，腐蚀保留的都是物体的内部点，再用原图像减去腐蚀后的图像，留下的就是边界像素。一般边界提取可以描述如下。

设 B 是一个适当的结构元素，集合 A 的边界表示为 $\beta(A)$，它可以通过先由 B 对 A 腐蚀，而后用 A 减去腐蚀得到。即

$$\beta(A)=A-(A\ominus B) \tag{8.57}$$

我们可以按照式（8.57）直接提取图像的边界轮廓。此外 MATLAB 图像处理工具箱提供了 bwperim(·)函数，可用来检测二值图像中对象的边缘像素。其语法格式为：

```
BW2=bwperim(BW1,N)
```

N 表示邻接的类型，可以为 4、8 等，默认值为 4。下面的例子是对一幅人脸图像先进行二值化，然后用这两种方法分别提取图像的边界轮廓的 MATLAB 程序实现。

【例 8.10】边界轮廓提取。

```
I=imread('upperbody.jpg');                 %读取图像
I=im2bw(I);                                %图像二值化
figure,imshow(I);                          %显示原始图像
se=strel('square',3);                      %选取 3×3 正方形结构元素
Ie=imerode(I,se);                          %对原始图像进行腐蚀
Iout1=I-Ie;                                %原始图像减去腐蚀结果
figure,imshow(Iout1);                      %显示边界轮廓
Iout2=bwperim(I,4);                        %用 bwperim 提取边界
figure,imshow(Iout2);                      %显示边界提取结果
```

图 8.34（a）是原人脸图像，8.34（b）是用式（8.57）直接提取的边界，8.34（c）是用函数 bwperim 提取的边界。从结果可以看出，这两种方法都可以提取很好的图像边界轮廓。

（a）人脸二值图像

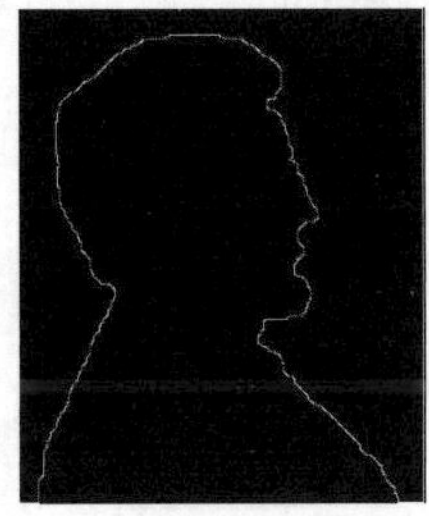

（b）直接边界轮廓提取

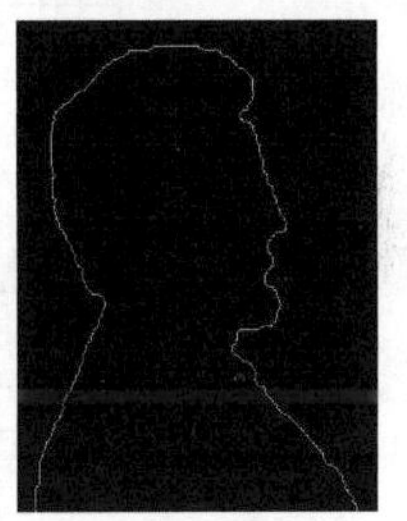

（c）用 bwperim 提取边界

图 8.34　边界轮廓提取

2. 区域填充

下面讨论一个简单的区域填充的算法，它以集合的膨胀、求补和交集为基础。在图 8.35 中，A 表示一个包含子集的集合，其子集的元素均是区域的 8 连通边界点。我们的目的是从边界内的一个点开始，用 1 填充整个区域。

这里的二值图像用 1 显示阴影区域，0 显示白色。所有的非边界（背景）点标记为 0，以 1 赋给 p 点开始。下面过程将整个区域用 1 填充：

$$X_k = (X_{k-1} \oplus B) \cap A^c，\quad k = 1,2,3,\cdots \tag{8.58}$$

这里 A^c 是 A 的补集，如图 8.35（b），$X_0=p$，B 是示于图 8.35（c）中的对称结构元素。如果 $X_k = X_{k-1}$，则算式在迭代的第 k 步结束。X_k 和 A 的并集包含被填充的集合和它的边界。

边界内的初始点显示如图 8.35（d），经过 $k=1,2,\cdots,6,7$ 次式（8.58）运算后的结果如图 8.35（e）～图 8.35（h）所示，当 $k=8$ 时 $X_k = X_{k-1}$，迭代结束。此时，$X_7 \cup A$ 包含被填充的集合和它的边界，如图 8.35（i）所示。

如果对公式的左边不加限制，则式（8.58）的膨胀处理将填充整个区域。但在每一步中，用与 A^c 的交集将得到的结果限制在感兴趣区域内，这种处理被称为条件膨胀。

在 MATLAB 中提供了 bwfill(·)函数实现二值图像的区域填充，其语法格式和使用说明可通过 help bwfill 查阅。下面是利用该函数进行区域填充的一个例子。

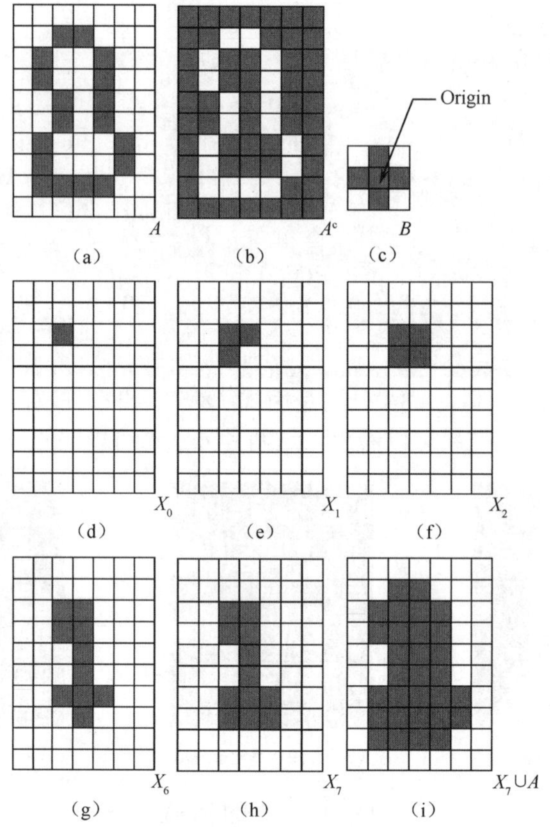

图 8.35　区域填充

（a）集合 A，（b）A 的补集，（c）结构元素 B，（d）边界内的初始点，

（e）～（h）为式（8.58）使用的各个步骤，（i）最后的结果

【例 8.11】形态学区域填充。

```
I=imread('cells.jpg');                       %读取原始图像
BW1=im2bw(I);                                %二值化
figure,imshow(BW1);                          %显示二值图像
BW2=bwfill(BW1,'holes');                     %进行区域填充
figure,imshow(BW2);                          %显示填充后的结果
```

程序运行结果如图 8.36 所示，可以发现，每个区域都得到了很好的填充。

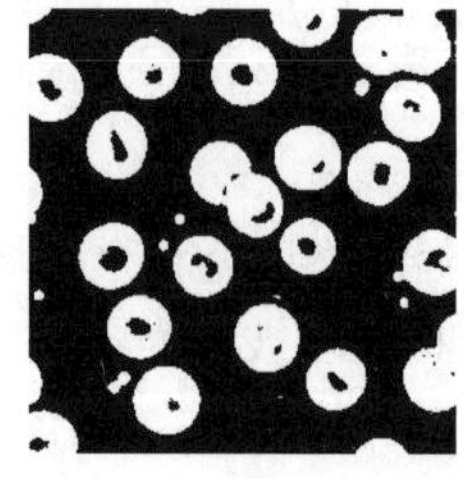

（a）原始图像

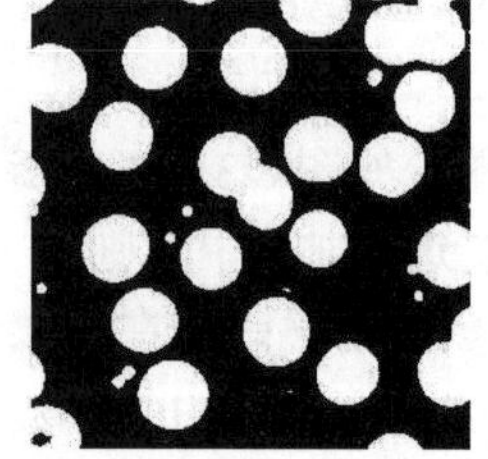

（b）区域填充的结果

图 8.36　形态学运算

习题

8.1 设一幅 7×7 大小的二值图像中心处有一个值为 0 的 3×3 大小的正方形区域，其余区域的值为 1，如图 8.37 所示。使用 Sobel 算子来计算这幅图的梯度，并画出梯度幅度图（需要给出梯度幅度图中所有像素的值）。

1	1	1	1	1	1	1
1	1	1	1	1	1	1
1	1	0	0	0	1	1
1	1	0	0	0	1	1
1	1	0	0	0	1	1
1	1	1	1	1	1	1
1	1	1	1	1	1	1

图 8.37 习题 8.1 图

8.2 噪声对利用直方图取阈值进行图像分割的算法会有哪些影响？

8.3 试求图 8.38 的 4 连通和 8 连通区域数量。

1	0	1	1	0	0	0	0	1
1	0	0	0	0	0	1	1	1
0	1	0	0	0	1	1	1	1
0	0	1	0	0	1	1	0	1
0	0	0	1	1	1	0	0	0
0	1	1	0	0	1	1	1	0
0	0	0	0	0	1	1	1	0
0	1	0	1	1	0	1	0	1
0	1	1	1	1	0	0	0	0

图 8.38 习题 8.3 图

8.4 选择一幅灰度图像，用迭代阈值法进行分割，试写出 MATLAB 程序，并给出分割结果。

8.5 选择一幅灰度图像，用最大类间方差法进行分割，不用函数 graythresh(·)，根据最大类间方差法原理写出 MATLAB 程序，并给出分割结果。

8.6 一幅图像背景部分的均值为 25、方差为 625，在背景上分布着一些互不重叠的均值为 150、方差为 400 的小目标。设所有目标合起来约占图像总面积的 20%，给出一个阈值分割算法将这些目标分割出来。

8.7 对于题 8.6，给出一种区域生长的分割方法。

8.8 用 Hough 变换检测其他几何形状（如椭圆）。写出 MATLAB 程序，并给出结果。

8.9　选择一幅灰度图像，将其转换成二值图像，试用 3×3 方形模板和 3×4 矩形模板分别对它进行膨胀和腐蚀操作，写出 MATLAB 程序，并给出结果。

8.10　选择一幅灰度图像，将其转换成二值图像，试用形态学运算，提取图像中物体的边界。

8.11　选择一幅灰度图像，将其转换成二值图像，试用形态学运算，对图像中物体内部的孔洞进行填充。

第三部分　数字图像处理扩展内容

第 9 章　彩色图像处理

自然界呈现给人们的是色彩斑斓的场景，日常生活和生产活动中拍摄到的大都是彩色图像，彩色图像包含丰富的颜色信息，研究彩色图像处理技术具有理论和应用价值。本章主要介绍彩色图像基础、彩色模型、伪彩色处理、全彩色图像处理、彩色图像分割方法及彩色图像处理的应用等。

9.1　彩色图像基础

9.1.1　彩色图像的概念

彩色图像（Color Image）直观地说对应我们对周围彩色环境的感知（对应人体视觉器官的感知）。从计算的角度，一幅彩色图像被看成一个向量函数（一般具有三个分量），设函数的范围是一个具有范数的向量空间，也称为彩色空间（Color Space）。对于一幅（三通道的）彩色数字图像（Digital Color Image）任意向量 $\boldsymbol{c}$，赋予一个像素 (x, y) 三个向量分量 f_1、f_2、f_3：

$$\boldsymbol{c}(x,y)=[f_1(x,y), f_2(x,y), f_3(x,y)]^{\mathrm{T}}=[f_1, f_2, f_3]^{\mathrm{T}} \tag{9.1}$$

设向量分量各自具有 L 个量化等级（在通常情况下，L 可以取 256），用向量分量 f_1、f_2、f_3 的具体数值组合来表达的彩色只有相对意义。具有整数分量 $0 \leqslant f_1, f_2, f_3 \leqslant L-1$ 的每个向量 $[f_1, f_2, f_3]^{\mathrm{T}}$ 刻画了基本彩色空间中的一种彩色。典型的彩色空间包括用于在显示器上表示彩色图像的 RGB 彩色空间，以及用于打印机打印彩色图像的 CMY（K）彩色空间。

如果一幅数字化彩色图像的向量分量代表可见光的光谱传输，那么这幅彩色图像称为真彩色图像（True-Color Image）。真彩色图像可由彩色 CCD 摄像机获得，商用的彩色 CCD 摄像机一般量化为每个彩色通道或向量分量为 8 bit（256 个等级）。真彩色图像由三个颜色分量（红色 R、绿色 G、蓝色 B）组成，每个像素的像素值是一个由三个分量（R、G、B）组成的向量，每个分量用 1 字节表示，这样每个像素需要 3 字节（24 比特）存储。

假彩色图像（False-Color Image）与真彩色图像的定义形式类似，它允许将可见光以外的光谱也转换为彩色图像的向量分量。例如，红外图像，其信息内容并不是来自可见光的，而是为了表达和显示，将处在红外光谱的信息转换到了可见光的范围内。

伪彩色图像（Pseudocolor Image）是指将所选的像素编码或彩色化的图像。对这些像素，相关联的像素值（灰度值或彩色向量）被给定的彩色向量所替换。原始图像可以是灰度图像，其中重要的区域（如 X 射线图像中用来帮助放射专家诊断的区域）被记录为彩色。

彩色量化一般通过索引的彩色（Indexed Color）来实现。例如，根据量化算法，从图像中选择 256 个彩色向量放入颜色表（Colormap）或调色板（Palette）中，列出与每个像素关联的索引值，按照这个索引值，在颜色表中找到对应的颜色值，在显示器上显示彩色图像。真彩色图像借助索引彩色时，将减少图像的彩色信息并降低彩色图像的质量，这些彩色图像对进一步用图像分析技术进行加工并不太合适。

上述讨论的是三个通道的彩色图像。这些技术也可以推广到 n 个通道，这就是多通道（Multichannel）或多带图像（Multiband Image）：

$$\boldsymbol{c}(x,y)=[f_1(x,y),f_2(x,y),\cdots,f_n(x,y)]^{\mathrm{T}}=[f_1,f_2,\cdots,f_n]^{\mathrm{T}} \tag{9.2}$$

式（9.2）的特例是：n=1 时，为灰度图或强度图；n=3 时，为三个通道的真彩色图。

例如，多光谱图像（Multispectral Image），即对给定场景用多个谱带获得的图像，某些（或全部）谱带有可能处在可见光范围之外，如 LANDSAT 图像的谱带为 500～600nm（蓝色-绿色）、600～700nm（黄色-红色）、700～800nm（红色-红外）和 800～1100nm（红外），LANDSAT 图像的图像值用包含四个分量的向量来表示。其他多通道图像的例子还有雷达图像，其中各通道代表不同波长和极化情况下的信号。近期的研究还包括采集、表达和处理多谱，其中包括可见光谱内多于三个通道的彩色图像。一般具有超过 100 个谱带的图像被称为超光谱图像（Hyperspectral Image），但没有公认的超光谱图像谱带个数的最小数目。

9.1.2　彩色基础

虽然人类大脑感知和理解颜色所遵循的过程是一种生理和心理现象，这一现象还远没有被完全了解，但颜色的物理性质可以由实验和理论结果支持的基本形式来表示。1666 年，牛顿发现了一个现象，当一束太阳光通过一个玻璃棱镜时，出现的光束不是白色的，而是由紫色过渡到红色的连续彩色谱。彩色谱可分为 7 个宽的区域：紫色、蓝色、青色、绿色、黄色、橙色和红色。从而证明白光是由不同颜色（而且这些颜色并不能再进一步被分解）的光线相混合而成的，这些不同颜色的光线实际上就是不同频率的电磁波，人类的脑、眼将不同频率的电磁波感知为不同的颜色。

人类和某些动物接收的物体颜色由物体反射光的性质决定，如图 9.1 所示。可见光是由电磁波谱中相对较窄的波段组成的。一个物体反射的光如果在所有可见光波长范围内是平衡的，对观察者来说显示白色；而若一个物体对有限的可见光谱范围反射，则物体呈现某种颜色。例如，绿色物体反射 500～570nm 范围内的光，吸收其他波长光的多数能量。

光特性是颜色科学的核心。如果光是消色的（缺乏颜色），则它的属性仅仅是亮度，消色光就是黑白电视的光，由灰度来度量亮度，它是一个标量，其范围从黑到灰最后到白。

可见光覆盖电磁波谱 400～700nm 的范围，可用辐射率、光强和亮度三个基本量描述彩色光源的质量。辐射率是从光源流出能量的总量，通常用瓦特（W）度量。光强用流明（Lumen）度量，它给出了观察者从光源接收的能量总和的度量。例如，光从工作在远红外波普范围的光源中发出，它可能具有实际意义上的能量，但是观察者却很难感觉到，它的光强几乎是零。亮度是物体表面发光的量度，是从一个表面进入人眼的可见光的数量。换句话说，它是反射、透射和（或）发射沿给定方向离开表面上一点的可见光的数量，是一个主观描述子。

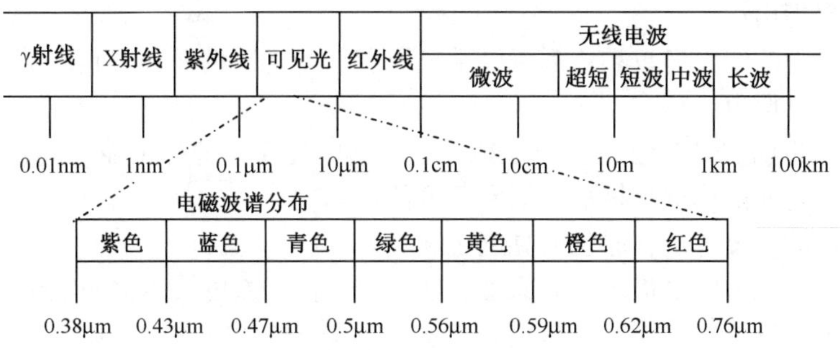

图 9.1　可见范围电磁波谱的波长组成

人眼的视锥细胞是负责彩色视觉的传感器，详细的实验结果表明，在人眼中的 600 万～700 万个视锥细胞中可分为 3 个主要的感觉类别，它们对应红光、绿光、蓝光。大约 65%的视锥细胞对红光敏感，33%的对绿光敏感，只有 2%的对蓝光敏感。图 9.2 显示了眼睛对红光、绿光、蓝光吸收的平均实验曲线。由于人眼的这些吸收特性，因此被看到的彩色是所谓的原色红（R，Red）、绿（G，Green）和蓝（B，Blue）的各种组合。为标准化起见，国际照明委员会（CIE）在 1931 年设计了特定波长值为主原色：蓝色=435.8nm，绿色=546.1nm，红色=700nm。这一标准在图 9.2 所示的详细实验曲线得到之前（该曲线于 1965 年得到）就做了规定。这样，CIE 标准只是实验数据的近似。从图 9.1 和图 9.2 可以看出，没有单一颜色可称为红色、绿色、蓝色。由于光源的光谱是连续渐变的，所以并没有一种颜色可以准确地称为红色、绿色、蓝色。另外，为标准化目的而定义的三种基本波长并不意味着仅三个固定的 *R*、*G*、*B* 分量就可组成所有颜色。

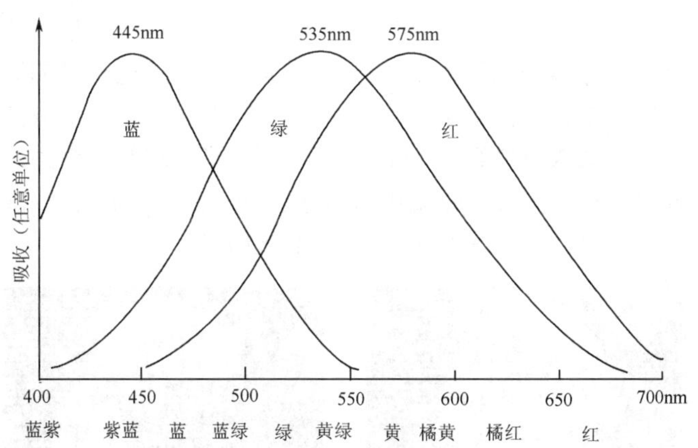

图 9.2　人眼中视锥细胞的波长吸收函数

自然界中的绝大多数颜色都可以用这三原色按照不同比例混合得到。同样，绝大多数色光也可以分解成红、绿、蓝三种色光，这就是三原色原理。该原理是 T. Young 在 1802 年提出的，其基本内容是：绝大多数颜色都可以用三种不同的基本颜色按照不同比例混合得到，即

$$C=aC_1+bC_2+cC_3 \tag{9.3}$$

式中，a、b、$c\geqslant 0$，为三种原色的权值或者比例；C_1、C_2、C_3 为三原色（又称为三基色）；C 为所合成的颜色，可为任意颜色。

三原色原理指出：

（1）自然界中的绝大多数颜色都可以用三原色按一定比例混合得到；反之，绝大多数颜色都可以分解为三原色。

（2）作为原色的三种颜色应该相互独立，即其中任何一种都不能用其他两种混合得到。

（3）三原色之间的比例直接决定混合色调的饱和度。

（4）混合色的亮度等于各原色的亮度之和。

三原色原理是色度学中最基本的原理。红、绿、蓝三原色按照比例混合可以得到绝大多数颜色，其配色方程为

$$C=aR+bG+cB \tag{9.4}$$

式中，$a, b, c\geqslant 0$，为三种原色的权值或比例；C 为任意一种颜色；R 代表红色分量；G 代表绿色分量；B 代表蓝色分量。

原色相加可产生二次色，如红色+蓝色=品红色（Magenta，M）（也称深红色），绿色+蓝色=青色（Cyan，C），红色+绿色=黄色（Yellow，Y）。以一定比例混合光的三种原色或以一种二次色与其相反的原色相混合可以产生白色（White，W），即红色+绿色+蓝色=白色，其结果如图 9.3 所示。

光原色与颜料原色之间具有很大区别。颜料原色定义为吸收一种光原色并让其他两种光原色反射的颜色，所以颜料的三种原色正是光的三种二次色，而颜料的三种二次色正是光的三种原色。如果以一定比例混合颜料的三种原色或将一种二次色与其相反的原色混合就可以得到黑色，即品红色+青色+黄色=黑色，其结果如图 9.3 所示。

彩色电视机中采用加基色混色（Additive Color Mixture）系统，使用红、绿、蓝三色作为基色来混合。彩色电视接收机是色光相加的例子，许多彩色电视机显像管内部是由电敏荧光粉三角形点阵形式组成的。当激发时，像素三色组中的每个点能产生三原色中的一种光。发射红光的荧光粉的像点亮度由显像管内的电子枪调制，该电子枪产生的脉冲与电视摄像机摄取的“红能量”相对应。像素三色组中的绿点和蓝点荧光物以相同的方式被调制。在电视接收机上观察到的效果是，像素三色组每个荧光点原色加在一起并由眼睛对颜色敏感的视锥细胞以全彩色图像的方式接收。在绘画时采用减基色混色（Subtractive Color Mixture）系统，一般使用品红色、黄色、青色作为原色来混合，如图 9.3 所示。

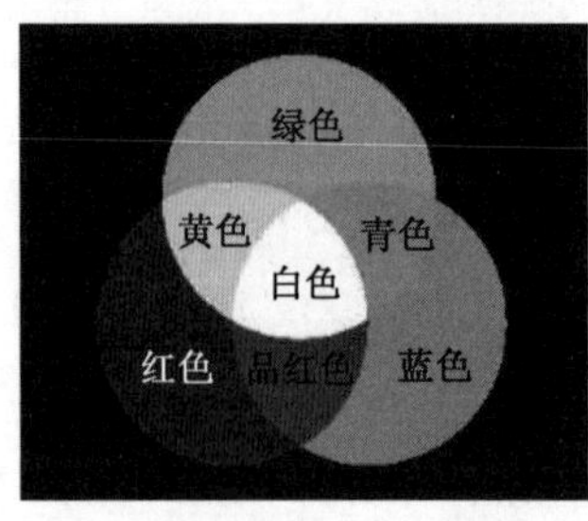

（a）加基色混色系统

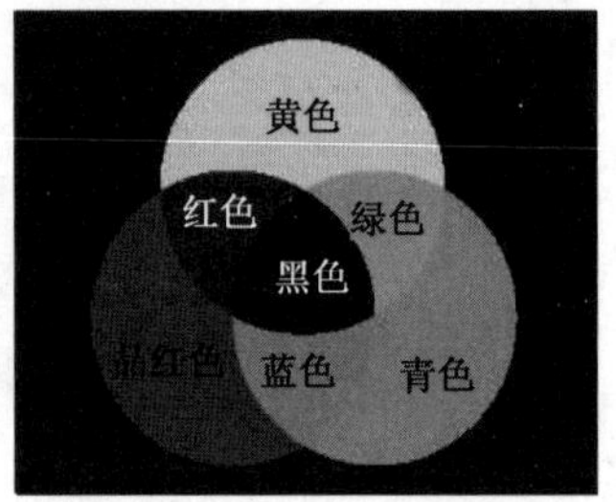

（b）减基色混色系统

图 9.3　光及颜料的原色和二次色

对于强度相同的不同单色光，人眼的主观亮度感觉不同。相同亮度的三原色，人眼看去

的感觉是，绿色光的亮度最亮，红色光其次，蓝色光最弱。如果用 Y 来表示白色光的亮度（灰度），那么根据 NTSC（美国国家电视制式）电视制式推导，可以得到白光亮度与红色光、绿色光、蓝色光的关系：

$$Y=0.299R+0.587G+0.114B \tag{9.5}$$

而根据 PAL（相位逐行交变）电视制式，可得

$$Y=0.222R+0.707G+0.071B \tag{9.6}$$

采用三原色来表示各种颜色，使得彩色图像的获取、表示、传输和复制成为可能，它被广泛应用于彩色绘制、印染、摄影等多个方面。

区分颜色常用的三种基本特性量为：亮度、色调和饱和度。正如前面所述，亮度是色彩明亮度的概念；色调是光波混合中与主波长有关的属性，色调表示观察者接收的主要颜色。这样，当我们说一个物体是红色、橘黄色、黄色时，是指它的色调。饱和度与一定色调的纯度有关，纯光谱色是完全饱和的，像粉红色（红加白）和淡紫色（紫加白）是欠饱和的，饱和度与所加白光数量呈反比。

色调和饱和度一起称为彩色（也称为色度），因此，颜色是用亮度和色度共同表征的。形成任何特殊颜色需要的红色、绿色、蓝色的量称为三色值，并分别用 X、Y、Z 表示。进一步地，一种颜色可用它的三个色系数表示，它们分别为

$$x=\frac{X}{X+Y+Z} \tag{9.7}$$

$$y=\frac{Y}{X+Y+Z} \tag{9.8}$$

$$z=\frac{Z}{X+Y+Z} \tag{9.9}$$

由式（9.7）～式（9.9）可得

$$x+y+z=1 \tag{9.10}$$

1931 年 CIE 制定了一个色度图，如图 9.4 所示，图中波长单位是毫微米，用组成某种颜色的三原色比例来规定这种颜色。图 9.4 中横轴代表红色色系数，纵轴代表绿色色系数，蓝色色系数可由 $z=1-(x+y)$ 求得。例如，图 9.4 中标记为绿色的点有 62%的绿色和 25%的红色成分，从而计算得到蓝色的成分约为 13%。图 9.4 中各点给出光谱各颜色的色度坐标，深蓝色在色度图的左下部，绿色在色度图的左上部，红色在色度图的右下部。

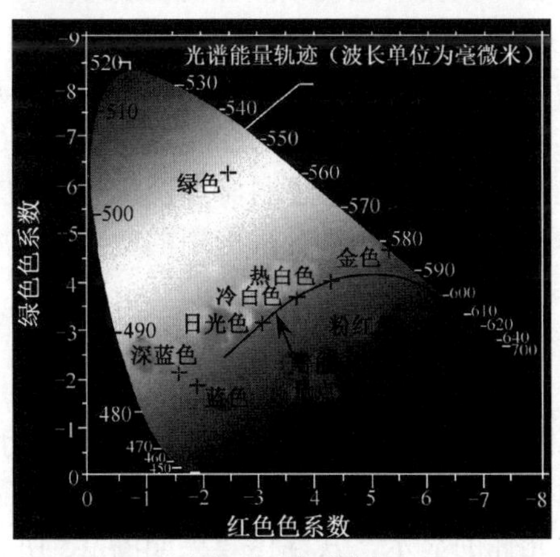

图 9.4　色度图

通过对图 9.4 的观察分析可知：

（1）在色度图中，每个点都对应一种颜色，或者说任何颜色都在色度图中占据确定的位置。

（2）可见光的波长范围为 380～780nm，从波长为 380nm 的紫色到波长为 780nm 的红色的各种谱色的位置标在舌形色度图的边界上，它们都是纯色。任何不在边界上而在色度图内部的点都表示谱色的混合色。图 9.4 中的等能量点与三原色百分率相对应，它表示相对白光的 CIE 标准。位于色度图边界上的任何点都是全饱和的，如果一点离开边界并接近等能量点，就在颜色中加入了更多的白光，该颜色就变成欠饱和的了，等能量点的饱和度为零。

（3）色度图对彩色混合非常有用，因为在色度图中用连接任意两点的直线段定义所有不同颜色的变化，这些颜色可以由这两类颜色相加得到。例如，从图 9.4 中的红色点到绿色点画一条直线，如果有比绿光多的红光，则确切地表示新颜色的点将处在线段上，但与绿色点相比更接近红色点。类似地，从等能量点到位于色度图边界上的任意点画一条线段将定义特定谱色的所有色调。

（4）可以把这一过程扩展到三种颜色，如果要确定由三个给定颜色组合成的颜色范围，只需要将这三种颜色对应的三个点连成三角形，在该三角形中的任意颜色都可由这三种颜色组成，而在该三角形外的颜色则不能由这三种颜色组成。由于给定三个固定颜色而得到的三角形并不能包含色度图中所有的颜色，所以这个结果从图解上支持前面得出的用三个单波长的、确定的原色不能组合得到所有颜色的论点。

9.2 彩色模型

彩色模型（也称彩色空间或彩色系统）的用途是在某些标准下用通常可接受的方式简化彩色规范。本质上，彩色模型是坐标系统和子空间的规范，位于系统中的每种颜色都由单个点来表示。

现在所用的大多数彩色模型都是面向硬件的（如彩色监视器和彩色打印机）或是面向应用的。在数字图像处理中，实际中最通用的面向硬件模型是 RGB（红、绿、蓝）彩色模型。该彩色模型用于彩色监视器和一大类彩色视频摄像机。CMY（青、深红、黄）彩色模型、CMYK（青、深红、黄、黑）彩色模型是针对彩色打印机的。HSI（色调、饱和度、亮度）彩色模型符合人类描述和解释颜色的方式。HSI 彩色模型还有一个优点，就是它把图像分成彩色和灰度信息，这将更便于许多灰度处理技术的应用。CIE 颜色空间（CIE Luv、CIE Lab）是另一种符合人类描述和解释颜色的方式。由于彩色科学涉及的应用领域很宽广，所以使用的彩色模型还有不少。本节主要讨论几种数字图像处理应用的主要彩色模型。

9.2.1 RGB 彩色模型

RGB 彩色模型是目前常用的一种彩色信息表达方式，它使用红、绿、蓝三原色的亮度来定量表示颜色。该彩色模型也称为加色混色模型，是以 RGB 三色光相互叠加来实现混色的方法，适合用于显示器等发光体的显示，其混色效果如图 9.5 所示。

RGB 彩色模型可以看成三维直角坐标彩色系统中的一个单位正方体，如图 9.6 所示。任何一种颜色在 RGB 彩色系统中都可以用三维空间中的一个点来表示（为方便起见，假定所有颜色值都归一化，即所有 R、G、B 的值都在[0, 1]范围内取值）。图 9.6 中，红色（Red）、绿色（Green）、蓝色（Blue）位于三个角上，坐标分别为(1, 0, 0)、(0, 1, 0)、(0, 0, 1)。二次色品红色（Magenta）、青色（Cyan）、黄色（Yellow）位于另外三个角上，坐标分别为(1, 0, 1)、(0, 1, 1)、(1, 1, 0)。黑色在原点(0, 0, 0)处，白色位于离原点最远的角上，坐标为(1, 1, 1)。在该彩色模型中，连接黑色与白色的对角线是由亮度等量的三基色混合而成的灰色，该线称为灰度级。在该彩色模型中，不同的颜色处于立方体表面或其内部，并可用从原点分布的向量来定义。

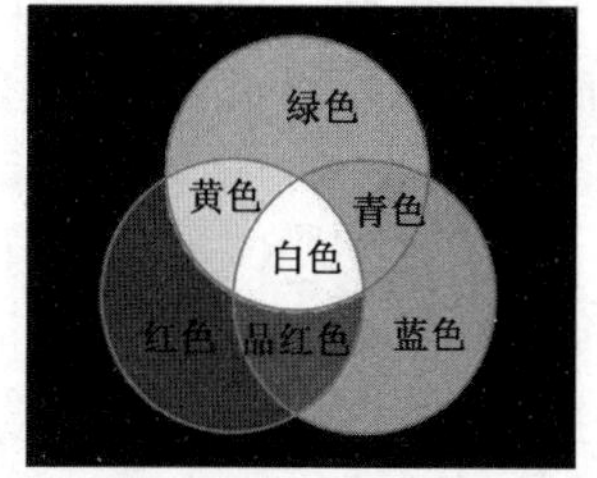

图 9.5　RGB 彩色模型混色效果

由 RGB 彩色模型表示的图像由三个图像分量组成，每个图像分量都是其原色图像。当送入 RGB 监视器时，这三幅图像在荧光屏上混合产生一幅合成的彩色图像。在 RGB 空间，表示每个像素的比特数称为像素深度。考虑 RGB 图像，其中每幅红、绿、蓝图像都是一幅 8 bit 图像，在这种条件下，每个 RGB 彩色像素有 24 bit 深度（三个图像平面乘以每个平面的比特数，即 3×8 bit）。24 bit 的彩色图像也称全彩色图像。在 24 bit RGB 图像中，颜色总数是 2^{24}= 16777216。图 9.7 显示了与图 9.6 对应的 24 bit RGB 彩色立方体。

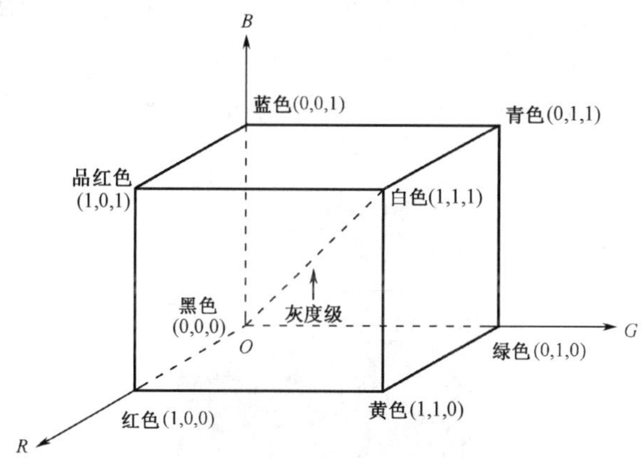

图 9.6　RGB 彩色立方体示意图

根据该彩色模型，每幅彩色图像包括三个独立的基色平面，或者说可分解到三个平面上。反过来，如果一幅图像可被表示为三个平面，则使用该彩色模型表示会比较方便。例如，在处理多频谱的卫星遥感图像时常用 RGB 彩色模型。

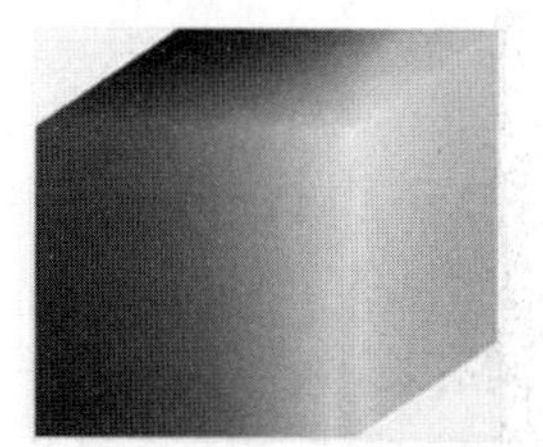
图 9.7　24 bit RGB 彩色立方体

一幅 $m \times n$（m、n 为正整数，分别表示图像的高度和宽度）的 RGB 彩色图像可以用一个 $m \times n \times 3$ 的矩阵来描述，图像中的每个像素点对应由红、绿、蓝三个分量组成的三元组。在 MATLAB 中，不同图像类型的图像矩阵的取值范围也不同。例如，若一幅 RGB 图像是 double 类型的，则其取值范围为[0, 1]，而如果它是 uint8 或者 uint16 类型的，则取值范围分别是[0, 255]或[0, 65535]内的整数。

要在 MATLAB 中生成一幅 RGB 彩色图像可以采用 cat 函数，其基本语法如下：

```
B=cat(dim, A1, A2, A3, …)
```

其中，dim为维数，cat函数将矩阵 $\boldsymbol{A}_1, \boldsymbol{A}_2, \boldsymbol{A}_3, \cdots$ 连接成维数为dim的矩阵。对图像生成而言，可以取dim=3，然后将三个代表RGB分量的矩阵连接在一起，即

$$I = \text{cat}(3,\ \text{rgb\_R},\ \text{rgb\_G},\ \text{rgb\_B}) \tag{9.11}$$

其中，rgb_R、rgb_G、rgb_B分别为生成的RGB图像 I 的三个分量的值，可以使用下列语句从图像 I 中得到：

```
rgb_R=I(:, :, 1);
rgb_G=I(:, :, 2);
rgb_B=I(:, :, 3);
```

【例9.1】 生成一幅128像素×128像素的RGB图像，该图像左上角为红色，左下角为蓝色，右上角为绿色，右下角为黑色。

其MATLAB程序如下：

```
clear
rgb_R=zeros(128,128);              %生成一个128像素×128像素的零矩阵，作为R分量
rgb_R(1:64,1:64)=1;                %将其左上角的64像素×64像素设置为1
rgb_G=zeros(128,128);              %生成一个128像素×128像素的零矩阵，作为G分量
rgb_G(1:64,65:128)=1;              %将其右上角的64像素×64像素设置为1
rgb_B=zeros(128,128);              %生成一个128像素×128像素的零矩阵，作为B分量
rgb_B(65:128,1:64)=1;              %将其左下角的64像素×64像素设置为1
rgb=cat(3,rgb_R,rgb_G,rgb_B);      %使用cat函数将三个分量进行组合
figure, imshow(rgb), title('RGB彩色图像');
```

结果如图9.8所示。

图9.8　采用cat函数生成RGB彩色图像

 9.2.2　CMY彩色模型及CMYK彩色模型

在用彩色打印机将彩色图像打印输出时，使用的是CMY彩色模型和CMYK彩色模型。在RGB彩色模型中，红色、绿色、蓝色是在黑色光中增加这种颜色得到的，所以红色、绿色、蓝色称为加色基色，RGB彩色模型称为加色混色模型。与此不同的是，在CMY彩色模型中，青色、品红色、黄色是在白色光中减去红色、绿色、蓝色而得到的，它们分别是红色、绿色、蓝色的补色，所以青色、品红色、黄色称为减色基色，CMY彩色模型称为减色混色模型。在笛卡儿坐标系中，CMY彩色模型与RGB彩色模型外观相似，但原点和顶点刚好相反，

CMY 彩色模型的原点是白色，相对的顶点是黑色。

大多数在纸上沉积彩色颜料的设备，如彩色打印机和彩色复印机，都要求输入 CMY 数据或在内部进行从 RGB 彩色模型到 CMY 彩色模型的转换，这一转换就是执行以下操作：

$$\begin{bmatrix} C \\ M \\ Y \end{bmatrix} = \begin{bmatrix} 1 \\ 1 \\ 1 \end{bmatrix} - \begin{bmatrix} R \\ G \\ B \end{bmatrix} \tag{9.12}$$

这里再次假设所有彩色值范围都归一化为[0, 1]。式（9.12）显示了从涂覆青色颜料的表面反射的光不包含红色，即式（9.12）中 C=1−R。与此相似，纯品红色不反射绿色，纯黄色不反射蓝色。

印刷时 CMY 彩色模型不可能产生真正的黑色，因此印刷业实际使用的是 CMYK 彩色模型，K 为第四种颜色，表示黑色。在彩色打印及彩色印刷中，由于彩色墨水、油墨的化学特性、色光反射和纸张对颜色的吸附程度等，用等量的 CMY 三色得不到真正的黑色，所以需要在 CMY 色彩中另加一个黑色（K），才能解决这三种颜色混合不够黑的问题。从 CMY 彩色模型到 CMYK 彩色模型的转换公式为

$$\begin{cases} K = \min(C, M, Y) \\ C = C - K \\ M = M - K \\ Y = Y - K \end{cases} \tag{9.13}$$

RGB 彩色模型与 CMY 彩色模型的相互转换可以使用函数 imcomplement: I_2= imcomplement(I_1)，该函数可得到图像 I_1 的互补图像 I_2。其中，I_1 可以是二值图像、灰度图像或彩色图像，I_2 与 I_1 互补。

9.2.3　HSI 彩色模型

RGB 彩色模型和 CMY 彩色模型对硬件实现很理想，同时 RGB 系统与人眼很强地感觉红、绿、蓝三原色的事实能很好地匹配。但是，RGB 彩色模型、CMY 彩色模型和其他类似的彩色模型不能很好地适应实际上人类解释的颜色。例如，两个 RGB 像素点的距离与人类对这两点的视觉感知距离并不一致。

HSI（Hue-Saturation-Intensity）彩色模型用 H、S、I 三个参数描述颜色特性，它是由 Munseu 提出的一种彩色模型。其中，H 定义颜色的波长，称为色调；S 表示颜色的深浅程度，称为饱和度；I 表示强度或亮度。这里，I 规定为 R、G、B 三个灰度级的平均值，在有的地方也使用对不同分量用不同权值的彩色机制。强度值确定了像素的整体亮度，而不管彩色是什么。人们可以通过平均 RGB 分量将彩色图像转化为单色图像，这样就丢掉了彩色信息。

HSI 彩色模型在图像处理和识别中广泛采用，主要基于两个重要的事实：其一，I 分量与图像的彩色信息无关；其二，H 分量和 S 分量与人类感受颜色的方式是紧密相连的。这些特点使得 HSI 彩色模型非常适合借助人类的视觉系统来感知彩色特性的图像处理算法。由于 HSI 彩色模型与人类的视觉是近似一致的，所以两个 HSI 彩色点之间的视觉感知距离可以近似地用它们在 HSI 彩色空间中像素点之间的距离来度量。

包含彩色信息的两个参数是色调（H）和饱和度（S），也有人使用与其等价的其他定义。图 9.9 中的色环描述了这两个参数，色调 H 用角度表示，彩色的色调反映了它最接近什么样

的光谱波长（彩虹中对应的颜色）。不失一般性，可以假定 0° 的彩色为红色，120° 的为绿色，240° 的为蓝色。色调从 0° ～360° 覆盖了所有可见光谱的彩色。

饱和度 S 表示颜色的深浅程度，饱和度越高，颜色越深，如深红色、深绿色等。饱和度参数是色环的原点（圆心）到彩色点的半径长度，如图 9.9 所示。环外围圆周是纯的（或称饱和的）颜色，其饱和度为 1；在环中心是中性（灰色）的颜色，其饱和度为 0。

试验获得的数据上的饱和度的概念可描述如下：假设有一桶纯红色的颜料，它对应的色调为 0，饱和度为 1。混入白色颜料后，红色变得不再强烈了，即降低了它的饱和度，但没有使它变暗。粉红色对应的饱和度约为 0.5。随着更多白色颜料的加入，红色变得越来越淡，饱和度进一步降低，最后接近于零（白色）。相反，如果将黑色颜料与纯红色颜料混合，黑色的亮度将降低（变黑），而它的色调（红色）和饱和度（1）将保持不变。

亮度 I 是指光波作用于感受器发生的效应，其大小由物体反射系数决定。物体反射系数越大，物体的亮度越大，反之越小。如果把色环的垂线作为亮度，那么 H、S、I 三个分量构成一个柱形彩色空间，即 HSI 彩色模型的三个属性定义了一个三维柱形彩色空间，如图 9.10 所示。灰度阴影沿轴线自下而上亮度逐渐增加，底部的黑色逐渐变为顶部的白色。圆柱顶部圆周上的颜色具有最高亮度和最大饱和度。

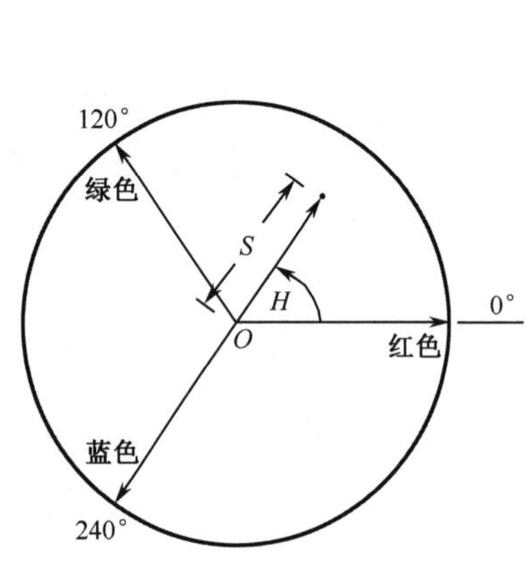

图 9.9　HSI 彩色模型色环

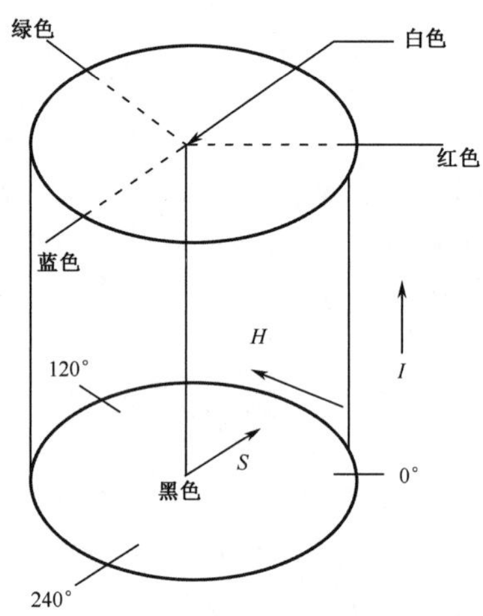

图 9.10　柱形彩色空间

1. 从 RGB 彩色模型转换到 HSI 彩色模型

从 RGB 彩色模型到 HSI 彩色模型的转换是一个非线性变换。对任何三个在[0, 1]范围内的 R、G、B 值，其对应 HSI 彩色模型中的 I、S、H 分量可由式（9.14）～式（9.17）计算：

$$I=\frac{1}{3}(R+G+B) \tag{9.14}$$

$$S=1-\frac{3}{R+G+B}\min(R,G,B) \tag{9.15}$$

$$H=\begin{cases}\theta, & G \geqslant B \\ 2\pi-\theta, & G < B\end{cases} \tag{9.16}$$

其中

$$\theta = \arccos\left\{\frac{\frac{1}{2}[(R-G)+(R-B)]}{\sqrt{(R-G)^2+(R-B)(G-B)}}\right\} \tag{9.17}$$

当 $S=0$ 时，对应的是无色的中心点，这时 H 没有意义，定义 H 为 0；当 $I=0$ 时，S 没有意义。

2. 从 HSI 彩色模型转换到 RGB 彩色模型

若设 H、S、I 的值在[0, 1]范围内，R、G、B 的值也在[0, 1]范围内，则从 HSI 彩色模型到 RGB 彩色模型的转换公式如下。

1）$H\in\left[0,\frac{2\pi}{3}\right]$

$$B=I(1-S) \tag{9.18}$$

$$R=I\left[1+\frac{S\cos H}{\cos\left(\frac{\pi}{3}-H\right)}\right] \tag{9.19}$$

$$G=3I-(B+R) \tag{9.20}$$

2）$H\in\left[\frac{2\pi}{3},\frac{4\pi}{3}\right]$

$$R=I(1-S) \tag{9.21}$$

$$G=I\left[1+\frac{S\cos\left(H-\frac{2\pi}{3}\right)}{\cos(\pi-H)}\right] \tag{9.22}$$

$$B=3I-(R+G) \tag{9.23}$$

3）$H\in\left[\frac{4\pi}{3},2\pi\right]$

$$G=I(1-S) \tag{9.24}$$

$$B=I\left[1+\frac{S\cos\left(H-\frac{4\pi}{3}\right)}{\cos\left(\frac{5\pi}{3}-H\right)}\right] \tag{9.25}$$

$$R=3I-(G+B) \tag{9.26}$$

【例 9.2】 将一幅彩色图像从 RGB 彩色空间转换到 HSI 彩色空间。

其主要 MATLAB 程序如下：

```
rgb=imread('flower673.jpg');             %读入 RGB 彩色图像
rgb1=im2double(rgb);                      %为了方便计算，将其转换为 double 型
```

```
r=rgb1(:,:,1);                          %得到R分量图像
g=rgb1(:,:,2);                          %得到G分量图像
b=rgb1(:,:,3);                          %得到B分量图像
I=(r+g+b)/3;                            %按照式（9.14）计算得到I分量
tmp1=min(min(r,g),b);                   %按照式（9.15）计算R、G、B的最小值
tmp2=r+g+b;
tmp2(tmp2==0)=eps;                      %避免除数为0
S=1-3.*tmp1./tmp2;                      %按照式（9.15）计算得到S分量
tmp1=0.5*((r-g)+(r-b));
tmp2=sqrt((r-g).^2+(r-b).*(g-b));
theta=acos(tmp1./(tmp2+eps));           %按照式（9.17）计算得到θ
H=theta;
H(b>g)=2*pi-H(b>g);                     %按照式（9.16）计算得到H分量
H=H/(2*pi);
H(S==0)=0;                              %当S为0时，H也取0
hsi=cat(3,H,S,I);                       %三个分量混合得到HSI图像
figure,imshow(rgb);                     %显示如图9.11（a）所示
figure,imshow(H);                       %显示如图9.11（b）所示
figure,imshow(S);                       %显示如图9.11（c）所示
figure,imshow(I);                       %显示如图9.11（d）所示
```

结果如图9.11所示。

（a）RGB原始图像

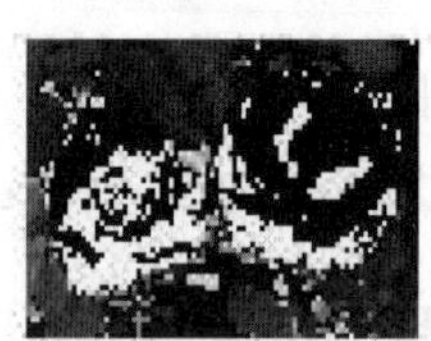
（b）H分量

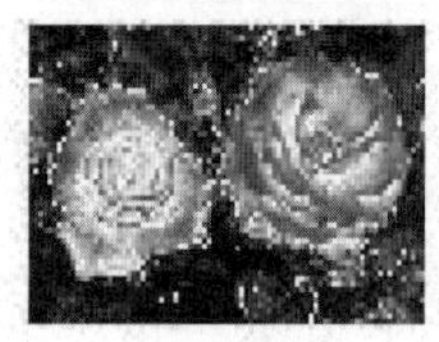
（c）S分量

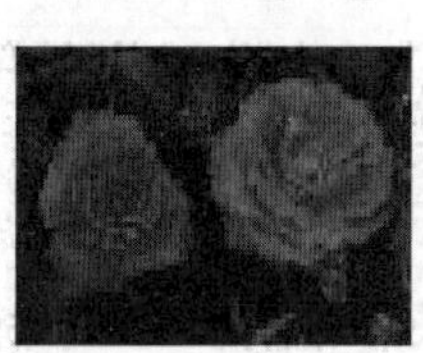
（d）I分量

图9.11　从RGB原始图像到HSI彩色空间的转换

9.3　伪彩色处理

在遥感、医学、安全检查等图像处理中，为了直观地观察和分析图像数据，常采用将灰度图像映射到彩色空间的方法，突出兴趣区域或待分析的数据段，这种显示方法称为伪彩色处理。伪彩色处理不改变像素的几何位置，仅改变其显示的颜色。伪彩色处理是一种很实用的图像增强技术，主要用于提高人眼对图像的分辨能力。这种处理可以用计算机来完成，也可以用专用硬件设备来实现。

 9.3.1　背景

在X射线行李扫描中获得对危险物品的高检出率是机场安检人员迫切希望得到的结果。各行李内容具有复杂性，恐怖分子隐藏危险物品的方法越来越多且更复杂，从目前使用的行

李检查系统直接获得的 X 射线行李扫描图像还不能 100%揭示感兴趣的目标，特别是潜在的低密度危险目标。

对于 X 射线图像，低密度危险目标是指其组成、厚度对彩色的吸收非常低，因而其输出图像的灰度值非常低（接近 0）。例如，玻璃、树脂玻璃、各种级别的木材、陶瓷、铝、碳、环氧树脂和塑料都能用来制造致命武器，它们不能像传统金属武器（高密度）那样能在 X 射线图像中显现出来。大多数现有的 X 射线检查系统主要关注由金属物品（刀和枪等），而非传统武器很容易被漏检。

已知人类仅可以区分几十级灰度值，却可以分辨几千种色彩，所以通过使用彩色图像可以增加人类能辨识的目标种类。在此之上，色彩还能增强图像的活泼性，这样就会减少厌倦感并增加安检人员的关注度。对灰度图像进行伪彩色化是一种典型的处理方法，该方法广泛应用于医学、监控、军事及数据显示等领域，该方法可以增加图像信息。该方法可以通过提供原本不容易被注意的细节来明显地提高对图像中弱特征、结构和模式的检测能力。彩色编码的主要作用是利用人类视觉系统的感知能力从图像中提取更多信息，这也将提高操作者对复杂数据集合的定性综合观察能力，并能帮助操作者在场景中相邻的相似区域内辨识出感兴趣区域，以进行更细致的定量分析。通过帮助操作者区分各种密度的目标，彩色编码还能最小化操作者在监视和检测中扮演的角色，减少操作者执行检查的时间，降低由于疲劳而产生错误的机会。

伪彩色（Pseudocoloring）处理是指将灰度图像转化为彩色图像，或者将单色图像变换成给定彩色分布的图像。其主要目的是提高人眼对图像细节的分辨能力，以达到图像增强的目的。伪彩色处理的基本原理是将灰度图像或单色图像的各灰度级匹配到彩色空间中的一点，使单色图像映射成彩色图像。在处理中，需要为灰度图像中不同的灰度级赋予不同的彩色。

设 $f(x, y)$为一幅灰度图像，$R(x, y)$、$G(x, y)$、$B(x, y)$为 $f(x, y)$映射到 RGB 空间的三个彩色分量，则伪彩色处理可以表示为

$$R(x, y)=f_R[f(x, y)] \tag{9.27}$$

$$G(x, y)=f_G[f(x, y)] \tag{9.28}$$

$$B(x, y)=f_B[f(x, y)] \tag{9.29}$$

式中，f_R、f_G、f_B 为某种映射函数。给定不同的映射函数就能将灰度图像转化为不同的伪彩色图像。伪彩色处理虽然能将灰度图像转化为彩色图像，但这种彩色图像并不是真正表现图像的原始颜色，而仅仅是一种便于识别的伪彩色。在实际应用中，通常是为了提高图像分辨率而进行伪彩色处理，所以应采用分辨效果最好的映射函数。

伪彩色处理方法主要有强度分层和灰度级到彩色变换两种，下面将分别进行介绍。

9.3.2　强度分层

强度分层是伪彩色图像处理最简单的方法之一。如果一幅图像被描述为空间坐标(x, y)的强度函数 $f(x, y)$，分层的方法可以看成放置一些平行于图像坐标平面(x, y)的平面，然后每个平面在相交的区域中切割图像函数。图 9.12 显示了利用平面把图像函数 $f(x, y) = l_i$（l_i表示灰度级）切割为两部分的情况。

如果将图 9.12 所示平面的每个部分赋予不同彩色，如平面之上任何灰度级上的像素将编码成一种彩色，平面之下的像素将编码为另一种彩色，位于平面上的灰度级本身被任意赋予

两种彩色之一，其结果便是一幅两色图像。

一般地，该技术可以总结为：令$[0, L-1]$表示灰度级，l_0代表黑色$[f(x,y)=0]$，l_{L-1}代表白色$[f(x,y)=L-1]$。假定将垂直于强度轴的 P 个平面定义为量级 $l_1, l_2, \cdots, l_M$；并假定 $0<M<L-1$，M 个平面将灰度级分为 $M+1$ 个间隔 $V_1, V_2, \cdots, V_{M+1}$。从灰度级到彩色的赋值根据以下关系进行：

$$f(x,y)=C_k \quad f(x,y)\in V_k \tag{9.30}$$

式中，C_k是与强度间隔 V_k第 k 级强度有关的彩色，V_k是由 $l=k-1$ 和 $l=k$ 分割平面定义的，如图 9.13 所示。

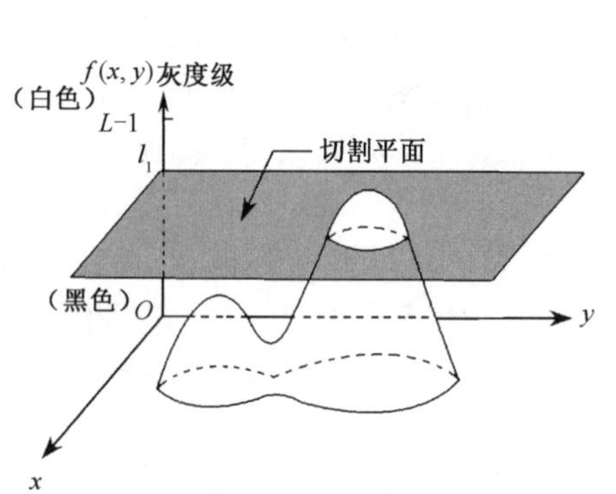

图 9.12　强度分层的几何解释

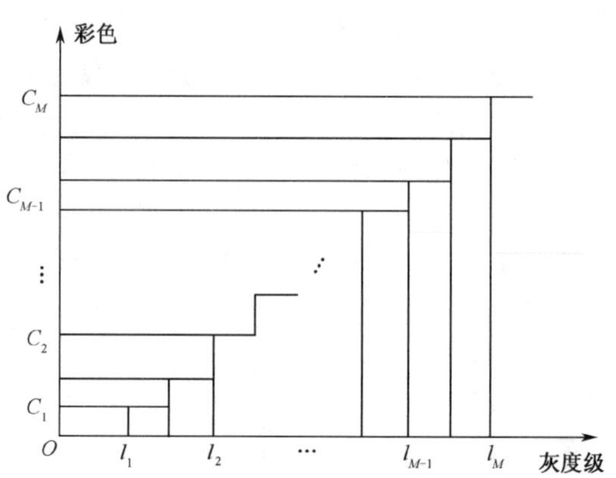

图 9.13　多灰度伪彩色分层示意图

【例 9.3】灰度图像的强度分层。

其主要 MATLAB 程序实现如下：

```
I=imread('moongray.bmp');
GS8=grayslice(I,8);
GS64=grayslice(I,64);
subplot(1,3,1), imshow(I), title('原始灰度图像');
subplot(1,3,2), subimage(GS8,hot(8)), title('分成 8 层伪彩色');
subplot(1,3,3), subimage(GS64,hot(64)), title('分成 64 层伪彩色');
```

上述程序中的关键函数是 GSM=grayslice(I, M)，该函数用多重（$M-1$ 个）等间隔阈值将灰度图像转换为索引图像，即 M 色图像（本例中 M 分别为 8 和 64）。本例的运行结果如图 9.14 所示。

（a）原始灰度图像

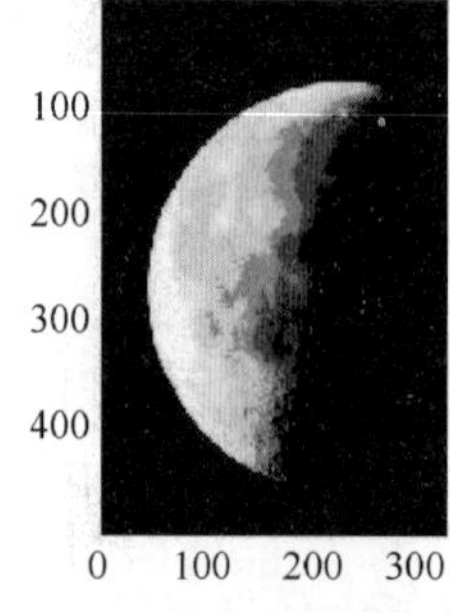

（b）分成 8 层伪彩色

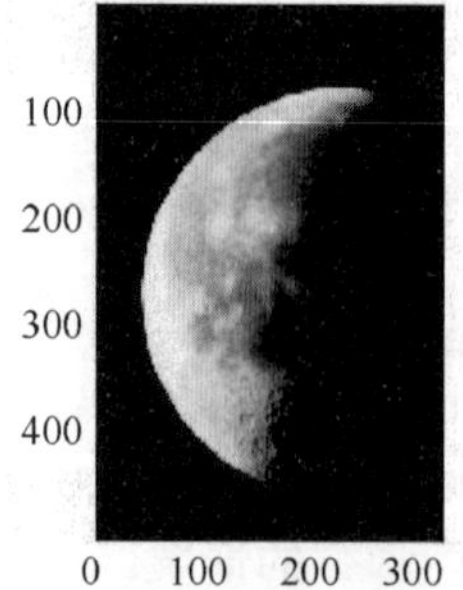

（c）分成 64 层伪彩色

图 9.14　强度分层伪彩色处理

9.3.3　灰度级到彩色变换

灰度级到彩色变换是对任何输入像素的灰度级执行 3 个独立的变换，将 3 个变换结果分别送入彩色电视监视器的红、绿、蓝通道，产生一幅合成图像。3 个变换器对同一灰度级实施不同变换，因此 3 个变换器的输出不同，使不同大小的灰度级可以合成不同颜色。灰度级到彩色变换伪彩色处理原理示意图如图 9.15 所示，通过这种方法变换后的图像视觉效果较好。

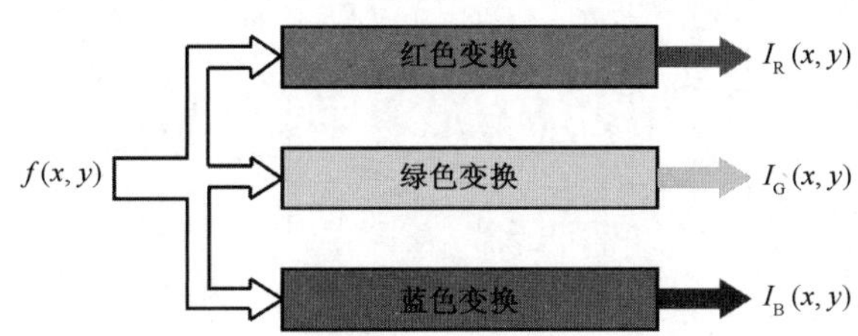

图 9.15　灰度级到彩色变换伪彩色处理原理示意图

在前面介绍的灰度分层中，用以产生彩色的是灰度级的分段线性函数。这里讨论的灰度级到彩色变换是基于平滑的线性和非线性函数，这种方法有相当大的技术灵活性，用这种方法得到的图像彩色信息更丰富。灰度级到彩色的线性变换典型的传递函数如图 9.16 所示，而利用灰度级到彩色的非线性变换凸显行李内爆炸物的伪彩色应用可参考其他资料。

图 9.16 中三个图形依次表示红色分量的传递函数、绿色分量的传递函数、蓝色分量的传递函数。从图 9.16（a）中可以看出，凡灰度级小于 $L/2$ 的像素将被转变为尽可能暗的红色；而灰度级位于 $L/2$～$3L/4$ 之间的像素则是红色从暗到亮的线性变换；凡灰度级大于 $3L/4$ 的像素均被转变成最亮的红色。图 9.16（b）和图 9.16（c）可以类似地加以说明。例 9.4 就是按照这种典型的传递函数进行变换的例子。

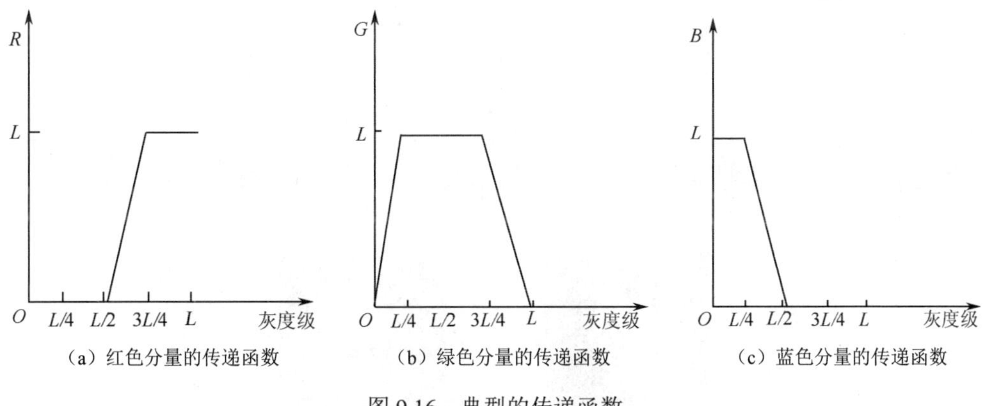

（a）红色分量的传递函数　（b）绿色分量的传递函数　（c）蓝色分量的传递函数

图 9.16　典型的传递函数

【例 9.4】采用典型的传递函数（见图 9.16）实现灰度级到彩色图像的变换处理，结果如图 9.17 所示。

```
I=imread('moongray.bmp');                    %读取图像
I=double(I);                                 %转换成 double 型，便于计算
[m,n]=size(I);                               %得到图像的高度和宽度
L=256;                                       %灰度的最大等级数为 L=256
```

```
for i=1:m
    for j=1:n                                    %二重循环，对每个点的值进行变换
      if I(i,j)<L/4                              %当灰度值I<L/4时
          R(i,j)=0;                              %R=0
          G(i,j)=4*I(i,j);                       %G=4*I
          B(i,j)=L;                              %B=L
      else if I(i,j)<=L/2                        %当L/4≤I≤L/2时
              R(i,j)=0;                          %R=0
              G(i,j)=L;                          %G=L
              B(i,j)=-4*I(i,j)+2*L;              %B=(-4)*I+2*L
           else if I(i,j)<=3*L/4                 %当L/2<I≤3L/4时
                  R(i,j)=4*I(i,j)-2*L;           %R=4*I-2L
                    G(i,j)=L;                    %G=L
                    B(i,j)=0;                    %B=0
                else                             %当I>3L/4时
                    R(i,j)=L;                    %R=L
                    G(i,j)=-4*I(i,j)+4*L;        %G=(-4)*I+4*L
                    B(i,j)=0;                    %B=0
                end
              end
          end
      end
end
for i=1:m
     for j=1:n                                   %二重循环，对每个点赋值
          G2C(i,j,1)=R(i,j);                     %将R的值作为G2C的第一个分量
          G2C(i,j,2)=G(i,j);                     %将G的值作为G2C的第二个分量
          G2C(i,j,3)=B(i,j);                     %将B的值作为G2C的第三个分量
      end
end
G2C=G2C/256;                                     %值归一化
figure,imshow(G2C);                              %显示变换得到的伪彩色图像
```

（a）原始图像

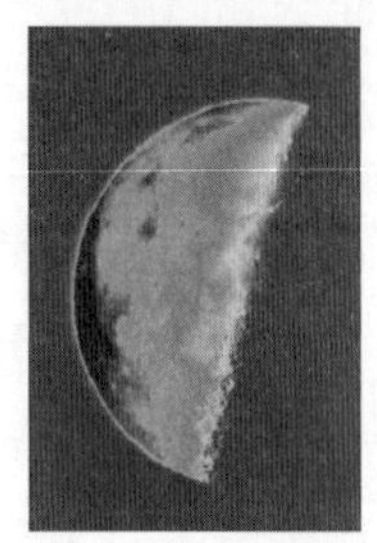
（b）灰度级到彩色变换后的图像

图 9.17　灰度级到彩色图像的变换处理

在多光谱图像处理中，需要将多幅单色图像合成一幅彩色图像，如图 9.18 所示。这里，

不同的传感器在不同的谱段产生独立的单色图像。图 9.18 中的附加处理可以是彩色平衡混合图像，经过平衡混合处理后选择三幅用于显示的图像。

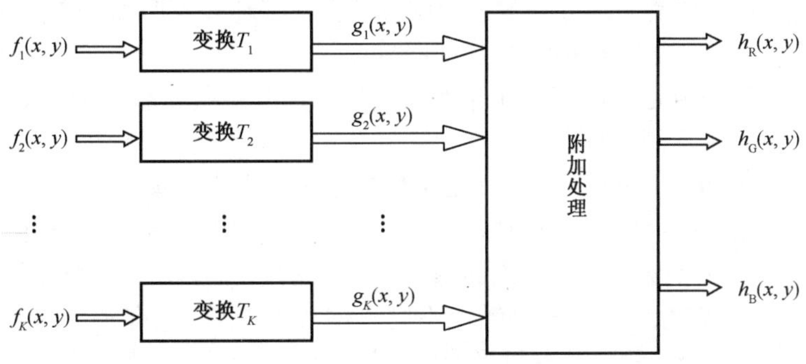

图 9.18　适用于一些单色图像的伪彩色编码

9.3.4　假彩色处理

假彩色处理允许将可见光以外的光谱也转换为彩色图像的向量分量，如红外图像，其信息内容并不是来自可见光的，为了表达和显示，将处在红外光谱的信息转换到可见光的范围内。我们也可以把真实的自然彩色图像或遥感多光谱图像处理成假彩色图像。

真彩色图像可以按照式（9.31）处理成假彩色图像：

$$\begin{bmatrix} R_g \\ G_g \\ B_g \end{bmatrix} = \begin{bmatrix} \alpha_1 & \beta_1 & \gamma_1 \\ \alpha_2 & \beta_2 & \gamma_2 \\ \alpha_3 & \beta_3 & \gamma_3 \end{bmatrix} \begin{bmatrix} R_f \\ G_f \\ B_f \end{bmatrix} \tag{9.31}$$

例如：

$$\begin{bmatrix} R_g \\ G_g \\ B_g \end{bmatrix} = \begin{bmatrix} 0 & 0 & 1 \\ 1 & 0 & 0 \\ 0 & 1 & 0 \end{bmatrix} \begin{bmatrix} R_f \\ G_f \\ B_f \end{bmatrix} \tag{9.32}$$

则原来的红（R_f）、绿（G_f）、蓝（B_f）三个分量相应地变换成绿（G_g）、蓝（B_g）、红（R_g）三个分量。

遥感多光谱（如四波段）图像可以按照式（9.33）处理成假彩色图像：

$$\begin{aligned} R_g &= T_{\mathrm{R}}[f_1,\ f_2,\ f_3,\ f_4] \\ G_g &= T_{\mathrm{G}}[f_1,\ f_2,\ f_3,\ f_4] \\ B_g &= T_{\mathrm{B}}[f_1,\ f_2,\ f_3,\ f_4] \end{aligned} \tag{9.33}$$

式中，f_i（i=1, 2, 3, 4）是第 i 波段图像，$T_{\mathrm{R}}(\cdot)$、$T_{\mathrm{G}}(\cdot)$、$T_{\mathrm{B}}(\cdot)$ 均为函数变换。

假彩色图像增强的用途有以下三种：

（1）如上所述，把景物映射成奇怪的彩色，会比本色更加引人注目。

（2）适应人眼对颜色的灵敏度，以提高鉴别能力。例如，视网膜上的视锥细胞和视杆细胞对绿色亮度的响应最灵敏，若把原来是其他颜色的细小物体变换成绿色，就容易为人眼所鉴别了。又如，人眼对蓝光强弱的对比灵敏度最大，于是可把某些细节丰富的物质按各像素的明暗程度利用假彩色显示成亮度和深浅不一的蓝色。

（3）把遥感多光谱图像用自然彩色显示。在遥感多光谱图像中，有些是不可见光波段的图像，如近红外波段、红外波段，甚至是远红外波段。这些波段不仅具有夜视能力，而且通过与其他波段的配合，还易于区分地物。用假彩色技术处理多光谱图像，目的不在于使景物恢复自然的彩色，而是从中获得更多的信息。

总之，假彩色处理也是一种很有实用意义的技术，其中蕴含着颇为深刻的心理学问题。

【例 9.5】多光谱图像彩色编码。

图 9.19（a）～图 9.19（d）显示了 4 幅华盛顿地区的光谱卫星图像，包括波托马克河部分。前三幅是可见光蓝、绿、红的图像，第四幅是近红外光图像。图 9.19（e）是将前三幅图像合成为 RGB 图像得到的全彩色图像。密度大的全彩色图像区域很难判读，但该图像的显著特点是波托马克河的各部分颜色不同。图 9.19（f）较有趣，这幅图像是由近红外光图像代替图 9.19（c）的红色分量形成的，近红外光图像对场景的生物分量有较强的反映。在图 9.19（f）显示的生物和场景中，人造目标的特性间有十分明显的差别，由混凝土和柏油组成的部分在图像中呈现浅蓝色。

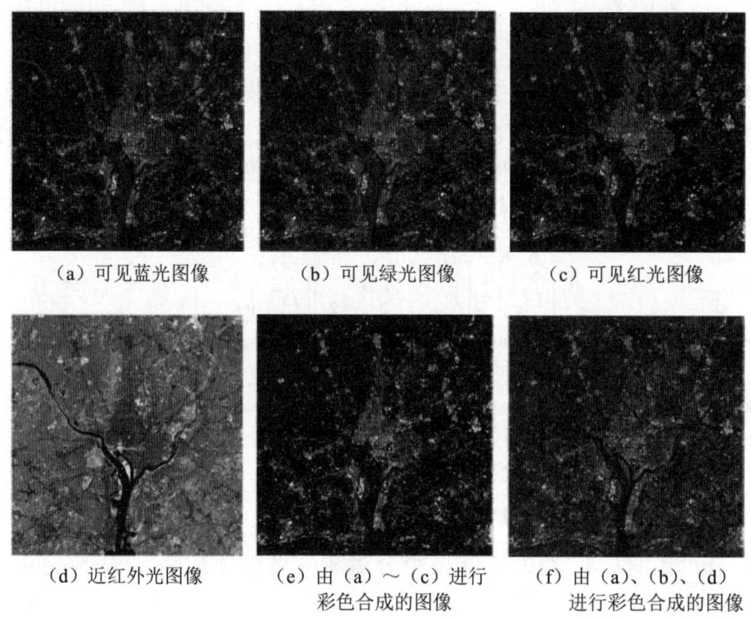

（a）可见蓝光图像　（b）可见绿光图像　（c）可见红光图像

（d）近红外光图像　（e）由（a）～（c）进行彩色合成的图像　（f）由（a）、（b）、（d）进行彩色合成的图像

图 9.19　多光谱图像彩色编码

9.4　全彩色图像处理

9.4.1　全彩色图像处理基础

全彩色图像处理分为两大类。第一类是分别处理每个分量图像，然后将分别处理过的分量图像合成彩色图像。对每个分量的处理可以应用灰度图像处理的技术，但是这种各通道独立处理的技术忽略了通道间的相互影响。第二类是直接对彩色像素进行处理。全彩色图像至

少有三个分量，彩色像素实际上是一个向量。

令 $\boldsymbol{c}$ 代表 RGB 彩色空间中的任意向量，$\boldsymbol{c}(x, y)$的分量是一幅彩色图像在一点上的 RGB 分量。彩色分量是坐标(x, y)的函数，表示为

$$\boldsymbol{c}(x,y)=\begin{pmatrix} c_{\mathrm{R}}(x,y) \\ c_{\mathrm{G}}(x,y) \\ c_{\mathrm{B}}(x,y) \end{pmatrix}=\begin{pmatrix} R(x,y) \\ G(x,y) \\ B(x,y) \end{pmatrix} \tag{9.34}$$

对于大小为 $M×N$（M、N 是正整数，分别表示图像的高度和宽度）的图像，有 $M×N$ 个这样的向量，其中，$x=0, 1, 2, \cdots, M-1$；$y=0, 1, 2, \cdots, N-1$。

可以用标准灰度图像处理方法分别处理彩色图像的每个分量。但是，单独的彩色分量处理结果并不总等同于在彩色向量空间的直接处理结果，在这种情况下，就必须采用新的方法。为了使每个彩色分量处理和基于向量的处理等同，必须满足两个条件：第一，处理必须对向量和标量都可用；第二，对向量每个分量的操作对于其他分量必须是独立的。图 9.20 显示了邻域灰度空间处理和全彩色处理。假设该处理是邻域平均的，在图 9.20（a）中，平均是将邻域内的所有像素灰度级相加，然后除以邻域内的像素总数。在图 9.20（b）中，平均是把邻域内的所有向量相加，并除以邻域内的向量总数。但平均向量的每个分量对应其分量的图像像素值的平均，这与在每个彩色分量值基础上做平均后形成向量得到的结果是相同的。

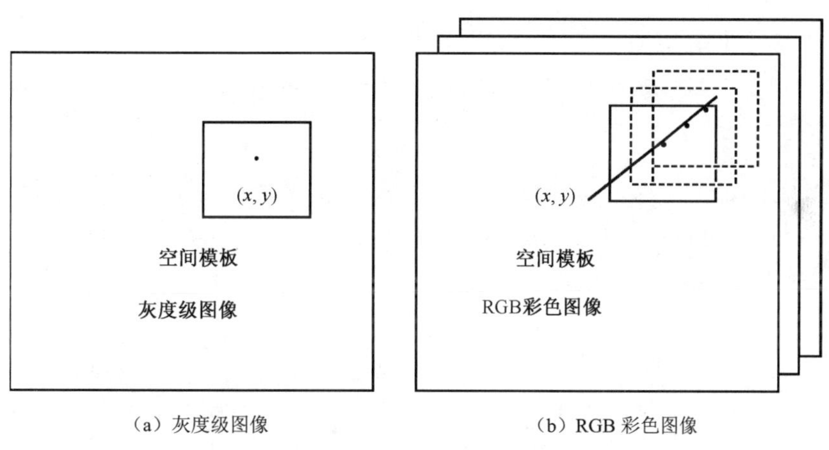

（a）灰度级图像　　　　（b）RGB 彩色图像

图 9.20　邻域灰度空间处理和全彩色处理

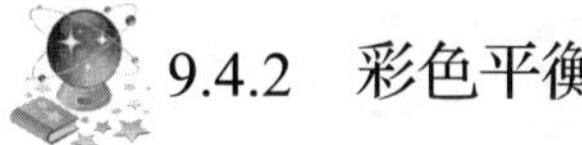 9.4.2　彩色平衡

当一幅彩色图像数字化后，在显示时颜色经常看起来有些不正常。颜色通道中不同的敏感度、增光因子、偏移量等会导致数字化中的三个图像分量出现不同的线性变换，使得结果图像的三原色“不平衡”，从而造成图像中所有物体的颜色都偏离其原有的真实色彩。最突出的现象就是那些本来是灰色的物体有了颜色。

检查彩色是否平衡最简单的方法是看图像中原灰色物体是否仍然为灰色，高饱和度的颜色是否有正常的色度。如果图像有明显的黑白背景或白色背景，就会在 R、G、B 分量图像的直方图中产生显著的峰。如果各直方图峰处在三原色不同的灰度级上，则表明彩色出现了不平衡。这种不平衡现象可通过对 R、G、B 三个分量分别使用线性灰度变换进行纠正。一般只

需要变换分量图像中的两个来匹配第三个即可。最简单的灰度变换函数设计方法如下：

（1）选择图像中相对均匀的浅灰色和深灰色两个区域。

（2）计算这两个区域中三个分量图像的平均灰度值。

（3）调节其中两个分量图像的线性对比度来与第三幅图像匹配。

如果三个分量图像在这两个区域中具有相同的灰度级，则完成了彩色平衡。彩色平衡校正算法如下：

（1）从画面中选出两个颜色为灰色的点，设为 $F_1=(R_1,G_1,B_1)$，$F_2=(R_2,G_2,B_2)$。

（2）设以 G 分量为基准，匹配 R 分量和 B 分量。由 $F_1=(R_1,G_1,B_1)$，得到 $F_1^*=(G_1,G_1,G_1)$；由 $F_2=(R_2,G_2,B_2)$，得到 $F_2^*=(G_2,G_2,G_2)$。

（3）计算 R 分量和 B 分量的线性变换。由 $R_1^*=k_1R_1+k_2$ 和 $R_2^*=k_1R_2+k_2$ 求出 k_1 和 k_2；由 $B_1^*=l_1B_1+l_2$ 和 $B_2^*=l_1B_2+l_2$ 求出 l_1 和 l_2。

（4）用式（9.35）所示的线性变换对图像所有点进行变换处理，得到的图像就是彩色平衡后的图像。

$$\begin{cases}R(x,y)^*=k_1R(x,y)+k_2\\B(x,y)^*=l_1B(x,y)+l_2\\G(x,y)^*=G(x,y)\end{cases}\tag{9.35}$$

【例 9.6】 彩色平衡 MATLAB 程序应用举例。

```
im=double(imread('building.jpg'));          %读入图像
[m,n,p]=size(im);                            %得到图像的大小、通道数参数
F1=im(1,1,:);                                %选取第一个彩色点，坐标为(1,1)
F2=im(1,2,:);                                %选取第二个彩色点，坐标为(1,2)
F1_(1,1,1)=F1(:,:,2);                        %将第一个点的绿色值赋给 F1_红色分量
F1_(1,1,2)=F1(:,:,2);                        %将第一个点的绿色值赋给 F1_绿色分量
F1_(1,1,3)=F1(:,:,2);                        %将第一个点的绿色值赋给 F1_蓝色分量
F2_(1,1,1)=F2(:,:,2);                        %将第二个点的绿色值赋给 F2_红色分量
F2_(1,1,2)=F2(:,:,2);                        %将第二个点的绿色值赋给 F2_绿色分量
F2_(1,1,3)=F2(:,:,2);                        %将第二个点的绿色值赋给 F2_蓝色分量
K1=(F1_(1,1,1)-F2_(1,1,1))/(F1(1,1,1)-F2(1,1,1));
                                             %计算 R 分量线性变换系数 K1
K2=F1_(1,1,1)-K1*F1(1,1,1);                  %计算 R 分量线性变换系数 K2
L1=(F1_(1,1,3)-F2_(1,1,3))/(F1(1,1,3)-F2(1,1,3));
                                             %计算 B 分量线性变换系数 L1
L2=F1_(1,1,3)-L1*F1(1,1,3);                  %计算 B 分量线性变换系数 L2
for i=1:m
for j=1:n                                    %二重循环，变换每个点的值
new(i,j,1)=K1*im(i,j,1)+K2;                  %R 分量线性变换
new(i,j,2)=im(i,j,2);                        %G 分量线性变换
new(i,j,3)=L1*im(i,j,3)+L2;                  %B 分量线性变换
end
end
```

```
im=uint8(im);                          %原始图像转换成 uint8 型
new=uint8(new);                        %结果图像转换成 uint8 型
figure,imshow(im);                     %显示原始图像
figure,imshow(new);                    %显示结果图像
```

结果如图 9.21 所示。

（a）原始图像

（b）彩色平衡后的图像

图 9.21　彩色平衡效果

9.4.3　彩色图像增强

受各种因素的制约或条件的限制，有时得到的彩色图像颜色偏暗、对比度低，以及某些局部细节不突出等。所以常常需要对彩色图像进行增强处理，其目的是突出图像中的有用信息，改善图像的视觉效果。

1．彩色图像增强

分别对彩色图像的 R、G、B 三个分量进行增强，可达到对彩色图像进行彩色增强的目的。需要注意的是，在对 RGB 彩色图像的 R、G、B 分量进行操作时，必须避免破坏彩色平衡。

彩色图像的饱和度和亮度描述了不同类型的图像信息。饱和度指示了相对于亮度饱和度是否更具有色度特性，对比度比较低的彩色图像细节可根据饱和度与背景区分开。在特殊情况下，对图像对比度的增强可通过改变彩色饱和度（相对饱和度对比度）来实现。除去对图像细节的检测效果，相对亮度对比度的增加和相对饱和度对比度的增加具有不同的美学效果。饱和色的效果常用“强”来描述，而亮彩色的效果常用“亲切”来描述。进一步地，需要考虑感知饱和度的改变也可通过增加亮度来得到。为分别观察色调、饱和度和亮度，可将图像数据转换到 HSI 彩色空间。先在 HSI 彩色空间对图像进行处理，然后再将坐标变换回 RGB 彩色空间。

在 HSI 彩色模型的图像上操作，在许多实际情况下，只对强度 I 进行处理，而包含在色调 H 和饱和度 S 中的彩色信息，常被不加改变地保留下来。对饱和度的增强可以通过将每像素的饱和度乘以一个大于 1 的常数来实现，这样会使图像的彩色更为鲜明；反之，可以乘以一个小于 1 的常数来减弱彩色的鲜明程度。由前面的介绍可知，色调是一个角度，因此给每像素的色调加一个常数是可行的，这样就能够得到改变颜色的效果。加减一个小的角度只会使彩色图像变得相对“冷”或“暖”，而加减一个大的角度将使图像发生剧烈变化。

2．彩色图像直方图处理

在灰度图像处理中，直方图均衡化自动地确定一种变换，该变换试图产生具有均匀灰度

的直方图。由于彩色图像是由多个分量组成的，所以必须考虑适应多于一个分量的直方图的灰度级技术。对每个分量分别进行直方图均衡化可能会产生不正确的彩色。一个更符合逻辑的方法是均匀地扩展彩色强度，而保留彩色本身（色调和饱和度不变）。下面的例子显示出 HSI 彩色空间是适合这种情况的理想方法。

【例 9.7】 HSI 彩色空间中的直方图均衡化。

图 9.22 显示了一幅飞机图像，其强度分量 I 的范围值归一化后为[0, 1]。正如在处理前强度分量 I 的直方图［见图 9.22（e)］中看到的，强度分布过窄。只对强度分量 I 均衡化处理而不改变图像的色调 H 和饱和度 S，将结果转换到 RGB 彩色空间，从图 9.22（h）可以看出，它的确改善了整体图像的彩色感观。

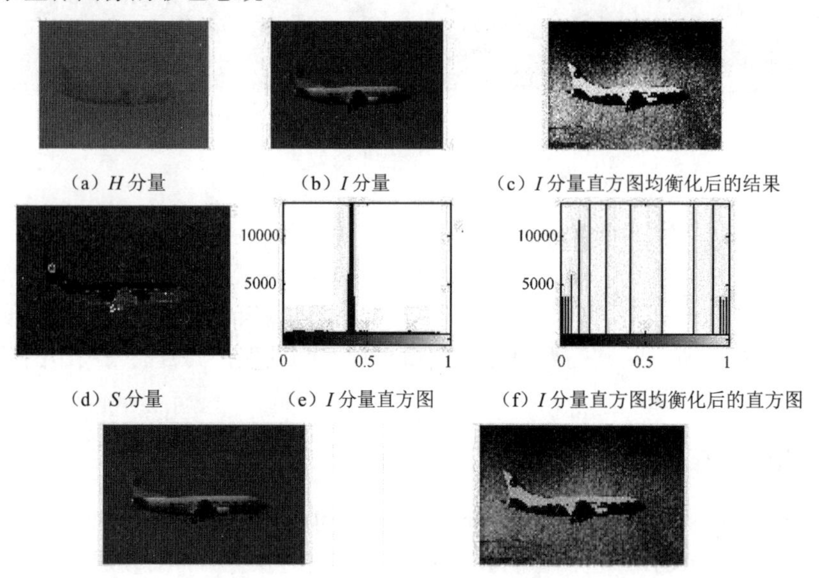

（a）H 分量　（b）I 分量　（c）I 分量直方图均衡化后的结果

（d）S 分量　（e）I 分量直方图　（f）I 分量直方图均衡化后的直方图

（g）RGB 原始图像　（h）对 I 分量均衡化后的彩色图像转换成拥有显示的 RGB 图像

图 9.22　HSI 彩色空间的直方图均衡

其 MATLAB 程序实现如下：

```
rgb=imread('fly18.jpg'); rgb1=im2double(rgb);
r=rgb1(:,:,1); g=rgb1(:,:,2); b=rgb1(:,:,3);
                                          %分别得到 3 个分量
I1=(r+g+b)/3;                             %计算 HSI 彩色模型的 I 分量
tmp1=min(min(r,g),b);                     %计算 r、g、b 的最小值
tmp2=r+g+b;
tmp2(tmp2==0)=eps;                        %避免除数为 0
S=1-3.*tmp1./tmp2;                        %计算 HSI 彩色模型的 S 分量
tmp1=0.5*((r-g)+(r-b));
tmp2=sqrt((r-g).^2+(r-b).*(g-b));
theta=acos(tmp1./(tmp2+eps));             %计算θ
H1=theta;
H1(b>g)=2*pi-H1(b>g);
H1=H1/(2*pi);                             %计算 HSI 彩色模型的 H 分量
```

```
H1(S==0)=0;
I=histeq(I1);                                  %对 HSI 彩色模型的 I 分量均衡化
hsi=cat(3,H1,S,I);                             %得到 I 均衡化后的 HSI 图像
H=hsi(:,:,1)*2*pi;                             %得到处理后的 HSI 图像的 H 分量
S=hsi(:,:,2);                                  %得到处理后的 HSI 图像的 S 分量
I=hsi(:,:,3);                                  %得到处理后的 HSI 图像的 I 分量
R=zeros(size(hsi,1),size(hsi,2));              %HSI 彩色模型转换到 RGB 彩色模型的 R 分量初值
G=zeros(size(hsi,1),size(hsi,2));              %HSI 彩色模型转换到 RGB 彩色模型的 G 分量初值
B=zeros(size(hsi,1),size(hsi,2));              %HSI 彩色模型转换到 RGB 彩色模型的 B 分量初值
ind=find((H>=0)&(H<2*pi/3));                   %当 H∈[0,2π/3]
B(ind)=I(ind).*(1.0-S(ind));                   %计算 B 分量
R(ind)=I(ind).*(1.0+S(ind).*cos(H(ind))./cos(pi/3.0-H(ind)));
                                               %计算 R 分量
G(ind)=3.0-(R(ind)+B(ind));                    %计算 G 分量
ind=find((H>2*pi/3)&(H<4*pi/3));               %当 H∈[2π/3,4π/3]
H(ind)=H(ind)-pi*2/3;
R(ind)=I(ind).*(1.0-S(ind));                   %计算 R 分量
G(ind)=I(ind).*(1.0+S(ind).*cos(H(ind))./cos(pi/3.0-H(ind)));
                                               %计算 G 分量
B(ind)=3.0-(R(ind)+G(ind));                    %计算 B 分量
ind=find((H>=4*pi/3)&(H<2*pi));                %当 H∈[4π/3,2π]
H(ind)=H(ind)-pi*4/3;
G(ind)=I(ind).*(1.0-S(ind));                   %计算 G 分量
B(ind)=I(ind).*(1.0+S(ind).*cos(H(ind))./cos(pi/3.0-H(ind)));
                                               %计算 B 分量
R(ind)=3.0-(G(ind)+B(ind));                    %计算 R 分量
RGB=cat(3,R,G,B);                              %得到用于显示的 RGB 图像
figure,imshow(H1);                             %显示 H 分量图像
figure,imshow(I1);                             %显示 I 分量图像
figure,imshow(I);                              %显示 I 分量均衡化后的图像
figure,imshow(S);                              %显示 S 分量图像
figure,imshow(rgb);                            %显示 RGB 原始图像
figure,imshow(RGB);                            %显示均衡化后的 RGB 图像
```

9.4.4　彩色图像平滑

参考图 9.20（a），灰度级图像平滑可以看成空间滤波处理，在这一处理中滤波模板的系数都是 1。当模板滑过图像时，图像被平滑了，每像素由模板定义的邻域中像素的平均值代替。如图 9.20（b）所示，这一概念很容易扩展到全彩色图像处理中。全彩色图像处理与灰度图像处理的主要差别是前者代替了灰度标量，必须处理式（9.34）给出的分量向量。

令 S_{xy} 表示在 RGB 图像中定义一个中心在(x,y)的邻域坐标集，在该邻域中，R、G、B 分量的平均值为

$$\overline{\boldsymbol{c}}(x,y)=\frac{1}{K}\sum_{(x,y)\in S_{xy}}\boldsymbol{c}(x,y) \tag{9.36}$$

按照式（9.34）可得

$$\overline{\boldsymbol{c}}(x,y)=\begin{pmatrix}\dfrac{1}{K}\displaystyle\sum_{(x,y)\in S_{xy}}R(x,y)\\ \dfrac{1}{K}\displaystyle\sum_{(x,y)\in S_{xy}}G(x,y)\\ \dfrac{1}{K}\displaystyle\sum_{(x,y)\in S_{xy}}B(x,y)\end{pmatrix} \tag{9.37}$$

可以看出，如标量图像那样，该向量分量可以用传统的灰度邻域单独平滑处理 RGB 图像每个平面的方法得到。可以得到以下结论：用邻域平均值平滑可以在每个彩色平面的基础上进行，其结果与用 RGB 彩色向量执行平均是相同的。平滑滤波可以使图像模糊化，从而减少图像中的噪声。

【例 9.8】 用空间滤波法——邻域平均进行彩色图像平滑滤波。

其主要 MATLAB 程序实现如下：

```
rgb=imread('flower608.jpg');              %读取图像
fR=rgb(:,:,1);                            %图像的红色分量
fG=rgb(:,:,2);                            %图像的绿色分量
fB=rgb(:,:,3);                            %图像的蓝色分量
w=fspecial('average');                    %均值滤波模板
fR_filtered=imfilter(fR,w);               %对图像红色分量滤波
fG_filtered=imfilter(fG,w);               %对图像绿色分量滤波
fB_filtered=imfilter(fB,w);               %对图像蓝色分量滤波
rgb_filtered=cat(3,fR_filtered,fG_filtered,fB_filtered);
                                          %将滤波后的三个分量组合得到新的彩色图像
```

其结果如图 9.23 所示。

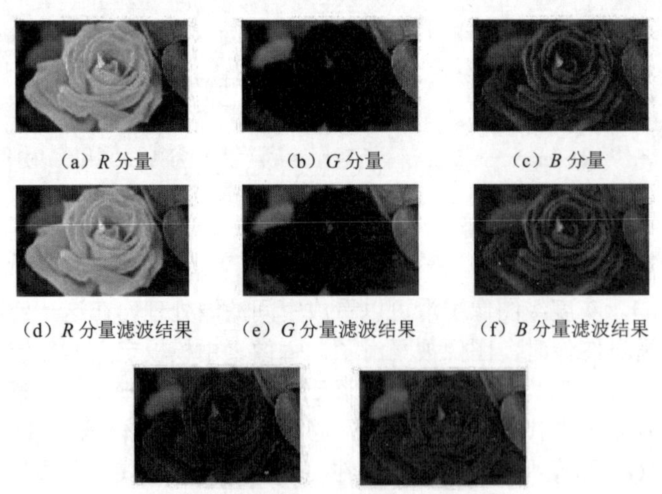

（a）R 分量　（b）G 分量　（c）B 分量

（d）R 分量滤波结果　（e）G 分量滤波结果　（f）B 分量滤波结果

（g）原始彩色图像　（h）彩色图像平滑后的结果

图 9.23　彩色图像的平滑滤波

【例 9.9】彩色图像平滑中两种方法的比较。

9.2 节指明 HSI 彩色模型的重要优点是解除了强度和彩色信息的关系，这就使得许多灰度处理技术适用于彩色处理，并且可能仅对 HSI 描述的强度分量 I 平滑更有意义。为了说明这一方法的优点和重要性，下面仅对强度分量进行平滑（保持色调分量和饱和度分量不变），并把处理结果变换为 RGB 图像加以显示。平滑后的图像如图 9.24（b）所示。注意：图 9.24（b）与图 9.24（a）很相似，但是如图 9.24（c）所示，这两幅图像是有差别的。

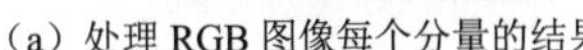

（a）处理 RGB 图像每个分量的结果　（b）仅处理 HSI 图像强度分量　（c）两种结果之间的差别

图 9.24　用 5×5 平均模板平滑图像

9.4.5　彩色图像锐化

锐化的主要目的是突出图像的细节。本节考虑用拉普拉斯（Laplacian）算子进行锐化处理，其他锐化算子的处理类似。从向量分析知道，向量的 Laplacian 算子被定义为一个向量，其分量等于输入向量独立标量分量的 Laplacian 微分。

在 RGB 彩色模型中，式（9.34）中向量 $\boldsymbol{c}$ 的 Laplacian 变换为

$$\nabla^2[\boldsymbol{c}(x,y)] = \begin{pmatrix} \nabla^2 R(x,y) \\ \nabla^2 G(x,y) \\ \nabla^2 B(x,y) \end{pmatrix} \tag{9.38}$$

如前所述，通过分别计算每个分量图像的 Laplacian 算子得到全彩色图像的 Laplacian 变换。

【例 9.10】彩色图像锐化增强。使用式（5.26）的方法，通过 Laplacian 滤波模板分别对每个分量图像进行锐化增强。

其主要 MATLAB 程序实现如下：

```
rgb=imread('flower608.jpg');                          %读取图像
fR=rgb(:,:,1);                                        %图像的红色分量
fG=rgb(:,:,2);                                        %图像的绿色分量
fB=rgb(:,:,3);                                        %图像的蓝色分量
lapMatrix=[1 1 1;1 -8 1;1 1 1];                       %Laplacian 滤波模板
fR_tmp=imfilter(fR,lapMatrix,'replicate');  %对图像 R 分量进行锐化滤波
fG_tmp=imfilter(fG,lapMatrix,'replicate');  %对图像 G 分量进行锐化滤波
fB_tmp=imfilter(fB,lapMatrix,'replicate');  %对图像 B 分量进行锐化滤波
rgb_tmp=cat(3,fR_tmp,fG_tmp,fB_tmp);                  %滤波后三个分量组合
rgb_sharped=imsubtract(rgb,rgb_tmp);                  %原始图像与锐化图像之差
```

其结果如图 9.25 所示。

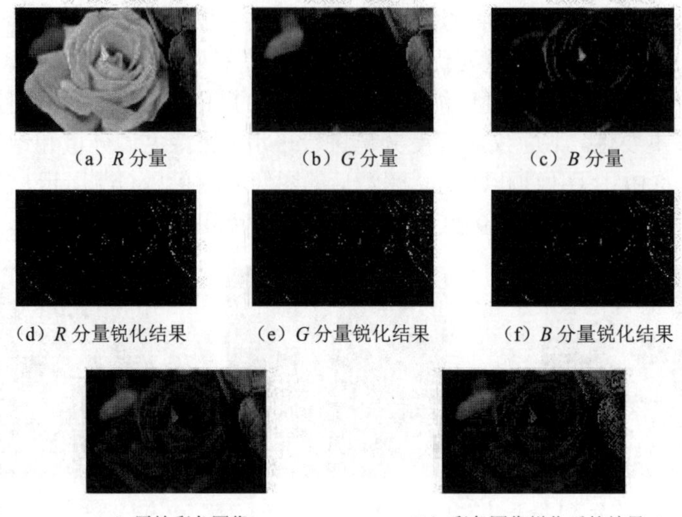

（a）*R* 分量　（b）*G* 分量　（c）*B* 分量

（d）*R* 分量锐化结果　（e）*G* 分量锐化结果　（f）*B* 分量锐化结果

（g）原始彩色图像　（h）彩色图像锐化后的结果

图 9.25　彩色图像的锐化

【例 9.11】 彩色图像锐化中两种方法的比较。

图 9.26（a）是通过分别计算彩色图像 *R*、*G*、*B* 分量图像的 Laplacian 算子，并混合产生锐化的全彩色结果生成的。图 9.26（b）显示了将图像转换到 HSI 彩色空间后，只对强度分量进行 Laplacian 变换，并保持色调分量和饱和度分量不变，再转换到 RGB 彩色空间的结果。两者的差别如图 9.26（c）所示。注意：图 9.26（b）与图 9.26（a）很相似，但是如图 9.26（c）所示，这两幅图像是有差别的。

（a）处理每个 RGB 通道的结果　（b）仅处理强度分量的结果　（c）两种结果的差别

图 9.26　彩色图像锐化

9.5　彩色图像分割

第 8 章介绍了图像分割，图像分割是把一幅图像分成若干区域的处理方法。彩色图像分割描述从图像中提取一个或多个相连的、满足均匀性（同质）准则区域的过程。这里均匀性准则基于从图像光谱成分中提取的特征，这些成分定义在给定的彩色空间中。分割过程可基于有关场景中目标的知识进行，如几何特性和光学特性。

9.5.1 HSI 彩色空间分割

如果希望分割一幅彩色图像，并且想在单独的平面上执行处理，首先会很自然地想到使用 HSI 彩色空间，在色度图像中描述彩色是很方便的。以饱和度 S 作为一个模板图像，从色调图像中分离出感兴趣的特征区。由于强度不携带彩色信息，因此彩色图像分割一般不使用强度图像。下面是在 HSI 彩色空间中执行图像分割的例子。

【例 9.12】 在 HSI 彩色空间执行图像分割。

假定感兴趣的是分割图 9.27（a）中的红色花朵。图 9.27（b）～图 9.27（d）是它的 H 分量、S 分量、I 分量图像。注意：比较图 9.27（a）和图 9.27（b），感兴趣的区域有相对高的色调。图 9.27（e）显示了门限产生的二值饱和度模板图像，该图像在饱和度图像中的门限等于最大饱和度的 30%，给任何比门限大的像素赋值 1（白色），给其他像素赋值 0（黑色）。图 9.27(f)是用二值饱和度模板图像作用于色调图像产生的红色花朵分割结果。在图 9.27(f)中，白色点的空间位置识别原始像点感兴趣的红色花朵。

其主要 MATLAB 程序如下，其结果如图 9.27（f）所示。

```
S1=(S>0.3*(max(max(S(:)))));
F=S1.*H;
```

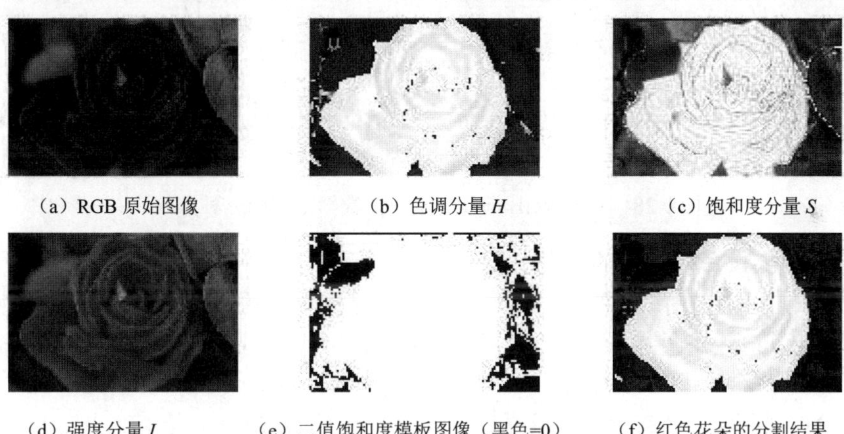

（a）RGB 原始图像　（b）色调分量 H　（c）饱和度分量 S

（d）强度分量 I　（e）二值饱和度模板图像（黑色=0）　（f）红色花朵的分割结果

图 9.27　HSI 彩色空间的图像分割

9.5.2 RGB 彩色空间分割

虽然 HSI 彩色空间中的图像较直观，但通常用 RGB 彩色向量方法进行图像分割。假设目标是 RGB 图像中特殊彩色区域的物体，给定一个感兴趣的有代表性的彩色点样品集，可得到一个彩色平均估计，这种彩色是我们希望分割的彩色。令这个平均彩色用 RGB 彩色向量 $\boldsymbol{a}$ 来表示，分割目标是对给定图像中的每个 RGB 像素进行分类。这就需要一个相似性度量，最简单的度量之一是欧氏距离。令 $\boldsymbol{z}$ 代表 RGB 空间中的任意一点，如果它们之间的距离小于特定的阈值 D_0，我们就说 $\boldsymbol{z}$ 与 $\boldsymbol{a}$ 是相似的，$\boldsymbol{z}$ 和 $\boldsymbol{a}$ 之间的欧氏距离为

$$D(\boldsymbol{z},\boldsymbol{a})=\|\boldsymbol{z}-\boldsymbol{a}\|=\left[(\boldsymbol{z}-\boldsymbol{a})^{\mathrm{T}}(\boldsymbol{z}-\boldsymbol{a})\right]^{\frac{1}{2}}=\left[(z_{\mathrm{R}}-\boldsymbol{a}_{\mathrm{R}})^2+(z_{\mathrm{G}}-\boldsymbol{a}_{\mathrm{G}})^2+(z_{\mathrm{B}}-\boldsymbol{a}_{\mathrm{B}})\right]^{\frac{1}{2}} \quad (9.39)$$

式中，下标 R、G、B 表示向量 $\boldsymbol{a}$ 和 $\boldsymbol{z}$ 的 R、G、B 分量。$D(\boldsymbol{z},\boldsymbol{a})\leqslant D_0$ 的点的轨道是半径为 D_0

的实心球，如图9.28（a）所示。包含在球内部和表面上的点符合特定的彩色准则，球外部的点则不符合特定的彩色准则。在图像中对这两类点集编码，如黑色或白色，产生一幅二值分割图像。

式（9.39）的一个有用推广是如下形式的距离测度：

$$D(\boldsymbol{z},\boldsymbol{a})=\left[(\boldsymbol{z}-\boldsymbol{a})^{\mathrm{T}}\boldsymbol{C}^{-1}(\boldsymbol{z}-\boldsymbol{a})\right]^{\frac{1}{2}} \tag{9.40}$$

式中，$\boldsymbol{C}$ 是希望分割的彩色典型样本的协方差矩阵。$D(\boldsymbol{z},\boldsymbol{a})\leqslant D_0$ 的点的轨道描述了一个实心的三维球体。当 $\boldsymbol{C}=\boldsymbol{I}$，即3×3单位矩阵时，式（9.40）简化为式（9.39），如图9.28（b）所示。

执行式（9.39）和式（9.40）的计算代价较高。可以采用计算代价不高的边界盒，如图9.28（c）所示。在边界盒方法中，盒的中心在 $\boldsymbol{a}$ 上，沿每个彩色轴选择与沿每个轴取样的标准偏差呈比例，标准偏差的计算只使用一次样本彩色数据。给定一个任意的彩色点，根据它是否在盒子表面或内部来进行分割，如同用式（9.39）和式（9.40）所示的距离方法一样。

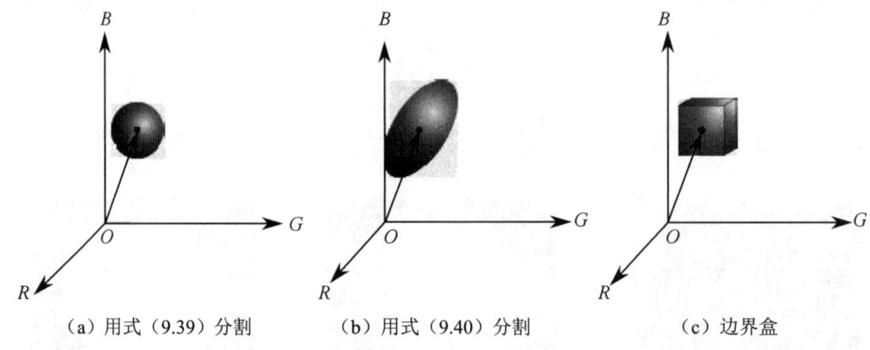

（a）用式（9.39）分割　（b）用式（9.40）分割　（c）边界盒

图9.28　对于RGB向量分割封闭数据范围的三种方法

【例9.13】 RGB彩色空间的彩色分割。

对一幅RGB彩色图像，在要分割的目标中选择一块区域，计算该区域中彩色点的平均向量 $\boldsymbol{a}$，然后计算这些彩色点 R、G、B 分量的标准差。盒子的中心在 $\boldsymbol{a}$，沿每个 R 轴、G 轴、B 轴，以数据标准差的1.25倍选择。例如，令 σ_{R} 代表样点 R 分量的标准差，盒子沿 R 轴从 $(a_{\mathrm{R}}-1.25\sigma_{\mathrm{R}})$ 扩展到 $(a_{\mathrm{R}}+1.25\sigma_{\mathrm{R}})$，这里 a_{R} 代表平均向量 $\boldsymbol{a}$ 的 R 分量。

其主要MATLAB程序如下：

```
rgb=imread('flower608.jpg');                    %读取图像
rgb1=im2double(rgb);                            %转换成double型
r=rgb1(:,:,1);                                  %图像的R分量
g=rgb1(:,:,2);                                  %图像的G分量
b=rgb1(:,:,3);                                  %图像的B色分量
r1=r(129:256,86:170);                           %在花朵的R分量中选择一块矩形区域
r1_u=mean(mean(r1(:)));                         %计算该矩形区域的均值
[m,n]=size(r1);                                 %得到该矩形区域的高度和宽度
sd1=0.0;                                        %该区域标准偏差变量
for i=1:m
    for j=1:n                                   %二重循环对差值的平均进行累加
        sd1=sd1+(r1(i,j)-r1_u)*(r1(i,j)-r1_u);
    end
```

```
    end
    r1_d=sqrt(sd1/(m*n));                        %计算得到该区域的标准偏差
    r2=zeros(size(rgb1,1),size(rgb1,2));
    ind=find((r>r1_u-1.25*r1_d)&(r<r1_u+1.25*r1_d));     %找到符合条件的点
    r2(ind)=1;                                   %将符合条件的点的灰度赋值为 1
```

其结果如图 9.29 所示。在整个彩色图像中编码每个点的结果为：如果该点位于盒子表面或内部则为白色，否则为黑色，如图 9.29（e）所示。

（a）RGB 原始图像

（b）R 分量

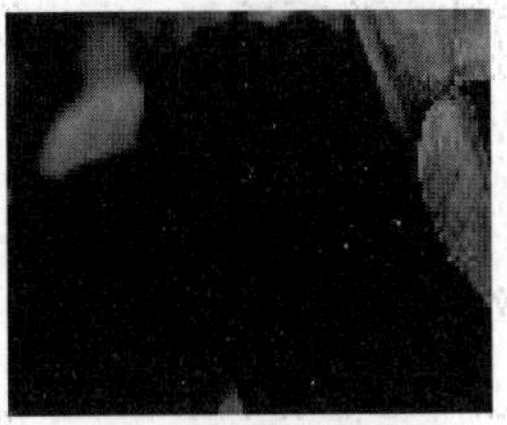
（c）G 分量

（d）B 分量

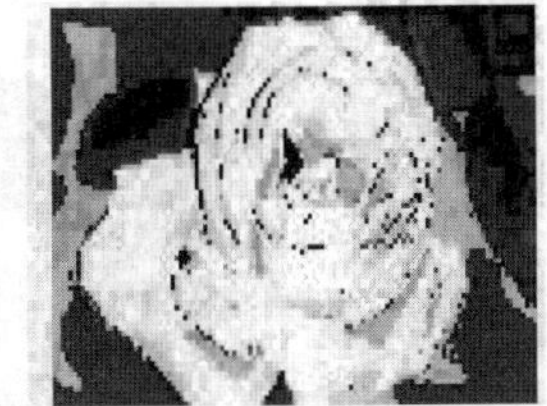
（e）RGB 向量空间彩色分割的结果

图 9.29　RGB 彩色空间分割

9.5.3　彩色边缘检测

边缘检测是图像分割中一个重要的工具，本节介绍以各单独颜色分量图像为基础，计算边缘和在彩色空间直接计算边缘的问题。

梯度算子边缘检测已经在梯度增强部分介绍过，但是只定义了标量函数的梯度，没有定义和讨论向量的梯度。这样，一般会想到分别计算各彩色分量图像的梯度，然后形成彩色图像的梯度，这可能得到不理想的结果。我们可以从下面的例子来分析导致错误结果的原因。

考虑两幅 $M \times M$ 彩色图像（M 为奇数），图 9.30（d）和图 9.30（h）分别是由图 9.30（a）～图 9.30（c）和图 9.30（e）～图 9.30（g）中的三个分量图像合成的。例如，如果根据第 5 章的方法计算每个分量图像的梯度，并将结果相加形成两幅相应的 RGB 梯度图像，则在点 $[(M+1)/2,(M+1)/2]$ 处梯度在两种情况下相同。但是直观地看，我们希望图 9.30（d）中图像中心点的梯度更强，因为 RGB 图像的边缘在该图像中处在相同的方向上，而图 9.30（h）中只有 R、G 这两个分量图像的边缘在相同的方向上。从这个简单的例子可以看出，处理三个独立平面形成的合成梯度图像可能导致不理想的结果。

如果问题只是检测边缘中的一个，则单独分量方法通常可以得到可接受的结果。然而，如果要精确地检测边缘，则很明显需要一个可用于向量的梯度的新定义。

令 $\boldsymbol{c}$ 代表 RGB 彩色空间中的任意向量，$\boldsymbol{c}$ 的分量是一幅彩色图像在一点上的 R、G、B 分量。彩色分量是坐标 (x,y) 的函数，表示为

$$\boldsymbol{c}(x,y)=\begin{pmatrix}c_{\mathrm{R}}(x,y)\\c_{\mathrm{G}}(x,y)\\c_{\mathrm{B}}(x,y)\end{pmatrix}=\begin{pmatrix}R(x,y)\\G(x,y)\\B(x,y)\end{pmatrix} \tag{9.41}$$

首要的问题是需要定义向量 $\boldsymbol{c}$ 在任意点 (x,y) 处的梯度（幅度和方向）。标量函数 $f(x,y)$ 在坐标 (x,y) 处的梯度是指向 f 最大变化率方向的向量，将这一思想扩展到向量梯度，下面介绍其中一种边缘检测方法。

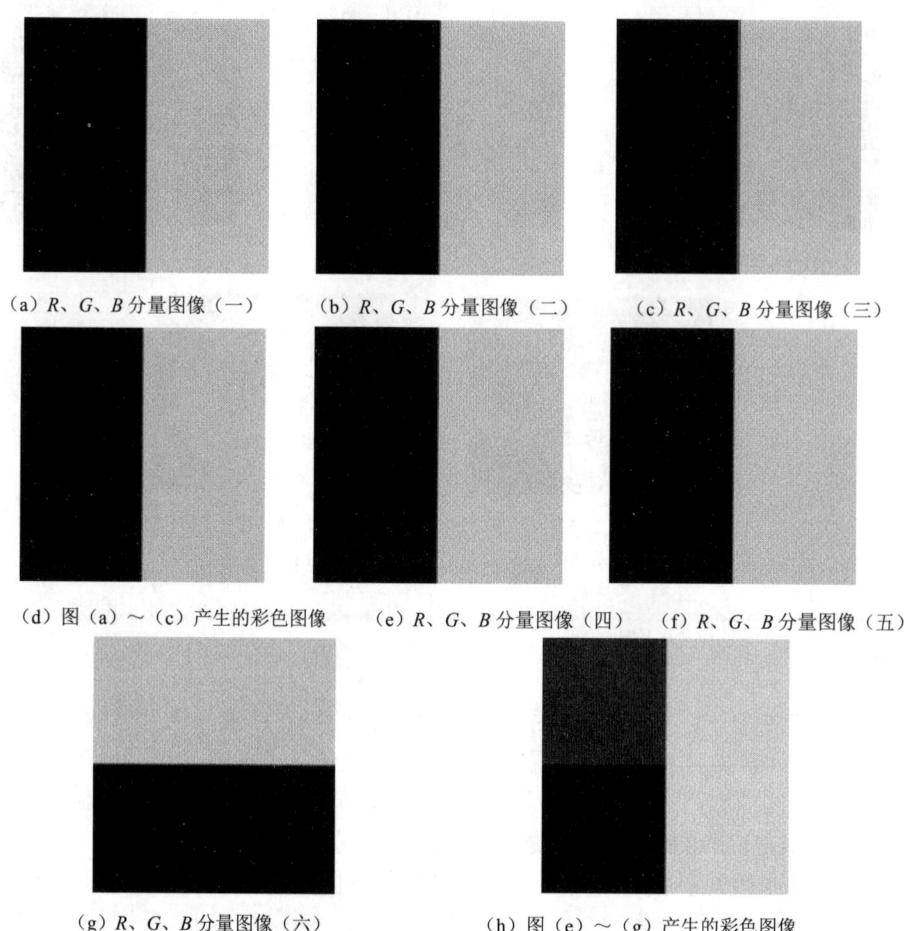

（a）R、G、B 分量图像（一）（b）R、G、B 分量图像（二）（c）R、G、B 分量图像（三）

（d）图（a）～（c）产生的彩色图像（e）R、G、B 分量图像（四）（f）R、G、B 分量图像（五）

（g）R、G、B 分量图像（六）（h）图（e）～（g）产生的彩色图像

图 9.30　彩色边缘检测

令 $\boldsymbol{r}$、$\boldsymbol{g}$、$\boldsymbol{b}$ 是 RGB 彩色空间（见图 9.6）沿 R 轴、G 轴、B 轴的单位向量，可定义向量为

$$\boldsymbol{u}=\frac{\partial R}{\partial x}\boldsymbol{r}+\frac{\partial G}{\partial x}\boldsymbol{g}+\frac{\partial B}{\partial x}\boldsymbol{b} \tag{9.42}$$

$$\boldsymbol{v}=\frac{\partial R}{\partial y}\boldsymbol{r}+\frac{\partial G}{\partial y}\boldsymbol{g}+\frac{\partial B}{\partial y}\boldsymbol{b} \tag{9.43}$$

标量 g_{xx}、g_{yy}、g_{xy} 定义为这些向量的点乘，如下所示：

$$g_{xx}=\boldsymbol{u}\cdot\boldsymbol{u}=\boldsymbol{u}^{\mathrm{T}}\boldsymbol{u}=\left|\frac{\partial R}{\partial x}\right|^2+\left|\frac{\partial G}{\partial x}\right|^2+\left|\frac{\partial B}{\partial x}\right|^2 \tag{9.44}$$

$$g_{yy} = \boldsymbol{v} \cdot \boldsymbol{v} = \boldsymbol{v}^{\mathrm{T}} \boldsymbol{v} = \left| \frac{\partial R}{\partial y} \right|^2 + \left| \frac{\partial G}{\partial y} \right|^2 + \left| \frac{\partial B}{\partial y} \right|^2 \tag{9.45}$$

$$g_{xy} = \boldsymbol{u} \cdot \boldsymbol{v} = \boldsymbol{u}^{\mathrm{T}} \boldsymbol{v} = \frac{\partial R}{\partial x}\frac{\partial R}{\partial y} + \frac{\partial G}{\partial x}\frac{\partial G}{\partial y} + \frac{\partial B}{\partial x}\frac{\partial B}{\partial y} \tag{9.46}$$

采用式（9.42）～式（9.46）表示的向量梯度表示法，$\boldsymbol{c}(x,y)$ 的最大变化率方向可以由角度给出：

$$\theta = \frac{1}{2}\arctan\left(\frac{2g_{xy}}{g_{xx} - g_{yy}}\right) \tag{9.47}$$

点 (x,y) 在 θ 方向上的变化率由式（9.48）给出：

$$F(\theta) = \left\{\frac{1}{2}\left[(g_{xx} + g_{yy}) + (g_{xx} - g_{yy})\cos 2\theta + 2g_{xy}\sin 2\theta\right]\right\}^{\frac{1}{2}} \tag{9.48}$$

因为 $\tan(\alpha) = \tan(\alpha \pm \pi)$，如果 θ_0 是式（9.47）的一个解，则 $\theta_0 \pm \frac{\pi}{2}$ 也是它的解。由于 $F(\theta) = F(\theta \pm \pi)$，因此 F 仅需对 θ 在半开区间 $[0, \pi)$ 计算。式（9.47）提供了两个相隔 90° 的值，这意味着该方程涉及点 (x,y) 的两个正交方向。沿着这些方向之一，F 最大，沿着其他方向 F 最小。式（9.44）～式（9.46）要求的偏导数可以用前面讨论的 Sobel 算子来计算。

下面通过一个例子来比较两种彩色图像边缘检测：由各彩色分量图像梯度的混合检测边缘和用彩色空间的向量梯度检测边缘。

【例 9.14】向量梯度检测边缘。

图 9.31（f）是图 9.31（a）的梯度，是用刚刚讨论的向量梯度方法得到的。图 9.31（b）～图 9.31（d）显示了计算每个 R、G、B 分量图像的梯度图像，通过在每个坐标点 (x,y) 处叠加相应的三个分量混合的梯度图像得到图 9.31（e）。图 9.31（f）中向量梯度图像的边缘细节比图 9.31（e）中单独平面梯度图像混合的细节更完全。图 9.31（g）显示了在每个点 (x,y) 处两种梯度图像间的差别。图 9.31（f）中可以产生额外的细节，但同时也增加了附加计算量。

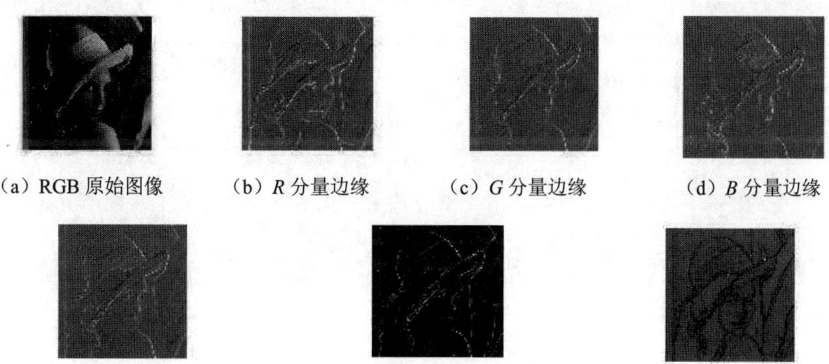

（a）RGB 原始图像　（b）R 分量边缘　（c）G 分量边缘　（d）B 分量边缘

（e）三个分量叠加后的边缘　（f）彩色向量梯度计算后的边缘　（g）图（f）和图（e）之间的差别

图 9.31　向量梯度检测边缘

其主要MATLAB程序如下：

```
rgb=imread('lena.jpg');                     %读取图像
sob=fspecial('sobel');                      %得到Sobel算子模板
Rx=imfilter(double(rgb(:,:,1)),sob,'replicate');
                                            %对R分量进行x方向Sobel算子滤波
Ry=imfilter(double(rgb(:,:,1)),sob','replicate');
Gx=imfilter(double(rgb(:,:,2)),sob,'replicate');
Gy=imfilter(double(rgb(:,:,2)),sob','replicate');
Bx=imfilter(double(rgb(:,:,3)),sob,'replicate');
By=imfilter(double(rgb(:,:,3)),sob','replicate');
r_gradiant=mat2gray(max(Rx,Ry));            %得到R分量的最大梯度图像
g_gradiant=mat2gray(max(Gx,Gy));            %得到G分量的最大梯度图像
b_gradiant=mat2gray(max(Bx,By));            %得到B分量的最大梯度图像
rgb_gradiant=rgb2gray(cat(3,r_gradiant,g_gradiant,b_gradiant));
                                            %将三个分量梯度图像合成
gxx=Rx.^2+Gx.^2+Bx.^2;                      %计算u的模
gyy=Ry.^2+Gy.^2+By.^2;                      %计算v的模
gxy=Rx.*Ry+Gx.*Gy+Bx.*By;                   %计算u与v的点积
theta=0.5*(atan(2*gxy./(gxx-gyy+eps)));%计算变化率最大的方向
G1=0.5*((gxx+gyy)+(gxx-gyy).*cos(2*theta)+2*gxy.*sin(2*theta));
                                            %计算变化率最大的方向上梯度的幅度
theta=theta+pi/2;                           %由于tan函数具有周期性，因此旋转90°再次计算
G2=0.5*((gxx+gyy)+(gxx-gyy).*cos(2*theta)+2*gxy.*sin(2*theta));
                                            %计算变化率最大的方向上梯度的幅度
G1=G1.^0.5;
G2=G2.^0.5;
rgb_vectorgradiant=mat2gray(max(G1,G2));          %取两个幅值的最大值
diff=abs(rgb_vectorgradiant-rgb_gradiant);        %计算两种方法得到的梯度之差
figure, imshow(rgb);                        %显示原始图像
figure,imshow(r_gradiant);                  %显示R分量边缘图像
figure,imshow(g_gradiant);                  %显示G分量边缘图像
figure,imshow(b_gradiant);                  %显示B分量边缘图像
figure,imshow(rgb_gradiant);                %显示三个分量边缘合成的边缘图像
figure,imshow(rgb_vectorgradiant);          %显示向量方法计算得到的边缘图像
figure,imshow(diff);                        %显示两种边缘图像之差
```

其结果如图9.31所示。

9.6 彩色图像处理的应用

彩色图像处理的应用非常广泛，本节将以去红眼、肤色检测、基于彩色的跟踪等为例进行简要说明。

9.6.1　去红眼

用照相机拍摄人像时，有时会出现红眼现象。在光线较暗的环境中拍摄时，闪光灯会使人眼瞳孔瞬时放大，视网膜上的血管被反射到底片上，从而产生红眼现象。

去红眼技术常用的颜色模型有 RGB 彩色模型、CIE Lab 彩色模型、HSI 彩色模型，本节采用 HSI 彩色模型。统计资料表明，人像中的红眼有以下特征：

$$\begin{cases} -\dfrac{\pi}{4} < H < \dfrac{\pi}{4} \\ S > 0.3 \end{cases} \tag{9.49}$$

由式（9.49）得出以下去红眼算法：

（1）确定眼部区域 R_{eye}。

（2）将 R_{eye} 中的像素，由 RGB 彩色模型转换为 HSI 彩色模型。

（3）将满足式（9.49）的像素饱和度 S 设置为 0，即设置为灰色。

（4）重复执行（2）～（3），直到处理完 R_{eye} 中的所有像素。

图 9.32 是采用该算法进行处理的结果。

（a）红眼图像

（b）去红眼后的图像

图 9.32　去红眼处理

9.6.2　肤色检测

肤色检测在基于内容的图像检索、身份鉴定和确认、人机交互操作等方面有着广泛的应用。

根据肤色特征，利用肤色模型将肤色在彩色空间进行聚类分析，便可完成肤色检测。由于肤颜受种族、光照强度、光源颜色等环境因素的影响较大，因此选择合适的彩色空间是非常重要的。一般采用 YCbCr 彩色空间，其中，Y 表示颜色的亮度，不包含色度信息；Cb、Cr 分别表示颜色中蓝色、红色的浓度偏移量成份；色度信息包含在 Cb、Cr 分量中。将 YCbCr 彩色空间的 Cb 分量、Cr 分量映射为 CbCr 彩色空间，在 CbCr 彩色空间中，肤色受强度变化的影响较少。下面介绍两种肤色检测方法。

1. CbCr 区间法

通过实践选取大量肤色样本进行统计，发现肤色在 CbCr 彩色空间中的分布呈现良好的聚类特性。即肤色统计分布满足 77≤Cb≤127，并且 133≤Cr≤173。基于此，可得到如下一种简单的 CbCr 区间法：

（1）将一幅彩色 RGB 图像转换到 YCbCr 彩色空间（转换方法可以用公式计算或用 MATLAB 函数获得），得到每个像素点的 Cb 值和 Cr 值。

（2）如果像素点的 Cb 值和 Cr 值满足 77≤Cb≤127，并且 133≤Cr≤173，则判定为皮肤，否则判定为非皮肤。

2. 高斯模型法

在二维色度平面上，肤色的区域比较集中，可以用高斯分布描述。二维高斯模型 $G(m,\boldsymbol{V}^2)$ 定义为

$$\begin{cases} m=(\overline{\mathrm{Cr}},\overline{\mathrm{Cb}}) \\ \boldsymbol{V}=\begin{bmatrix} \sigma_{\mathrm{CrCr}},\sigma_{\mathrm{CrCb}} \\ \sigma_{\mathrm{CbCr}},\sigma_{\mathrm{CbCb}} \end{bmatrix} \end{cases} \tag{9.50}$$

式中，$\overline{\mathrm{Cr}}$、$\overline{\mathrm{Cb}}$ 为 Cr、Cb 的平均值；$\boldsymbol{V}$ 为协方差矩阵；σ 为方差。

基于式（9.50）所示模型的肤色检测算法如下：

（1）将彩色图像从 RGB 彩色空间转换到 YCbCr 彩色空间。

（2）通过对大量图像进行统计，得到式（9.50）的估计值。

（3）对于给定的彩色图像，计算各像素点属于皮肤区域的概率。

（4）选取合适的阈值，判定出皮肤区域和非皮肤区域。

图 9.33 是采用该算法进行肤色检测的结果。

（a）原始图像

（b）肤色检测结果

图 9.33　肤色检测

 9.6.3　基于彩色的跟踪

在视频序列中，跟踪人体并识别他们的动作在许多应用中显得越来越重要。基于摄像机的安全系统，包括用计算机视觉软件控制的网络连接协同的摄像机。自动目标获取可通过固定和扫视-倾斜-变焦（PTZ）摄像机的协同合作进行，而跟踪仅通过 PTZ 摄像机进行。

通常，一个目标跟踪算法包含三个主要功能：①背景建模；②运动目标检测；③目标跟踪。背景建模最简单的方法是使用一幅没有任何运动的图像，但这并不能处理照明变化的问题，一个比较好的方法是用一个在 N 帧连续图像中不改变的像素来更新背景图像，在生成一幅背景图像后，将当前的视频帧与背景图像进行差运算，使用一个经验确定的阈值来提取运动像素，并使用形态学操作，如开运算和闭运算，以在检测运动像素时消除噪声。

为了跟踪，需要提取如彩色分布、目标高度和运动信息等特征。将图像 RGB 彩色模型转换到 YUV 彩色模型（Y 表示颜色的亮度，色度信息由 U 和 V 表示），得到彩色分布，包括每个片段中分量 U 和 V 的均值和方差。高度是一个重要的特征，因为一个人的高度通常不会改变很多，而其宽度会随着位置和视角的变化而变化。运动信息特征包括对每个目标区域改变的方向和上一帧的加速度。

在跟踪过程中，要计算每个特征的相关性，将匹配最好的区域确定为当前目标的位置。在一个大的公共区域，如机场候机厅，用多个摄像机实现无缝跟踪，建议的系统需要从当前摄像机转换到另一个能有更好观察视场的摄像机。一般来说，一个近距离的摄像机能提供更好的目标图像，它包含整个目标且有最小的遮挡。

当检测到一个侵犯事件时，负责追踪运动方向的摄像机触发一个警报，并提供目标在世界坐标系中的位置。PTZ 摄像机使用这些以确定它的扫视和倾斜角度，并锁定目标进行接下来的跟踪。只有当 PTZ 摄像机能从背景中提取运动目标并锁定时，目标移交才认为全部完成。

PTZ 摄像机导致的失真使跟踪工作变得困难。目标的彩色信息是稳定特征，当彩色恒常性被保持时，感兴趣区域的彩色分布可用于跟踪目标。彩色索引是在连续帧中发现相似彩色目标的技术之一，分析从俯视摄像机得到的视频从而检测和提取侵犯事件，用每个提取的区域构建一个直方图模型，借助直方图相交搜索最近和最相似的彩色区域，可以得到引起警报物体的轨迹。

习题

9.1　什么是三原色原理？

9.2　在 RGB 彩色系统中，每个 RGB 分量图像是一幅 8 位图像，共有多少不同的彩色级？

9.3　（1）存储一幅 512 像素×512 像素的 256 个灰度级的图像需要多少位？

（2）一幅 384 像素×256 像素的 24 位全彩色图像的容量为多少位？

9.4　为什么从 RGB 彩色空间向 HSI 彩色空间转换时分两段计算 H，而从 HSI 彩色空间向 RGB 彩色空间转换时分三段计算 H？

9.5　一幅 512 像素×512 像素的 RGB 彩色图像，均分成四块，左上角为绿色，右上角为红色，左下角为蓝色，右下角为绿色，试编写 MATLAB 程序，生成该幅图像。

9.6　将习题 9.5 的图像转换到 HSI 彩色空间，请用 MATLAB 程序实现如下问题，并简述观察结果。

（1）用 25×25 平均模板模糊 H 分量图像，并转换回 RGB 彩色空间。

（2）用 25×25 平均模板模糊 S 分量图像，并转换回 RGB 彩色空间。

9.7　以流程图的形式给出一个过程来确定一个彩色向量 $\boldsymbol{z}$ 是否在一个立方体内部，立方体宽度为 w，中心在平均彩色向量 $\boldsymbol{a}$ 处，不允许计算距离。

9.8　参考 9.5.3 节，也许会想到，在任何点定义 RGB 图像梯度的逻辑方法是，计算每个分量图像的梯度向量，然后把三个单独的梯度向量求和形成彩色图像梯度向量。遗憾的是，有时这个方法会导致错误结果。特别是对明确定义了边缘，并有 0 梯度的彩色图像，如果用这个方法容易产生错误。给出一幅符合这样要求的图像的例子（提示：置一个彩色平面为恒定值，简化你的分析）。

9.9　什么是伪彩色增强处理？其主要目的是什么？

9.10　试设计运用频率域法实现彩色图像高频加强滤波的算法，写出主要步骤。

9.11　打开一幅 RGB 彩色图像，用 MATLAB 编程，将绿色和蓝色通道进行互换，观察通道互换后的效果，并对结果进行说明。若将所有蓝色加倍，结果又将如何？

第10章 图像表示及描述

图像特征的表示和描述是图像识别和图像检索等应用的前期步骤，颜色特征是图像的全局特征，纹理特征是描述图像内容的重要手段之一。本章首先介绍图像特征在空间域和频率域的表示和描述方法，考虑对图像进行分割时需要对图像的对象或区域进行表达和描述，同时还介绍了图像的边界特征及区域特征的表达和描述方法。

10.1 背 景

在图像识别和分类中，首先进行图像特征的提取和选择，提取和选择那些反映图像本质特性并区别于其他图像的特征，然后根据特征的相似性进行图像的识别和分类。以指纹识别为例，在对指纹图像进行预处理后，关键要对指纹图像进行描述，并提取其细节点特征，指纹匹配通常是基于细节点特征的匹配，并给出匹配与否的结果。指纹识别的准确率依赖指纹细节点特征提取的准确性。

特征是通过测量或处理能够抽取的数据，图像特征是指某一幅或一类图像区别于其他图像的本质特点或特性，或是这些特点和特性的集合。图像特征有些是视觉直接感受到的自然特征，如区域的亮度、边缘的轮廓、纹理、色彩等；有些是需要通过变换或测量才能得到的人为特征，如直方图、变换频谱等。常用的特征可以分为颜色特征、纹理特征、边界特征、区域特征等。其中，颜色特征和纹理特征属于内部特征，需要借助分割图像从原始图像上测量；边界特征属于外部特征，可以从分割图像上测量。当关注的主要焦点集中于边界特征时，可以选择外部特征；而当主要的焦点集中于内部性质时，可以选择内部特征。我们常常将某一（类）图像的多个或多种特征组合在一起，形成一个特征向量来代表该（类）图像，如果只有单个数值特征，则特征向量为一个一维特征向量；如果是 n 个数值特征的组合，则特征向量为一个 n 维特征向量，该特征向量常常被作为识别系统的输入。实际上，一个 n 维特征向量就是一个位于 n 维空间中的点，而识别（分类）的任务就是找到对这个 n 维空间的一种划分，使该（类）图像与其他（类）图像在空间上分开。

特征选择和提取的基本任务是从众多特征中找到最有效的特征。一幅图像的特征有很多种类，每个种类又有多种不同的表示和描述方法。需要对特征进行选择，选择的特征不仅要能够很好地描述图像，更重要的是要能够很好地区分不同类别的图像。我们希望选择那些在同类图像之间差异较小（较小的类内距），在不同类别图像之间差异较大（较大的类间距）的图像特征。

10.2 颜色特征

颜色特征是一种全局特征，描述了图像或图像区域对应景物的表面性质。一般颜色特征是基于像素点的特征，所有属于图像或图像区域的像素都有各自的贡献。颜色特征是图像检索和识别中应用最为广泛的视觉特征，与其他视觉特征相比，它对图像尺寸、方向、视角的依赖性较弱，因此具有较高的稳定性，但颜色特征不能很好地刻画图像的局部特征。

10.2.1 灰度特征

灰度特征可以在图像某些特定的像素点或其邻域内测定，也可以在某个区域内测定。以 (i, j) 为中心的 $(2M+1)\times(2N+1)$ 邻域内的平均灰度为

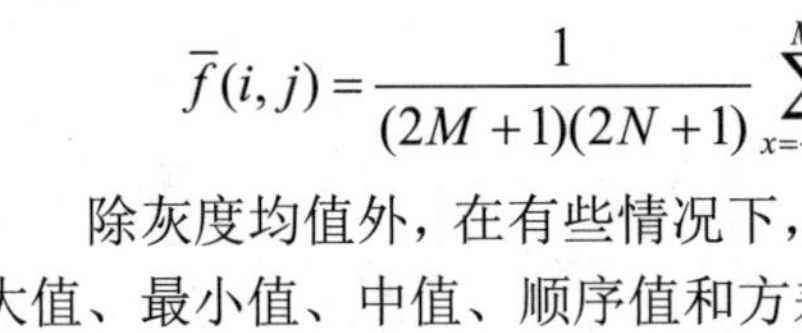

$$\bar{f}(i,j)=\frac{1}{(2M+1)(2N+1)}\sum_{x=-M}^{M}\sum_{y=-N}^{N}f(i+x,j+y) \qquad (10.1)$$

除灰度均值外，在有些情况下，还可能要用到区域中的灰度最大值、最小值、中值、顺序值和方差等。

图 10.1　Lena 图像

【例 10.1】将图 10.1 所示图像分为 4 个相等的方块，计算左上角方块的灰度均值，并计算整幅图像像素灰度的最大值和最小值。

其 MATLAB 程序如下：

```
I=imread('lena256.bmp');                    %读取图像
I=double(I);                                %转换成 double 型
[m,n]=size(I);                              %获取图像的高度 m 和宽度 n
mw=round(m/2);                              %得到高度的一半 mw
mh=round(n/2);                              %得到宽度的一半 mh
sumg=0.0;                                   %变量初始化
for i=1:mw
      for j=1:mh                            %二重循环计算左上角灰度之和
          sumg=sumg+I(i,j);
      end
end
avg=sumg/(mw*mh)                            %计算图像左上角灰度的均值
maxg=max(max(I))                            %计算得到图像灰度的最大值
ming=min(min(I))                            %计算得到图像灰度的最小值
```

计算结果：区域灰度均值 avg 为 94.7202，区域灰度最大值 maxg 为 238，区域灰度最小值 ming 为 3。

10.2.2　直方图特征

设图像f的像素总数为n，灰度等级数为L，灰度为k的像素全图共有n_k个，那么f的灰度直方图h_k为

$$h_k = \frac{n_k}{n}, \quad k=0, 1, \cdots, L-1 \tag{10.2}$$

彩色图像可以定义其各彩色分量的直方图。如果是 RGB 彩色模型，可以分别计算R、G、B分量的直方图；如果是 HSI 彩色模型，可以分别计算H、S、I分量的直方图。其他彩色模型也可进行类似操作。

图像灰度直方图可以认为是图像灰度概率密度的估计，可以由直方图产生下列特征。

（1）平均值：

$$\bar{f} = \sum_{k=0}^{L-1} k h_k \tag{10.3}$$

（2）方差：

$$\sigma_f^2 = \sum_{k=0}^{L-1} (k-\bar{f})^2 h_k \tag{10.4}$$

（3）能量：

$$f_N = \sum_{k=0}^{L-1} {h_k}^2 \tag{10.5}$$

（4）熵：

$$f_E = -\sum_{k=0}^{L-1} h_k \log_2 h_k \tag{10.6}$$

可以类似地得到彩色图像各分量直方图的相关特征。

【例 10.2】计算图 10.1 的直方图的有关特征。

其 MATLAB 程序如下：

```
I=imread('lena256.bmp');                    %读取图像
[m,n]=size(I);                              %获取图像的高度 m 和宽度 n
h=imhist(I)/(m*n);                          %计算图像的直方图
avh=0;enh=0;enth=0;                         %变量初始化
for k=1:256
        avh=avh+k*h(k);                     %计算均值
        enh=enh+h(k)*h(k);                  %计算能量
        if(h(k)~=0)
            enth=enth-h(k)*log2(h(k));      %计算熵
        end
end
avh, enh, enth                              %显示均值、能量、熵
vah=0;
for k=1:256
        vah=vah+(k-avh)*(k-avh)*h(k);       %计算方差
end
vah                                         %显示方差
```

计算结果：平均值 avh 为 98.7724，能量 enh 为 0.0059，熵 enth 为 7.5534，方差 vah 为 2.784×10^3。

10.2.3 颜色矩

可以通过计算颜色矩来描述颜色的分布。图像中任何颜色的分布均可以用它的矩来表示，颜色矩可以直接在 RGB 彩色空间计算。由于颜色分布信息主要集中在低阶矩，因此仅采用颜色的一阶矩（Mean）、二阶矩（Variance）和三阶矩（Skewness）就足以表达图像的颜色分布。它们的定义分别为

$$\mu_i = \frac{1}{n}\sum_{j=1}^{n} p_{ij} \tag{10.7}$$

$$\sigma_i = \sqrt{\frac{1}{n}\sum_{j=1}^{n}(p_{ij} - \mu_i)^2} \tag{10.8}$$

$$s_i = \sqrt[3]{\frac{1}{n}\sum_{j=1}^{N}(p_{ij} - \mu_i)^3} \tag{10.9}$$

式中，p_{ij} 是第 i 个彩色分量的第 j 个像素的值；n 是图像中像素点的个数。事实上，一阶矩定义了每个彩色分量的平均值，二阶矩和三阶矩分别定义了彩色分量的方差和偏斜度。颜色矩特征和颜色直方图都缺乏对彩色空间分布的信息表示，不能区分彩色区域的空间分布位置。

10.3 纹理特征

类似布纹、草地、砖砌地面等重复性结构称为纹理，纹理是图像描述的重要内容，纹理特征描述图像或图像区域对应景物的表面性质。一般来说，纹理是对图像像素灰度级在空间上的分布模式的描述，反映了物品的质地，如粗糙度、光滑性、颗粒度、随机性和规范性等。

纹理的标志有三个要素：一是某种局部的序列性，该序列在更大的区域内不断重复；二是序列由基本部分非随机排列组成；三是各部分大致都是均匀的统一体，纹理区域内任何地方都有大致相同的尺寸结构。

纹理图像在很大范围内没有重大细节变化，在这些区域内图像往往显示出重复性结构。纹理可分为人工纹理和天然纹理，人工纹理是由自然背景上的符号排列组成的，这些符号可以是线条、点、字母、数字等；自然纹理是具有重复排列现象的自然景象，如砖墙、种子、森林、草地之类的照片。人工纹理往往是有规则的，而自然纹理往往是无规则的。

与颜色特征不同，纹理特征不是基于像素点的特征，它需要在包含多个像素点的区域中进行统计计算。在图像模式识别的模式匹配时，此类区域性特征具有一定优势，可以避免局部偏差造成的匹配失败。作为一种统计特征，纹理特征一般具有旋转不变性，并且对于噪声有较强的抵抗能力。但是，纹理特征也有缺点：其一，当图像的分辨率变化时，计算出来的纹理可能会有较大偏差；其二，受到光照、反射情况的影响，从二维图像中反映出来的纹理不一定是三维物体表面真实的纹理。在计算彩色图像的纹理特征时，一般先将彩色图像按照

式（9.5）转换成灰度图像，再计算对应灰度图像的纹理特征。

常用的纹理特征表示方法有以下几种：

（1）统计法。统计法的一种典型代表是灰度共生矩阵的纹理特征分析方法，这种方法可以由灰度共生矩阵得到能量、惯性、熵和相关性 4 个参数；另一种典型代表是利用图像的自相关函数（也称图像的能量谱函数）提取纹理特征，即通过对图像能量谱函数的计算，提取纹理的粗细度和方向性等特征参数。

（2）模型法。模型法以图像的构造模型为基础，采用模型参数作为纹理特征。典型的方法是随机场模型法，如马尔可夫随机场模型法和 Gibbs 随机场模型法。自回归纹理模型是马尔可夫随机场模型的一种应用实例。

（3）几何法。几何法是建立在纹理基元（基本的纹理元素）理论基础上的一种纹理特征分析方法。纹理基元理论认为，复杂的纹理可以由若干简单的纹理基元按一定规律重复排列构成。在几何法中，比较有影响的算法有 Voronio 棋盘格特征法和结构法两种。

（4）频谱法。由于图像的傅里叶频谱能够很好地描述图像中的周期或近似周期的空间特性，所以有些在空间域很难描述和检测的纹理特征在频率域中可以很好地获得。频谱法基于傅里叶频谱特性，主要用于通过识别频谱中高能量的窄波峰来寻找图像中的整体周期。

此外，小波变换也可以用于纹理特征的提取，最常见的是利用 Gabor 滤波器提取图像纹理特征。

 10.3.1　自相关函数

图像纹理结构的粗糙性与局部结构的空间重复周期有关，周期长的纹理粗糙，周期短的纹理细致。空间自相关函数可以用于度量图像纹理结构的粗糙性。

设灰度图像或图像区域为 $\{f(i,j); i=0,1,2,\cdots,M-1; j=0,1,2,\cdots,N-1\}$，其自相关函数定义为

$$c(x,y)=\frac{\sum_{i=0}^{M-1}\sum_{j=0}^{N-1}f(i,j)f(i+x,j+y)}{\sum_{i=0}^{M-1}\sum_{j=0}^{N-1}[f(i,j)]^2} \tag{10.10}$$

式中，$x,y=0,\pm1,\pm2,\cdots,\pm T$，$T$ 为常数。若 $i+x<0$，或 $i+x>M-1$，或 $j+y<0$，或 $j+y>N-1$，则可以定义 $f(i+x,j+y)=0$，即图像之外的灰度为 0。自相关函数 $c(x,y)$ 随着 x,y 的大小而变化，与图像中纹理粗细的变化有着对应的关系。

【例 10.3】 自相关函数的 MATLAB 实现。

设原始图像为 I，偏移量分别为 shiftx 和 shifty，则自相关函数计算的 MATLAB 代码如下：

```
function autocorcoeficient(I,shiftx,shifty);
A=imread(I);                                %读取图像
[M,N]=size(A);                              %获取图像的高度 M 和宽度 N
B=zeros(M+abs(shiftx),N+abs(shifty));       %设置一个偏移矩阵用于计算
A=double(A);                                %转换成 double 型
B=double(B);                                %转换成 double 型
if((shiftx>0)&(shifty>0))
```

```
    B(1:M,1:N)=A;
end
if((shiftx>0)&(shifty<0))                          %偏移量处理，超出范围像素为 0
    B(1:M,abs(shifty)+1:abs(shifty)+N)=A;
end
if((shiftx<0)&(shifty>0))                          %偏移量处理，超出范围像素为 0
    B(abs(shiftx)+1:abs(shiftx)+M,1:N)=A;
end
if((shiftx<0)&(shifty<0))                          %偏移量处理，超出范围像素为 0
    B(abs(shiftx)+1:abs(shiftx)+M, abs(shifty)+1:abs(shifty)+N)=A;
end
sum1=0;                                            %设置分子变量初值
sum2=0;                                            %设置分母变量初值
for i=1:M
    for j=1:N
        sum1=sum1+A(i,j)*B(i,j);                   %二重循环累加得到分子
        sum2=sum2+A(i,j)*A(i,j);                   %二重循环累加得到分母
    end
end
c=sum1/sum2                                        %得到自相关函数
```

10.3.2 灰度差分统计

对于给定的灰度图像 $\{f(i,j); i=0,1,2,\cdots,M-1; j=0,1,2,\cdots,N-1\}$ 和取定的较小整数 Δi、Δj，求差分图像，即

$$g(i,j)=f(i,j)-f(i+\Delta i, j+\Delta j) \tag{10.11}$$

式中，g 称为灰度差分。设灰度差分的所有可能取值有 m 级，求出灰度差分图像已归一化的直方图 $\{h_g(k), k=0,1,2,\cdots,m-1\}$。当较小差值 k 的频率 $h_g(k)$ 较大时，说明纹理较粗糙；当直方图较平坦时，说明纹理较细致。

可以由灰度差分直方图得到二次统计量，作为纹理特征，反映图像纹理的细致程度。

（1）平均值：

$$\text{MEAN}=\frac{1}{m}\sum_i ih_g(i) \tag{10.12}$$

（2）对比度：

$$\text{CON}=\sum_i i^2 h_g(i) \tag{10.13}$$

（3）角度方向二阶矩：

$$\text{ASM}=\sum_i [h_g(i)]^2 \tag{10.14}$$

（4）熵：

$$\text{ENT}=-\sum h_g(i)\log_2 h_g(i) \tag{10.15}$$

当灰度差分的直方图分布 $h_g(k)$ 较平坦时，ASM 较小，ENT 较大；当 $h_g(k)$ 在原点附近集中分布时，MEAN 较小，反之 MEAN 较大。

【例 10.4】 计算如图 10.2 所示两幅纹理图像的灰度差分统计特征。

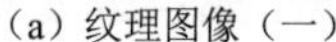

（a）纹理图像（一）

（b）纹理图像（二）

图 10.2　两幅纹理图像

其 MATLAB 实现的主要程序如下：

```
I=imread('texture1.bmp');                        %读取图像
A=double(I);                                     %转换成 double 型
[m,n]=size(A);                                   %得到图像的高度和宽度
B=A;
C=zeros(m,n);
for i=1:m-1
       for j=1:n-1
          B(i,j)=A(i+1,j+1);
          C(i,j)=abs(round(A(i,j)-B(i,j)));     %计算灰度差分图像
       end
end
h=imhist(mat2gray(C))/(m*n);                     %计算灰度差分图像直方图
MEAN=0;                                          %设置变量初值
CON=0;                                           %设置变量初值
ASM=0;                                           %设置变量初值
ENT=0;                                           %设置变量初值
for i=1:256
       MEAN=MEAN+(i*h(i))/256;                   %计算平均值
       CON=CON+i*i*h(i);                         %计算对比度
       ASM=ASM+h(i)*h(i);                        %计算角度方向二阶矩
       if(h(i)>0)
       ENT=ENT-h(i)*log2(h(i));                  %计算熵
       end
end
MEAN,CON,ASM,ENT                                 %显示计算结果
```

本例中，取 $\Delta i=\Delta j=1$。计算得到第一幅纹理图像的纹理特征：平均值 MEAN 为 0.0866，对比度 CON 为 1.3648×10^3，角度方向二阶矩 ASM 为 0.417，熵 ENT 为 5.4606。第二幅纹理图像的纹理特征：平均值 MEAN 为 0.1235，对比度 CON 为 1.7239×10^3，角度方向二阶矩

ASM 为 0.0362，熵 ENT 为 5.3789。

10.3.3 灰度共生矩阵

灰度共生矩阵是描述纹理特征的重要方法之一，它能较精确地反映纹理的粗糙程度和重复方向。

由于纹理反映了灰度分布的重复性，人们自然要考虑图像中点对之间的灰度关系。灰度共生矩阵定义为：对于取定的方向θ和距离 d，在方向为θ的直线上，一个像素灰度为 i，另一个与其相距为 d 的像素的灰度为 j 的点对出现的频数作为这个矩阵的第(i, j)位置的元素的值。对于一系列不同的 d、θ，就有一系列不同的灰度共生矩阵。由于计算量较大，因此一般 d 只取少数几个值，而θ取 0°、45°、90°、135°。研究表明，d 值取得较小时，可以提供较好的特征描述和分析结果。

【例 10.5】一幅 5 像素×5 像素的灰度图像，其灰度矩阵是 $\boldsymbol{I}=\begin{pmatrix}0&0&0&1&2\\1&1&0&1&1\\2&2&1&0&0\\1&1&0&2&0\\0&0&1&0&1\end{pmatrix}$，计算它在 d=1，θ分别为 0°、45°、90°、135° 时的共生矩阵。

在 d=1，θ 分别取 0°、45°、90°、135° 4 个方向时，由于图像具有三个灰度级（0, 1, 2），则 $\boldsymbol{I}$ 在这 4 个方向上的共生矩阵都是 3×3 矩阵，如果 0° 和 180° 不区分，45° 和 225° 不区分，90° 和 270° 不区分，135° 和 315° 不区分，则这 4 个共生矩阵分别为

$$\begin{pmatrix}8&8&2\\8&6&2\\2&2&2\end{pmatrix},\quad\begin{pmatrix}6&5&2\\5&4&4\\2&4&0\end{pmatrix},\quad\begin{pmatrix}4&10&2\\10&2&5\\2&5&0\end{pmatrix},\quad\begin{pmatrix}8&4&1\\4&6&4\\1&4&0\end{pmatrix}$$

【例 10.6】灰度图像共生矩阵计算的 MATLAB 程序实现。

一般的灰度图像都有 256 个灰度级，这样得到的共生矩阵都是 256×256 的，矩阵维数太高，为了减少计算量，要对原始图像的灰度级进行压缩，如可以将原始图像的灰度级量化为 16 级或更少。同时，d 取某个定值（一般为 1），θ 一般取 0°、45°、90°、135° 4 个方向。

```
gray=imread('lena256.bmp');
[M,N]=size(gray);                              %得到图像的高度和宽度
for i=1:M
    for j=1:N
        for n=1:256/16                         %将图像的灰度级量化为 16 级
            if (gray(i,j)>=(n-1)*16)&&(gray(i,j)<=(n-1)*16+15)
                gray(i,j)=n-1;
            end
        end
    end
end
P=zeros(16,16,4);                              %4 个 16×16 的共生矩阵初始化
for m=1:16
```

```
    for n=1:16
        for i=1:M
            for j=1:N
                if (j<N)&&(gray(i,j)==m-1)&&(gray(i,j+1)==n-1)
                                                         %水平方向
                    P(m,n,1)=P(m,n,1)+1;
                    P(n,m,1)=P(m,n,1);
                end
                if (i>1)&&(j<N)&&(gray(i,j)==m-1)&&(gray(i-1,j+1)==n-1)
                                                         %45°方向
                    P(m,n,2)=P(m,n,2)+1;
                    P(n,m,2)=P(m,n,2);
                end
                if (i<M)&&(gray(i,j)==m-1)&&(gray(i+1,j)==n-1)
                                                         %垂直方向
                    P(m,n,3)=P(m,n,3)+1;
                    P(n,m,3)=P(m,n,3);
                end
          if (i<M)&&(j<N)&&(gray(i,j)==m-1)&&(gray(i+1,j+1)==n-1)% 135°方向
                    P(m,n,4)=P(m,n,4)+1;
                    P(n,m,4)=P(m,n,4);
                end
            end
        end
        if (m==n)                                        %共生矩阵主对角线上的元素
            P(m,n,:)=P(m,n,:)*2;
        end
    end
end
P                                                        %显示计算得到的 4 个共生矩阵
```

灰度共生矩阵能够反映图像灰度关于方向、相邻间隔、变化幅度的综合信息，是分析图像局部模式和像素排列规则的基础。作为纹理分析的特征量，一般不是直接应用计算的灰度共生矩阵，而是在灰度共生矩阵的基础上再提取纹理特征量，称为二次统计量。二次统计量主要有能量、对比度、熵、均匀度、相关等。

设在给定参数 d、θ 下的共生矩阵元素已归一化为频率，并记为 $p(i,j)$。

（1）能量：

$$\mathrm{ENE}=\sum_i\sum_j p(i,j)^2 \tag{10.16}$$

粗纹理的 ENE 较大，细纹理的 ENE 较小。

（2）对比度：

$$\mathrm{CON}=\sum_i\sum_j (i-j)^2 p(i,j) \tag{10.17}$$

粗纹理的 CON 较小，细纹理的 CON 较大。

（3）熵：

$$\mathrm{ENT} = -\sum_i \sum_j p(i,j) \lg p(i,j) \tag{10.18}$$

粗纹理的 ENT 较小，细纹理的 ENT 较大。

（4）均匀度：

$$\mathrm{EVE} = \sum_i \sum_j \frac{1}{1+(i-j)^2} p(i,j) \tag{10.19}$$

粗纹理的 EVE 较大，细纹理的 EVE 较小。

（5）相关性：

$$\mathrm{COR} = \frac{\sum\sum (i-\overline{x})(j-\overline{y}) p(i,j)}{\sigma_x \sigma_y} \tag{10.20}$$

其中

$$\overline{x} = \sum_i i \sum_j p(i,j)$$

$$\overline{y} = \sum_j j \sum_i p(i,j)$$

$$\sigma_x^2 = \sum_i (i-\overline{x})^2 \sum_j p(i,j)$$

$$\sigma_y^2 = \sum_j (j-\overline{y})^2 \sum_i p(i,j)$$

【例 10.7】灰度图像由共生矩阵二次统计量表示的纹理特征计算的 MATLAB 程序实现。

在例 10.6 计算得到的灰度图像共生矩阵基础上，首先对灰度共生矩阵进行归一化处理，然后根据能量、对比度、熵、均匀度、相关性定义，计算这些特征。

```
for n=1:4
  P(:,:,n)=P(:,:,n)/sum(sum(P(:,:,n)));        %对共生矩阵进行归一化处理
end
A=zeros(1,4);
ENE=A; CON=A; ENT=A; EVE=A;                    %能量、对比度、熵和均匀度向量初始化
Ux=A; Uy=A; deltaX=A; deltaY=A; COR=A;         %相关向量初始化
for n=1:4
    ENE(n)=sum(sum(P(:,:,n).^2));              %计算能量
    for i=1:16
        for j=1:16
            CON(n)=I(n)+(i-j)^2*P(i,j,n);      %计算对比度
            if P(i,j,n)~=0
                ENT(n)=ENT(n)-P(i,j,n)*log(P(i,j,n));      %计算熵
            end
            EVE(n)=EVE(n)+(1/(1+(i-j)^2))*P(i,j,n);        %计算均匀度
            Ux(n)=Ux(n)+i*P(i,j,n);
            Uy(n)=Uy(n)+j*P(i,j,n);
        end
    end
end
```

```
for n=1:4
    for i=1:16
        for j=1:16
            deltaX(n)=deltaX(n)+(i-Ux(n))^2*P(i,j,n);
            deltaY(n)=deltaY(n)+(j-Uy(n))^2*P(i,j,n);
            COR(n)=COR(n)+i*j*P(i,j,n);
        end
    end
    COR(n)=(COR(n)-Ux(n)*Uy(n))/(deltaX(n)*deltaY(n));%计算相关性
end
ENE,CON,ENT,EVE,COR                                    %显示计算结果
```

10.3.4　频谱特征

傅里叶频谱是一种理想的可用于描绘周期或近似周期二维图像模式的方法，频谱特征正是基于傅里叶频谱的一种纹理描述。全局纹理模式在空间域中很难检测出来，但是转换到频率域中则很容易分辨。因此，频谱纹理对区分周期模式或非周期模式及周期模式之间的不同十分有效。通常，全局纹理模式对应傅里叶频谱中能量十分集中的区域，即峰值凸起处。

在实际应用中，通常会把频谱转化到极坐标中，用函数 $S(r,\theta)$ 描述，从而简化表达。其中，S 是频谱函数，r 和 θ 是坐标系中的变量。固定这个二元函数中的一个变量，将这个二元函数转化成一元函数，如对于方向 θ，可以把 $S(r,\theta)$ 看成一个一元函数 $S_\theta(r)$；同样对于频率 r，可用一元函数 $S_r(\theta)$ 来表示。

对于给定的方向 θ，分析其一元函数 $S_\theta(r)$，可以得到频谱在从原点出发的某个放射方向上的行为特征。而对于某个给定的频率 r，分析其一元函数 $S_r(\theta)$，将获取频谱在以原点为中心的圆上的行为特征。

如果分别对上述两个一元函数按照其下标求和，则会获得关于区域纹理的全局描述：

$$S(r)=\sum_{\theta=0}^{\pi}S_\theta(r) \tag{10.21}$$

$$S(\theta)=\sum_{r=1}^{R_0}S_r(\theta) \tag{10.22}$$

式中，R_0 是以原点为中心的圆的半径，$S(r)$ 表示离圆心距离为 r 的图像频谱的总和，$S(\theta)$ 表示旋转角度为 θ 时图像频谱的总和。式（10.21）和式（10.22）的结果为每对 (r,θ) 组成一对值 $[S(r),S(\theta)]$。通过变换这些坐标，可以生成两个一维函数 $S(r)$ 和 $S(\theta)$，从而对研究的整幅图像或所考虑的区域纹理构成一种频谱-能量描述。

【例 10.8】 给出纹理图像，用 MATLAB 编程计算图像纹理的频谱特征。

其 MATLAB 实现的主要程序如下：

```
I1=imread('texture3.gif');            %读取一幅纹理图像
s=fftshift(fft2(I1));                 %进行傅里叶变换，将原点移至矩形中心
s=abs(s);                             %得到幅值
```

```
[nc,nr]=size(s);                        %得到图像的高度和宽度
x0=floor(nc/2+1);                       %得到矩形中心的 x 坐标
y0=floor(nr/2+1);                       %得到矩形中心的 y 坐标
figure,imshow(I1);                      %显示原始图像
figure,imshow(mat2gray(log(1+s)));      %显示图像的频谱幅值（经对数变换）
rmax=floor(min(nc,nr)/2-1);             %得到 srad 的最大取值 rmax
srad=zeros(1,rmax);                     %初始化 srad
srad(1)=s(x0,y0);                       %中心点的幅值
thetha=91:270;                          %取一个角度范围，半圆
for r=2:rmax                            %从 2 到 rmax 的半径
        [x,y]=pol2cart(thetha,r);       %得到极坐标
        x=round(x)'+x0;
        y=round(y)'+y0;
        for j=1:length(x)               %求和得到 S(r)
            srad(r)=sum(s(sub2ind(size(s),x,y)));
        end
end
figure,plot(srad);                      %画出频谱能量图 Sθ(r)
[x,y]=pol2cart(thetha,rmax);            %在 r 取 rmax 时得到极坐标
x=round(x)'+x0;
y=round(y)'+y0;
sang=zeros(1,length(x));                %初始化 sang
for th=1:length(x)
        vx=abs(x(th)-x0);
        vy=abs(y(th)-y0);
        if((vx==0)&(vy==0))
            xr=x0; yr=y0;
        else
            m=(y(th)-y0)/(x(th)-x0);
            xr=(x0:x(th)).';
            yr=round(y0+m*(xr-x0));
        end
        for j=1:length(xr)              %计算得到 S(θ)
            sang(th)=sum(s(sub2ind(size(s),xr,yr)));
        end
end
figure,plot(sang);                      %画出频谱能量图 Sr(θ)
```

其结果如图 10.3 所示，图 10.3 给出了两幅不同纹理图像的计算结果，从得到的结果可以看出，这两幅图像的频谱幅值、频谱能量 $S_\theta(r)$ 、频谱能量 $S_r(\theta)$ 等都有明显的区别。

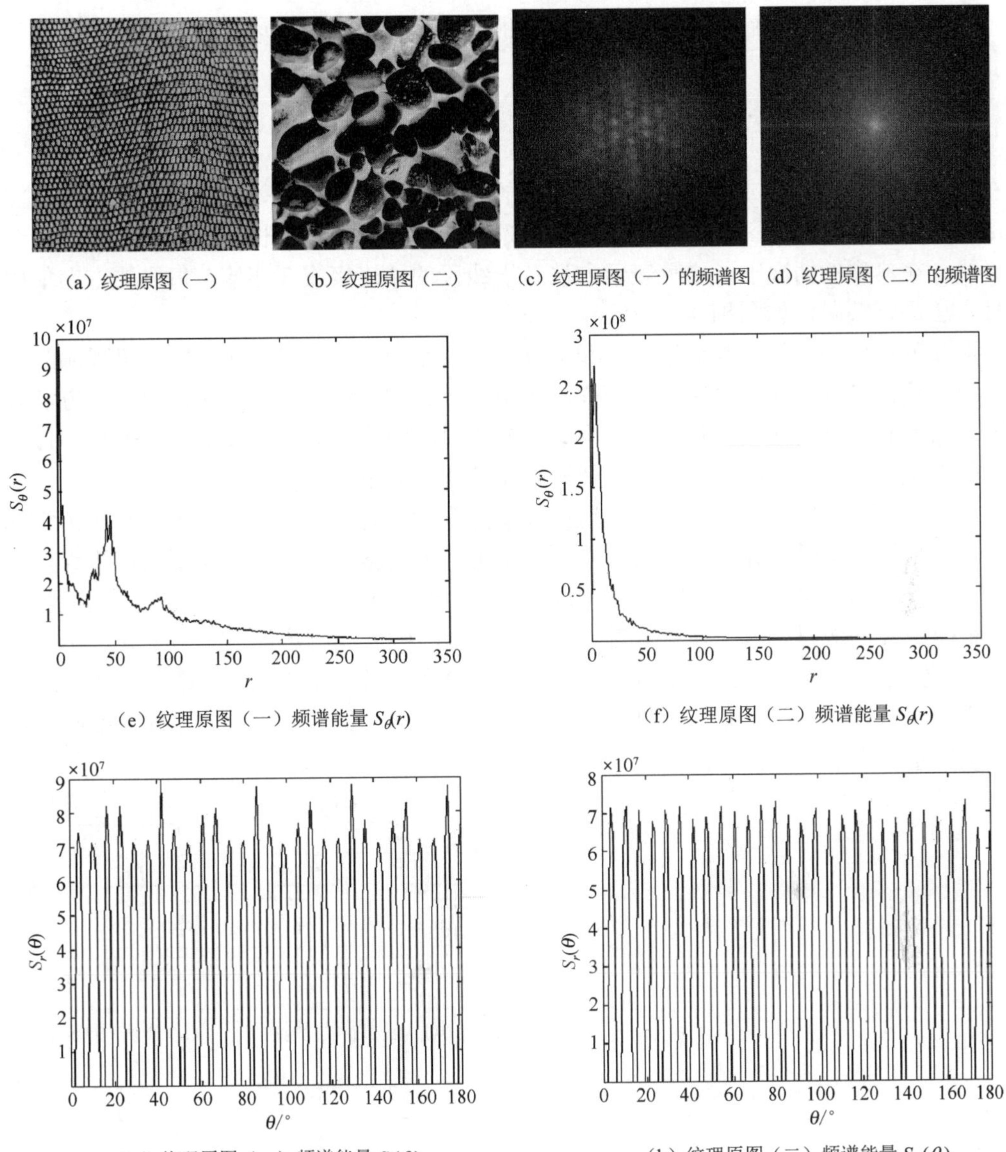

（a）纹理原图（一）　（b）纹理原图（二）　（c）纹理原图（一）的频谱图　（d）纹理原图（二）的频谱图

（e）纹理原图（一）频谱能量 $S_\theta(r)$　（f）纹理原图（二）频谱能量 $S_\theta(r)$

（g）纹理原图（一）频谱能量 $S_r(\theta)$　（h）纹理原图（二）频谱能量 $S_r(\theta)$

图 10.3　纹理图像的频谱特征

10.4　边界特征

边界主要借助区域的外部特征即区域的边界来描述。当希望关注区域的形状特征时，一般会采用这种描述方式，可以选择某种预定的方案对边界进行表达，再对边界特征进行描述。

10.4.1　边界表达

当一个目标物体区域边界上的点已被确定时，就可以利用这些边界点来区别不同区域的形状。这样既可以节省存储信息，又可以准确地确定物体。本节主要介绍几种常用的边界表达形式。

1. 链码

在数字图像中，边界或曲线由一系列离散的像素点组成，最简单的表达方法是由美国学者 Freeman 提出的链码方法。链码用于表示由顺次连接的具有指定长度和方向的直线段组成的边界线。在典型的情况下，这种表示方法基于线段的 4 连接或 8 连接。每段的方向使用数字编号方法进行编码，如图 10.4 所示。

获取或处理数字图像经常使用在 x 和 y 方向上大小相同的网格格式。链码可以顺时针方向沿着边界线，并且对连接每对像素的线段赋予一个方向。我们通常无法采用这种方法有两个原因：①得到的链码往往太长；②噪声或边界线段的缺陷都会在边界上产生干扰。任何沿着边界的小干扰都会使链码发生变化，使链码无法与边界形状保持一致。

防止产生上述问题的方法通常是选择更大间隔的网格对边界进行重新取样，如图 10.5（a）所示。由于网格线穿过边界线，所以边界点被指定为大网格的节点，这与距原始边界点最近的节点为边界点的情况近似，如图 10.5（b）所示。使用这种方法得到的重新取样的边界可以用 4 向链码或 8 向链码表示，分别如图 10.5（c）和图 10.5（d）所示。图 10.5（c）中的起始点是顶部左方的点，边界是图 10.5（b）所示网格中允许的最短 4 通路或 8 通路。图 10.5（c）中的边界表达是链码 0033…01，图 10.5（d）是链码 0766…12。如预期的那样，编码表达方法的精确度依赖于取样网格的大小。

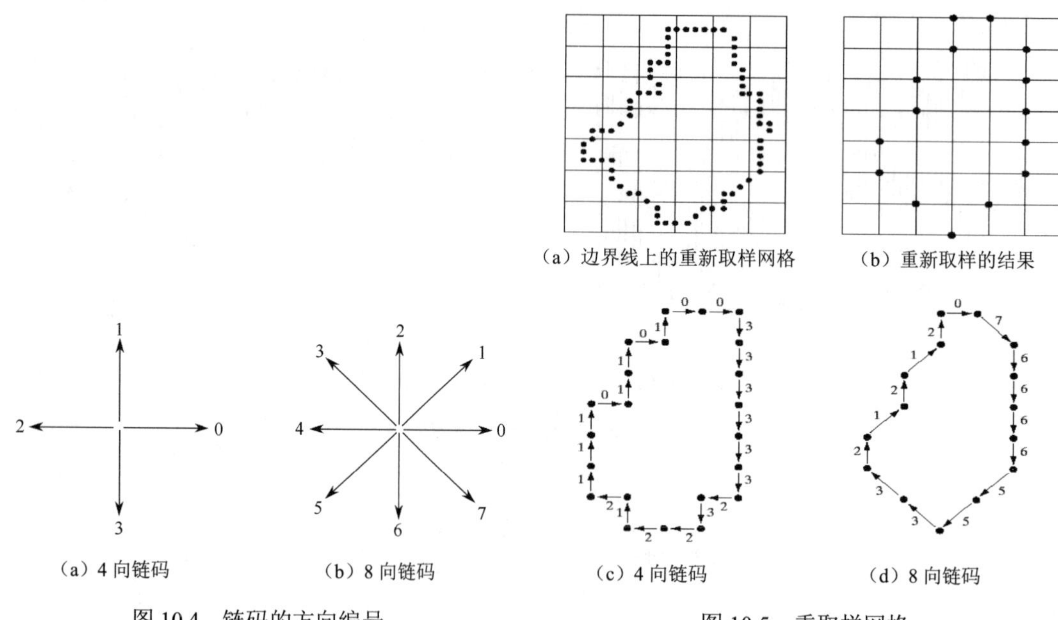

（a）4 向链码　（b）8 向链码

图 10.4　链码的方向编号

（a）边界线上的重新取样网格　（b）重新取样的结果　（c）4 向链码　（d）8 向链码

图 10.5　重取样网格

边界的链码依赖于起始点。为了确定链码表示的曲线在图像中的位置，并能由链码准确地重建曲线，需要标出起点的坐标。但当用链码来描述闭合边界时，由于起点和终点重合，因此往往不关心起点的具体位置，起点位置的变化只引起链码的循环位移。为了解决这个问题，必须将链码进行归一化处理。

给定一个从任意点开始产生的链码，可把它看成一个由各方向数构成的自然数，将这些方向数依一个方向循环，使由它们所构成的自然数的值最小，将转换后对应的链码起点作为这个边界的归一化链码的起点。例如，4 向链码 10103322 的归一化链码为 01033221。

用链码表示给定目标的边界时，如果目标平移则链码不会发生变化，但如果目标旋转则链码会发生变化。利用链码的一阶差分来重新构造一个序列，这相当于把链码进行旋转归一化，这个差分可用相邻两个方向数（按反方向）相减得到。例如，4 向链码 10103322 的一阶差分是 3133030。如果把编码看成循环序列，则差分的第一个元素是通过链的最后一个成员放在第一个成员之前计算得到的，此时的结果是 33133030。尺寸的归一化可以通过改变取样网格的大小来实现。

2. 多边形近似

由于噪声及采样等的影响，边界有许多较小的不规则处，这些不规则处常对链码表达产生较明显的干扰。一种抗干扰性能更好、更节省表达所需数据量的方法就是用多边形去近似逼近边界。

多边形是一系列线段的封闭集合，它可用来逼近大多数曲线到任意精度。实践中，多边形表达的目的是用尽可能少的线段来代表边界，并保持边界的基本形状，这样就可以用较少的数据和简洁的形式来表达和描述边界。常用的多边形表达方法有以下三种。

1）基于收缩的最小周长多边形法

用一个例子来说明，假设用一系列彼此相连的单元将一条边界包住，如图 10.6(a)所示。这条由单元组成的环带使包围圈看起来像边界内外的两堵墙，将对象边界想像成一条包含在墙中的橡皮圈。如果允许橡皮圈收缩，会形成图 10.6（b）的形状，生成一个有最小周长的多边形。

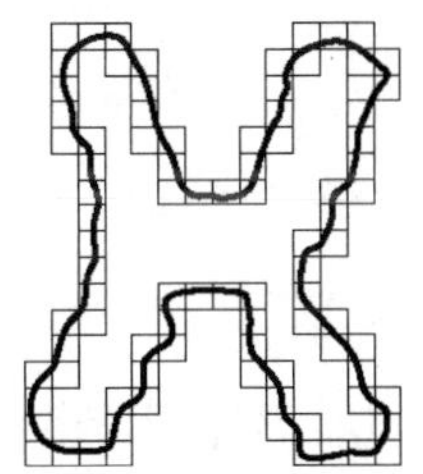

（a）被像素单元包围的对象边界

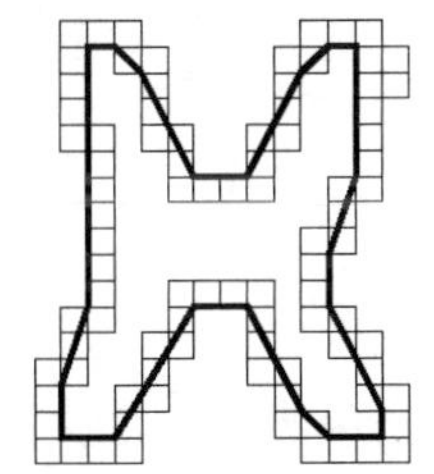

（b）最小周长多边形

图 10.6　基于收缩的最小多边形

2）基于聚合的最小均方误差线段逼近法

基于平均误差或其他准则的聚合技术已经应用于多边形近似问题。一种方法是沿着边界线寻找聚合点，直到适合聚合点的最小均方误差线超过一个预先设置的阈值，就将点聚合。当这种情况出现时，直线的参量就被存储下来，误差设为 0，并且这个过程会不断重复下去，继续沿着边界线寻找，直到误差再次超出阈值，再聚合新的点。这一过程的最后，相邻线段的交点构成了多边形的顶点。这种方法的一个主要难点在于，得到的近似图形的顶点并不总是与原来边界的拐点（如拐角处）一致，因为新的线段只有超出误差阈值的时候才开始画。例如，如果沿着一条长的直线追踪，而它出现了一个拐角，在超出阈值之前，拐角上的一些点（取决于阈值大小）就会被丢弃，在聚合的同时进行分裂可以缓解这个难点。

3）基于分裂的最小均方误差线段逼近法

边界线分裂的一种方法是将一条线段不断地分割为两个部分，直到满足定好的某一标准。例如，可能出现这样的要求：从边界线到某一直线的最大垂直距离不得超过预定阈值，而这条直线要求连接此边界的两个端点。如果满足这个条件，则距离此直线的最远点成为一个顶点，这样将初始的线段细分为两条子线段。这种方法在寻找凸出的拐点时具有优势。对一条闭合边界线，最好的起始点是边界上的两个最远点。例如，图 10.7（a）显示了一个对象的边界线，而图 10.7（b）显示了对这条边界线的一次关于其最远点的再分割（实线）。标记为 c 的点是从顶部边界线段到直线 ab 的最远点（在垂直距离上）；同样，点 d 是从底部边界线段到直线 ab 的最远点。图 10.7（c）显示了使用直线 ab 长度的 1/4 作为阈值的分裂结果。由于在新的边界线段上没有超过阈值的垂直距离（相当于直线段）的点，因此分裂过程终止于图 10.7（d）所示的多边形。

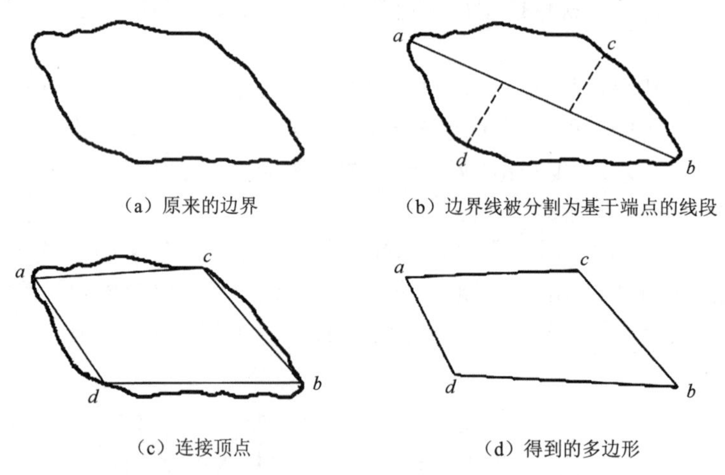

（a）原来的边界　（b）边界线被分割为基于端点的线段

（c）连接顶点　（d）得到的多边形

图 10.7　基于分裂的最小均方误差线段逼近

3. 标记图

标记是边界的一维泛函表达。产生标记的方式很多，不管用何种方法产生标记，其基本思想都是把二维的边界用一维的较易描述的函数形式表示，也就是将利用二维形状描述问题转化为对一维波形进行分析的问题。如图 10.8 所示，图 10.8（a）中 $r(\theta)$是常数，而图 10.8（b）中，对于 $0\leqslant\theta\leqslant\dfrac{\pi}{4}$，有 $r(\theta)=A\sec\theta$，对于 $\dfrac{\pi}{4}<\theta\leqslant\dfrac{\pi}{2}$，有 $r(\theta)=A\csc\theta$。

图 10.8　距离-角度的函数标记图

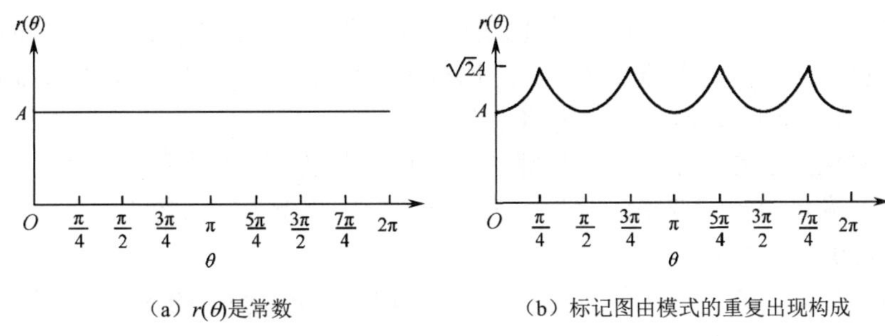

（a）$r(\theta)$是常数　　（b）标记图由模式的重复出现构成

图 10.8　距离-角度的函数标记图（续）

10.4.2　边界特征描述

这里我们考虑几种用于描述区域边界的方法。

1. 一些简单的特征描述

1）边界长度

边界的长度是最简单的特征描述之一，边界长度是边界所包围的区域轮廓的周长。对 4 连通边界，其长度为边界上像素点的个数；对 8 连通边界来说，其长度为对角码个数乘以$\sqrt{2}$再加上水平像素点和垂直像素点的个数之和。

MATLAB 图像工具箱中给出了一个基于形态学方法的求周长函数 bwperim，可以用来求得一个图形边界的周长。

2）边界直径

边界的直径定义为

$$\mathrm{Diam}(B)=\max_{i,j}[D(p_i,p_j)]$$

式中，D 是距离的度量，p_i 和 p_j 是边界上的点。

3）长轴、短轴、离心率

连接直径两个端点的直线段称为边界的长轴；与长轴垂直的直线段称为边界的短轴；长轴和短轴的比值称为边界的离心率。

4）曲率

曲率定义为斜率的变化率。一般来说，在数字化边界上找到某一点曲率的可靠量度是困难的，因为这种边界都较为“粗糙”。然而，有时会使用相邻边界线段的斜率差作为线段交点处的曲率描述。在一般情况下，线段是按顺时针方向沿着边界运动的，当顶点 p 的斜率变化量为非负时，称 p 点属于凸线段；否则，称 p 点属于凹线段。使用斜率变化的范围可以进一步精确一点的曲率描述。例如，如果斜率的变化小于 10°，则可认为该点属于近似直线的线段；如果斜率的变化大于 90°，则可认为该点属于拐点。

2. 形状数

形状数是基于链码的一种边界形状描述。由于链码的起点位置不同，因此一个用链码表达的边界可以有多个一阶差分。一个边界的形状数是这些差分中值最小的一个序列，也就是说，形状数是值最小的链码的差分码。

每个形状数都有一个对应的阶，这里的阶定义为形状数序列的长度，即码的个数。对于闭合曲线，阶总是偶数；对于凸性区域，阶也对应边界外包矩形的周长。如图 10.9 所示，用 4 向链码表示法来表示阶数为 4、6、8 的边界的形状数。

实际中，对已给边界，由给定阶计算边界形状数有以下几个步骤：

（1）从所有满足给定阶要求的矩形中选取其长短轴比例最接近图 10.10（a）所示边界的矩形，如图 10.10（b）所示。

（2）根据给定阶，将选出的矩形划分为如图 10.10（c）所示的多个边长相等的正方形。

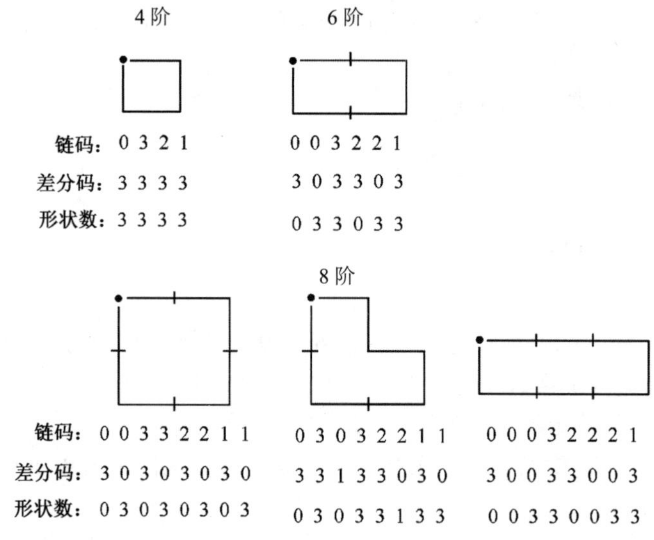

图 10.9　阶数为 4、6、8 的形状数表示

（3）求出与边界最吻合的多边形，如图 10.10（d）所示。

（4）根据选出的多边形，以图 10.10（d）中的黑点为起点计算其链码。

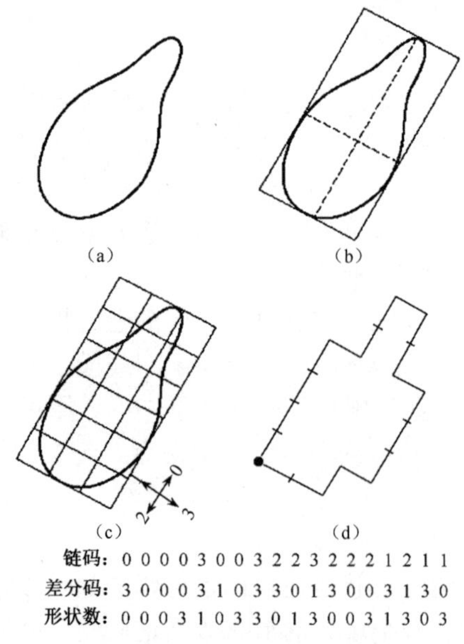

图 10.10　形状数的生成步骤

（5）求出链码的差分码。

（6）循环差分码使差分码数值最小，从而得到已给边界的形状数。

形状数提供了一种有用的形状度量方法。它对每阶都是唯一的，不随边界的旋转和尺度的变化而改变。对两个区域边界而言，它们之间形状上的相似性可借助它们的形状数矩形来描述。

3. 傅里叶描述子

傅里叶描述子也是描述闭合边界的一种方法，它通过一系列傅里叶系数来表示闭合曲线的形状特征，仅适用于单封闭曲线，而不能描述复合封闭曲线。采用傅里叶描述子描述的优点是可将二维问题简化为一维问题。

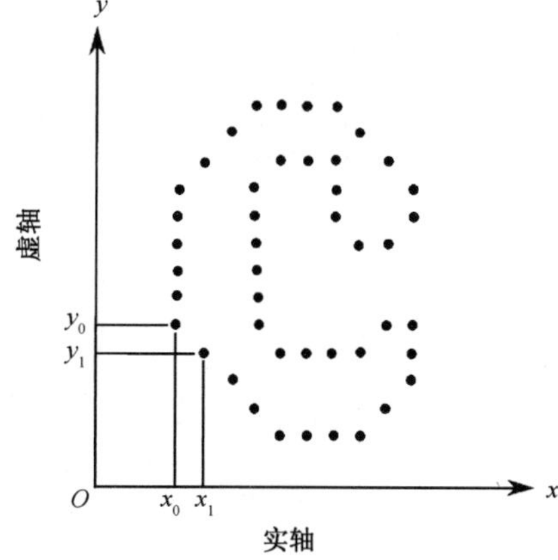

图 10.11　K-点数字边界

图 10.11 显示了一个 xy 平面内的 K-点数字边界。以任意点(x_0, y_0)为起点，坐标对$(x_0, y_0), (x_1, y_1), (x_2, y_2), \cdots, (x_{K-1}, y_{K-1})$为按逆时针方向沿着边界遇到的点。这些坐标对可以用 $x(k) = x_k$ 和 $y(k) = y_k$ 表示。用这个定义，边界可以表示成坐标的序列 $s(k)=[x(k), y(k)]$，$k=0, 1, 2, \cdots, K-1$。而且，每对坐标对可以看成一个复数，即

$$s(k)=x(k)+\mathrm{j}y(k), \quad k=0, 1, 2, \cdots, K-1 \tag{10.23}$$

即对于复数序列，x 轴作为实轴，y 作为虚轴。尽管对序列进行了重新解释，但边界本身的性质并未改变。

对离散 $s(k)$的傅里叶变换（DFT）为

$$a(u)=\frac{1}{K}\sum_{k=0}^{K-1}s(k)\mathrm{e}^{-\mathrm{j}2\pi uk/K}, \quad u=0, 1, 2, \cdots, K-1 \tag{10.24}$$

复系数 $a(u)$称为边界的傅里叶描述子。这些系数的逆傅里叶变换存于 $s(k)$ 中，即

$$s(k)=\sum_{u=0}^{K-1}a(u)\mathrm{e}^{\mathrm{j}2\pi uk/K}, \quad k=0, 1, 2, \cdots, K-1 \tag{10.25}$$

然而，可以假设代替所有的傅里叶系数，只使用第一个 P 系数。这是式（10.25）设置 $a(u)=0$，$u>P-1$ 时的方程式。结果为 $s(k)$的近似值，即

$$\hat{s}(k)=\sum_{u=0}^{P-1}a(u)\mathrm{e}^{\mathrm{j}2\pi uk/K}, \quad k=0, 1, 2, \cdots, K-1 \tag{10.26}$$

尽管只有 P 项用于计算 $s(k)$的每个元素 $\hat{s}(k)$，k 仍取 0～$K-1$ 的值。即在近似边界中存在同样数目的点，但重建每个点时并不使用同样多的项。回顾对傅里叶变换的讨论，高频元素能很好地解释细节，低频分量决定整体形状。因此，P 越小，边界细节失去得就越多。下面的例子给予了清楚的说明。

【例 10.9】 用傅里叶描述子重建图像边界。

图 10.12 显示了一个包含 K=64 个点的方形边界和对各种 P 使用式（10.26）重建边界的结果。注意：当 P 为 8 时，重建的边界比起圆形（P=2, 4 时）更像方形。接下来注意到，直到 P 约为 56 时，拐角的点开始在序列中变得凸出，符合拐角定义的变化才开始出现。最后注意到，当 $P = 61$ 时，曲线变直，此处几乎是一个原附加系数的精确复制。一些低阶系数能

够反映大体形状，而更多的高阶系数项是精确定义形状特征（如拐角和直线）所需要的。从定义一个区域形状的过程中低频和高频分量所起的作用来看，这个结果正是所期望的。

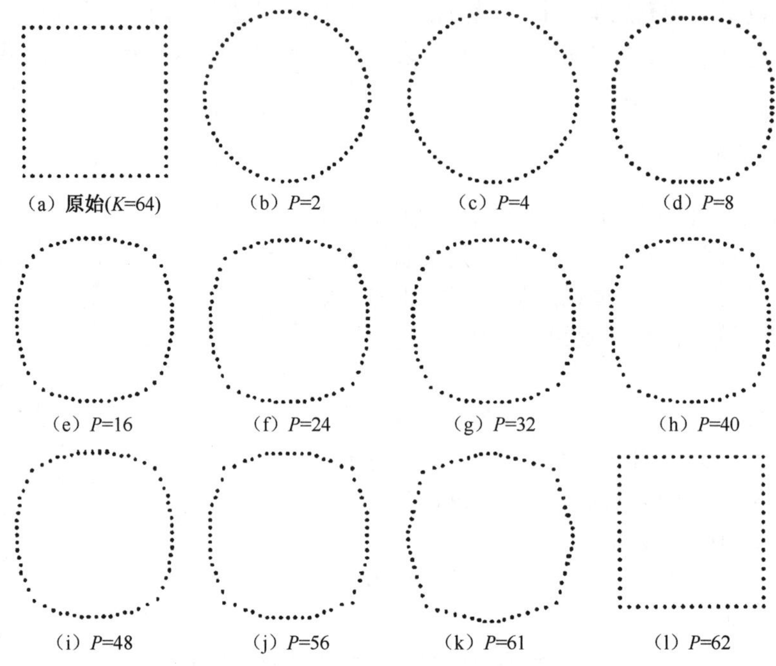

图 10.12　用傅里叶描述子重建图像边界

如例 10.9 所示，少数傅里叶描述子能够反映边界的大体本质。这种性质很有用，因为这些系数携带了形状信息，因此可以作为形状边界特征。

10.5　区 域 特 征

一个区域由区域的外围边界和区域内部组成。10.4 节讨论了区域外围边界的表示和描述，本节主要讨论区域内部特征的表示和描述。在实际应用问题中，一般是将外围边界和区域内部描述结合起来使用。

10.5.1　简单的区域描述

一般的区域特征比较直观和简单，在提取之前，常要对图像进行分割和二值化处理。二值图像的区域特征在图像分析、计算机视觉系统中特别有用，可用来完成分类、识别、定位、轨迹跟踪等任务。下面介绍一些常用的简单区域特征描述。

1. 区域面积

区域面积是区域的一个基本特征，它描述区域的大小。一幅灰度图像经过二值化之后，目标物体变成灰度为 1 的区域，而背景的灰度为 0。对于目标区域 R，设正方形像素的边长

为单位长度，则其面积 A 的计算公式为

$$A = \sum_{(x,y)\in R} 1 \tag{10.27}$$

可见，计算区域面积就是对属于区域的像素进行计数。

在 MATLAB 中，regionprops 函数的 Area 属性就是计算区域内的像素个数，程序如下：

```
b=regionprops(A,'Area')。
```

2. 位置和方向

1）位置

图像中区域（物体）的位置定义为区域的面积中心，面积中心就是物体的重心 O（见图 10.13）。因二值图像的质量分布是均匀的，故重心和形心重合。若图像中物体对应的像素位置坐标为 (x_i, y_j)，$i = 0,1,2,\cdots,M-1; j = 0,1,2,\cdots,N-1$，则可用式（10.28）和式（10.29）计算其重心位置坐标，即

$$\bar{x} = \frac{1}{MN}\sum_{i=0}^{M-1}\sum_{j=0}^{N-1} x_i f(x_i, y_j) \tag{10.28}$$

$$\bar{y} = \frac{1}{MN}\sum_{i=0}^{M-1}\sum_{j=0}^{N-1} y_i f(x_i, y_j) \tag{10.29}$$

尽管区域各点的坐标总是整数，但区域重心的坐标不一定是整数。在区域本身的尺寸与各区域的距离相对很小时，可将区域用位于其重心坐标的质点来近似表示。

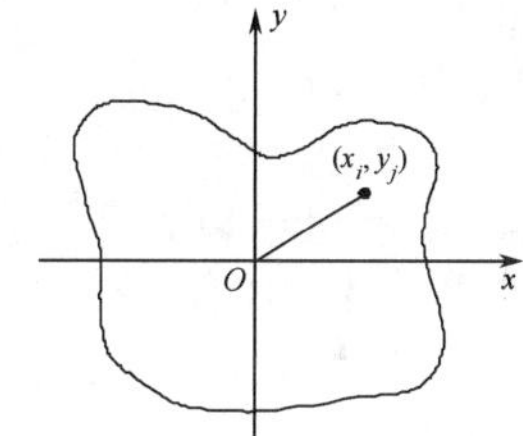

图 10.13　不规则图像（一）

2）方向

确定区域物体的方向有一定难度。如果物体是细长的，可以把较长方向的轴定为物体的方向，如图 10.14 所示。通常，将最小二阶矩轴定义为较长物体的方向。也就是说，要找到一条直线，使式（10.30）定义的 E 值最小：

$$E = \iint r^2 f(x,y)\mathrm{d}x\mathrm{d}y \tag{10.30}$$

式中，r 是点 (x,y) 到直线的垂直距离。

对于二值图像，区域重心可以通过 regionprops 函数的 Centroid 属性得到，其 MATLAB 程序如下：

```
c=regionprops(A,'Centroid')。
```

【例 10.10】 采用两种方法分别计算图 10.15 的面积和重心，方法一根据二值图像区域的面积和中心的定义式（10.27）～式（10.29）直接编程计算；方法二利用 MATLAB 提供的 regionprops 函数计算。

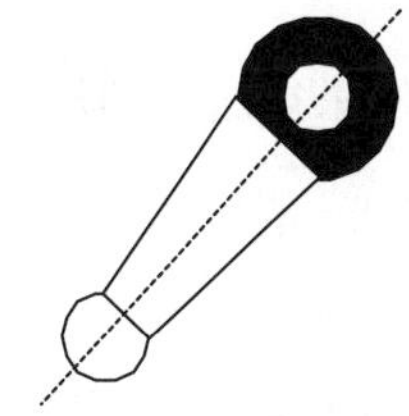
图 10.14　不规则图像（二）

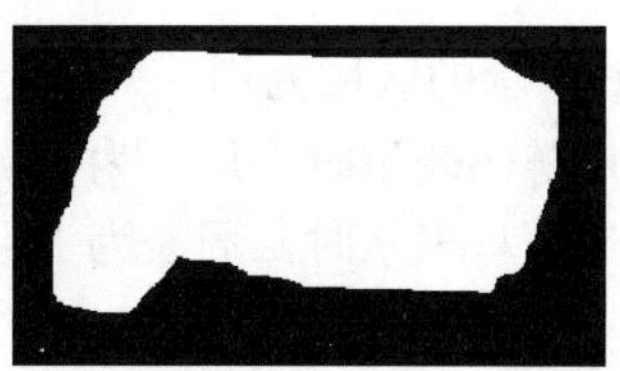
图 10.15　不规则图像（三）

其主要MATLAB程序实现如下：

```
I=imread('polygonal.bmp');                %读取图像
BW=im2bw(I);                              %二值化
[m,n]=size(BW);                           %得到图像的高度和宽度
A1=0;                                     %采用第一种方法，面积变量初始化
for i=1:m*n
    if(BW(i)==1)
        A1=A1+1;                          %第一种方法计算面积
    end
end
A1                                        %显示面积结果
x1=0; y1=0;                               %采用第一种方法，重心坐标初始化
for i=1:m
    for j=1:n
        if(BW(i,j)==1)
          x1=x1+i; y1=y1+j;               %第一种方法计算重心坐标
        end
    end
end
x1=x1/A1                                  %得到重心坐标
y1=y1/A1
BL=bwlabel(BW,4);                         %第二种方法计算，得到4邻域标记
A2=regionprops(BL,'Area')                 %由MATLAB函数得到面积
P2=regionprops(BL,'Centroid')             %由MATLAB函数得到重心坐标
```

计算结果：由第一种方法得到的面积S_1为30530，重心坐标x_1为79.2999，y_1为162.7121；由第二种方法得到的面积S_2为30530，重心坐标P_2为(79.2999, 162.7121)。

3. 周长

区域的周长定义为区域的边界长度。区域的周长在区别具有简单或复杂形状的物体时特别有用，一个形状简单的物体用相对较短的周长来包围它所占的面积。由于周长表示方法不同，因此计算方法不同，常用的简便方法如下。

（1）当把像素看成一个个点时，周长用链码表示，求周长也就是计算链码长度。当链码为奇数时，其长度记作$\sqrt{2}$；当链码为偶数时，其长度记作1。周长p表示为

$$p = N_{\mathrm{e}} + \sqrt{2}N_{\mathrm{o}} \tag{10.31}$$

式中，N_{e}、N_{o}分别是边界链码（8向）中走偶数步与走奇数步的数目。

（2）周长可用边界所占面积表示，即边界点数之和，每个点是所占面积为1的一个小方块。

以图10.16所示的区域为例，采用上述三种计算周长的方法求得边界的周长分别是：

（1）边界用链码表示时，周长为$10+5\sqrt{2}$。

（2）边界用面积表示时，周长为15。

4. 长轴和短轴

当物体的边界已知时，用其外接矩形的尺寸来刻画它的基本形状是最简单的方法，如

图 10.17（a）所示。求区域物体在坐标系方向上的外接矩形，只需要计算物体边界点的最大坐标值和最小坐标值，便可得到物体的水平和垂直跨度。但是，对任意朝向的物体，需要先确定物体的主轴，然后计算反映物体形状特征的主轴方向上的长度和垂直于主轴方向上的宽度，这样的外接矩形是物体的最小外接矩形（Minimum Enclosing Rectangle，MER）。

计算 MER 的一种方法是将物体的边界以每次 3°左右的增量在 90°范围内旋转。旋转一次记录一次其坐标系方向上外接矩形边界点的最大和最小 x、y 值。旋转到某个角度后，外接矩形的面积达到最小，取面积最小时外接矩形的长度和宽度分别作为长轴和短轴，如图 10.17（b）所示。此外，主轴也可以通过求物体最佳拟合直线的方法得到。

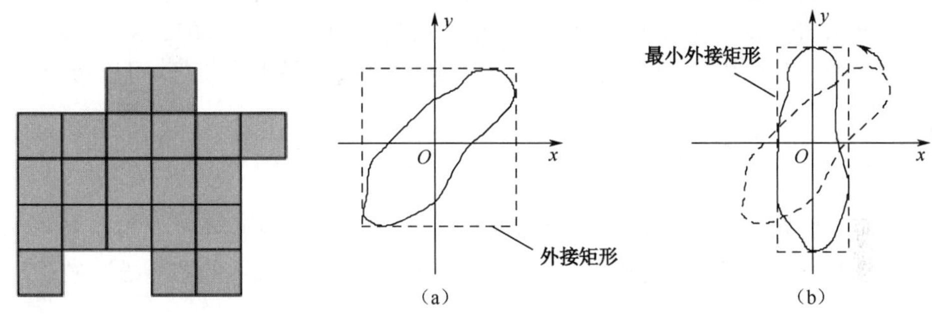

图 10.16　不规则图像（四）　　图 10.17　MER 法求物体的长轴和短轴

5. 区域简单特征的计算

对于二值图像，区域其他简单特征可以通过 regionprops 函数的不同属性参数得到，各属性参数如下：

Area：区域中像素的总数。

Centroid：区域的重心。1×2 向量，即[重心 x 坐标, 重心 y 坐标]。

BoundingBox：包含区域的最小矩形。1×4 向量，即[矩形左上角 x 坐标, 矩形左上角 y 坐标, x 方向长度, y 方向长度]。

ConvexHull：包含区域的最小凸多边形。p×2 矩阵，每行包含多边形 p 个顶点之一的 x 坐标和 y 坐标。

EquivDiameter：和区域有相同面积的圆的直径。

EulerNumber：区域的欧拉数。

MajorAxisLength：标量，区域的长轴长度（在像素意义下）。

MinorAxisLength：标量，区域的短轴长度（在像素意义下）。

Eccentricity：标量，与区域具有相同标准二阶中心矩的椭圆的离心率。

Orientation：标量，区域长轴与 x 轴的交角（单位为度）。

ConvexArea：包含区域的最小凸多边形的面积。

Solidity：区域的稠密度，标量，区域像素总数与其最小凸多边形中的面积之比 Area/ConvexArea。

图 10.18　不规则图像（五）

【例 10.11】 计算与图 10.18 中多个图形区域有相同面积的圆的直径。

首先对图中多个不同的区域进行标记，然后利用 MATLAB 提供的 regionprops 函数计算得到各区域的相关特征。其主要 MATLAB 程序实现如下：

```
I=imread('geofigure.jpg');                    %读取图像
BW=im2bw(I);                                  %图像二值化
BL=bwlabel(BW);                               %对图像各区域给出不同的标记
F=regionprops(BL,'EquivDiameter');            %得到各区域的 EquivDiameter 值
for i=1:10
   F(i)                                       %显示 10 个子区域的 EquivDiameter 值
end
```

例中采用的是参数 EquivDiameter，计算得到与 10 个子区域有相同面积的圆的直径分别为 36.0905，98.1820，46.1671，140.7582，90.8398，67.7779，31.5139，82.6032，39.4933，42.9526。如果要计算区域的其他特征，可以选择相应的参数；如果要计算所有特征，可以选择参数 all。

10.5.2 拓扑描述

拓扑学是研究图形性质的理论。只要图形不撕裂或折叠，这些性质就不受图形变形的影响。显然，拓扑描述是描述图形总体特征的一种理想描述符，常用的拓扑描述如下。

1. 孔（洞）

如果被封闭边缘包围的区域中不包含感兴趣的像素，则称此区域为图形的孔（洞），用字母 H 表示。如图 10.19 所示，在区域中有两个孔（洞），即 H=2。如果把区域中孔（洞）数目作为拓扑描述符，则这个性质将不受伸长或旋转变换的影响，但是撕裂或折叠时，孔（洞）数目将发生变化。

2. 连接部分

一个集合的连接部分就是它的最大子集，在此子集中，任何两点都可以用一条完全处于子集中的曲线加以连接。图形的连接部分数目用 C 表示，如图 10.20 中包含三个连接部分，即 $C=3$。

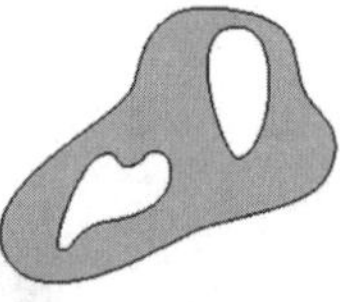

图 10.19　有两个孔（洞）的区域

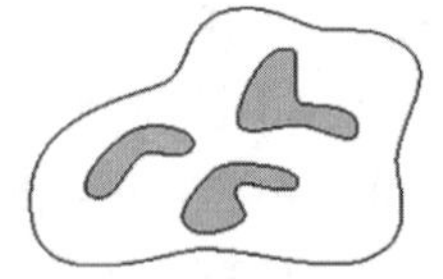

图 10.20　包含三个连接部分的区域

3. 欧拉数

图形中连接部分数目和孔（洞）数目之差定义为欧拉数，用 E 表示，即

$$E=C-H \tag{10.32}$$

图 10.21 给出了一个欧拉数的例子，其中，图 10.21（a）中有一个连接部分和一个孔（洞），所以它的欧拉数为 0；图 10.21（b）有一个连接部分和两个孔（洞），所以它的欧拉数为−1。

事实上，H、C 和 E 都可以作为图形的特征。它们的共同点是：只要图形不撕开、不折叠，它们的数值就不随图形的变形而改变。因此，拓扑特性不同于距离或基于距离测度建立

起来的其他性质。

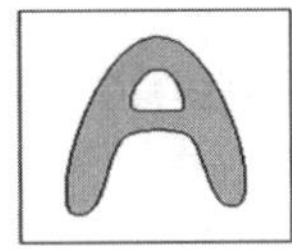

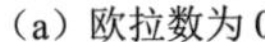

（a）欧拉数为 0

（b）欧拉数为−1

图 10.21　欧拉数为 0 和−1 的区域

10.5.3　形状描述

1. 矩形度

矩形度反映物体对其外接矩形的充满程度，用物体的面积与其最小外接矩形的面积之比来描述，即

$$R=\frac{A_O}{A_{\mathrm{MER}}} \tag{10.33}$$

式中，A_O 是该物体的面积，A_{MER} 是该物体最小外接矩形的面积。R 的值在 0～1 之间，当物体为矩形时，R 取最大值 1；当物体为圆形时，R 取值为 $\frac{\pi}{4}$；当物体为细长、弯曲的形状时，R 取值变小。

2. 圆形度

圆形度用来刻画物体边界的复杂程度，有致密度和圆形性两种常见的圆形度测度。

1）致密度

度量一个区域圆形度最常用的是致密度 D，即周长（L）的平方与面积（A）之比：

$$D=\frac{L^2}{A} \tag{10.34}$$

它的另一种表示是区域的形状参数 S，它也是由区域周长（L）的平方与面积（A）之比得到的，即

$$S=\frac{L^2}{4\pi A} \tag{10.35}$$

当区域为圆形时，S=1；当区域为其他形状时，S>1，即当区域为圆形时 S 的值达到最小。形状参数在一定程度上描述了区域的紧凑性，它没有量纲，所以对尺度变化不敏感；除离散区域旋转带来的误差外，它对旋转也不敏感。

2）圆形性

圆形性（Circularity）P 是一个用区域 R 的所有边界点定义的特征量，即

$$P=\frac{\mu_R}{\delta_R} \tag{10.36}$$

式中，μ_R 是从区域重心到边界点的平均距离；δ_R 是从区域重心到边界点的距离均方差：

$$\mu_R=\frac{1}{K}\sum_{i=0}^{K-1}\|(x_i,y_i)-(\bar{x},\bar{y})\| \tag{10.37}$$

$$\delta_R = \frac{1}{K}\sum_{i=0}^{K-1}[\|(x_i, y_i) - (\bar{x}, \bar{y})\| - \mu_R]^2 \tag{10.38}$$

当区域 R 趋向圆形时，特征量 P 是单调递增且趋向无穷的，它不受区域平移、旋转和尺度变化的影响，可以推广用于描述三维目标。

3. 偏心度

区域的偏心度（Eccentricity）e 在一定程度上描述了区域的紧凑性。偏心度 e 有多种计算公式，其中一种简单的方法是计算区域主轴（长轴）长度与辅轴（短轴）长度的比值，但是这种计算受物体形状和噪声的影响较大。

另外一种方法是计算惯性主轴比，它基于边界线或整个区域来计算质量。Tenenbaum 提出了计算任意点集 R 偏心度的近似公式。

计算质心坐标：

$$x_0 = \frac{1}{n}\sum_{x\in R} x, \quad y_0 = \frac{1}{n}\sum_{y\in R} y \tag{10.39}$$

计算 ij 矩：

$$m_{ij} = \sum_{(x,y)\in R} (x - x_0)^i (y - y_0)^j \tag{10.40}$$

计算方向角：

$$\theta = \frac{1}{2}\arctan\left(\frac{2m_{11}}{m_{20} - m_{02}}\right) + n\left(\frac{\pi}{2}\right) \tag{10.41}$$

计算偏心度的近似值：

$$e = \frac{(m_{20} - m_{02})^2 + 4m_{11}}{S} \tag{10.42}$$

式中，S 为面积。

10.5.4 矩

当一个区域 R 只是以其内部点的形式给出时，可以用矩特征描述，它对大小、旋转和平移的变化都是不变的。

对于二维连续函数 $f(x, y)$，$p+q$ 阶矩定义为

$$m_{pq} = \int_{-\infty}^{\infty}\int_{-\infty}^{\infty} x^p y^q f(x, y)\,\mathrm{d}x\,\mathrm{d}y \tag{10.43}$$

式中，$p, q=0, 1, 2, \cdots$。由单值性定理说明：如果 $f(x,y)$ 是分段连续的，并且仅在 xy 平面内有限的部分具有非零值，则存在各阶矩，并且矩的序列 m_{pq} 由 $f(x,y)$ 唯一决定。相反，m_{pq} 也唯一地决定 $f(x, y)$。

中心矩定义为

$$\mu_{pq} = \iint (x - \bar{x})^p (y - \bar{y})^q f(x, y)\,\mathrm{d}x\,\mathrm{d}y \tag{10.44}$$

式中，$\bar{x} = \dfrac{m_{10}}{m_{00}}$ 和 $\bar{y} = \dfrac{m_{01}}{m_{00}}$，如果 $f(x, y)$ 是数字图像，则式（10.43）和式（10.44）分别变为

$$m_{pq}=\sum_x\sum_y x^p y^q f(x,y) \tag{10.45}$$

$$\mu_{pq}=\sum\sum(x-\overline{x})^p(y-\overline{y})^q f(x,y) \tag{10.46}$$

零阶矩 $m_{00}=\sum_x\sum_y f(x,y)$。当 $f(x,y)$ 相当于物体的密度时，则零阶矩 m_{00} 是物体密度的总和，即物体的质量。

低阶矩中的一阶矩 $m_{10}=\sum_x\sum_y xf(x,y)$ 和 $m_{01}=\sum_x\sum_y yf(x,y)$ 分别除以零阶矩 m_{00} 后所得的 $\overline{x}=\dfrac{m_{10}}{m_{00}}$ 和 $\overline{y}=\dfrac{m_{01}}{m_{00}}$ 便是物体质量中心的坐标，或者直接表示区域灰度重心的坐标。

中心矩是反映区域 R 中的灰度相对于灰度重心是如何分布的度量。例如，μ_{20} 和 μ_{02} 分别表示区域 R 围绕通过灰度重心垂直轴线和水平轴线的惯性矩，如果 $\mu_{20}>\mu_{02}$，那么这可能是一个水平方向拉长的物体。

μ_{30} 和 μ_{03} 的幅值可以度量物体对于垂直轴线和水平轴线的不对称性。如果是完全对称的形状，则其值应为零。

$p+q$ 阶规格化中心矩为

$$\eta_{pq}=\frac{\mu_{pq}}{\mu_{00}^r},\quad r=(p+q)/2+1,\quad p+q=2,3,\cdots \tag{10.47}$$

利用二阶和三阶规格化中心矩，Hu 在 1962 年导出了下面 7 个不变矩组：

$$\begin{cases}\Phi_1=\eta_{20}+\eta_{02}\\ \Phi_2=(\eta_{20}-\eta_{02})^2+4\eta_{11}^{\ 2}\\ \Phi_3=(\eta_{30}-3\eta_{12})^2+3(\eta_{21}+\eta_{03})^2\\ \Phi_4=(\eta_{30}+\eta_{12})^2+(\eta_{21}+\eta_{03})^2\\ \Phi_5=(\eta_{20}-3\eta_{12})(\eta_{30}+\eta_{12})\left[(\eta_{30}+\eta_{12})^2-3(\eta_{21}+\eta_{03})^2\right]+\\ \qquad 3(\eta_{21}-\eta_{03})(\eta_{21}+\eta_{03})\left[3(\eta_{30}+\eta_{12})^2-(\eta_{21}+\eta_{03})^2\right]\\ \Phi_6=(\eta_{20}-\eta_{02})\left[(\eta_{30}+\eta_{12})^2-(\eta_{21}+\eta_{03})^2\right]+4\eta_{11}(\eta_{30}+\eta_{12})(\eta_{21}+\eta_{03})\\ \Phi_7=(3\eta_{12}-\eta_{30})(\eta_{30}+\eta_{12})\left[(\eta_{30}+\eta_{12})^2-3(\eta_{21}+\eta_{03})^2\right]+\\ \qquad (3\eta_{21}-\eta_{03})(\eta_{21}-\eta_{03})\left[3(\eta_{30}+\eta_{12})^2-(\eta_{21}+\eta_{03})^2\right]\end{cases}$$

这个矩组对于平移、旋转和大小比例的变化都是不变的。

【例 10.12】对一幅图像进行几何变换，验证其矩的不变性。

图 10.22（a）是一幅 Camera 图像，分别对其进行旋转、尺度变换（缩小），变换后的图像如图 10.22（b）和图 10.22（c）所示，然后计算原始图像及变换后图像的 7 个不变矩的值。

（a）原始图像　　（b）旋转-30°　　（c）缩小 1/2

图 10.22　Camera 图像及其几何变换图

其主要 MATLAB 程序如下：

```
I=imread('camera.bmp');
I2=imrotate(I,-30,'bilinear');  %将图像按双线性插值顺时针方向旋转 30°
I3=imresize(I,0.5,'bilinear');  %将图像按双线性插值缩小 1/2
A=double(I);                    %转换成 double 型
[nc,nr]=size(A);                %得到图像的高度和宽度
[x,y]=meshgrid(1:nr,1:nc);      %得到 x,y 的坐标
x=x(:);
y=y(:);
A=A(:);
m.m00=sum(A);                   %计算得到 m00
if m.m00==0
      m.m00=eps;                %分母为 0 的处理
end
m.m10=sum(x.*A);                %计算得到 m10
m.m01=sum(y.*A);                %计算得到 m01
xmean=m.m10/m.m00;              %计算重心 x 坐标
ymean=m.m01/m.m00;              %计算重心 y 坐标
cm.cm00=m.m00;
cm.cm02=(sum((y-ymean).^2.*A))/(m.m00^2);                      %计算η02
cm.cm03=(sum((y-ymean).^3.*A))/(m.m00^2.5);                    %计算η03
cm.cm11=(sum((x-xmean).*(y-ymean).*A))/(m.m00^2);              %计算η11
cm.cm12=(sum((x-xmean).*(y-ymean).^2.*A))/(m.m00^2.5);         %计算η12
cm.cm20=(sum((x-xmean).^2.*A))/(m.m00^2);                      %计算η20
cm.cm21=(sum((x-xmean).^2.*(y-ymean).*A))/(m.m00^2.5);         %计算η21
cm.cm30=(sum((x-xmean).^3.*A))/(m.m00^2.5);                    %计算η30
im1=cm.cm20+cm.cm02                                            %计算不变矩Φ1
im2=(cm.cm20-cm.cm02)^2+4*cm.cm11^2                            %计算不变矩Φ2
im3=(cm.cm30-3*cm.cm12)^2+(3*cm.cm21-cm.cm03)^2                %计算不变矩Φ3
im4=(cm.cm30+cm.cm12)^2+(cm.cm21+cm.cm03)^2                    %计算不变矩Φ4
im5=(cm.cm30-3*cm.cm12)*(cm.cm30+cm.cm12)*((cm.cm30+cm.cm12)^2-3*(cm.cm21+
cm.cm03)^2)+(3*cm.cm21-cm.cm03)*(cm.cm21+cm.cm03)*(3*(cm.cm30+cm.cm12)^2-(cm.cm21+
cm.cm03)^2)                                                    %计算不变矩Φ5
```

```
    im6=(cm.cm20-cm.cm02)*((cm.cm30+cm.cm12)^2-(cm.cm21+cm.cm03)^2)+4*cm.cm11*
(cm.cm30+cm.cm12)*(cm.cm21+cm.cm03)                                %计算不变矩Φ6
    im7=(3*cm.cm21-cm.cm03)*(cm.cm30+cm.cm12)*((cm.cm30+cm.cm12)^2-3*(cm.cm21+
cm.cm03)^2)+(3*cm.cm12-cm.cm30)*(cm.cm21+cm.cm03)*(3*(cm.cm30+cm.cm12)^2-(cm.cm21+
cm.cm03)^2)                                                        %计算不变矩Φ7
```

原始图像 I、旋转图像 I_2、缩小图像 I_3 的 7 个不变矩计算结果对数的绝对值列于表 10.1 中。从表 10.1 可以看出，图像经过旋转、尺度变换之后，这 7 个不变矩只有十分小的变化，可以看成基本保持不变。

表 10.1　Camera 图像不变矩比较

不变矩	$\lvert\log_2(im1)\rvert$	$\lvert\log_2(im2)\rvert$	$\lvert\log_2(im3)\rvert$	$\lvert\log_2(im4)\rvert$	$\lvert\log_2(im5)\rvert$	$\lvert\log_2(im6)\rvert$	$\lvert\log_2(im7)\rvert$
原始图像	8.7177	18.1223	39.1514	38.4579	77.4041	49.6098	80.4430
旋转−30°	7.9434	16.2918	39.1515	38.4578	77.4040	46.6585	80.4464
缩小 1/2	8.7177	18.1223	39.1513	38.4577	77.4039	49.6093	80.4428

10.6　主　成　分

10.6.1　主成分基础

本节给出的内容原理适用于边界和区域。同时，这些内容原理也可作为图像组描述的基础，图像组中的图像已进行过空间配准，但是这个集合对应的像素是不同的（如彩色 RGB 图像的三个分量图像）。假设得到了这样一幅彩色图像的三个分量，将每组三个对应的像素表示成一个向量，就可以将这三幅图像看成一个单元。例如，令 x_1、x_2 和 x_3 分别为这三幅图像第一个像素的值。这三个元素可以用三维列向量 $\boldsymbol{x}$ 表示，即

$$\boldsymbol{x}=\begin{bmatrix}x_1\\x_2\\x_3\end{bmatrix}$$

这个向量表示在所有三幅图像中的一个普通像素。如果图像大小为 $M\times N$，将所有像素用这种方式表示后，将有总数为 $K=M\times N$ 的三维向量。

如果有 n 个已配准的图像，则向量将是 n 维的，即

$$\boldsymbol{x}=\begin{bmatrix}x_1\\x_2\\\vdots\\x_n\end{bmatrix}\tag{10.48}$$

本节假定所有向量都是列向量（$n\times1$ 阶矩阵）。可以把它们写成一行文本，即 $\boldsymbol{x}=(x_1,x_2,\cdots,x_n)^{\mathrm{T}}$ 的形式，这里 T 表示转置。

可以把向量作为随机量，就像构造灰度级直方图时一样。仅有的不同点是，现在讨论的是随机向量的均值向量和方差矩阵，而不是随机变量的均值和方差。总体的均值向量定义为

$$\boldsymbol{m}_x = E\{\boldsymbol{x}\} \tag{10.49}$$

式中，$E\{\}$ 是变量的期望值，向量或矩阵的期望值是通过取每个元素的期望值得到的。

总体向量的方差矩阵定义为

$$\boldsymbol{C}_x = E\{(\boldsymbol{x}-\boldsymbol{m}_x)(\boldsymbol{x}-\boldsymbol{m}_x)^{\mathrm{T}}\} \tag{10.50}$$

因为 $\boldsymbol{x}$ 是 n 维的，所以 $\boldsymbol{C}_x$ 和 $(\boldsymbol{x}-\boldsymbol{m}_x)(\boldsymbol{x}-\boldsymbol{m}_x)^{\mathrm{T}}$ 是 $n\times n$ 阶矩阵。$\boldsymbol{C}_x$ 中的元素 c_{ii} 是总体向量中 $\boldsymbol{x}$ 向量的第 i 个分量 $\boldsymbol{x}_i$ 的方差，而且 $\boldsymbol{C}_x$ 的元素 c_{ij} 是向量元素 $\boldsymbol{x}_i$ 和元素 $\boldsymbol{x}_j$ 的协方差，矩阵 $\boldsymbol{C}_x$ 是实对称的。如果元素 $\boldsymbol{x}_i$ 和元素 $\boldsymbol{x}_j$ 无关，则它们的协方差为零，且有 $c_{ij}=c_{ji}=0$。注意：当 $n=1$ 时，这些定义都降为常见的一维对应量。

对于从随机总体中取样的 M 个向量，均值向量可以通过使用常见的求平均值的表达式由样本来近似得到，即

$$\boldsymbol{m}_x = \frac{1}{M}\sum_{i=1}^{M}\boldsymbol{x}_i \tag{10.51}$$

同样，通过扩展乘积 $(\boldsymbol{x}-\boldsymbol{m}_x)(\boldsymbol{x}-\boldsymbol{m}_x)^{\mathrm{T}}$ 并使用式（10.50）和式（10.51），会发现协方差矩阵可以通过如下方式用样本近似得到，即

$$\boldsymbol{C}_x = \frac{1}{M}\sum_{i=1}^{M}\boldsymbol{x}_i\boldsymbol{x}_i^{\mathrm{T}} - \boldsymbol{m}_x\boldsymbol{m}_x^{\mathrm{T}} \tag{10.52}$$

【例 10.13】均值向量和协方差矩阵的计算。

本例具体说明如何根据式（10.51）和式（10.52）计算一组向量的均值向量和协方差矩阵。考虑 4 个向量 $\boldsymbol{x}_1=(0,0,0)^{\mathrm{T}}$、$\boldsymbol{x}_2=(1,0,0)^{\mathrm{T}}$、$\boldsymbol{x}_3=(1,1,0)^{\mathrm{T}}$、$\boldsymbol{x}_4=(1,0,1)^{\mathrm{T}}$，这里使用转置使列向量可以像前面说明的一样方便地写成横向文本。应用式（10.51）得到下列均值向量：

$$\boldsymbol{m}_x = \frac{1}{4}\begin{bmatrix}4\\1\\1\end{bmatrix}$$

同样，使用式（10.52）得到下列协方差矩阵：

$$\boldsymbol{C}_x = \frac{1}{16}\begin{bmatrix}3 & 1 & 1\\1 & 3 & -1\\1 & -1 & 3\end{bmatrix}$$

从协方差矩阵可以看出，所有主对角线上的元素都相等，这表示总体向量中向量的三个分量有同样的方差。元素 $\boldsymbol{x}_1$ 和元素 $\boldsymbol{x}_2$，元素 $\boldsymbol{x}_1$ 和元素 $\boldsymbol{x}_3$ 必定相关；元素 $\boldsymbol{x}_2$ 和元素 $\boldsymbol{x}_3$ 必定不相关。

$\boldsymbol{C}_x$ 是实对称的，根据线性代数知识，总可以找到一组 n 个标准正交的特征向量。设 $\boldsymbol{C}_x$ 的 n 个特征值和对应的特征向量为 λ_i 和 $\boldsymbol{e}_i$，$i=1,2,3,\cdots,n$，为了方便，对特征值按照降序排列，使 $\lambda_j \geqslant \lambda_{j+1}$，$j=1,2,3,\cdots,n-1$。令 $\boldsymbol{A}$ 为一个由 $\boldsymbol{C}_x$ 的特征向量组成行元素的矩阵，并进行排序，使 $\boldsymbol{A}$ 的第一行为对应最大特征值的特征向量，而最后一行为对应最小特征值的特征向量。

假设以 $\boldsymbol{A}$ 作为将 $\boldsymbol{x}$ 向量映射到 $\boldsymbol{y}$ 向量的变换矩阵，即

$$\boldsymbol{y} = \boldsymbol{A}(\boldsymbol{x}-\boldsymbol{m}_x) \tag{10.53}$$

则这个表达式称为霍特林（Hotelling）变换。霍特林变换具有某些有趣和有用的性质，如下：

（1）霍特林变换得到的 $\boldsymbol{y}$ 向量的均值为 0，即

$$\boldsymbol{m}_y = E\{\boldsymbol{y}\} = 0 \tag{10.54}$$

（2）霍特林变换得到的 $\boldsymbol{y}$ 向量协方差矩阵是由式（10.55）得到的，即

$$\boldsymbol{C}_y = \boldsymbol{A}\boldsymbol{C}_x\boldsymbol{A}^{\mathrm{T}} \tag{10.55}$$

（3）根据 $\boldsymbol{A}$ 的构成方式，可知 $\boldsymbol{C}_y$ 是一个对角矩阵，其主对角线上的元素是 $\boldsymbol{C}_x$ 的特征值，即

$$\boldsymbol{C}_y = \begin{bmatrix} \lambda_1 & & & 0 \\ & \lambda_2 & & \\ & & \ddots & \\ 0 & & & \lambda_n \end{bmatrix} \tag{10.56}$$

这个协方差矩阵非对角线上的元素为 0，所以向量 $\boldsymbol{y}$ 的元素是不相关的。按照前面的假设，λ_j 是 $\boldsymbol{C}_x$ 的特征值，并且对角矩阵主对角线上的元素是 $\boldsymbol{C}_x$ 的特征值。因此，$\boldsymbol{C}_x$ 和 $\boldsymbol{C}_y$ 有相同的特征值。实际上，它们的特征向量也是相同的。

（4）任何向量 $\boldsymbol{x}$ 都能够通过相应的向量 $\boldsymbol{y}$ 使用式（10.57）重构得到，即

$$\boldsymbol{x} = \boldsymbol{A}^{\mathrm{T}}\boldsymbol{y} + \boldsymbol{m}_x \tag{10.57}$$

$\boldsymbol{A}$ 的各行是正交向量，具有 $\boldsymbol{A}^{-1} = \boldsymbol{A}^{\mathrm{T}}$ 的性质，$\boldsymbol{A}$ 可以由式（10.53）直接得到。

如果不使用 $\boldsymbol{C}_x$ 的所有特征向量，而仅取 $\boldsymbol{C}_x$ 的前 k 个最大特征值对应的 k 个特征向量组成一个 $k \times n$ 的矩阵，记为 $\boldsymbol{A}_k$，向量 $\boldsymbol{y}$ 则成为 k 维的。使用向量 $\boldsymbol{y}$ 和矩阵 $\boldsymbol{A}_k$ 进行重构，将得到原向量 $\boldsymbol{x}$ 的一个近似，记为 $\hat{\boldsymbol{x}}$，则有

$$\hat{\boldsymbol{x}} = \boldsymbol{A}_k^{\mathrm{T}}\boldsymbol{y} + \boldsymbol{m}_x \tag{10.58}$$

$\boldsymbol{x}$ 和 $\hat{\boldsymbol{x}}$ 之间的均方误差可以由式（10.59）给出，即

$$e_{ms} = \sum_{j=1}^{n}\lambda_j - \sum_{j=1}^{k}\lambda_j = \sum_{j=k+1}^{n}\lambda_j \tag{10.59}$$

假设使用了所有的特征向量用于变换，从式（10.59）可以看出，当 $k = n$ 时，误差为零。

因为 λ_j 单调减少，式（10.59）也说明误差可以通过选择 k 个具有最大特征值的特征向量而降至最小。因此，对可以将向量 $\boldsymbol{x}$ 和它的近似值 $\hat{\boldsymbol{x}}$ 之间的均方误差降至最小而言，霍特林变换是最佳的。这种使用特征向量对应的最大特征值的思想，霍特林变换也称为主分量变换。

10.6.2　主成分描述

主成分分析（Principal Component Analysis，PCA）是将多维信号进行降维操作的一种重要手段，主成分分析从多维信号中提取出低维的主要信息。主成分描述就是使用主成分来描述原来的高维复杂信号。如 10.6.1 节所述，主成分分析先计算输入的多维信号的协方差矩阵，然后得到该协方差矩阵的特征向量和特征值，将特征向量按照它们所对应的特征值大小进行排序后，挑选出比较重要的特征向量（对应的特征值较大），最后将原始信号投影到挑选出的特征向量上，从而构建出一个低维信号。

在图像领域，使用不同角度、不同手段通常会得到多幅图像，如果忽略图像的空间特性，

将图像看成一维序列，则 n 幅图像就构成了 n 维信号。主成分描述的作用就是将多幅已配准的图像进行融合，提炼出比较重要的若干幅图像来对原始采集到的多幅图像进行描述，从而达到降维的目的。在通常情况下，如 10.6.1 节所述，主成分分析仍然会得到一个 n 维信号，只是这个 n 维信号已经按照其重要性进行了排列，并且其重要性也有确切的参数来描述，可以选择其中最重要的 k 维作为最终的主成分描述。通常，需要设定一个阈值，使得这个 k 维信号的重要性之和占全部重要性之和的百分比大于该阈值。

在 MATLAB 中，可以使用 princomp 函数进行主成分分析，函数的调用形式如下：

```
[COEFF,SCORE,latent]=princomp(X)
```

其中，X 为 $c \times l \times n$ 的矩阵，其数据类型是 double 型，$c \times l$ 表示配准后每幅图像的大小，n 表示参与计算的图像数目；COEFF 为 $n \times n$ 的矩阵，它的每列都表示主成分分析过程中用于搭建低维空间的特征向量；SCORE 为 $c \times l \times n$ 的矩阵，它表示 X 在 COEFF 上的投影，其重要程度已经按列排列，即第一列的重要程度最高，依次递减；latent 为 $n \times 1$ 的矩阵，矩阵中每个元素都为与 SCORE 的每列相对应的重要程度值。下面将以人脸图像进行主成分分析举例说明。

【例 10.14】 对图 10.23 所示的由 10 幅人脸图像组成的图像集进行主成分描述。

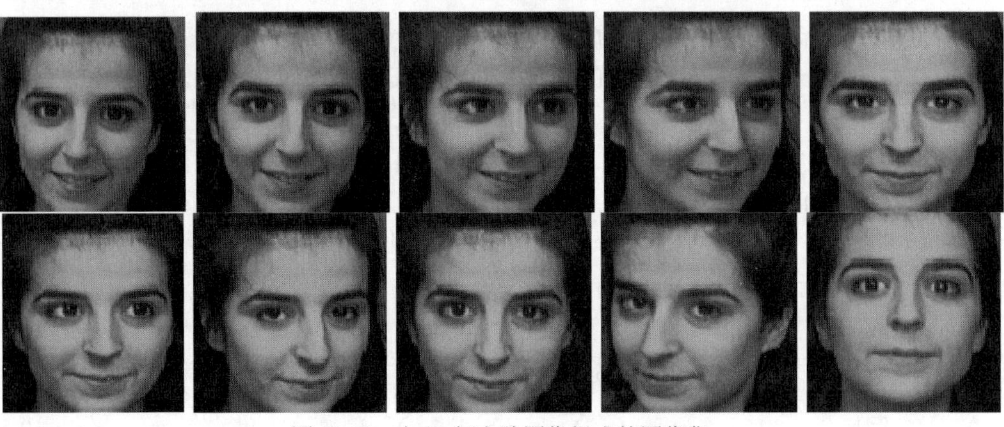

图 10.23　由 10 幅人脸图像组成的图像集

其主要 MATLAB 程序如下：

```
for i=1:10
    filename=[strcat('face',int2str(i),'.bmp')];     %循环得到文件名
    temp=imread(filename);                            %循环读取图像文件
    X(:,:,i)=temp;                                    %将数据存入 X
    figure,imshow(X(:,:,i));                          %显示每幅图像
    vector(:,i)=temp(:);                              %将数据存入 vector
end
vector=double(vector);                                %转换成 double 型
[coeff,score,latent]=princomp(vector);                %调用函数 princomp
Z=temp;
for i=1:10
    Z(:)=score(:,i);                                  %将每个 score 赋予 Z
    figure,imshow(Z,[]);                              %显示每个投影 score
end
latent                                                %显示重要程度值
```

本例中，一共有 10 幅人脸图像，每幅图像的大小为 100 像素×100 像素，上述代码首先得到 100 像素×100 像素×10 像素的 vector 矩阵，即对 10 幅图像构成的图像集进行主成分描述。调用 princomp 函数后，提取出 10 幅经过主成分分析的图像，如图 10.24 所示。这 10 幅主成分图像的重要性都保存在 latent 向量中，其值为 $1.0\times10^4\times$(2.9218　0.2327　0.1843　0.1201　0.0889　0.0712　0.0434　0.0362　0.0281　0.0192)。从中可以看出，第一个主成分最高，其后主成分的重要程度值变得越来越低。

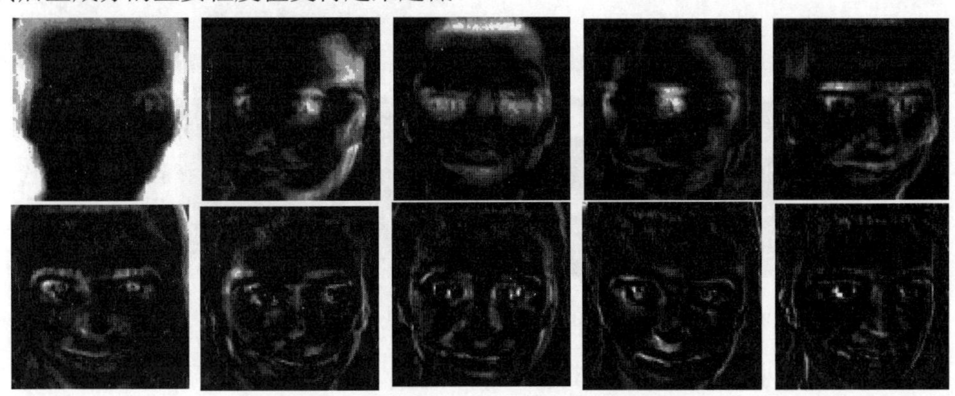

图 10.24　提取经主成分分析的 10 幅图像

这里只是演示了主成分分析的方法，如果能够在主成分分析之前对人脸进行空间和灰度上的图像配准，主成分分析的效果则会更好。

10.7　特征提取的应用

在很多实际应用领域，如图像识别领域，人们经常需要对不同的目标物体进行分类或识别，而分类或识别的依据是目标物体的固有特征。因此，需要提取图像相应的特征以进行分类或识别，从而实现信息处理的智能化。本节通过三个应用实例，介绍这类问题的处理思路和方法。

 10.7.1　粒度测定

粒度测定是在不精确分割图像目标的基础上，确定图像中目标的大小和分布情况。这对于粗略地描述一幅图像的性质和获取图像信息是很重要的。下面通过一个例子来进行说明。

【例 10.15】计算图 10.25 所示雪花图像中雪花大小的分布情况。

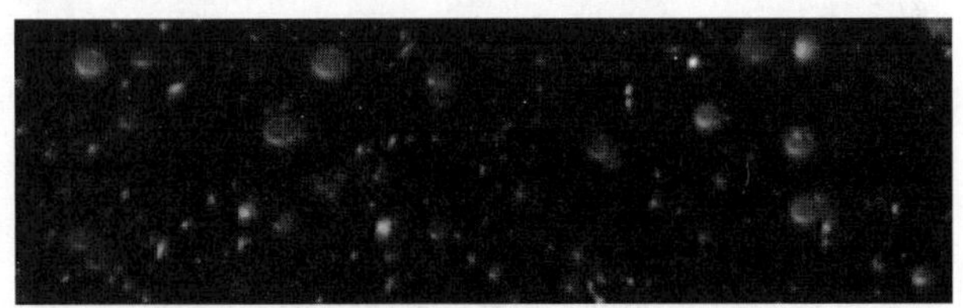

图 10.25　原始雪花图像

首先需要对低对比度图像进行增强处理，然后通过数学形态学运算计算粒度大小的总体分布，再计算不同半径的粒度分布。

（1）读取图像并增强（见图 10.26），其 MATLAB 程序如下：

```
I = imread('snowflakes.png');                          %读取图像
figure; imshow(I)                                      %显示原始图像
claheI = adapthisteq(I,'NumTiles',[10 10]);            %自适应调整对比度
claheI = imadjust(claheI);                             %强度调整
figure; imshow(claheI);                                %显示增强后的图像
```

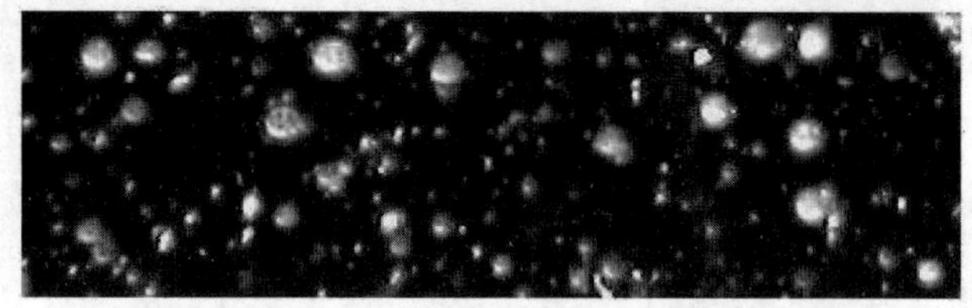

图 10.26　增强后的雪花图像

（2）计算粒度大小的总体分布，其 MATLAB 程序如下：

```
for counter = 0:22
    remain = imopen(claheI, strel('disk', counter));    %开运算
    intensity_area(counter + 1) = sum(remain(:));       %剩余像素和
end
figure;
plot(intensity_area, 'm - *'),       %显示不同半径开运算后剩余的像素和
grid on;
```

图像中的粒度大小分布情况可以通过数学形态学的开运算来实现。开运算使用不同半径的结构元素对图像进行操作，就像筛子一样，不同大小的孔径可以保留不同大小的雪花。本例中使用的结构元素半径为 0～22 像素，对图像进行开运算，分别得到过滤后的目标，并统计每次开运算后图像的像素。不同半径开运算后剩余的像素和如图 10.27 所示。

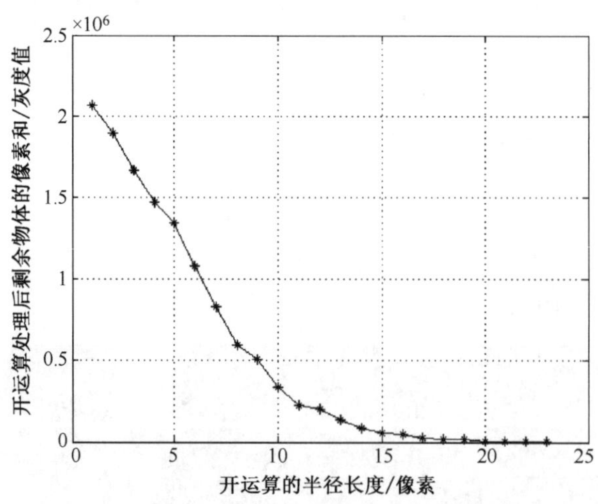

图 10.27　不同半径开运算后剩余的像素和

从图 10.27 可以看出，图像中每次使用不同半径开运算后剩余的像素和是不同的，随着开运算半径的增加，剩余的像素和越来越小。

（3）计算不同半径下的粒度分布，其 MATLAB 程序如下：

```
intensity_area_prime= diff(intensity_area);%差分
figure;
plot(intensity_area_prime, 'm - *'),        %显示每个半径下的粒度
grid on;
title('Granulometry (Size Distribution) of Snowflakes');
set(gca, 'xtick', [0 2 4 6 8 10 12 14 16 18 20 22]);
xlabel('radius of snowflakes (pixels)');
ylabel('Sum of pixel values in snowflakes as a function of radius');
open5 = imopen(claheI,strel('disk',5));     %半径为 5 像素的形态学开运算
open6 = imopen(claheI,strel('disk',6));     %半径为 6 像素的形态学开运算
rad5 = imsubtract(open5,open6);             %半径为 5 像素的粒度
figure; imshow(rad5,[]);                    %显示半径为5像素时图像中的粒度分布情况
```

如果计算两个相邻半径开运算的差，则可以求得半径小的那个雪花的数目。相邻半径的雪花数目之差可以通过 diff 函数计算，如图 10.28 所示。从图 10.28 可以看出，曲线最大值时的半径为 5 像素，这说明在半径为 5 像素时，目标对象的个数最多。可以通过分别求取半径为 5 像素和 6 像素时形态学开运算后的差值，求出半径为 5 像素的粒度分布情况，如图 10.29 所示。

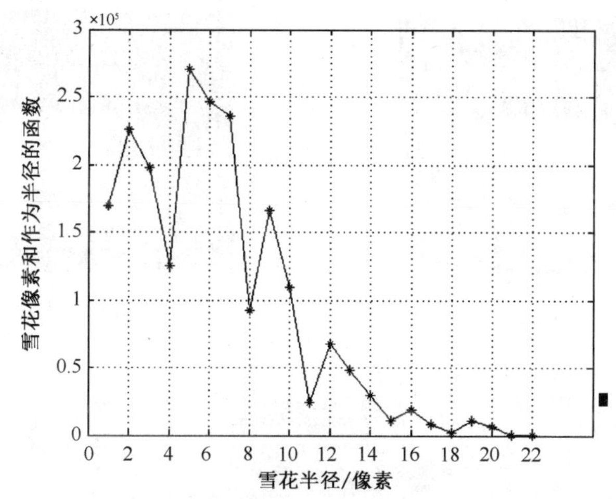

图 10.28　不同大小粒度分布情况

图 10.29　半径为 5 像素的粒度分布情况

10.7.2 圆形目标判别

一幅图像中，除目标对象大小不同外，也会经常出现不同形状的目标物体，如圆形、方形或其他不规则的形状。确定图像中一定形状的目标物体对于图像识别和进一步应用是很重要的。下面通过一个例子来进行说明。

【例 10.16】 确定图 10.30 所示图像中的圆形目标。

首先要将图像进行灰度化和二值化，然后确定图像中的目标边界，再计算目标区域的特征，根据面积和周长的关系来确定图像是否为圆形。

（1）读取图像并将其转换为二值图像，其 MATLAB 程序如下：

```
RGB = imread('pillset.png');                    %读取图像
figure; imshow(RGB);                            %显示原始图像
I = rgb2gray(RGB);                              %转换为灰度图像
threshold = graythresh(I);                      %取阈值
bw = im2bw(I,threshold);                        %转换为二值图像
figure; imshow(bw)                              %显示二值图像
```

在这一步骤中，首先读取一幅图像，这幅图像中包含不同形状的目标，其中有圆形、矩形等，如图 10.30 所示。

为了处理方便，把 RGB 彩色图像转换为灰度图像，然后按照最大类间方差法得到阈值，将灰度图像转换为二值图像，如图 10.31 所示。

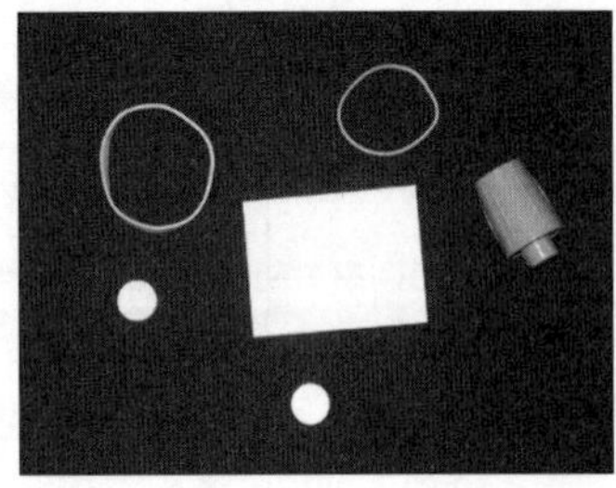

图 10.30　例 10.16 原始图像

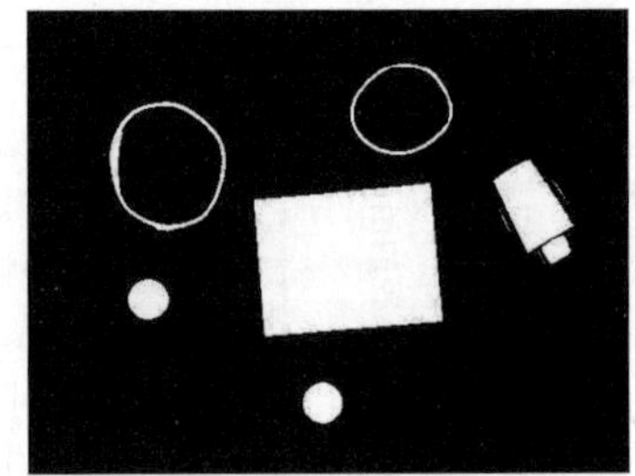

图 10.31　二值图像

（2）寻找边界 MATLAB 程序如下：

```
bw = bwareaopen(bw,30);                         %去除小目标
se = strel('disk',2);                           %圆形结构元素
bw = imclose(bw,se);                            %关操作
bw = imfill(bw,'holes');                        %填充孔（洞）
figure; imshow(bw)                              %显示填充孔（洞）的图像
[B,L] = bwboundaries(bw,'noholes');             %图像边界
figure; imshow(label2rgb(L, @jet, [.5 .5 .5])) %不同颜色显示
hold on
for k = 1:length(B)
    boundary = B{k};                            %显示白色边界
 plot(boundary(:,2),boundary(:,1), 'w', 'LineWidth', 2)
end
```

使用形态学的开操作 bwareaopen 函数去除二值图像中的小目标，使用 imclose 函数填充图像中的缝隙，使用 imfill 函数填充图像中的孔（洞），得到的图像如图 10.32 所示。为了节省计算时间，把 bwboundaries 函数中的参数设置为 noholes，以避免寻找目标内部的边界，不同目标以不同的颜色显示，且边界以白色显示，结果如图 10.33 所示。

图 10.32　去除噪声并填充区域后的图像

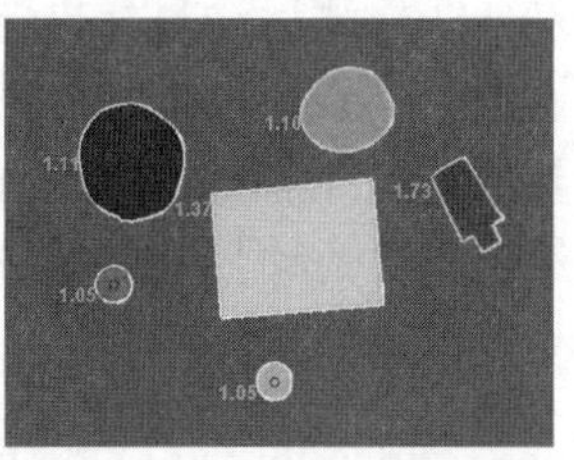

图 10.33　圆形目标的度量

（3）确定圆形目标 MATLAB 程序如下：

```
stats = regionprops(L,'Area','Centroid');          %求取面积、重心等
threshold = 1.06;                                  %设定判定阈值
for k = 1:length(B)
  boundary = B{k};
  delta_sq = diff(boundary).^2;
  P = sum(sqrt(sum(delta_sq,2)));                  %求取周长
  A = stats(k).Area;                               %面积
  F = (P^2)/(4*pi*A);                              %圆形度的计算
  F_string = sprintf('%2.2f',F);
  if F < threshold                                 %对于圆形
    centroid = stats(k).Centroid;
    plot(centroid(1),centroid(2),'ko');            %标记圆心
  end
  text(boundary(1,2)-35,boundary(1,1)+13,F_string,'Color',...
      'y', 'FontSize',14,'FontWeight','bold');     %标注圆形度
end
```

那么，如何确定目标物体的圆形度呢？一种简单的测量方法是使用 10.5.3 节描述的由目标物体的周长和面积表示的圆形度，参考式（10.35），本例中，P 为目标区域的周长；A 为目标区域的面积，则有 $F=\dfrac{P^2}{4\pi A}$。

当目标物体为圆形时，$F=1$；当目标物体为其他任何形状时，$F>1$。在本例中，可以认为当 $F\leqslant 1.06$ 时，目标物体为圆形。程序中，使用 regionprops 函数得到目标物体的面积和重心坐标，通过差分求取距离并对目标物体的周长进行估计。在图 10.33 中标出了求得的圆形度 F，可以看出，图像中有两个圆形目标，圆形目标的圆心也在图中标出来了。

10.7.3　运动目标特征提取

安全防范意识的增强和社会发展的需要使人们对视频监控的需求越来越大。视频监控不仅要对运动目标进行检测和跟踪，而且还要对运动目标进行识别和分析，而识别和分析

依赖于对运动目标特征信息的提取。对运动目标进行特征提取首先要对运动目标进行检测，然后计算目标区域的特征。

常用的运动目标检测算法有三种，即光流法、帧间差分法和背景差分法。背景差分法虽然对外界天气条件、光线条件等的变化较为敏感，但它能够提取较完整的运动目标信息。本节采用背景差分法检测运动目标。背景差分法的关键是提取背景图像，对于摄像机固定不变的情况，背景也是静态的，基本保持不变。如果第一帧中没有运动目标，就把第一帧作为背景，否则需要根据若干帧建立背景模型；同时由于光线、天气等变化，因此需要更新背景。背景差分法是将包含运动目标的帧图像与背景图像进行差分运算，再进行二值化和形态学处理，得到运动目标区域。

【例 10.17】运动目标特征提取。

（1）读取视频文件，MATLAB 程序如下：

```
disp('input video');                          %显示提示信息
video=mmreader('aviboat2.avi');               %读取视频文件
get(video)                                    %获取视频信息
disp('output video');                         %显示提示信息
implay('aviboat2.avi');                       %播放视频
detecting(video);                             %调用运动目标检测函数
```

本步骤中，使用 mmreader 函数（MATLAB R2010b 版本及以上才有此函数）从多媒体文件中读取视频数据，mmreader 函数可以读取的文件格式包括 AVI、MPG、MPEG、ASF 和 ASX；使用 get 函数获取视频文件的更多信息，如视频持续时间、帧率、帧数、高度、宽度、视频格式、像素深度等；使用 implay 函数播放视频。

（2）运动目标检测，MATLAB 程序如下：

```
background=rgb2gray(read(video,1));           %将第一帧作为背景
choosedframe=rgb2gray(read(video,400));       %取第 400 帧作为当前帧
dtarget=abs(background-choosedframe);         %计算差分
bw=im2bw(dtarget,0.1);                        %差分图像二值化
cc=bwlabel(bw);                               %对二值图像连通区域进行标记
stats=regionprops(cc,'Area');                 %计算各区域的面积
idx=find([stats.Area]>800);                   %取面积大于 800 像素的区域
bw2=ismember(cc,idx);
se=strel('disk',5);                           %取半径为 5 像素的圆形结构元素
bw3=bw2;
for i=1:3
    bw3=imdilate(bw3,se);                     %用结构元素对区域进行三次膨胀
    bw3=imerode(bw3,se);                      %用结构元素对区域进行三次腐蚀
end
figure,imshow(read(video,1));                 %显示背景帧
figure,imshow(read(video,400));               %显示当前帧
figure,imshow(dtarget);                       %显示差分图像
figure,imshow(bw);                            %显示二值化后的图像
figure,imshow(bw2);                           %显示去除小目标后的区域
figure,imshow(bw3);                           %显示三次膨胀、三次腐蚀后的结果
```

这部分采取如下步骤：①根据该视频的特点，其第一帧不含任何运动目标，于是取第一帧作为背景帧，并将其转换为灰度图像；②该视频共有 846 帧，这里取第 400 帧作为当前帧；③计算当前帧与背景帧之差，得到差分图像；④对差分图像进行二值化；⑤对二值化后图像的各连通区域进行标记；⑥计算各区域的面积；⑦去除面积小于或等于 800 像素的区域，只保留面积大于 800 像素的区域；⑧以半径为 5 像素的圆形结构元素对区域先连续进行三次膨胀、三次腐蚀操作，得到运动目标区域。运动目标特征提取如图 10.34 所示。

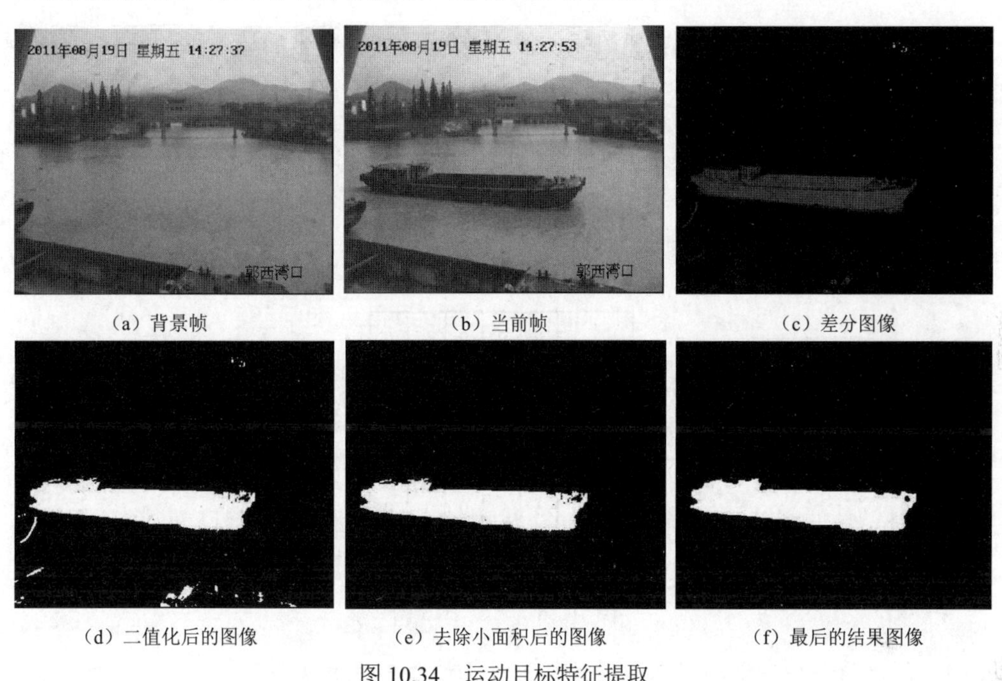

（a）背景帧　（b）当前帧　（c）差分图像

（d）二值化后的图像　（e）去除小面积后的图像　（f）最后的结果图像

图 10.34　运动目标特征提取

（3）目标区域特征计算，MATLAB 程序如下：

```
dd=bwlabel(bw3);                              %对处理后的图像进行连通区域标记
stats2=regionprops(dd,'Area','Centroid');     %计算目标区域特征
stats2.Area                                   %显示目标区域面积
stats2.Centroid                               %显示目标区域重心坐标
```

计算得到的运动目标区域的特征，其面积为 34110 像素，重心坐标为(289.1869, 353.4536)。

习题

10.1　选择一幅灰度图像，计算该图像的灰度均值、方差和熵。

10.2　计算当距离为 1，角度分别为 0°、45°、90° 时，图 10.35 表示灰度图像的灰度共生矩阵。

1	1	0	0
1	1	0	0
0	0	2	2
0	0	2	2

图 10.35　习题 10.2 图

10.3　图 10.36 给出了一幅二值图像，用 8 向链码对图像中的边界进行链码表述（起点是 S）。

（1）写出图 10.36 的 8 向链码（沿顺时针方向）。

（2）对该链码进行起点归一化，说明起点归一化链码与起点无关的原因。

（3）写出该链码的一阶差分码，并说明该一阶差分码与边界的旋转无关。

（4）写出该链码的形状数。

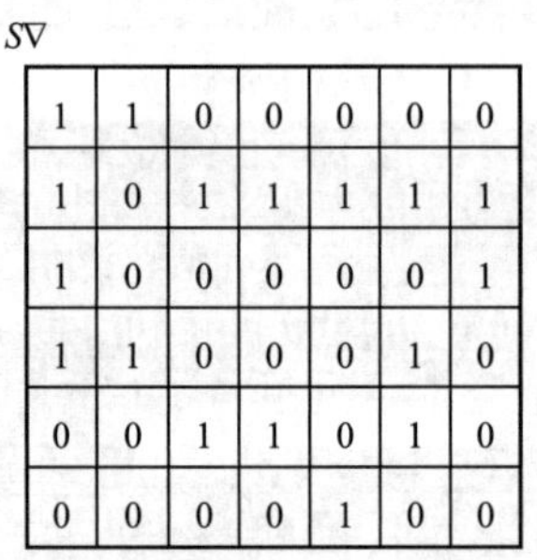

1	1	0	0	0	0	0
1	0	1	1	1	1	1
1	0	0	0	0	0	1
1	1	0	0	0	1	0
0	0	1	1	0	1	0
0	0	0	0	1	0	0

图 10.36　习题 10.3 图

10.4　试说明哪些类型的形状边界的傅里叶描述子中只有实数项。

10.5　求图 10.37 表示的灰度图像的面积和重心（1 表示目标）。

0	1	1	1	1	1	1	0
0	1	1	1	1	1	0	0
0	1	1	1	1	0	0	0
1	1	1	1	1	0	0	0
1	1	1	1	1	1	1	1
1	1	1	1	1	1	0	0
0	0	1	1	1	1	1	0
0	0	0	0	1	1	1	1

图 10.37　习题 10.5 图

第11章 基于深度学习的数字图像处理

传统的数字图像处理技术通常依赖手工设计的图像特征，需要使用人类专业知识和经验来进行设计，这限制了其适应不同场景的能力，此外，传统方法的计算复杂度高，需要投入大量人力和时间。深度学习技术的出现改变了这种局面，深度学习研究如何在大量数据中自动获取多层特征表达，避免了手工设计特征的烦琐过程。通过多层神经网络的结构，深度学习模型能够更好地提取图像的高层次特征，提高处理效果，因此，深度学习技术一经推出，就被运用到数字图像处理的方方面面。本章主要介绍基于深度学习的图像分类、去噪、压缩和分割技术等。

11.1 深度学习概述

11.1.1 深度学习的基本思想

深度学习的概念起源于人工神经网络的研究，人工神经网络通过由多层次神经元组成的网络结构模拟人脑的信息处理方式。深度学习中的“深度”指的是神经网络模型中非线性运算的层次数量，即模型中堆叠的隐藏层的数量。相对传统的浅结构神经网络，深度学习模型通常包含更多隐藏层，这些额外的隐藏层使得模型可以提取出高层次的特征。

如图 11.1 所示，假设一个网络有 4 个隐藏层（H_1、H_2、H_3、H_4），输入为 I，输出为 O，可形象地表示为

$$I \Rightarrow H_1 \Rightarrow H_2 \Rightarrow H_3 \Rightarrow H_4 \Rightarrow O$$

以分类任务为例，对于每个输入数据 I，在经过 4 个隐藏层后到达输出层，通过调整网络中的参数，使输出O能够尽可能地接近输入数据的真实类别，这样就可以得到输入I的一系列层次特征 H_1、H_2、H_3、H_4。对于堆叠的多个层，其中一层的输出作为其下一层的输入，以实现对输入数据的分级表达，这就是深度学习的基本思想。

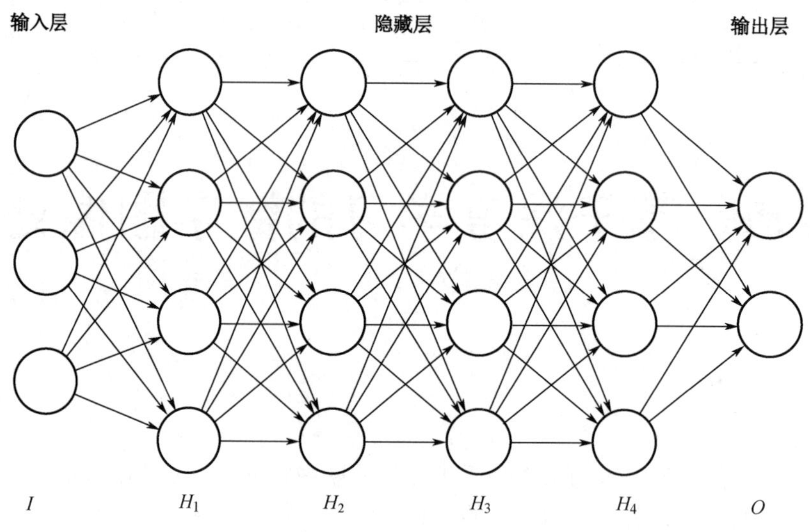

图 11.1　全连接的深度神经网络示意图

11.1.2　深度学习的优势

深度学习作为一种强大的机器学习算法，具有以下优势：

（1）高准确性。深度学习模型在大规模数据集上进行训练，并通过多层神经网络结构进行特征学习，具有卓越的准确性。深度学习在许多领域中超越了传统的机器学习方法，如图像分类、语音识别和自然语言处理等。

（2）自动特征学习。深度学习模型能够自动学习输入数据中的特征，避免了手工设计特征的烦琐过程。通过多层网络的组合，深度学习模型能够逐渐学习从低级到高级的抽象特征，从而更好地表达和理解数据。

（3）适应复杂数据。深度学习模型能够处理具有复杂结构和高维度的数据，如图像、语音和文本等。

（4）泛化能力强。深度学习模型通过在大规模数据上进行训练，能够学习更具泛化能力的特征。这使得深度学习模型在面对新的、未见过的数据时也有良好的表现。

（5）多任务学习。深度学习模型可以同时学习多个相关任务。通过共享底层的特征提取层，深度学习模型能够在多个任务之间共享学习到的特征，提高模型的效率。

（6）大规模并行计算。深度学习模型可以通过并行计算来加速训练过程。现代的深度学习框架和硬件平台支持高效的并行计算，使得大规模深度学习模型能够在可接受的时间内进行训练和应用。

深度学习的这些优势使其在许多领域取得了突破性的进展，如计算机视觉、自然语言处理等，随着深度学习技术的不断发展和改进，深度学习将应用于更多领域，为人工智能带来更多的突破。

11.2　卷积神经网络

在 11.1 节介绍的神经网络中，每个神经元都与下一层的所有神经元有连接，称为全连接。

全连接的神经网络存在参数过多、不适用于高维数据、不能利用输入数据的空间结构信息等缺陷。为了弥补全连接神经网络的缺点，出现了很多改进的神经网络架构，卷积神经网络（Convolutional Neural Networks，CNN）就是其中之一。卷积神经网络是深度学习中一种非常重要的架构，它通过引入卷积层和池化层等特定的结构，可以更好地处理图像数据。本节将介绍卷积神经网络的基本架构。

11.2.1　卷积神经网络架构

卷积神经网络主要由输入层、卷积层、激活层、池化层（也称为下采样层）和全连接层组成，在实际应用中，通常将卷积层与激活层共同称为卷积层。将这些层叠加起来，可以构建一个完整的卷积神经网络。以经典网络模型 LeNet-5 为例，卷积神经网络结构如图 11.2 所示。

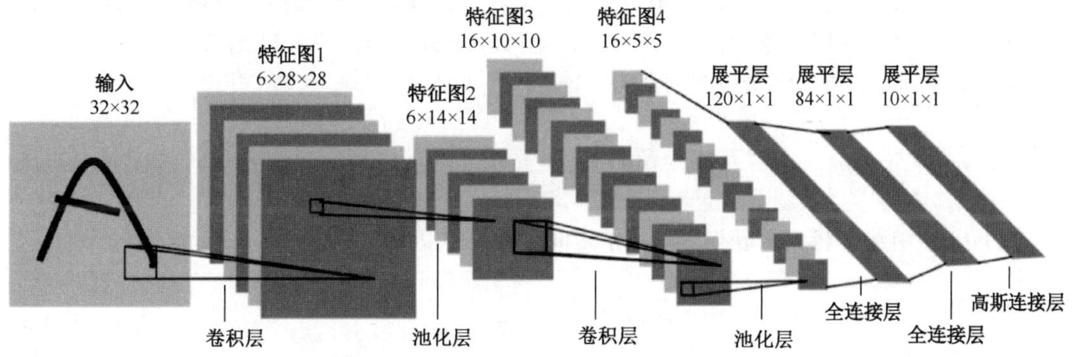

图 11.2　LeNet-5 网络结构图

LeNet-5 模型中包含 2 个卷积层、2 个池化层和 3 个全连接层（含 1 个高斯连接层），奠定了此后卷积神经网络的基本框架——卷积层、池化层、全连接层。卷积层的主要功能是特征提取，所以卷积层也称为特征提取层；池化层的主要功能是压缩特征，也就是降维；全连接层的作用是“分类器”，将学习到的特征映射到样本标记空间。

11.2.2　卷积层

卷积层是卷积神经网络中的核心组件，用于从输入数据中提取特征。卷积层进行的处理就是卷积运算，根据设定好的步长逐步滑动卷积核与本层进行卷积计算。卷积核中的参数相当于传统神经网络中的权值参数，连接到对应的局部像素上，将卷积核中的每个参数都和与之对应的局部像素值相乘，再将所有乘积结果相加，得到卷积后的特征图。有时为了增加边界像素的运算次数，通常在图像的外围填充几圈 0 元素，称为边缘填充（padding）。卷积后特征图的尺寸 S_{out} 计算公式为

$$S_{\text{out}} = \frac{S_{\text{in}} - K_S + 2\text{padding}}{\text{stride}} + 1 \tag{11.1}$$

式中，S_{in} 为输入特征图尺寸，K_S 为卷积核尺寸，padding 为边缘填充，stride 为卷积步长。

如图 11.3 所示，输入一幅大小为 4 像素×4 像素的图像，卷积核的大小为 3×3，步长设

为 1，padding 为 0。将图像中每个 3×3 的窗口依次（每次移动 1 像素）与卷积核计算后，得到特征图的尺寸为 2 像素×2 像素。

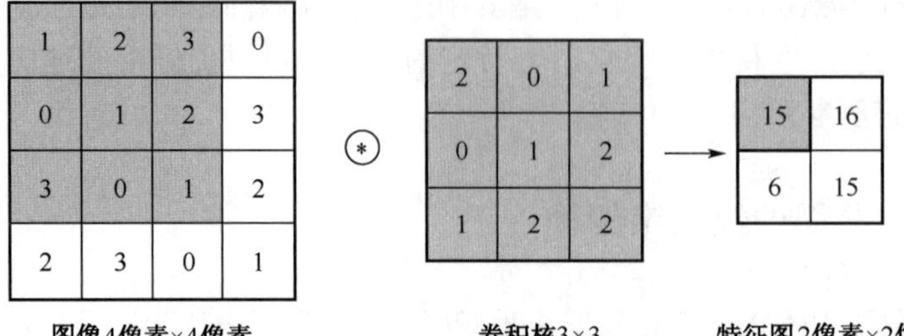

图 11.3　卷积运算示意图

卷积层之后一般会有一个激活函数来增加非线性因素，用于模拟任意函数，提高网络对模型的表达能力。常用的激活函数有 sigmoid 函数、tanh 函数、ReLU 函数。

（1）sigmoid 函数，将变量映射到 0～1 之间，表达式为

$$S(x)=\frac{1}{1+\mathrm{e}^{-x}} \tag{11.2}$$

（2）tanh 函数，将变量映射到-1～1 之间，表达式为

$$\tanh x=\frac{\mathrm{e}^{x}-\mathrm{e}^{-x}}{\mathrm{e}^{x}+\mathrm{e}^{-x}} \tag{11.3}$$

（3）ReLU 函数，当输入小于零时，输出为零，当输入大于零时，输出等于输入，表达式为：

$$f(x)=\max(0, x) \tag{11.4}$$

三种激活函数曲线如图 11.4～图 11.6 所示。

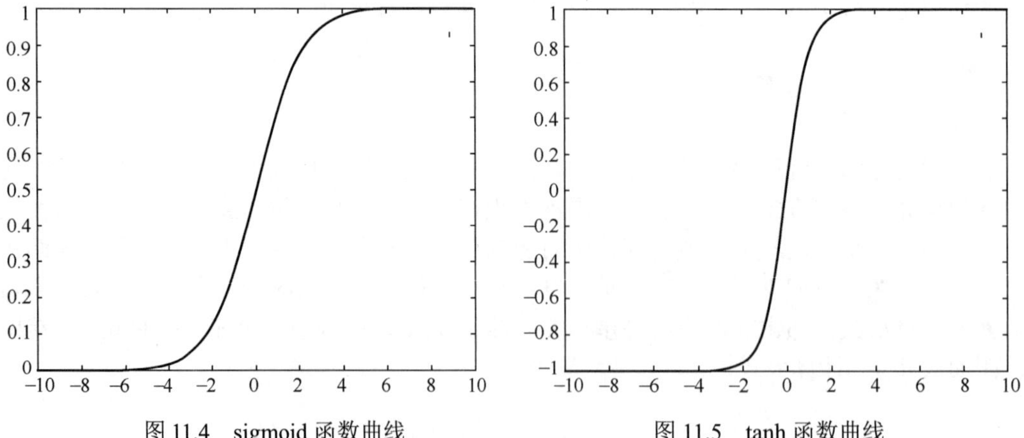

图 11.4　sigmoid 函数曲线　　图 11.5　tanh 函数曲线

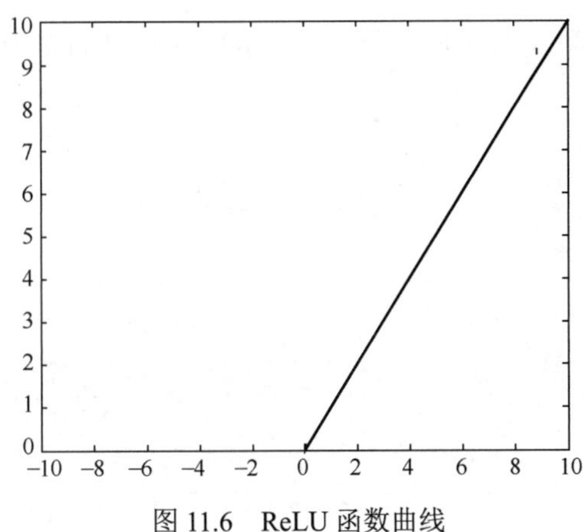

图 11.6　ReLU 函数曲线

11.2.3　池化层

在连续的卷积层之间通常会插入一个池化层。池化层的作用是降低数据的空间尺寸，这样能够减少网络中参数的数量，使计算资源消耗变少，也能有效控制过拟合。

通常池化的模板尺寸为 2×2，使用的池化算法主要有最大池化和均值池化两种。如图 11.7 和图 11.8 所示，经过池化操作后，原本大小为 $2N \times 2N$ 的特征图压缩到了 $N \times N$。

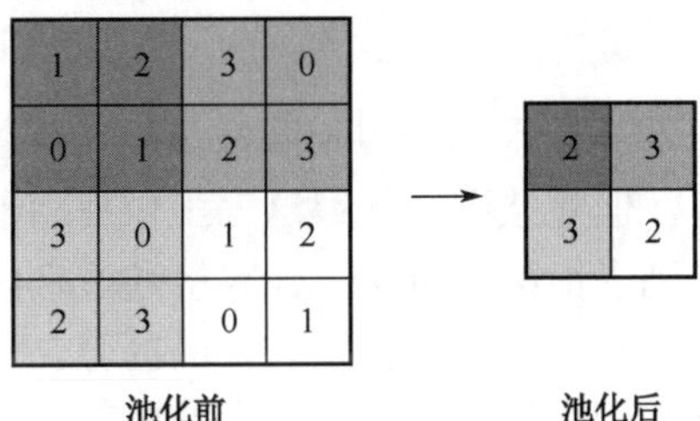

图 11.7　最大池化示意图

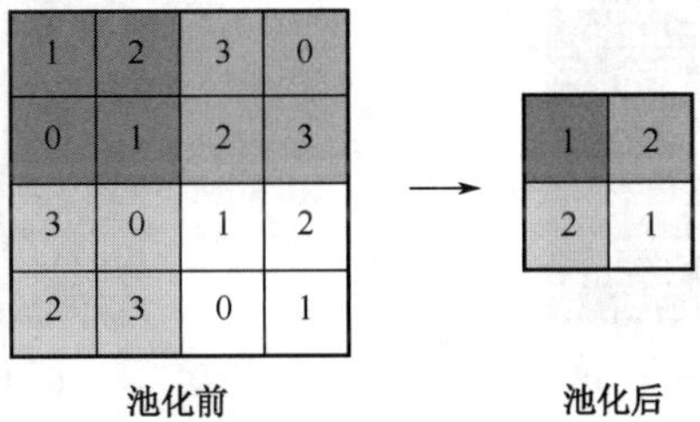

图 11.8　均值池化示意图

11.2.4　全连接层

全连接层与传统神经网络结构相似，只是它接收的是经过交替卷积、池化处理的图像特征。卷积神经网络通常在最后接一个或多个全连接层，作用是整合卷积层或者池化层中具有类别区分性的局部信息。同样地，全连接层的神经元也会加上非线性激活函数，并且在最后的输出层根据需求进行分类或者回归。全连接层示意图如图 11.9 所示。

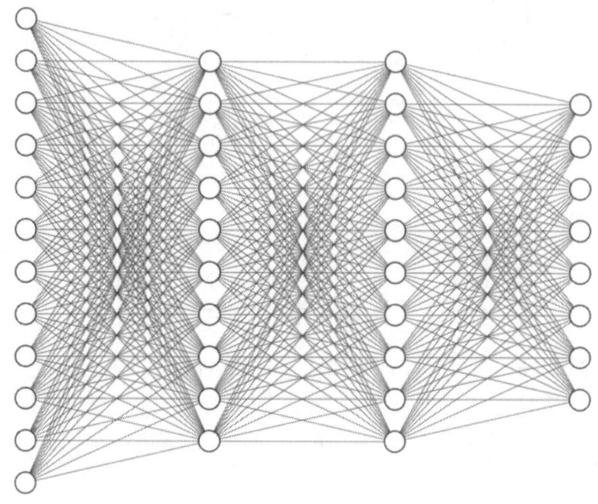

图 11.9　全连接层示意图

11.3　基于深度学习的图像分类

图像分类实质上就是从给定的标签集合中为图像分配对应的标签。传统的图像分类方法能够实现一些简单的分类任务，但复杂图像使得这一工作变得非常困难。近年来，随着深度学习的不断发展，这一问题得到了很好的解决。计算机通过训练执行与人类相同的任务，可以检测颜色、形状或大小，实现对多种不同类别物体的区分，适用于零售、医疗、交通、农业、安防等各个方面。图 11.10 为图像分类在医疗领域的应用示意图。

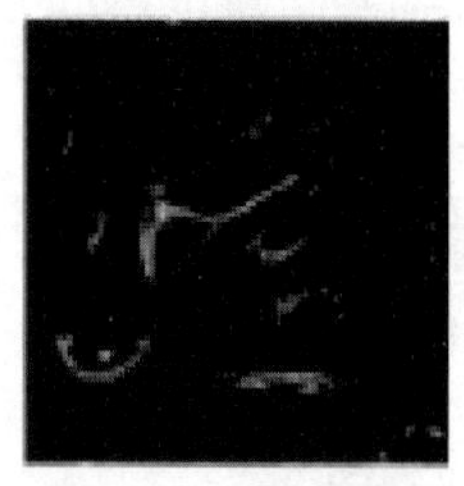

（a）细胞荧光图像（IF）
常用于研究细胞及亚细胞
水平上蛋白的表达位置及相互作用

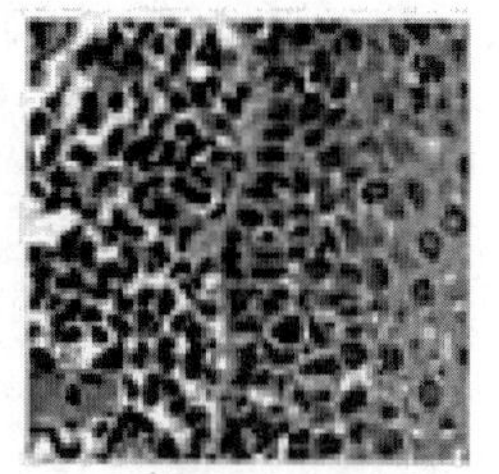

（b）H&E 染色图像
常用于观察组织细胞
形态，鉴定病理学异常

图 11.10　图像分类在医疗领域的应用

11.3.1　基本原理

基于深度学习的图像分类将传统的图像分类全部体现在各种层的组合上，包括卷积层、池化层、全连接层等，训练过程中主要以求解模型参数为目的，构建网络模型，基于深度学习的图像分类基本框架如图 11.11 所示。

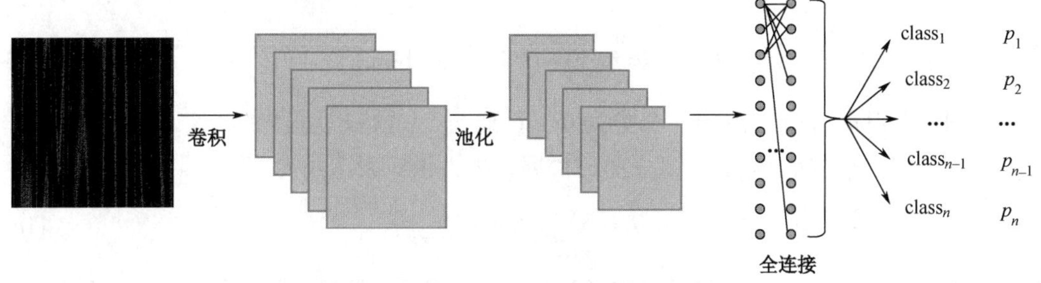

图 11.11　深度学习图像分类框架

一幅输入图像经过多个卷积池化层提取图像的特征，经过层层堆叠，网络提取到的特征越来越清晰，最终将所有特征图映射到标签，得出图像对应的各个标签的概率值为 $p_1, p_2, \cdots, p_n$，其中，n 为分类类别个数，最后选取概率值最大的标签作为预测的结果。基于深度学习的图像分类训练过程主要有以下几个部分。

1. 数据收集与预处理

在网络的训练过程中，构建一个好的数据集是非常重要的，数据集的质量决定了图像分类的算法质量。在图像分类问题中，ImageNet 数据集是最常用的数据集之一，该数据集的训练图像有 1 281 167 幅，共 1000 类，它涵盖了大部分生活中会看到的图像类别。在获取数据集之后，需要对图像数据进行预处理，常见的预处理包括对图像进行缩放、裁剪、旋转和翻转等操作，同时对图像进行归一化，以便更好地训练网络模型。

2. 构建网络模型

选择适合图像分类任务的卷积神经网络模型结构，常见的模型包括 LeNet、AlexNet、VGG、ResNet、Inception 等。模型的结构通常由卷积层、池化层、全连接层等组成。卷积层用于提取图像的特征，池化层用于减小特征图的大小，全连接层则起到分类器的作用。在搭建好网络模型后需要对模型的参数进行初始化，常用的初始化方法包括随机初始化和预训练模型加载。

3. 前向传播

图像数据输入网络模型时，通常表示为一个多维数组，每个元素代表一个像素点的值，通过一系列卷积和池化操作及激活函数计算，得到图像的特征图，通常将最后一个阶段的特征图展平成一维向量，并输入到全连接层。全连接层中的每个神经元都与上一层的所有神经元相连，通过权重进行计算，得到最终的输出结果。

4. 损失函数

损失函数是衡量模型预测结果与真实标签之间差异的函数。在深度学习中，损失函数是优化算法的关键部分，通过最小化损失函数来调整模型的参数，使其能够更好地拟合训练数据和泛化到新的数据。

在图像分类任务中，常用的损失函数是交叉熵损失函数，以二分类为例，损失函数表达式为

$$L = -y\log_2(\hat{y}) - (1-y)\log_2(1-\hat{y}) \tag{11.5}$$

式中，y 是真实标签，正类为 1，负类为 0；$\hat{y}$ 表示模型预测为正类的概率。

多分类的情况实际上就是对二分类的扩展，损失函数表达式为

$$L = -\sum_{i=1}^{k} y_i \log_2(\hat{y}_i) \tag{11.6}$$

式中，k 是类别的数量；y_i 是符号函数（0 或 1），如果样本真实类别等于 i，则 y_i 取 1，否则 y_i 取 0，$\hat{y}_i$ 是模型对类别 i 的预测概率值。

5. 反向传播与参数更新

反向传播是用于训练神经网络的算法，其目的是通过计算损失函数关于网络参数的梯度，从输出层逐层反向传播梯度到输入层，更新模型参数使得损失函数最小化。常用的参数更新方法包括随机梯度下降（Stochastic Gradient Descent，SGD）及其变种（如 Momentum、Adam 等）。

6. 循环训练

循环训练是实际的训练过程。网络被输入一批批训练图像，前向传播计算输出预测，反向传播计算损失相对于网络参数的梯度。优化算法根据这些梯度更新参数，逐渐提升模型的性能。这个过程在多个轮次中重复进行，每个轮次代表对整个训练数据集的一次完整遍历。

7. 模型验证与评估

在每个轮次或一定数量的迭代之后，使用验证集对训练过程中的模型进行评估，计算并监控验证指标，如准确率或损失，以评估模型的分类效果，并确定何时停止训练以避免过拟合。训练完成后，最终模型可以在一个单独的测试数据集上进行评估，以衡量其性能。

11.3.2 经典图像分类网络

AlexNet 是基于深度学习的经典图像分类网络之一，它是由 Alex Krizhevsky、Ilya Sutskever 和 Geoffrey Hinton 于 2012 年提出的，它在图像分类任务中起到了重要的推动作用。AlexNet 具有以下特点：

（1）深层架构：AlexNet 是最早采用深度架构的 CNN 模型之一，它共有 8 层，包括 5 个卷积层和 3 个全连接层。

（2）激活函数：传统的神经网络一般使用 sigmoid 函数或 tanh 函数作为激活函数，而 AlexNet 采用 ReLU 函数作为激活函数，有助于缓解梯度消失问题，并加快训练速度。

（3）最大池化：网络使用最大池化层对特征图进行下采样，降低空间维度，捕捉最重要的特征，同时保持平移不变性。

（4）重叠池化：与传统方法不同，AlexNet 引入了重叠池化，其中池化区域的步幅小于其尺寸，这有助于减少空间混叠现象，提高准确性。

（5）局部响应归一化（Local Response Normalization，LRN）：使用 LRN 来归一化同一特征图中相邻神经元的响应，增强模型的泛化能力，处理光照和对比度的变化。

（6）Dropout 层：AlexNet 在全连接层中采用了 Dropout 正则化。Dropout 在训练过程中随机将一部分神经元的激活置为零，减少过拟合，提高泛化性能。

【例 11.1】使用 AlexNet 模型对输入图像进行类别预测，MATLAB 程序如下：

```
net = alexnet;                          % 使用预训练模型
net.Layers                              % 显示网络架构
I = imread('example_image.png');        % 输入待分类图像
sz = net.Layers(1).InputSize;           % 调整图像尺寸
I = imresize(I,[sz(1) sz(2)]);
label = classify(net, I)                % 使用 AlexNet 进行分类
figure
imshow(I)
text(10,20,char(label),'Color','white')
```

上述代码中，example_image.png 为待分类图像。AlexNet 预训练模型由 Deep Learning Toolbox 提供，AlexNet 预训练模型通过 ImageNet 数据集训练获得预训练权重，可以直接调用。加载预训练模型后，根据输入层的需求调整输入图像的尺寸，AlexNet 预训练模型的输入图像尺寸通常为 227 像素×227 像素，最后使用 classify 函数将图像输入网络，得到分类结果。

AlexNet 预训练模型架构如图 11.12 所示。

```
1    'data'     图像输入        227×227×3 图像: 'zerocenter' 归一化
2    'conv1'    卷积            96 11×11×3 卷积: 步幅 [4  4]，填充 [0  0  0  0]
3    'relu1'    ReLU            ReLU
4    'norm1'    跨通道归一化    跨通道归一化: 每元素 5 个通道
5    'pool1'    最大池化        3×3 最大池化: 步幅 [2  2]，填充 [0  0  0  0]
6    'conv2'    分组卷积        2 groups of 128 5×5×48 卷积: 步幅 [1  1]，填充 [2  2  2  2]
7    'relu2'    ReLU            ReLU
8    'norm2'    跨通道归一化    跨通道归一化: 每元素 5 个通道
9    'pool2'    最大池化        3×3 最大池化: 步幅 [2  2]，填充 [0  0  0  0]
10   'conv3'    卷积            384 3×3×256 卷积: 步幅 [1  1]，填充 [1  1  1  1]
11   'relu3'    ReLU            ReLU
12   'conv4'    分组卷积        2 groups of 192 3×3×192 卷积: 步幅 [1  1]，填充 [1  1  1  1]
13   'relu4'    ReLU            ReLU
14   'conv5'    分组卷积        2 groups of 128 3×3×192 卷积: 步幅 [1  1]，填充 [1  1  1  1]
15   'relu5'    ReLU            ReLU
16   'pool5'    最大池化        3×3 最大池化: 步幅 [2  2]，填充 [0  0  0  0]
17   'fc6'      全连接          4096 全连接层
18   'relu6'    ReLU            ReLU
19   'drop6'    丢弃            50% 丢弃
20   'fc7'      全连接          4096 全连接层
21   'relu7'    ReLU            ReLU
22   'drop7'    丢弃            50% 丢弃
23   'fc8'      全连接          1000 全连接层
24   'prob'     Softmax         softmax
25   'output'   分类输出        crossentropyex: 具有 'tench' 和 999 个其他类
```

图 11.12　AlexNet 预训练模型架构

图像分类结果如图 11.13 所示，检测结果为 strawberry。

```
label =

  categorical

    strawberry
```

图 11.13　图像分类结果

11.3.3　图像分类网络的 MATLAB 实现

【例 11.2】使用 Deep Learning Toolbox 搭建一个简单的分类网络，包含 3 层卷积层和 1 层全连接层，输入图像大小为 28 像素×28 像素，实现对手写数据集进行分类。

（1）加载数据，MATLAB 程序如下：

```
digitDatasetPath = fullfile(matlabroot,'toolbox','nnet',
            'nndemos', ...'nndatasets','DigitDataset');
imds = imageDatastore(digitDatasetPath, ...
    'IncludeSubfolders',true, ...
    'LabelSource','foldernames');
figure;
perm = randperm(10000,20);
for i = 1:20
    subplot(4,5,i);
    imshow(imds.Files{perm(i)});
end
```

DigitDataset 文件夹中包含数字 0～9 的图像，每个数字有 1000 幅图像，共有 10000 幅图像。随机展示 20 幅数字图像如图 11.14 所示。

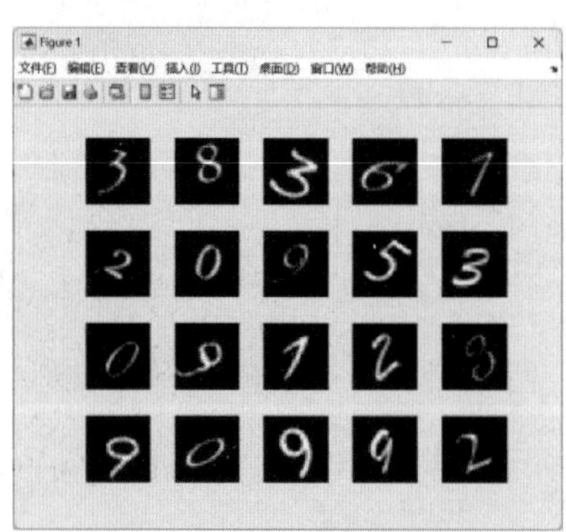

图 11.14　DigitDataset 中的部分图像

（2）划分训练集和验证集，MATLAB 程序如下：

```
numTrainFiles = 750;                   %训练集中每个类别有 750 幅图像
[imdsTrain,imdsValidation] = splitEachLabel(imds,
    numTrainFiles,'randomized');       %将图像数据存储拆分为两个新的数据存储用于训练
                                        和验证
```

（3）定义网络架构，MATLAB 程序如下：

```
inputSize = [28 28 1];
numClasses = 10;
layers = [
   imageInputLayer(inputSize)                                 %输入层
   convolution2dLayer([3 3],8,'Padding','same')               %卷积层 1
   batchNormalizationLayer                                    %批归一化
   reluLayer                                                  %激活层
   maxPooling2dLayer(2,'Stride',2)                            %池化层 1

   convolution2dLayer([3 3],16,'Padding','same')              %卷积层 2
   batchNormalizationLayer                                    %批归一化
   reluLayer                                                  %激活层
   maxPooling2dLayer(2,'Stride',2)                            %池化层 2

   convolution2dLayer([3 3],32,'Padding','same')              %卷积层 3
   batchNormalizationLayer                                    %批归一化
   reluLayer                                                  %激活层
   maxPooling2dLayer(2,'Stride',2)                            %池化层 3

   fullyConnectedLayer(numClasses)                            %全连接层
   softmaxLayer            %softmax 层，将数值缩放到 0～1 之内，输出每个输出的概率
   classificationLayer ];  %分类层，根据上一层的输入的概率，进行分类输出
```

（4）配置训练选项并开始训练，MATLAB 程序如下：

```
options = trainingOptions('sgdm', ...
    'InitialLearnRate',0.01, ...
    'MaxEpochs',4, ...
    'Shuffle','every-epoch', ...
    'ValidationData',imdsValidation, ...
    'ValidationFrequency',30, ...
    'Verbose',false, ...
    'Plots','training-progress');
    net = trainNetwork(imdsTrain,layers,options);
```

（5）测试网络，MATLAB 程序如下：

```
YPred = classify(net,imdsValidation);
    YValidation = imdsValidation.Labels;
accuracy = mean(YPred == YValidation)
```

网络训练过程与结果如图 11.15 所示，最终训练精度（accuracy）为 0.9852。

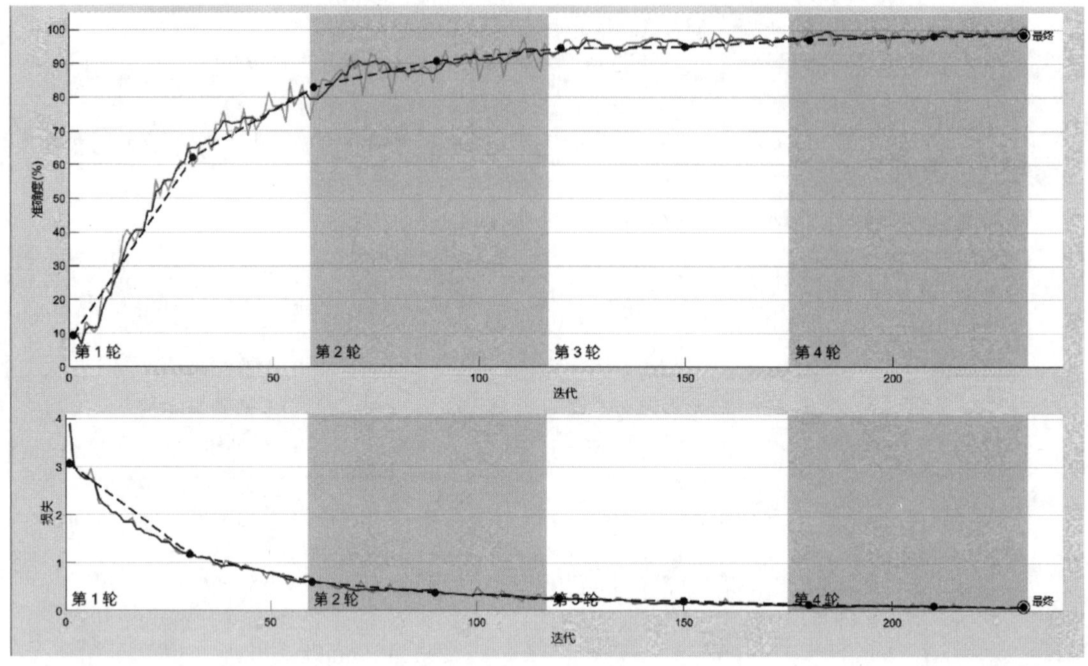

图 11.15 网络训练结果

（6）使用网络进行分类，MATLAB 程序如下：

```
figure
test_index = randi(2500);
I = imread(imdsValidation.Files{test_index})
label = classify(net,I)
imshow(I);
title(string(label))
```

从验证集中随机挑选一幅图像进行验证，分类结果如图 11.16 所示。

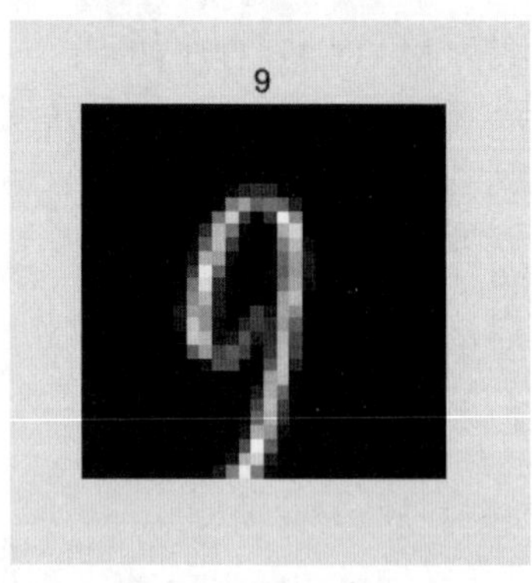

图 11.16 手写数字图像分类结果

11.4　基于深度学习的图像去噪

深度学习在计算机视觉领域取得重大突破，如图像识别、图像检索、目标检测等。同时，越来越多研究者开始应用深度学习来解决传统图像问题，如图像去噪、图像去雾、图像增强等。本节以图像去噪为例介绍深度学习在图像恢复等低级计算机视觉任务中的应用。

11.4.1　基本原理

1. 图像去噪基本内容

图像去噪的目的是将图像中的噪声去除，还原出无噪声的图像，并且最大限度地保存图像中原有的细节信息。相较于传统方法，基于深度学习的图像去噪方法可以自主快速地提取浅层像素级特征和深层语义级特征，提取大量信息量，能够准确拟合噪声分布，具有强大的表示学习能力和良好的去噪效果。

2. 图像去噪数据集

基于深度学习的图像去噪方法常采用监督学习，需要采集输入-输出图像对（含噪-去噪图像对）建立训练数据集。

去噪数据集的建立主要有三种方式：

（1）从现有图像数据库获取高质量图像，然后进行图像处理（如线性变化、亮度调整），并根据噪声模型添加人工合成噪声，生成噪声图像。

（2）针对同一场景，拍摄低 ISO（相机中图像感应器对光线的敏感度）图像作为 GT（Ground Truth），高 ISO 图像作为噪声图像，并调整曝光时间等相机参数，使两张图像亮度一致。

（3）对同一场景连续拍摄多幅图像，然后进行图像处理（如图像配准、异常图像剔除等），最后加权平均合成 GT。

常用数据集有 PolyU 数据集和 SIDD 数据集。PolyU 数据集为真实数据集，是以第二种和第三种方式建立的数据集，包含不同自然场景的综合真实世界的噪声图像。SIDD 数据集使用 5 种具有代表性的手机拍摄了 10 个场景中共 30000 幅在不同光照条件下的带噪声的影像，还有对应的“无噪声”的真实影像。

3. 图像去噪网络训练流程

通常，基于深度学习的去噪方法会选择或构建适合图像去噪任务的网络模型，同时使用准备好的训练数据对网络模型进行训练，并在划分好的测试集上评估已训练模型的性能。对于一般的去噪模型，其训练流程图如图 11.17 所示。

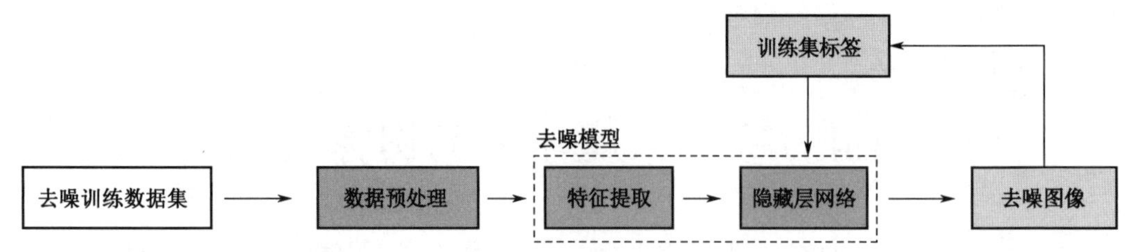

图 11.17　图像去噪训练流程图

在图 11.17 的特征提取部分，可提取图像的纹理、细节等。使用卷积来提取特征能得到图像的高维度且有效的特征，同时池化减小特征图尺寸，降低参数个数。得到提取的噪声块后，能够对噪声分布特点进行初步的估计。精准的噪声分布估计是设计合理去噪网络结构的前提。在隐藏层网络部分，通常根据实际应用要求和目的选择卷积神经网络或设计其变体。

11.4.2　经典图像去噪网络

DnCNN（Deep Denoising Convolutional Neural Network）模型是经典的图像去噪模型，DnCNN 模型如图 11.18 所示。

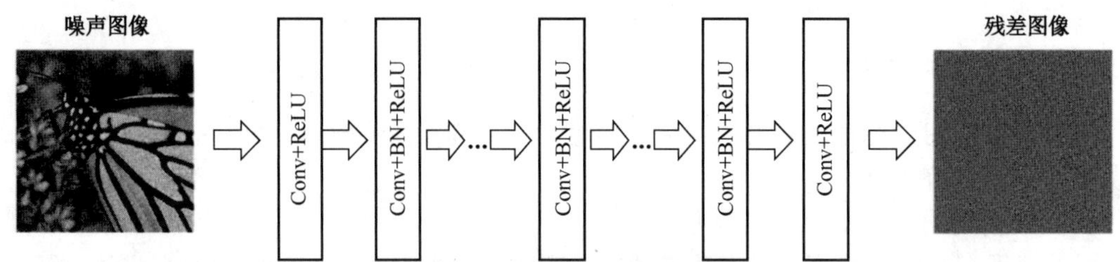

图 11.18　DnCNN 模型

网络训练过程可以简单解释为：假设原始图像为 C，噪声图像为 I，则添加的噪声为 $n=I-C$，通过网络去噪图像为 C'，网络输出为 $R(I)$，输出残差为 $R(I)=I-C'$。在 DnCNN 的训练过程中，优化的目标不再是原始图像 C 与网络输出 $R(I)$ 的误差，而是添加的噪声 n 与网络输出 $R(I)$ 的误差。DnCNN 网络训练过程可以简单表示为图 11.19。

DnCNN 在去噪过程中使用残差学习方法并引入批归一化处理技术：

（1）DnCNN 引入了残差结构进行残差学习，残差结构如图 11.20 所示，不同的是，DnCNN 并未在神经网络中间层添加跳跃连接，而是在隐藏层输出与最终输出之间加入跳跃连接，在隐藏层中去除原始图像，分离原始图像与残差（噪声）图像，将网络的输出直接改为残差图像。

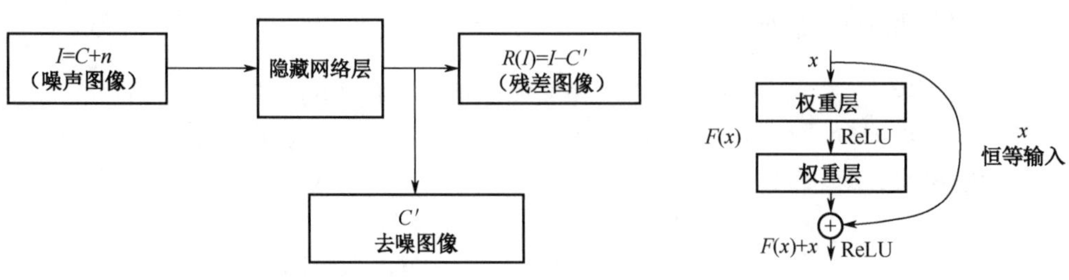

图 11.19　DnCNN 网络训练过程示意图

图 11.20　残差结构

（2）在网络中引入批归一化（Batch Normalization，BN），允许在网络任意一层进行归一化处理，利用小批量上的均值和标准差调整神经网络的中间输出，让各层之间的输出都符合均值和方差相同的高斯分布，从而使网络在各层输出的数值更稳定。

除了 DnCNN 模型，BM3D-Net、TNRD 等基于深度学习的图像去噪网络也具有良好的去噪性能。

11.4.3　图像去噪网络的 MATLAB 实现

【例 11.3】本节将搭建一个基于 CNN 的图像去噪网络，完成图像去噪任务并定量分析。实验内容如下：

（1）给图像添加不同强度的高斯噪声和“椒盐”噪声，并保存加噪后的图像；

（2）搭建基于 CNN 的图像去噪网络；

（3）利用搭建好的网络对加噪图像进行去噪处理；

（4）计算并比较去噪前后图像的峰值信噪比，对去噪效果进行评价。

具体操作如下：

（1）对干净图像添加噪声，MATLAB 程序如下：

```
t=imread('原始图像');                          %添加高斯噪声
imshow(t),title('原始图像');
t1=imnoise(t,'gaussian',0,0.01);              %分别添加均值为 0，方差为 0.01 的
                                              高斯噪声
t2=imnoise(t,'gaussian',0,0.02);
t3=imnoise(t,'gaussian',0.2,0.01);            %分别添加均值为 0.2、0.4，方差为
                                              0.01 的高斯噪声
t4=imnoise(t,'gaussian',0.4,0.01);
t5=imnoise(t,'gaussian',0.4,0.04);            %添加均值为 0.4，方差为 0.04 的
                                              高斯噪声

t6=imnoise(t,'salt & pepper',0.3);            %添加“椒盐”噪声
                                              %添加噪声密度：0.3 的“椒盐”噪声
imwrite(t1,'gaussian0_0.01.jpg');             %保存图像
imwrite(t2,'gaussian0_0.04.jpg');
imwrite(t3,'gaussian0.2_0.01.jpg');
imwrite(t4,'gaussian0.4_0.01.jpg');
imwrite(t5,'gaussian0.4_0.04.jpg');
imwrite(t6,'salt&pepper0.3.jpg');
```

（2）搭建一个基于 CNN 的图像去噪网络，MATLAB 程序如下：

```
cleanImage = imread('原始图像');                    %加载图像
noisyImage = imread('加噪图像');
noisyImageGray = im2gray(noisyImage);              %将图像转换为灰度图像
cleanImageGray = rgb2gray(cleanImage);
```

```
noisyImageNorm = im2double(noisyImageGray);     %归一化图像像素值
cleanImageNorm = im2double(cleanImageGray);
layers = [
   imageInputLayer([size(noisyImageNorm) 1])
   convolution2dLayer(5, 32, 'Padding', 'same')
   reluLayer()
   convolution2dLayer(5, 32, 'Padding', 'same')
   batchNormalizationLayer()
   reluLayer()
   convolution2dLayer(5, 32, 'Padding', 'same')
   batchNormalizationLayer()
   reluLayer()
   convolution2dLayer(5, 1, 'Padding', 'same')
   regressionLayer()
];                                           %创建网络结构
options = trainingOptions('adam', ...
   'MaxEpochs', 20, ...
   'MiniBatchSize', 16, ...
   'Verbose', true, ...
   'Plots', 'training-progress');            %配置训练选项
XTrain = noisyImageNorm;                     %将图像数据转换为适用于训练网络的格式
YTrain = cleanImageNorm;
net = trainNetwork(XTrain, YTrain, layers, options);
                                             %建立并训练网络
```

（3）使用网络去噪，MATLAB 程序如下：

```
denoisedImage = predict(net, noisyImageNorm); %使用网络进行去噪
figure;                                       %显示原始图像和去噪图像
subplot(1,3,1);
imshow(cleanImageGray);
title('原始图像');
subplot(1,3,2);
imshow(noisyImageGray);
title('加噪图像');
subplot(1,3,3);
imshow(denoisedImage);
title('去噪图像');
```

（4）计算去噪前后图像的峰值信噪比，MATLAB 程序如下：

```
PSNR = psnr(cleanImageGray,denoisedImage)
```

由图 11.21 可以看出，随着训练次数的增加，损失逐渐降低，去噪结果得到了一定的改善。

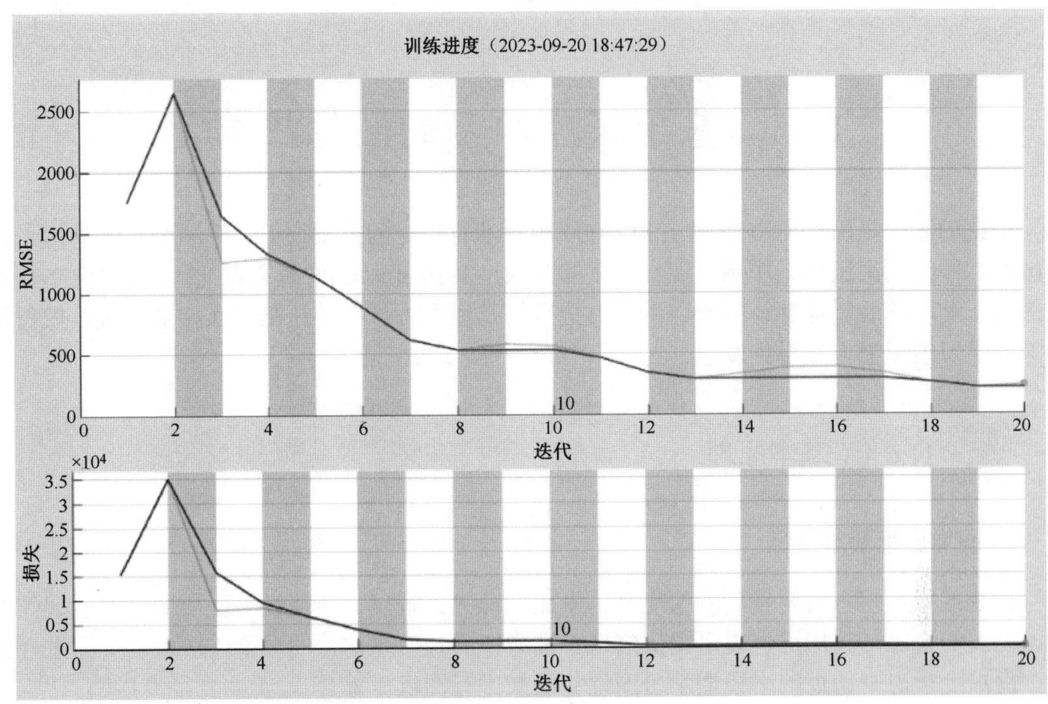

图 11.21　网络训练进度图

图 11.22 为去噪结果图，可直观地感受到，经过网络处理，加噪图像的噪声情况得到改善，图像变得较为平滑。

（a）原始图像

（b）加噪图像

（c）去噪图像

图 11.22　去噪结果图

表 11.1 为在不同分布的高斯噪声下图像去噪前后及添加“椒盐”噪声的图像去噪前后的 PSNR。经过模型去噪后，添加不同噪声图像的 PSNR 均有不同程度的提升，表明该去噪网络对高斯噪声和“椒盐”噪声起到去噪的作用。但去噪后的 PSNR 值较低，仍需要通过调整网络结构、尝试增加层数、调整滤波器的大小或其他超参数、尝试使用其他适合图像去噪任务的损失函数等方式优化网络，更好地实现图像去噪的目的。

表 11.1　不同噪声下去噪前后的 PSNR

PSNR/dB	高斯噪声					“椒盐”噪声
	均值 m=0 方差 σ=0.01	均值 m=0 方差 σ=0.04	均值 m=0.2 方差 σ=0.01	均值 m=0.4 方差 σ=0.01	均值 m=0.4 方差 σ=0.04	噪声密度 0.3
去噪前	20.1996	14.8918	13.9421	9.8110	9.6860	10.1804
去噪后	21.1253	16.4825	19.7127	18.7063	18.2147	15.6145

11.5　基于深度学习的图像压缩

传统的图像压缩，如JPEG、JPEG2000等，都有较好的效果，但由于图像包含的信息越来越多，传统图像压缩无法满足现有的压缩需求。2016年，Ballé等人首次提出结合CNN实现图像压缩，随后循环神经网络、生成对抗网络及注意力机制等压缩方法相继出现，使得基于深度学习的压缩方法得到发展。

11.5.1　基本原理

1. 图像压缩基本内容

传统图像压缩方法要经历图像变换、量化、编码、解码、逆变换。变换多用离散余弦变换、小波变换等，其作用是突出图像信息、过滤掉高频信息，再通过量化转入码空间进行压缩。而深度学习则通过网络模型学习图像特征来进行图像压缩。

一个矩阵代表的是一个线性变换规则，而一个矩阵的乘法运行代表的是一个变换。在图像处理中，图像其实就是一个由像素值组成的矩阵，对图像矩阵做特征值分解，就是在提取图像特征，这些提取出来的特征是一个个向量，对应矩阵的特征向量，而这些特征在图像中的重要性则通过特征值来表示。每个卷积核代表特征识别器，卷积核越多，得到关于输入图像的信息就越多。神经网络通过模型训练保留重要的特征，从而实现目标压缩。

图像压缩任务常常被看作一个率失真优化问题，即离散表示的熵和量化产生的误差之间的联合优化。率失真优化函数是在假定信源在给定的情况下，在允许的失真内，数据可以压缩的极限，在保证不超过这个极限的前提下，尽量将数据压缩得更小。率失真优化函数为

$$\text{Loss} = \lambda D + R \tag{11.7}$$

式中，D表示量化误差，R表示熵（码率），λ则是用于平衡两者之间权重的拉格朗日乘子。

2. 图像压缩数据集

（1）Kodak数据集。Kodak数据集是一个常用的图像压缩数据集，包含24幅高质量彩色图像。这些图像涵盖不同的场景和对象，并且提供了无损压缩和有损压缩的参考图像。

（2）TID2013数据集。TID2013数据集是一个广泛使用的图像质量评估数据集，其中包含25幅参考图像和3000幅失真图像。这些失真图像是通过不同的压缩算法和参数生成的，适用于对图像压缩算法的评估和比较。

3. 图像压缩网络训练流程

深度学习图像压缩训练框架如图11.23所示，编码和解码部分采用了神经网络的方式。深度学习图像压缩训练模型首先对训练数据进行预处理，通过编码模型（编码器）映射到编码空间，再经过量化、熵编码处理后得到便于传输和存储的码率，最后通过熵解码、反量化、解码模型（解码器）将数据等逆变换重新转换到感知空间上得到重建图像。深度学习图像压

缩训练模型在这个过程中不断优化、更新参数，直至训练完毕。其中，损失函数一般选用率失真优化函数。

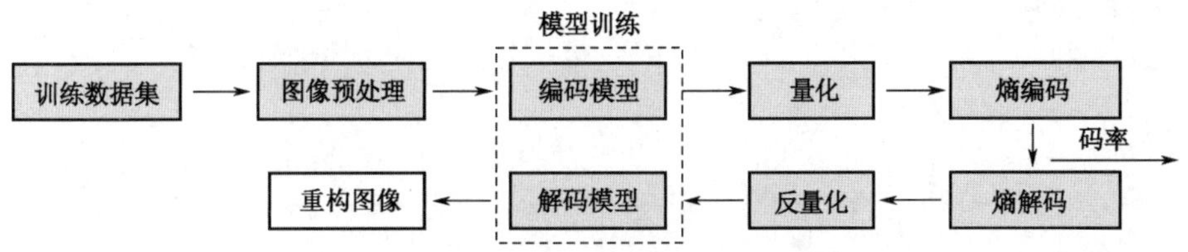

图 11.23　深度学习图像压缩训练框架

（1）编码模型（编码器）：用于学习图像的特征，把图像映射到编码空间。编码器由一系列卷积层、池化层和激活函数组成。卷积层用于提取输入图像的特征，得到低维的特征表示。

（2）量化：将连续的特征值映射到离散集合，有助于减少模型输出的维度和存储要求。量化是降低码字的重要途径，但也是信息损失的首要原因。

（3）熵编码：在深度学习模型中，也可以使用传统方法中的熵编码，依据预测的概率分布来进一步压缩网络的量化输出。常见的熵编码有算术编码。

（4）熵解码：对压缩数据进行解码，还原成量化后的特征表示。

（5）反量化：将量化后的数值转换回连续的特征空间。

（6）解码模型（解码器）：将压缩后的特征映射回感知空间，还原出原始图像。解码器由一系列的反卷积层和激活函数组成。反卷积层（转置卷积层）用于将低维的特征表示映射回原始图像的空间维度和通道数。

11.5.2　图像压缩网络的 MATLAB 实现

【例 11.4】 本节通过对自编码器函数的调用，搭建了一个图像压缩网络，用于完成图像压缩任务。实验内容如下：

```
                                          %加载并调整图像大小
image_files = dir(['train/*.png']);       %为适用不同的图像格式而更改扩展名
num_images = numel(image_files);
image_size = [64, 64];                    %压缩图像目标大小
X_train = zeros([image_size, num_images], 'single');
X_test = imread('Seq05VD_f02820.png')

for i = 1:num_images
   img = imread(fullfile(image_files(i).folder, image_files(i).name));
    img = imresize(img, image_size);
    X_train(:, :, i) = im2single(rgb2gray(img));
                                          %转换为灰度并归一化为 [0,1]
end

X_train_flat = reshape(X_train, [], num_images);
```

```
                                    %创建自动编码器
encoding_dim = 64;                  %调整适应压缩级别
autoencoder = trainAutoencoder(X_train_flat, encoding_dim);

                                    %压缩图像
compressed_images = encode(autoencoder, X_train_flat);

                                    %解压缩图像
reconstructed_images = decode(autoencoder, compressed_images);
reconstructed_images = reshape(reconstructed_images, [image_size, num_images]);
figure;
   subplot(1, 2, 1);
   imshow(X_train(:, :, 1));
   title('Original Image');

   subplot(1, 2, 2);
   imshow(reconstructed_images(:, :, 1));
   title('Reconstructed Image');
                                    %计算图像 BPP 和 PSNR
doubleValue = double(X_train);
a = numel(compressed_images);
bpp = encoding_dim  / (64 * 64 );
psnrValue = psnr(doubleValue( :, :, 1), reconstructed_images(:, :, 1));
fprintf('BPP: %.3f\n', bpp);
fprintf('PSNR: %.3f dB\n', psnrValue);

img1 = imresize(X_test, image_size);
X_testc = im2single(rgb2gray(img1));
X_testc = reshape(X_testc, [], 1);
reconstructed_images1 = predict(autoencoder, X_testc);
reconstructed_images2 = reshape(reconstructed_images1, [64, 64]);

doubleValue1 = double(X_testc);
a = numel(compressed_images);
bpp = encoding_dim  / (64 * 64 );
psnrValue = psnr(doubleValue1, reconstructed_images1);
fprintf('BPP: %.3f\n', bpp);
fprintf('PSNR: %.3f dB\n', psnrValue);

figure;
subplot(1, 2, 1);
imshow(X_test);
```

```
    title('Original Image ');

    subplot(1, 2, 2);
    imshow(reconstructed_images2);
    title('reconstructed_images');
```

图像压缩常用的评价指标是码率，它被定义为每像素占用的有效比特数（BitPer Pixel，BPP），码率越大图像的压缩比越小，每个像素点使用的比特数越多。码率的计算公式为

$$\mathrm{BPP}=\frac{\mathrm{bit}_{\mathrm{com}}}{w\times h} \tag{11.8}$$

式中，$\mathrm{bit}_{\mathrm{com}}$ 表示总有效比特数，$w\times h$ 表示像素点数。

本次实验采用 Kodak24 数据集及 CamVid 数据集的一部分进行简单的训练，迭代 1000 轮后测试图 11.24（a），重建效果如图 11.24（b）所示。

（a）原始图像

（b）重建图像

图 11.24　测试压缩对比图

测试图像 BPP 和 PNSR 值为 0.016 和 21.072dB，后续可通过调整网络结构及数据集等实现更好的压缩效果。

11.6　基于深度学习的图像分割

图像分割是数字图像处理中的一项重要任务，目的是将图像分成若干个不同的区域或对象，识别和理解图像中不同部分的内容和结构。图像分割的目标是将图像中的像素分配到特定的类别，使具有相似特征的像素被分为同一类，从而实现对图像的语义理解和分析，如图 11.25 所示。本节介绍如何利用深度学习技术实现图像分割。

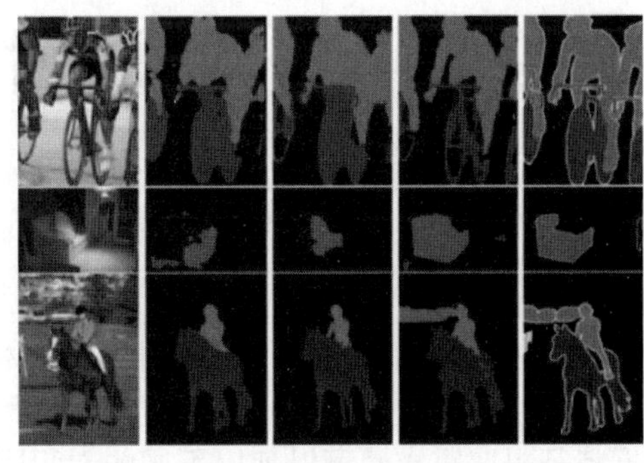

图 11.25　图像分割

11.6.1 基本原理

1. 图像分割基本内容

在对图像的研究和应用中，人们往往仅对图像中的某些部分感兴趣。这些部分常称为目标或前景（其他部分称为背景），这些部分一般对应图像中特定的、具有独特性质的区域。为了辨识和分析目标，需要将这些有关区域分离提取出来，图像分割是指把图像分成各具特性的区域并提取出感兴趣目标的技术和过程。相对于传统方法，基于深度学习的图像分割方法可以快速提取图像特征，并进行像素级分类，具有强大的学习能力和优秀的分割效果。

2. 图像分割数据集

基于深度学习的图像分割通常需要具有像素级注释的大型和多样化数据集进行训练和评估，一个好的数据集对于分割结果起着决定性的作用。在图像分割数据集中，每幅图像都有与之对应的像素标签，常用的数据集有 PASCAL-VOC、MS COCO 及 CamVid。

3. 图像分割网络训练流程

图像分割网络训练流程如图 11.26 所示。先将训练集进行初步预处理，再通过分割模型得到分割结果图像，将分割图像和训练集标签进行对比，反馈调节模型中的参数，使通过网络模型得到的分割图像尽可能接近训练集标签，当参数稳定下来后，分割模型训练完毕。

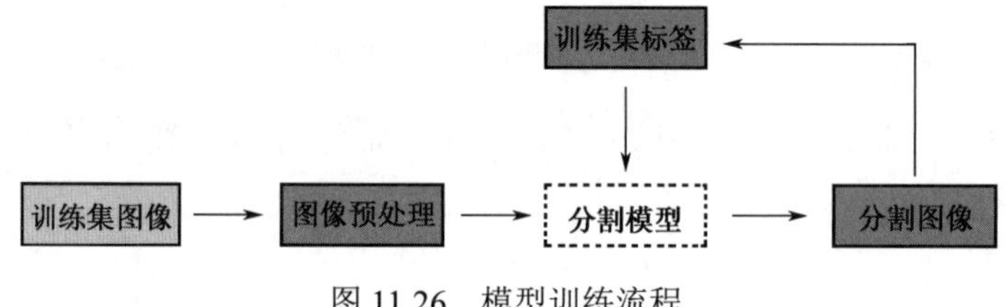

图 11.26　模型训练流程

图 11.26 中的分割模型主要由下采样、上采样、特征融合和像素点分类 4 部分组成，如图 11.27 所示。

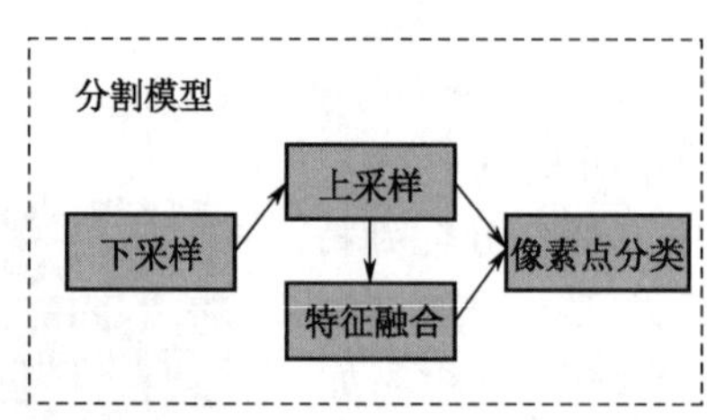

图 11.27　图像分割模型

1）下采样

下采样是指使用卷积神经网络对输入图像进行特征提取。下采样层有两个作用，一是减少计算量，防止过拟合；二是增加感受野，使得后面的卷积核能够学到更加全局的信息。根据特征提取需求，可以使用不同的卷积网络作为下采样网络，如 VGG16、Resnet50 等。

2）上采样

在卷积神经网络中，输入图像经过提取特征后，输出的尺寸往往会变小，但在语义分割中，需要将图像恢复到原来的尺寸以便进行进一步计算，这个使图像由小分辨率映射到大分辨率的操作称为上采样。

转置卷积是常用的实现上采样的方法，其运算步骤可以归为 4 步：① 根据转置卷积的步长 s，在输入特征图元素间填充 s−1 行、s−1 列 0 元素；② 根据卷积核大小 k 和边缘填充 p，在输入特征图四周填充 k−p−1 圈 0 元素；③ 将卷积核参数上下、左右翻转；④ 进行常规卷积运算。

3）特征融合

在图像分割工作中，融合不同尺度的特征是提高分割性能的重要手段。低层特征分辨率更高，包含更多位置、细节信息，但是由于经过的卷积更少，因此其语义性更低、噪声更多。高层特征具有更强的语义信息，但是分辨率很低，对细节的感知能力较差。将低层特征和高层特征进行高效融合是提高分割模型性能的关键。

4）像素点分类

经过下采样得到特征图，然后运用上采样和多尺度特征融合的方法还原出与输入图像尺寸相同的特征图，将该特征图与原始图像对比，实现对所有像素的预测。

在图像分割中，通常采用 IOU（Intersection over Union）和 ACC（Accuracy）两种指标评估图像分割模型性能。IOU 是指实际分割结果与真实分割结果之间的交集与并集之比，IOU 越高，说明分割结果与真实结果越接近，分割性能越好。ACC 是指分割结果中正确分类的像素数与总像素数之比，ACC 越高，说明分割结果中正确分类的像素越多，分割性能越好。

11.6.2　经典图像分割网络

1. FCN 网络模型

FCN（Fully Convolutional Networks）于 2015 年被提出，它是一种端到端语义分割模型。它用卷积层取代了传统 CNN 中的全连接层，使网络能够接收任何大小的输入图像。FCN 网络模型如图 11.28 所示。

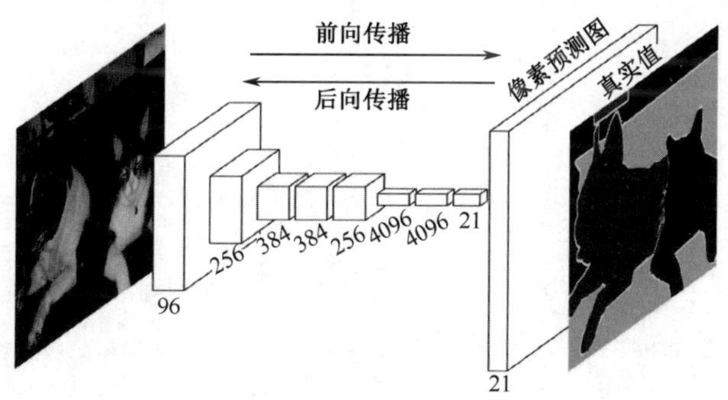

图 11.28　FCN 网络模型

2. U-Net 网络模型

U-Net 网络模型是一种编码器-解码器架构，广泛用于生物医学图像分割。U-Net 的主要特点是整个网络呈现一种 U 形结构，该结构可以在不损失分割准确率的前提下，提高网络的训练速度。U-Net 的网络模型如图 11.29 所示。

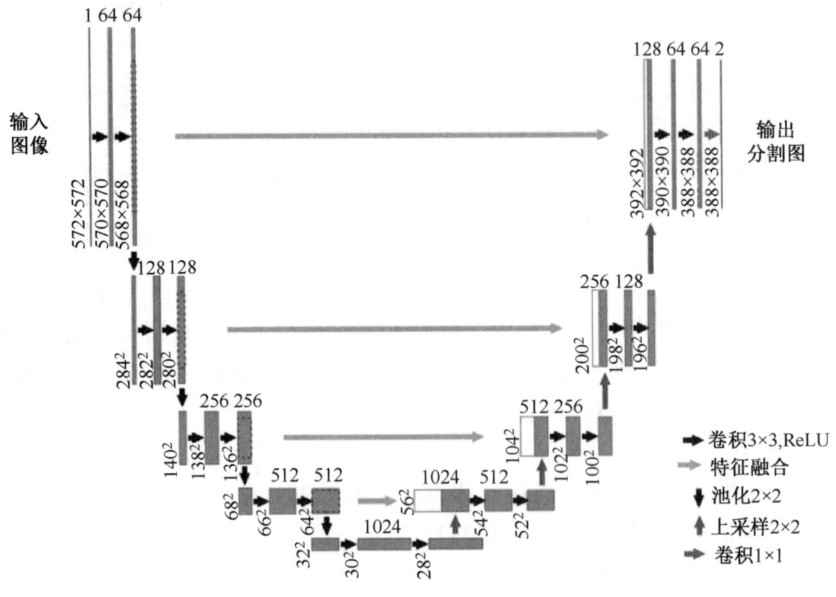

图 11.29　U-Net 网络模型

11.6.3　图像分割网络的 MATLAB 实现

【例 11.5】使用 MATLAB 进行图像分割网络训练验证。

（1）加载数据集，搭建网络模型，主要 MATLAB 代码如下：

```
    classes=  ["Sky","Building","Pole","Road","Pavement","Tree","SignSymbol","Fence",
"Car","Pedestrian","Bicyclist"];                              %设置像素分类结果
    numClasses = numel(classes);
    imageSize = [720 960];                                    %输入图像大小
    layers=deeplabv3plusLayers(imageSize, numClasses,"resnet18");
                                                              %通过 matlab 自动生成网络模型
    labelIDs = PixelLabelIDs();                               %将数据集像素标签分类
    trainimds=imageDatastore('训练集图像位置');                %加载训练集图像
    trainpxds = pixelLabelDatastore('训练集标签位置',classes,labelIDs);
                                                              %加载训练集标签
    valimds=imageDatastore('验证集图像位置');                  %加载验证集
    valpxds = pixelLabelDatastore('验证集标签位置',classes,labelIDs);
                                                              %加载验证集标签
```

（2）融合图像与标签，配置训练选项并对网络进行训练，主要 MATLAB 代码如下：

```
    dsTrain = combine(trainimds, trainpxds);
    dsVal = combine(valimds, valpxds);
```

```
options = trainingOptions('sgdm', ...
    'LearnRateSchedule','piecewise',...
    'LearnRateDropPeriod',10,...
    'LearnRateDropFactor',0.3,...
    'Momentum',0.9, ...
    'InitialLearnRate',1e-4, ...
    'L2Regularization',0.005, ...
    'ValidationData',dsVal,...
    'MaxEpochs',30, ...
    'MiniBatchSize',2, ...
    'Shuffle','every-epoch', ...
    'CheckpointPath', tempdir, ...
    'VerboseFrequency',2,...
    'Plots','training-progress',...
    'ValidationPatience', 4);                          %设置训练参数
net = trainNetwork(dsTrain, layers, options);          %训练网络
```

分割结果如图 11.30 所示。

classes	iou
"Sky"	0.94775
"Building"	0.88939
"Pole"	0.096709
"Road"	0.97075
"Pavement"	0.87561
"Tree"	0.93056
"SignSymbol"	0.31813
"Fence"	0.8194
"Car"	0.68052
"Pedestrian"	0.41664
"Bicyclist"	0.79922

图 11.30　网络模型分割结果

习题

11.1　深度学习技术有哪些优点？

11.2　卷积神经网络的架构由哪些部分组成？每个部分的作用是什么？

11.3　图像分类的训练步骤有哪些？

11.4　计算 32×32 的一幅图在经过卷积核大小为 5×5，padding 为 0，步长为 1 的卷积操作后的输出图像大小。

11.5　基于深度学习的压缩框架的由哪几部分构成？

11.6　计算一个输入大小为 2×2 的特征图，通过转置卷积后得到的特征图的大小（假设转置卷积核大小 kernel_size =3，stride=1，padding=0）。

第12章 数字图像处理的工程应用

数字图像处理的工程应用是将图像增强、图像变换等技术与其他算法结合来解决实际工程问题。本章介绍图像工程应用中比较典型的5个案例，包括基于图像处理的红细胞数目检测、基于灰度分割和灰度积分算法的人眼定位、基于DCT的数字水印算法、基于BP神经网络的手写汉字识别及基于卡尔曼滤波的多目标检测与跟踪，这些案例分别运用了不同的数字图像处理技术，结合相应算法取得了比较好的应用效果。

12.1 基于图像处理的红细胞数目检测

细胞检测技术在现代医学领域中起着很重要的作用，检测对象包括红细胞、白细胞、血小板、淋巴细胞、癌细胞等。随着计算机技术和图像处理技术的发展，通过显微镜和摄像头进行图像采集，再利用图像处理知识对采集的信号进行识别和分析已经成为临床血液样本最普遍的诊断方法。本节主要介绍红细胞数目的定量检测，检测方法如图12.1所示。首先获取红细胞采样图像，对其进行预处理，将彩色图像转换为二值图像，然后采用形态学方法填充细胞，并对图像去噪，最后标记图像连通域，得到图像中红细胞的数目。

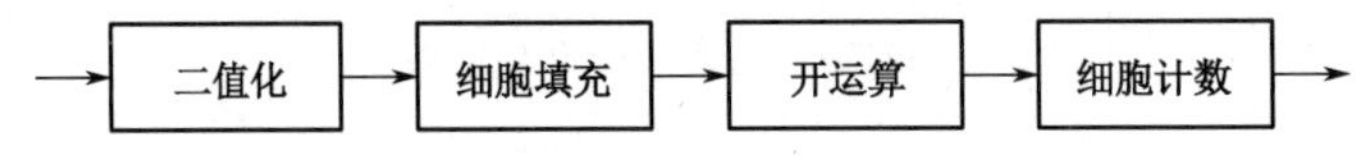

图12.1 红细胞数目检测方法

图12.2（a）为红细胞原始图像，该图中细胞之间有所黏连，会对计数造成影响。为了得到图像边缘，先把RGB彩色图像转换为灰度图像，并使用Ostu法计算二值化阈值。其MATLAB代码如下：

```
img=imread('cell.jpg');             %读取图像
figure,imshow(img);                 %显示原始图像
img=rgb2gray(img);                  %RGB 图像转化成灰度图像
theshold=graythresh(img);           %取得图像的全局域值
bw=im2bw(img,theshold);             %二值图像;
figure,imshow(bw);                  %显示二值图像
```

得到的二值图像如图 12.2（b）所示。

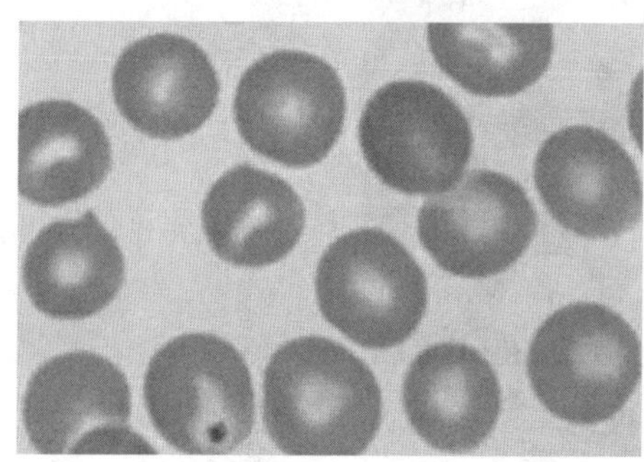

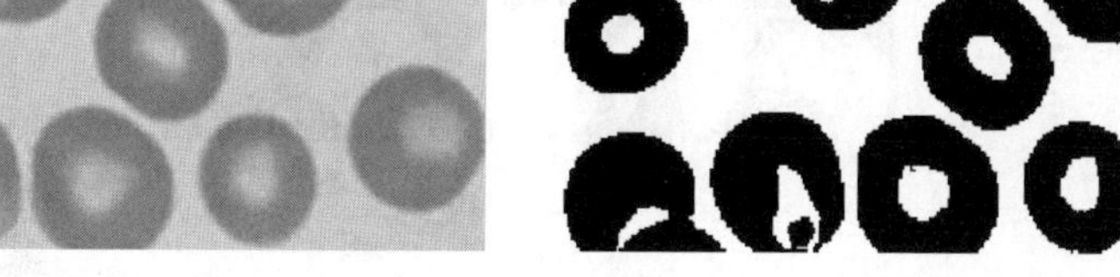

（a）细胞原始图像　　（b）二值化图像

图 12.2　细胞图像二值化

可以看到，二值化之后，细胞的中心依然存在孔洞，为方便计数，需要将这些部分进行填充。孔洞可以看成由细胞像素相连接的边界所包围的一个背景区域，使用 bwfill 函数对其进行填充。为方便后续检测连通域，将细胞部分置为白色，将背景置为黑色。其 MATLAB 程序如下：

```
bw = 1-bw;                          %将背景置为黑色，细胞置为白色
bw2=~bwfill(bw,'holes');            %细胞填充
bw2 = 1-bw2;                        %将填充后的背景换回白色
figure,imshow(bw2);                 %显示填充后细胞图像
```

填充后的细胞如图 12.3 所示，可以看到，细胞中间的孔洞被填充了。

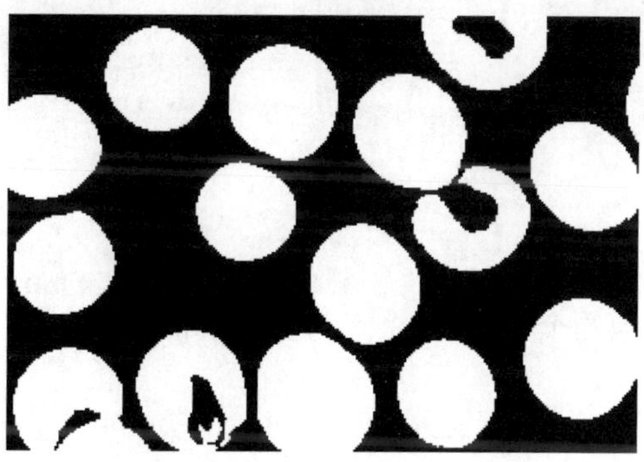

图 12.3　细胞区域填充

此时的图像中，还有一些白色的噪声点，在计数之前需要先将这些噪声点去掉。此外，细胞边缘还存在一些不平滑的部分。为了消除噪声点和毛刺的影响，下面对图像进行开运算处理，其 MATLAB 程序如下：

```
SE=strel('disk',4);
bw3=imopen(bw2,SE);
figure,imshow(bw3);
```

去噪结果如图 12.4 所示。

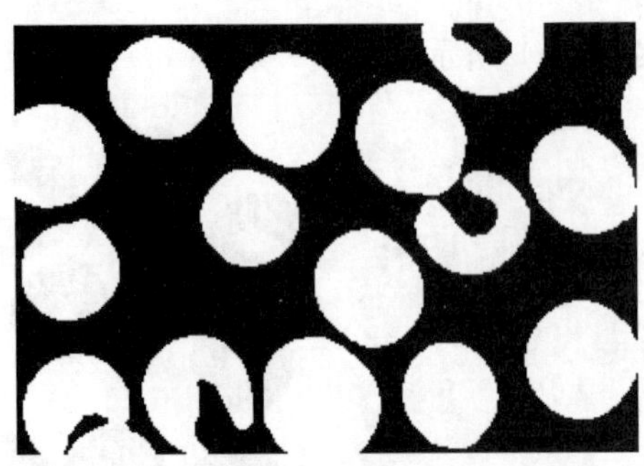

图 12.4　图像去噪

图像中还有部分细胞存在黏连，如果直接计数会存在误差。观察图像可以发现，单个细胞之间的大小大致相同，而黏连在一起的细胞大小明显大于单个细胞。根据这种特性，可以使用细胞大小的方法计数，认为周长大于所有细胞平均值 1.3 倍的细胞存在黏连现象。其 MATLAB 程序如下：

```
[L,num]=bwlabel(bw3);          %标注图像中连通域
sizeCell=zeros(1,num);
for i=1:num                     %遍历各连通域
    [r,c]=find(L==i);           %获取相同连通域的位置，将位置信息存入[r,c]
    sizeCell(i)=size(r,1);      %计算各连通域大小
end
aver=mean(sizeCell);            %计算连通域平均值
N=num;                          %统计连通域个数
for i=1:num
    if sizeCell(i)>aver*1.3     %统计黏连细胞
        N=N+1;
    end
end
```

由此统计出图像中细胞的个数为 17 个，与实际数目一致。

12.2　基于肤色分割及灰度积分算法的人眼定位

人眼定位是计算机视觉与模式识别领域的重要课题，是人脸识别系统中必不可少的一部分。本节结合现有的人眼定位方法使用了一种新算法，如图 12.5 所示。该算法首先利用肤色特征建立肤色模型，经形态学滤波及连通域分析，检测出可能的人脸区域；然后获取该人脸区域的外接矩形，计算垂直灰度积分曲线，找出人脸中大致的眉毛和眼睛区域；最后将该区域与人脸内部连通域排列情况相比，定位人眼所在的连通域。

肤色是人脸中的重要特征，它不依赖于面部的细节特征，不受人脸表情、旋转等限制，具有较高的稳定性和较广的适应性。而且，肤色能与大多数干扰物体分离，具有较强的鲁棒性。人的肤色在外观上的差异主要是由亮度引起的，而在色度上比较集中，因此可将图像从

默认的 RGB 色彩空间映射到 YCbCr 空间进行处理，如图 12.6 所示。

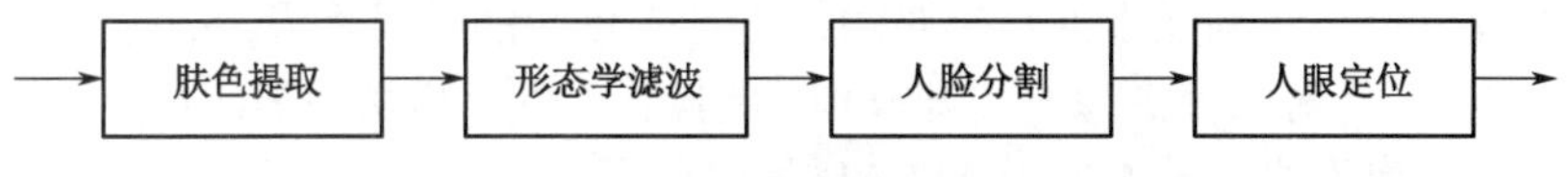

图 12.5　人眼定位过程

（a）RGB 图像

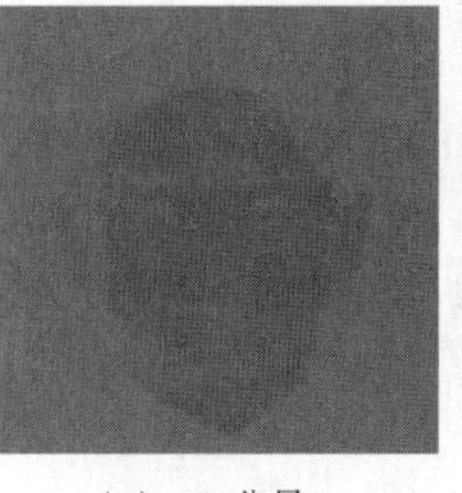

（b）Cb 分量

（c）Cr 分量

图 12.6　RGB 空间和 YCbCr 空间中的 Cb 分量、Cr 分量的测试图像

经过肤色样本统计，发现肤色在 CbCr 空间的分布呈现良好的聚类特性，其分布满足：

$$\begin{cases} 77 \leqslant Cb \leqslant 127 \\ 133 \leqslant Cr \leqslant 173 \end{cases} \tag{12.1}$$

根据该肤色的聚类特性建立肤色模型，将图像的类肤色区域用 255 标记，其他区域用 0 标记，转化为二值图像，其主要 MATLAB 程序如下：

```
img=imread('face.jpg');                    %读取人脸图像
img=imresize(img,[400 NaN]);               %图像大小变换
img_double=double(img);
R=img_double(:,:,1);                       %提取图像的 R 分量
G=img_double(:,:,2);                       %提取图像的 G 分量
B=img_double(:,:,3);                       %提取图像的 B 分量
R=double(R);
G=double(G);
B=double(B);
H=[65.4810  128.5530  24.9660;             %定义 RGB 空间到 YCbCr 空间的映射矩阵
   -37.7970  -74.2030  122.0000;
   122.0000  -93.7860  -18.2140];
I=H/255;                                    %颜色像素空间的标准归一化
f(:,:,1)=uint8(I(1,1)*R+I(1,2)*G+I(1,3)*B+16);  %彩色空间转换
f(:,:,2)=uint8(I(2,1)*R+I(2,2)*G+I(2,3)*B+128);
f(:,:,3)=uint8(I(3,1)*R+I(3,2)*G+I(3,3)*B+128);
f_cb=f(:,:,2);                              %提取 Cb 分量
f_cr=f(:,:,3);                              %提取 Cr 分量
f=((f_cb>=100)&(f_cb<=127)&(f_cr>=138)&(f_cr<=170));
                                            %根据式（12.1）进行肤色提取
figure,imshow(f);                           %显示肤色提取结果
```

肤色提取后的二值图像如图 12.7（a）所示。该二值图像的白色像素块中，不仅有人脸区

域，还有噪声，如人体其他部位（如耳朵、手部、腿部）及类肤色环境（如衣服）。

形态学处理以形态结构元素为基础对图像进行操作，能够消除噪声、分割独立的图像元素、连接相邻的元素。对二值图像进行开操作、闭操作、膨胀和腐蚀等，去除小面积噪声点，只保留大面积白色像素块。其主要 MATLAB 程序如下：

```
sel=strel('square',2);                  %创建 2×2 正方形结构元素
f=imdilate(f,sel);                      %对二值图像进行膨胀
f=imclose(f,sel);                       %进行闭操作
fe=imerode(f,ones(8,7));                %进行 8×7 的矩形腐蚀操作
fo=imopen(f,ones(8,7));                 %进行 8×7 的矩形开操作
f=imreconstruct(fe,f);                  %对图像进行分割
se2=strel('square',8);                  %创建 8×8 正方形结构元素
f=imerode(f,se2);                       %进行腐蚀操作
f=imdilate(f,se2);                      %进行膨胀操作
```

经过形态学滤波后的图像如图 12.7（b），相比二值图像，此时的图像没有多余的小块白色噪声点，面部边缘更加平滑。

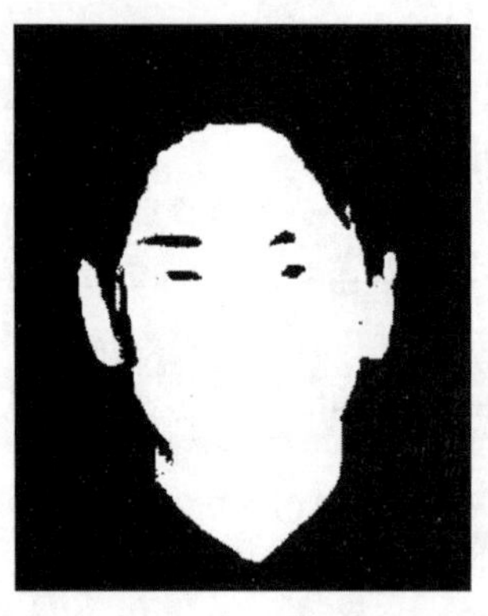

（a）二值图像

（b）形态学滤波后的图像

图 12.7　肤色提取结果

接下来要去除手部、腿部、颈部及其他非人脸的类肤色区域。由先验知识可知，人脸近似为一个椭圆，使用连通域标记与分析法，首先标记二值图像中的白色像素块，其次依次计算每个白色像素块的几何属性。通过计算白色像素块外接矩阵的长宽比、面积，可以判断该区域是否存在人脸。

设连通区域中 x 轴上像素点的最大值和最小值分别为 $x_{\max}$ 和 $x_{\min}$，y 轴上像素点的最大值和最小值分别为 $y_{\max}$ 和 $y_{\min}$，面积为 S，长宽比为 R。其中：

$$S=(x_{\max}-x_{\min})\times(y_{\max}-y_{\min}) \tag{12.2}$$

$$R=\frac{y_{\max}-y_{\min}}{x_{\max}-x_{\min}} \tag{12.3}$$

当 S、R 满足以下条件时，认为该连通域可能为人脸：

$$\begin{cases}15000\leqslant S\leqslant 80000\\ 0.6\leqslant R\leqslant 2.0\end{cases} \tag{12.4}$$

将不满足式（12.4）条件的连通域中各像素值均设为 0，达到去除非人脸类肤色区域的目的。其主要 MATLAB 程序如下：

```
[L,num]=bwlabeln(f,4);          %连通域标记
for i2=1:num;                   %遍历各连通域
    [r,c]=find(L==i2);          %相等返回 1，记录到 RC 中
    r_temp=max(r)-min(r);       %记录该连通域中纵向最大值与最小值之差
    c_temp=max(c)-min(c);       %记录该连通域中横向最大值与最小值之差
    temp=size(r);
   if((r_temp/c_temp<0.6)|(r_temp/c_temp>2.0)|(temp(1)>80000)|
       (temp(1)<15000))         %根据式（12.4）筛选可能为人脸的连通域
        for j=1:temp(1)         %将其他区域设为黑色
            L(r(j),c(j))=0;
        end
    end
end
figure,imshow(L);
```

剩余人脸部分图像如图 12.8 所示。

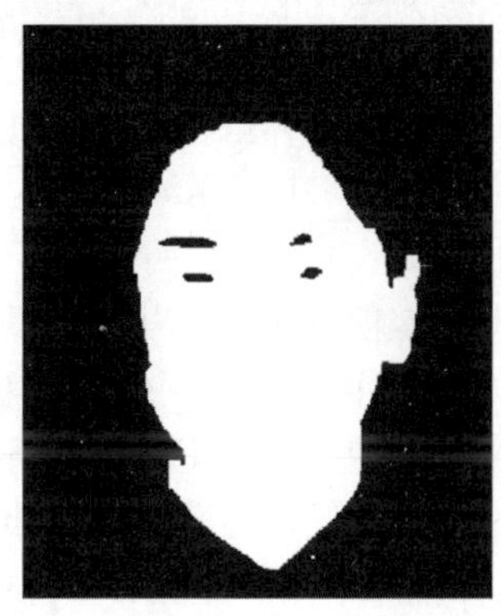

图 12.8　人脸分割

对人脸轮廓的外接矩形区域进行进一步裁剪，最大限度地减少环境噪声对人眼定位的干扰，其主要 MATLAB 程序如下：

```
L=edge(L,'roberts');                      %查找二值图像的边缘
B=bwboundaries(L,'noholes');              %寻找连通域的边缘，不包括孔
wmax=max(B{t,1});                         %记录横纵坐标最大值
wmin=min(B{t,1});                         %记录横纵坐标最小值
L2=imcrop(img,[wmin(2),wmin(1),wmax(2)-wmin(2),wmax(1)-wmin(1)]);
                                          %裁剪原始图像
L1=imcrop(L,[wmin(2),wmin(1),wmax(2)-wmin(2),wmax(1)-wmin(1)]);
                                          %裁剪二值图像
L3=rgb2gray(L2);                          %裁剪后图像灰度化
figure,imshow(L2);
```

```
figure,imshow(L3);
```

裁剪后的彩色图像如图 12.9（a）所示。

（a）RGB 图像

（b）灰度图像

（c）二值图像

图 12.9　裁剪后的人脸图像

在 RGB 彩色空间下，从人脸图像中定位人眼的难度很大，人眼区域的灰度特征与人脸其他部位的灰度特征有明显差异，因此，如图 12.9（b）所示，可以将人脸轮廓外接矩形图像灰度化，从灰度值的角度进行处理。

图像中一个像素点的灰度值代表该点的颜色深度，灰度值越大，该点颜色越深；反之，则颜色越浅。灰度投影法是一种将图像进行水平积分或垂直积分后归一化的方法。

设 $f(x,y)$ 表示图像 (x,y) 处的灰度值，在图像 $[x_1,x_2]$ 范围内的垂直灰度积分投影 $V(y)$ 为

$$V(y)=\frac{1}{x_2-x_1}\sum_{x_1}^{x_2}f(x,y) \tag{12.5}$$

在垂直方向上对人脸图像进行灰度积分投影，从得到的垂直灰度投影曲线可以区分出人脸上各个特征所在的垂直位置。人眼最主要的特征就是其灰度会明显比周围区域的灰度低。如图 12.10 所示，图中圆圈标注的是极大值，星号标注的是极小值。前段低谷区域代表头发，紧接着的次高点对应额头，之后的最高点代表鼻部。次高点和最高点中间有两个临近的极小值，设其横坐标分别为 $x_{\min1}$ 和 $x_{\min2}$。而在垂直方向上，人眼位于眉毛的下方。因此，$x_{\min2}$ 代表人眼，$x_{\min1}$ 代表眉毛，由此就能大致确定眼睛的水平位置。其 MATLAB 程序如下：

```
[m n]=size(L3);
for x=1:m                              %计算垂直灰度分布
   S(x)=sum(L3(x,:));
end
x=1:m;
figure,plot(x,S(x));
[a,b]=findpeaks(S(x));                 %找出分布图像的极大值点
hold on,plot(x(b),a,'ko');
[c,d]=findpeaks(-S(x));                %找出分布图像的极小值点
hold on,plot(x(d),-c,'k*');
```

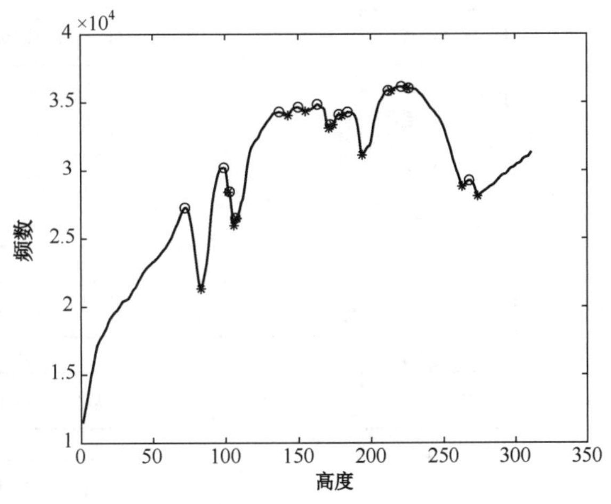

图 12.10　垂直灰度积分曲线

人眼区域的提取建立在人脸检测时获得的包含类肤色区域的二值图像上，如图 12.9（c）所示。在 YCbCr 彩色空间下，人眼与眉毛和人脸的颜色有显著区别，因此在该二值图像中，人眼和眉毛区域均为 0，两两处于同一水平线上，形成 4 个黑洞。

将由垂直灰度曲线中获得的人眼值与黑洞区域的水平值相比较，包含该值的黑洞所在区域即为人眼区域，如图 12.11（a）所示。以该连通域的质心作为人眼中心进行标注，从而找到人眼的准确位置，如图 12.11（b）所示。

（a）人眼区域

（b）人眼标注

图 12.11　人眼定位

12.3　基于 DCT 的数字水印算法

数字水印将预先设定的标志信息嵌入多媒体作品中或通过某种方式间接表示，在需要的时候再提取出来作为版权证明或者对内容的真实性和完整性进行认证，保护创作者的合法权益和信息安全。嵌入数字水印的算法流程如图 12.12 所示。

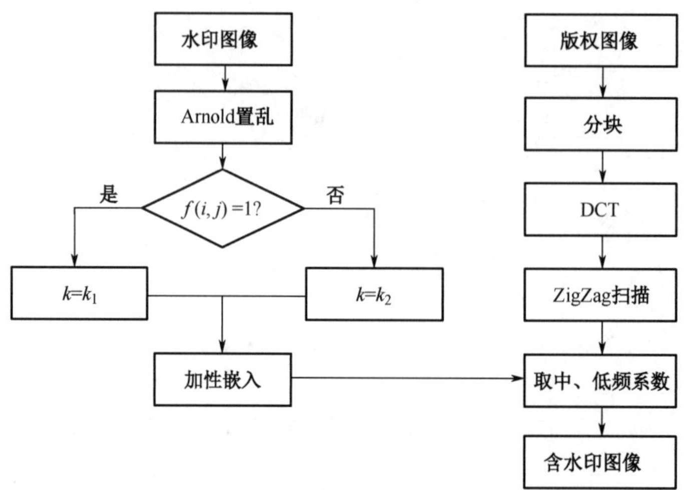

图 12.12　嵌入数字水印的算法流程

图 12.13 是尺寸为 512 像素×512 像素的原始版权图像和 64 像素×64 像素的原始二值水印图像，下面将使用图 12.12 所示算法，将水印图像嵌入原始版权图像中。

（a）原始版权图像

（b）原始二值水印图像

图 12.13　原始图像

首先，对水印图像进行处理。原始二值水印图像具有一定形状，如果直接将其插入原始版权图像中，会影响图像的效果，所以需要破坏图像的这种“规律”。

图像置乱是指按照一定的映射关系对图像中的像素进行搬移，破坏图像的自相关性，将其变成一副杂乱无章的图像。图像置乱后将得到一幅杂乱无章的图像，这个图像无色彩、无纹理、无形状，无法从中读取任何信息。将这样一幅图嵌入另一幅普通图像中时就不易引起该图像色彩、纹理、形状的太大改变，这样人眼就不易识别了。同时，由于秘密图像是置乱后的图像，根据上述图像的“三无”特征，第三方难以对其进行色彩、纹理、形状等的统计分析，即便截取到了图像，也无法获得图像中的隐藏信息。

目前，用于置乱的变换有很多种，如 Arnold 变换、Gray 码变换、Hilbert 曲线、幻方变换、混沌序列等。由于 Arnold 变换算法简单易行，计算代价少，在水印预处理过程中最常使用。Arnold 变换，即 cat mapping，是 Arnold 在研究遍历理论过程中提出的一种变换。定义如下：

$$\begin{bmatrix} x_{n+1} \\ y_{n+1} \end{bmatrix} = \begin{bmatrix} 1 & 1 \\ 1 & 2 \end{bmatrix} \begin{bmatrix} x_n \\ y_n \end{bmatrix} \bmod N \quad n=0,1,\cdots,N-1 \tag{12.6}$$

式中，(x_n, y_n)为置乱前的像素点，(x_{n+1}, y_{n+1})为置乱后位置，mod 为模二运算。

Arnold 变换具有周期性，即当迭代到某一步时，将重新得到原始图像。利用其周期性 T，对图像置乱 K 次，提取出水印后，再运用 Arnold 变换置乱 $T-K$ 次，就可以恢复出正常的图像了。此处选择的水印图像为 64 像素×64 像素的二值图像，其 Arnold 置乱周期 T 为 48。

经过不同次置乱的水印图像如图 12.14 所示。

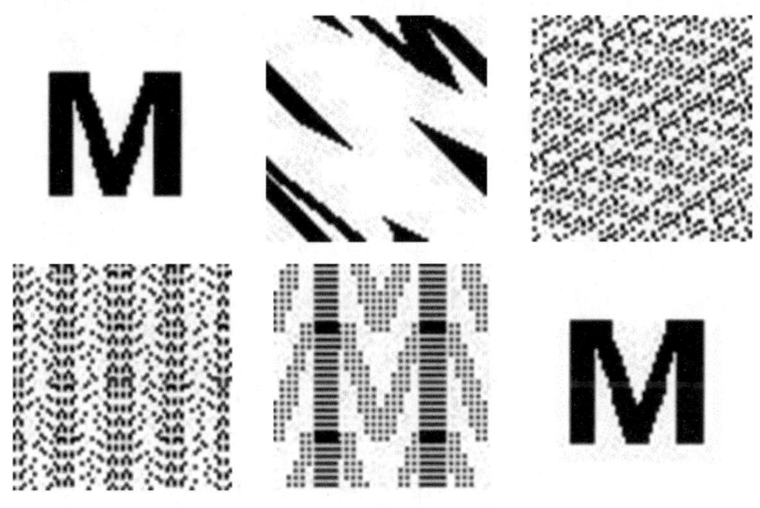

图 12.14　置乱 0、1、6、12、24、48 次的水印图像

根据 Arnold 置乱的原理，其主要 MATLAB 程序如下：

```
img=imread('WM.jpg');
n=12;                                      %置乱次数为 12
[h,w]=size(img);                           %记录水印图像的高和宽
N=h;                                       %记录水印图像维数
imgn=zeros(h,w);                           %定义与水印图像同大的矩阵
for i=1:n
    for y=1:h                              %置乱前像素点的纵坐标
        for x=1:w                          %置乱前像素点的横坐标
            xx=mod((x-1)+(y-1),N)+1;       %置乱后像素点的横坐标
            yy=mod((x-1)+2*(y-1),N)+1;     %置乱后像素点的纵坐标
            imgn(yy,xx)=img(y,x);          %重新分配像素点
        end
    end
    arnoldImg=imgn;                        %置乱图像
end
figure,imshow(arnoldImg);
```

除此之外，还需要设置一个参数 para1 用来传递用户想要设置的置乱次数，该置乱次数

作为密钥，只为创作者拥有；也需要一个参数 para0 用来标志是置乱过程还是反置乱过程。

对水印图像进行置乱处理后，还需要对原始版权图像进行处理。分块处理是图像处理中的常用手段，是将尺寸较大的图像分为尺寸较小的多个子图像，再对每个子图像单独进行处理的方法。分块处理的优点在于降低了图像各部分之间的相关性，突出了每个像素点的地位，便于获得更多的细节信息。同时分块降低了对存储的需求，以便后续处理。这里将 512 像素×512 像素的原始版权图像分成 64×64 个 8 像素×8 像素的图像。对于每个分块图像，还需要进一步确定水印嵌入的位置。图像的低频分量反映图像慢变化，即图像整体部分；图像的高频分量代表图像跳变的地方，即图像细节部分，如轮廓、边缘。高频编码容易被各种信号处理方法所破坏，而且由于人的视觉对高频分量很敏感，高频编码易于被察觉，因此将水印嵌入图像低频位置更优。

根据此原理，对分块后的图像进行 DCT，求出其对应的二维频率矩阵，矩阵中每个系数都表示对应频率的变化程度，其中低频分量集中在矩阵的左上角，高频分量集中在右下角。为了方便按照频率高低对系数进行取用，按照“之”字形顺序对系数矩阵进行一个从低频到高频的扫描，即 ZigZag 扫描，扫描顺序如图 12.15 所示。

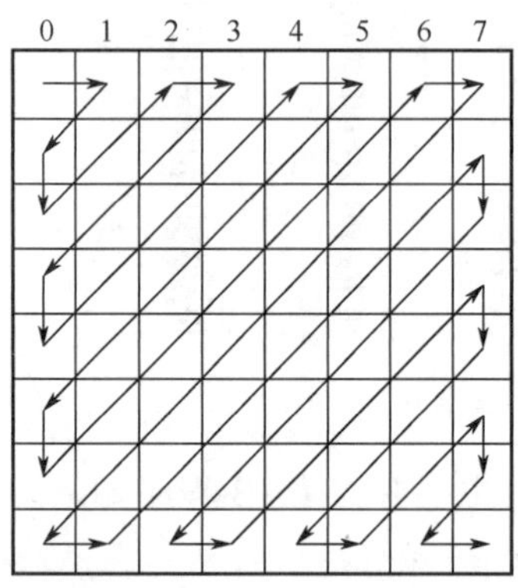

图 12.15　ZigZag 扫描顺序

其主要 MATLAB 程序如下：

```
img2=imread('demopic.jpg');
bw=im2bw(img2);
D=dct2(bw);                                  %对图像做 DCT
counter=1;
all=size(D,1)*size(D,2);                     %DCT 矩阵大小
for cnt=2:(size(D,1)+size(D,2))              %ZigZag 扫描
    if mod(cnt,2)==0
        for i=1:size(D,1)
            if cnt-i<=size(D,1)&cnt-i>0
                ctVector(counter)=D(i,cnt-i);
                counter=counter+1;
            end
        end
    else
```

```
        for i=1:size(D,1)
            if cnt-i<=size(D,1)&cnt-i>0
                dctVector(counter)=D(cnt-i,i);
                counter=counter+1;
            end
        end
    end
end
dctVector=dctVector(1:all-1);
```

降维后得到 64 个元素的系数向量，按照频率由低到高排列。取出第 16～23 个，共 13 个系数作为嵌入水印信息的位置。原始二值水印图像经 Arnold 置乱过后，每个像素点的值为 1 或 0，分别控制两个长为 13 的随机序列 k_1 和 k_2，将它们分别插入 64×64 个分块图像指定位置中，从而完成嵌入。嵌入水印的图像如图 12.16 所示。人眼直观感受嵌入水印的图像与原始版权图像差别较小。

图 12.16　嵌入水印的图像

图 12.17 为提取水印的算法，对含水印图像进行分块和 DCT，将一维系数还原为二维矩阵的方法类似，同样按照扫描顺序遍历，把元素放入即可。取出事先知道的嵌入水印的位置的系数，通过比较该系数序列与两个随机向量的相关性大小，做出对应像素点灰度值的判决，这个过程中不需要原始版权图像的参与。判决完毕后得到的是经过置乱的图像，因此需要进行反置乱，以获得我们需要的水印信息。

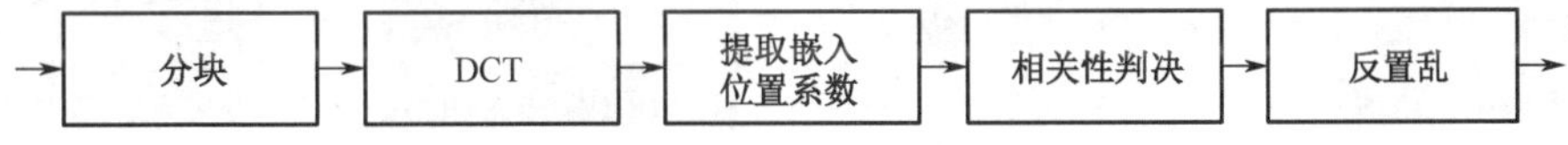

图 12.17　提取水印算法

反置乱的主要 MATLAB 程序如下：

```
[h,w]=size(arnoldImg);                      %记录水印图像的高和宽
img=zeros(h,w);
for i=1:n
    for y=1:h                               %置乱前像素点的纵坐标
        for x=1:w                           %置乱前像素点的横坐标
```

```
            xx=mod(2*(x-1)-(y-1),h)+1;      %置乱后像素点的横坐标
            yy=mod(-(x-1)+(y-1),h)+1  ;     %置乱后像素点的纵坐标
            img(yy,xx)=arnoldImg(y,x);      %重新分配像素点
        end
    end
end
```

提取出的水印图像如图 12.18 所示，可以看到，提取出来的水印图像错判点较少，较完整地保留了水印信息。

图 12.18　提取水印

当含水印的版权图像受到攻击时，反置乱后提取出来的水印效果会有所不同。图 12.19 所示为含水印图像受到不同攻击后提取出来的水印图像。

（a）高斯白噪声攻击（ σ^2=0.015）

（b）剪切攻击

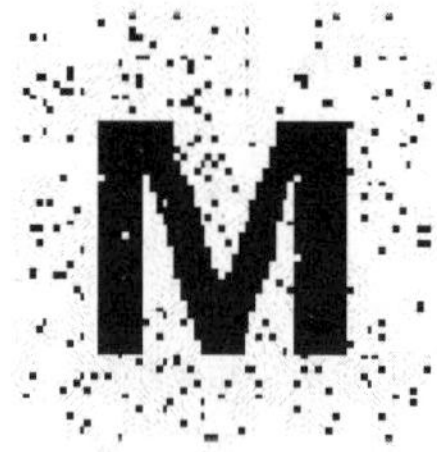

（c）JEPG 压缩攻击（Q=60）

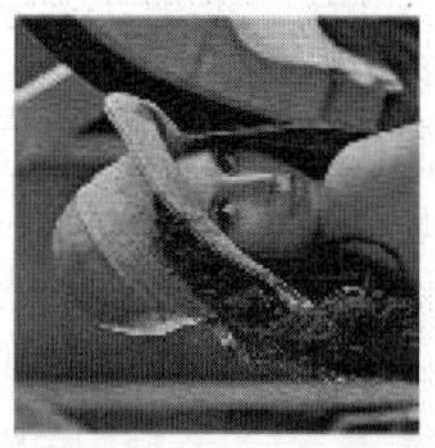

（d）旋转攻击

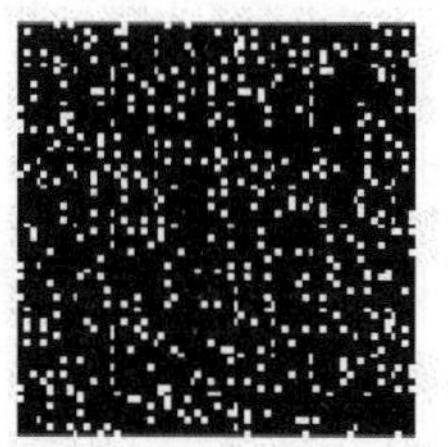

（e）缩小攻击

（f）放大攻击

图 12.19　含水印图像受攻击结果

可发现，该算法对于随机噪声、压缩和剪切攻击有非常好的抵抗效果，这主要得益于分块处理和 Arnold 置乱。原理部分也提到过，Arnold 置乱使水印图像变得混乱，同时也使其本身包含的信息较均匀地分布在每个部分，而分块处理使得本来就很均匀的水印信息在版权图像的各个小块中都有分布。这样即使含水印图像受到了攻击，剩余部分仍然能够包含较多的水印信息，从而更好地还原水印图像。但该算法对几何攻击的抵抗效果很弱，受到几何攻击后提取出来的水印与原始水印图像几乎毫无关联。

12.4　基于 BP 神经网络的手写汉字识别

手写汉字识别是指将在手写设备上书写的有序轨迹信息转化为文字的过程，属于文字识别和模式识别的范畴。手写汉字识别算法主要包括预处理、单字分割、BP 神经网络 3 个模块，如图 12.20 所示。

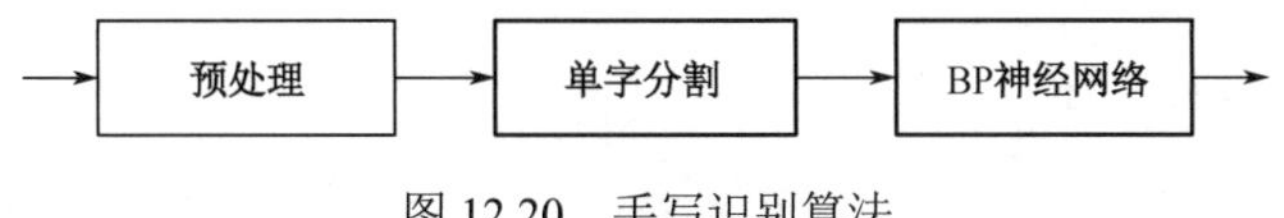

图 12.20　手写识别算法

本节主要处理汉字，所以将图像转变为二值图像进行处理，这样可以极大地提高程序运行速度。处理步骤为：图像增强、线性灰度变换、中值滤波、二值化。其 MATLAB 程序如下：

```
I=imread('demopic.jpg');
h=ones(5,5)/25;                           %过滤器 h
I=imfilter(I,h);                          %真彩色增强
I1=rgb2gray(I);                           %RGB 图像转灰度图像
figure;
subplot(1,2,1),imshow(I1);title('灰度处理前的灰度图像');
subplot(1,2,2),imhist(I1);title('灰度处理前的灰度图像直方图');
I1=imadjust(I1,[0.27,0.78],[]);           %线性灰度变换
figure;
subplot(1,2,1),imshow(I1);title('灰度处理后的灰度图像');
subplot(1,2,2),imhist(I1);title('灰度处理后的灰度图像直方图');
I1=medfilt2(I1);                          %进行中值滤波
figure,imshow(I1);title('中值滤波');
thest=graythresh(I1);
I1=im2bw(I1,thest);
figure,imshow(I1);title('二值图像');
```

预处理后的手写图像如图 12.21 所示。

二值图像中存在很多文字和噪声点，需要将其分割为单个文字，然后把单个文字作为神经网络的输入。单字分割模块的主要功能是将多排多列的文字内容切割为单一文字，并将图

中的噪声点剔除，主要流程如下。

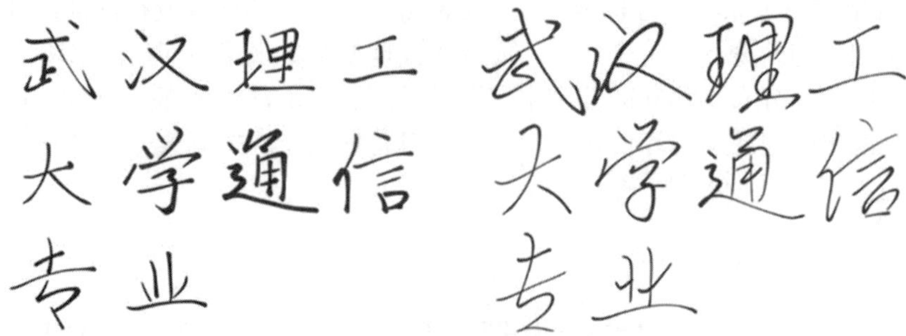

图12.21　预处理后的手写图像

（1）边界界定。

S1：扫描垂直方向上的第一个和最后一个像素突变点。

S2：扫描水平方向上的第一个和最后一个像素突变点。

S3：截取该范围内的图像作为边界。

其主要MATLAB程序如下：

```
function pic=xylimit(pic)
[m,n]=size(pic);
                                            %纵向扫描
Ycount=zeros(1,m);
for i=1:m
   Ycount(i)=sum(pic(i,:));                 %获取每行的像素点个数
end
Ybottom=m;                                  %底部定界
Yvalue=Ycount(Ybottom);                     %记录底部的像素值
while(Yvalue<3)                             %将像素跨度小于3的点视为噪声点
   Ybottom=Ybottom-1;
   Yvalue=Ycount(Ybottom);
end
Yceil=1;                                    %顶部定界
Yvalue=Ycount(Yceil);
while(Yvalue<3)                             %将像素跨度小于3的点视为噪声点
   Yceil=Yceil+1;
   Yvalue=Ycount(Yceil);
end
                                            %横向扫描
Xcount=zeros(1,n);
for j=1:n
   Xcount(j)=sum(pic(:,j));                 %获取每列的像素点个数
end
```

```
Xleft=1;                                    %左侧定界
Xvalue=Xcount(Xleft);
while(Xvalue<2)
    Xleft=Xleft+1;
    Xvalue=Xcount(Xleft);
end
Xright=n;                                   %右侧定界
Xvalue=Xcount(Xright);
while(Xvalue<2)
    Xright=Xright-1;
    Xvalue=Xcount(Xright);
end
pic=pic(Yceil:Ybottom,Xleft:Xright);        %边界界定
```

（2）行扫描。

S1：扫描垂直方向上的像素突变点。

S2：将每行截取为等高的图像。

S3：横向拼接，为列扫描做准备。

其 MATLAB 程序如下：

```
m=size(pic,1);                      %返回图像行数
Ycount=zeros(1,m);                  %1×m 的矩阵
for i=1:m
    Ycount(i)=sum(pic(i,:));        %获取每行白点总数
end
lenYcount=length(Ycount);
Yflag=zeros(1,lenYcount);
for k=1:lenYcount-2                 %去除像素跨度小于 3 的点，将其置为黑点
    if Ycount(k)<3 && Ycount(k+1)<3 && Ycount(k+2)<3
        Yflag(k)=1;
    end
end
for k=lenYcount:1+2
    if Ycount(k)<3 && Ycount(k-1)<3 && Ycount(k-2)<3
        Yflag(k)=1;
    end
end
Yflag2=[0 Yflag(1:end-1)];          %去除掉 flag 的最后一项
Yflag3=abs(Yflag-Yflag2);           %做差分运算，将前一行与后一行的 flag 做比较
[R,row]=find(Yflag3==1);            %寻找突变位置
row=[1 row m];                      %调整突变位置点
row1=zeros(1,length(row)/2);        %截取图像的起始位置向量
```

```
row2=row1;                          %截取图像的终止位置向量
for k=1:length(row)
    if mod(k,2)==1;                 %将奇数作为起始
        row1((k+1)/2)=row(k);       %黑到白
    else                            %将偶数作为终止
        row2(k/2)=row(k);           %白到黑
    end
end
pic2=pic(row1(1):row2(1),:);        %截取第一行字符
alpha=1024/size(pic2,2);            %计算放缩比例
pic2=imresize(pic2,alpha);          %调整第一行字符图像的大小，并将其作为基准
for k=2:length(row)/2
    pictemp=imresize(pic(row1(k):row2(k),:),[size(pic2,1) size(pic2,2)]);
    pic2=cat(2,pic2,pictemp);       %横向连接图像块
end
```

（3）列扫描。

S1：扫描水平方向的像素突变点。

S2：按照像素突变点的位置一次截取。

S3：保存截取出的单字。

前两步与行扫描的方法类似，其主要 MATLAB 程序如下：

```
n=size(pic，2);                                %返回图像列数
Xcount=zeros(1,n);                            %1×n 的矩阵
for j=1:n
    Xcount(j)=sum(pic(:,j));                  %每列白点总数
end
lenXcount=length(Xcount);
Xflag=zeros(1,lenXcount);
for k=1:lenXcount-2                           %去除噪声点
    if Xcount(k)<3 && Xcount(k+1)<3 && Xcount(k+2)<3
        Xflag(k)=1;
    end
end
for k=lenXcount:1+2
    if Xcount(k)<3 && Xcount(k-1)<3 && Xcount(k-2)<3
        Xflag(k)=1;
    end
end
Xflag2=[0 Xflag(1:end-1)];                    %去掉 flag 最后一项
Xflag3=abs(Xflag-Xflag2);                     %比较两列
```

```
[CO,col]=find(Xflag3==1);                    %找处突变位置
col=[1 col size(pic,2)];                     %调整突变位置
coltemp=col(2:end)-col(1:end-1);
[IND,ind]=find(coltemp<3);                   %去除噪声点
col(ind)=0;
col(ind+1)=0;
col=col(col>0);
col1=zeros(1,length(col)/2);                 %截取起始位置向量
col2=col1;                                   %截取终止位置向量
for k=1:length(col)
    if mod(k,2)==1                           %将奇数作为起始
        col1((k+1)/2)=col(k);
    else                                     %将偶数作为终止
        col2(k/2)=col(k);                    %白到黑
    end
end
picnum2=length(col)/2;
piccell2=cell(1,picnum2);
for k=1:picnum2                                        %记录各个汉字
    piccell2{k}=pic(:,col1(k):col2(k));                %截取第 k 个汉字
    piccell2{k}=xylimit(piccell2{k});                  %限定图像区域
    piccell2{k}=imresize(piccell2{k},[32 32]);         %调整图像大小
end
if mod(picnum2,8)
    rownum=ceil(picnum2/8)+1;
else
    rownum=picnum2/8;
end
for k=1:picnum2
    mstr=strcat(int2str(500+k),'.bmp');
    imwrite(piccell2{k},mstr);         %把切分出来的文字保存为 BMP 文件
end
```

截取得到的单字图像如图 12.22 所示。

接下来，使用 BP 神经网络训练样本。BP 神经网络不需要先确定输入和输出之间的映射关系，只需要通过训练样本，BP 神经网路就能学习出一种模型，使给定新的输入时，该模型能够生成与实际值相差最小的输出。BP 神经网路是按照误差反向传播训练的多层前馈网络，它的基本思想是梯度下降法（Descent Gradient），利用梯度搜索技术，使代价函数最小。

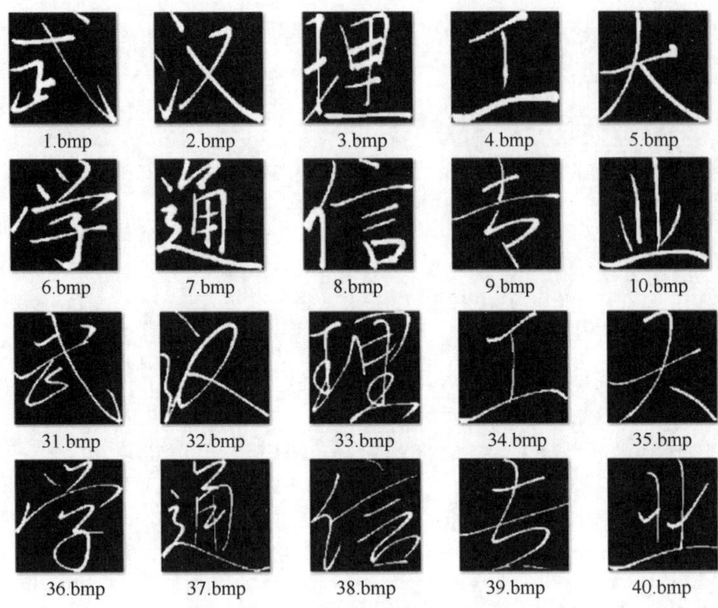

图 12.22　截取得到的单字图像

BP 神经网络包括输入层（Input Layer）、隐藏层（Hidden Layer）和输出层（Output Layer），其中，隐藏层可以是一层或多层，但每层的节点数应一致。

总的来说，BP 神经网络算法分为前向传播（Forward Propagation）和反向传播（Backward Propagation）两个过程。

如图 12.23 所示，输入层有 x_1、x_2、x_3 三个单元。x_0 为偏置（bias），一般设为 1；$a_i^{(j)}$ 表示第 j 层（输入层为第一层）的第 i 个激励；$\boldsymbol{\Theta}^{(j)}$ 为第 j 层到 j+1 层的权重矩阵，包含每条边的权重，$\boldsymbol{\Theta}^{(j)}$ 如式（12.7）所示。其中，$\theta_{ik}^{(j)}$ 表示第 j 层中第 k 个单元到第 j+1 层中第 i 个单元的权重。

$$\boldsymbol{\Theta}^{(j)}=\begin{bmatrix}\theta_{10}^{(j)} & \theta_{11}^{(j)} & \theta_{12}^{(j)} & \theta_{13}^{(j)} \\ \theta_{20}^{(j)} & \theta_{21}^{(j)} & \theta_{22}^{(j)} & \theta_{23}^{(j)} \\ \theta_{30}^{(j)} & \theta_{31}^{(j)} & \theta_{32}^{(j)} & \theta_{33}^{(j)}\end{bmatrix} \tag{12.7}$$

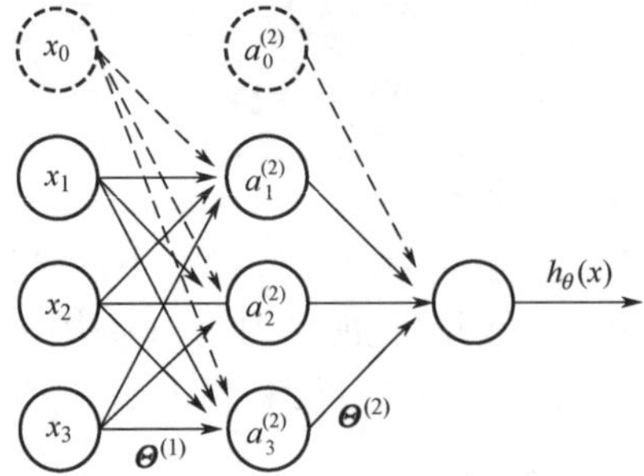

图 12.23　BP 神经网络结构

隐藏层的值为

$$a_i^{(2)} = g\left(\theta_{i0}^{(1)}x_0 + \theta_{i1}^{(1)}x_1 + \theta_{i2}^{(1)}x_2 + \theta_{i3}^{(1)}x_3\right) \tag{12.8}$$

输出层为

$$h_\theta(x) = a_1^{(3)} = g\left(\theta_{10}^{(2)}a_0^{(2)} + \theta_{11}^{(2)}a_1^{(2)} + \theta_{12}^{(2)}a_2^{(2)} + \theta_{13}^{(2)}a_3^{(2)}\right) \tag{12.9}$$

式中，g 函数也称为 S 函数，其表达形式为

$$g(z) = \frac{1}{1+\mathrm{e}^{-z}} \tag{12.10}$$

为了评价神经网络输出 $h_\theta(x)$ 与真实输出 y 之间的偏差，将代价函数（Cost Function）定义为

$$J(\Theta) = -\frac{1}{m}\sum_{i=1}^{m}\sum_{k=1}^{K}\left[y_k^{(i)}\log_2(h_\theta(x^{(i)}))_k + (1-y_k^{(i)})\log_2(1-h_\theta(x^{i}))_k\right] \tag{12.11}$$

利用代价方程式（12.11）可以求出误差，若想进一步得到使误差最小的权重还需要对式（12.11）进行求导。观察式（12.11），可以看出，对式（12.11）进行求导并不容易，而利用 BP 神经网络不需要求导就可以得出导数值。

假设图 12.23 所示的 4 层神经网络的输出为 y_i，$\delta_i^{(l)}$ 表示第 l−1 层到第 l 层的第 j 个单元的误差。第 4 层的误差可写为 $\delta_i^{(4)} = a_i^{(4)} - y_i$，向量化后为 $\boldsymbol{\delta}^{(4)} = \boldsymbol{a}^{(4)} - \boldsymbol{y}$。第三层和第二层的误差为

$$\begin{aligned}\delta^{(3)} &= (\theta^{(3)})^{\mathrm{T}}\delta^{(4)}.*g(a^{(3)})\\ \delta^{(2)} &= (\theta^{(2)})^{\mathrm{T}}\delta^{(3)}.*g(a^{(2)})\end{aligned} \tag{12.12}$$

从数学上可以证明，$\dfrac{\partial}{\partial\Theta_{ij}^{(l)}}J(\Theta) = a_j^{(l)}\delta^{(l+1)}$，即使用反向传播神经网络实现了求导的过程。

理论上已证明：具有偏差和至少一个 S 型隐藏层加上一个线性输出层的网络，能够逼近任何有理数。增加层数可以更进一步降低误差，提高精度，但同时也使网络复杂化，从而增加了网络权值的训练时间。而误差精度的提高实际上也可以通过增加神经元数目来获得，其训练效果也比增加层数更容易观察和调整。所以一般情况下，应优先考虑增加隐藏层中的神经元数。

隐藏层的数目在理论上并没有一个明确的规定。在具体设计时，比较实际的做法是通过对不同神经元数进行训练对比，然后适当地加上一点余量。

学习速率决定每次循环训练中所产生的权值变化量。学习速率太高可能导致神经网络无法收敛，太低的学习速率则会导致训练时间延长，收敛速度变慢。在一般情况下，倾向于选取较低的学习速率以保证系统的稳定性。

将训练集中的 500 幅 32 像素×32 像素的图像转换为一维向量，存入矩阵 $\boldsymbol{p}$，测试集的 100 幅图像存入矩阵 $\boldsymbol{a}$。训练 BP 神经网络的 MATLAB 程序如下：

```
for kk=1:500                                    %读取训练图像
    p1=ones(32,32);
    m=strcat(int2str(kk),'.bmp');
    x=imread(m,'bmp');
    bw=im2bw(x,0.5);
    for m=0:31
```

```
        p(m*32+1:(m+1)*32,kk+1)=p1(1:32,m+1);
    end
end
t=zeros(1,500);
for i=1:50
    for j=1:10
        t((i-1)*10+j)=j;
    end
end
p=p(:,1:500);                                  %存储输入向量
net=newff(p,[1024,40],{'tansig','purelin'},'traingdx','learngdm');
%新建一个神经网络
%p 表示输入向量的最小值和最大值，二值图像最大值和最小值分别为 1 和 0
%第一层神经元数目为 32×32 个=1024 个，第二层为 40 个
%第一层从传递函数 tansig，第二层 purelin
%训练函数 traingdx
%学习函数 learngdm
net.trainparam.epochs=1000;          %迭代次数
net.trainparam.goal=0.001;           %均方误差
net.trainparam.lr=0.003;             %学习速率
net=train(net,p,t);                  %训练神经网络
```

图 12.24 所示为代价函数随迭代次数变化的趋势，可以看到，随着迭代次数的增加，代价函数呈下降趋势，神经网络收敛。

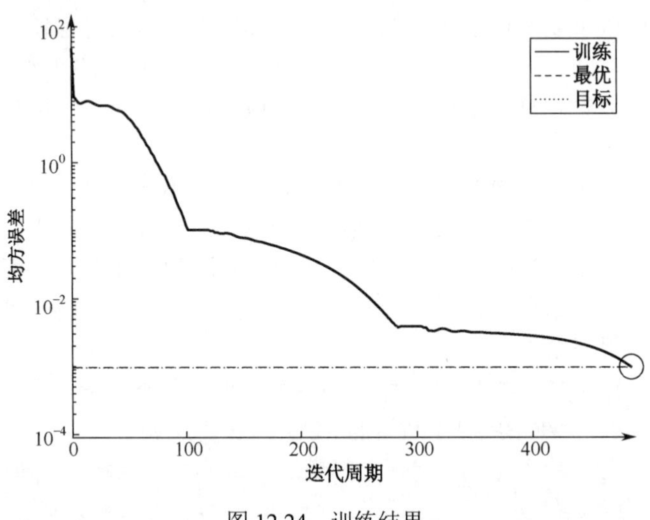

图 12.24　训练结果

下面将测试集中的图像输入神经网络中，测试网络是否能够正确识别手写汉字。其 MATLAB 程序如下：

```
for kk=501:600                              %读取测试图像
```

```
    p2=ones(32,32);
    m=strcat(int2str(kk),'.bmp');
    x=imread(m,'bmp');
    bw=im2bw(x,0.5);
    for m=0:31
        a(m*32+1:(m+1)*32,kk+1)=p2(1:32,m+1);
    end
end
b=sim(net,a);                          %测试输出
b=round(b);
```

神经网络识别出的汉字准确率为 92%，大部分汉字都能被正确识别。

12.5　基于卡尔曼滤波的多目标检测及跟踪

目标检测是近年来计算机视觉的研究热点，是指在给定图像内，精确且高效地对感兴趣的目标进行定位；目标跟踪则是对已检测到的对象进行轨迹追踪。本节给出的工程应用案例是在静止背景（如监控视频等固定摄像头）下实现的多目标检测与跟踪，整体思路可参考图 12.25 所示的原理框图。

图 12.25　原理框图

检测部分采用混合高斯模型（GMM）将静止背景（背景）和待检测目标对象（前景）分离。

高斯混合模型是将一个事物分解为若干个高斯分布概率密度函数来描述而形成的一个模型，定义如下：

$$P(y|\theta)=\sum_{k=1}^{K}\alpha_k\phi(y|\theta_k) \tag{12.13}$$

式中，$\theta=(\alpha_k,\theta_k)$，$\alpha_k$ 是第 k 个高斯混合模型的系数，$\theta_k=(\mu_k,\sigma_k^2)$；$\phi(y|\theta_k)$ 是高斯分布概率密度。

$$\phi(y|\theta_k)=\frac{1}{\sqrt{2\pi}\sigma_k}\exp\left[-\frac{(y-\mu_k)^2}{2{\sigma_k}^2}\right] \tag{12.14}$$

假设观测数据 y 由高斯混合模型生成，采用期望极大算法（EM）可以估计出高斯混合模型的参数 θ 。

本节中的观测数据为图像像素直方图中不同的峰值，每个目标的像素相对集中，如图 12.26 所示。

（a）原始图像

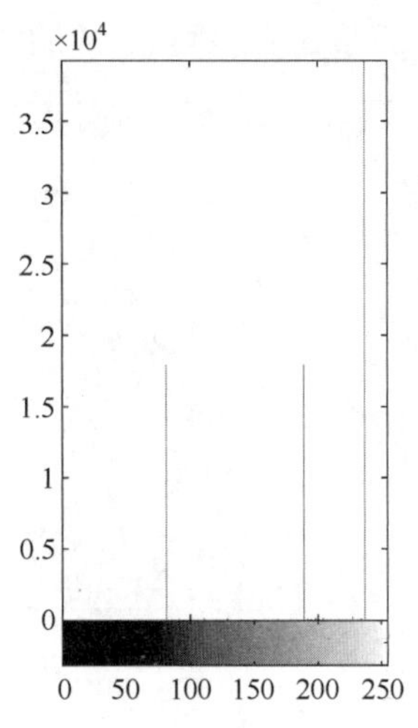

（b）直方图

图 12.26　二维图像的像素直方图

可以看出，像素直方图中有三个峰值，分别对应原始图像中的两个对象和背景。人类可以从直方图中观察出每个峰值对应哪个目标，但是对于机器，观测到的数据只有像素直方图峰值，但很难确定目标与峰值的对应关系。

假设图像像素服从高斯分布，针对每个像素点，预测其每个高斯模型的权值 α_k，采用式（12.15）判断该像素属于背景还是前景。

$$\min\left(\sum_{k=1}^{N}\left(\frac{wk}{\delta k}\right)\right)>T \tag{12.15}$$

式中，T 为全局阈值，这里设置为 0.7，也可以根据实际应用场景更改 T 值，当满足式（12.15）时，则认为该像素点属于前景分布。

首先对高斯混合模型的分布参数进行初始化设置，并创建两个窗口，分别显示视频及视频背景二值图像，其 MATLAB 程序如下：

```
%% 初始化系统模型
  function obj = setupSystemObjects(filename)
     obj.reader = vision.VideoFileReader(filename);  %读入视频
                                                     %创建两个窗口
    obj.videoPlayer = vision.VideoPlayer('Position', [20, 400, 700, 400]);
                                                     %显示视频
    obj.maskPlayer = vision.VideoPlayer('Position', [740, 400, 700, 400]);
                                                     %显示视频背景二值图像
     obj.detector = vision.ForegroundDetector('NumGaussians', 3, ...
        'NumTrainingFrames', 40, 'MinimumBackgroundRatio', 0.7);
    %GMM 进行前景检测，高斯核数目为 3，前 40 帧为背景帧，阈值为 0.7
    obj.blobAnalyser = vision.BlobAnalysis('BoundingBoxOutputPort', true, ...
        'AreaOutputPort', true, 'CentroidOutputPort', true, ...
        'MinimumBlobArea', 400);                     %输出质心和外接矩形
  end
```

然后将上面的初始模型实例化，并对经高斯混合模型分离的背景二值图像进行一定的形态学处理，消除噪声，减少前景孔洞，完善分割出来的背景二值图像。

```
obj = setupSystemObjects('002.mp4');
while ~isDone(obj.reader)                                    %视频导入完毕
    frame = obj.reader.step();                               %遍历每帧
    %进行前景检测，输出为二值图像，0 为背景，1 为前景
    mask = obj.detector.step(frame);

    % 运用形态学处理噪声、填补空洞
    mask = imopen(mask, strel('rectangle', [3,3]));          %开运算
    mask = imclose(mask, strel('rectangle', [15, 15]));%闭运算
    mask = imfill(mask, 'holes');                            %填洞
    %输出质心和外接圆
    [~, centroids, bboxes] = obj.blobAnalyser.step(mask);
    obj.maskPlayer.step(mask);
    obj.videoPlayer.step(frame);
end
```

经过高斯混合模型分割出来的背景二值图像如图 12.27（b）所示，其中，0 为背景，1 为前景，可以看出前景目标被比较完整地分割出来。

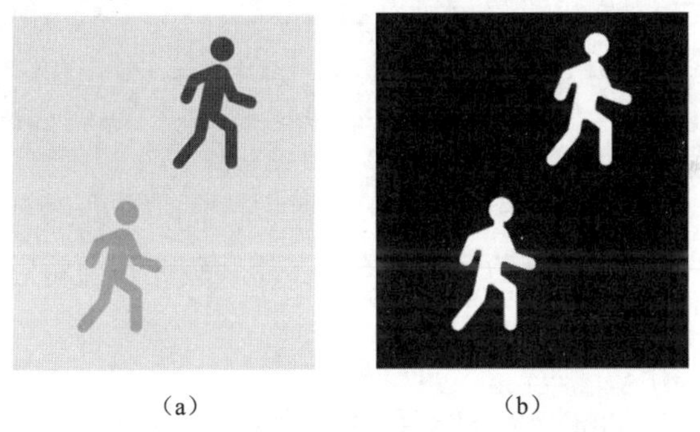

（a）　　　　　　　　（b）

图 12.27　高斯混合模型目标检测结果

跟踪部分是根据上述已检测到的目标的位置，用卡尔曼滤波器进行运动轨迹预测，本节实现的是多目标检测与跟踪，针对某个具体目标，需要用匈牙利匹配算法把目标的预测位置与下一帧检测到的众多目标进行匹配。

卡尔曼滤波器是一种递归估计的时域滤波器，通过获知前一帧图像的目标检测位置及当前帧的测量值就可以推算得到当前帧的目标位置估计值。卡尔曼滤波的状态方程和测量方程如下

$$\begin{cases} x_k = \boldsymbol{A}_k x_{k-1} + W_{k-1} \\ y_k = \boldsymbol{C}_k x_k + v_k \end{cases} \tag{12.16}$$

式中，$\boldsymbol{A}_k$ 为状态转移矩阵；$\boldsymbol{C}_k$ 为测量矩阵；W_{k-1} 为过程噪声；v_k 为测量噪声。利用状态方程和递推方法可寻找最小均方误差下状态变量的估计值。

多个目标逐一用卡尔曼滤波器进行轨迹预测，先建立一个空的结构体数组 tracks 来储存每个目标的预测情况，该数组包含 6 个字段，其 MATLAB 程序如下：

```
function tracks = initializeTracks()
    % create an empty array of tracks
    tracks = struct(...
        'id', {}, ...                                    %轨迹 ID
        'bbox', {}, ...                                  %外接矩形
        'kalmanFilter', {}, ...                          %轨迹的卡尔曼滤波器
        'age', {}, ...                                   %总数目
        'totalVisibleCount', {}, ...                     %可视数目
        'consecutiveInvisibleCount', {});                %不可视数目
end
```

基于上一检测结果（结果储存在结构体数组 tracks 中），对目标用卡尔曼滤波器进行轨迹预测，其 MATLAB 程序如下：

```
    function predictNewLocationsOfTracks(tracks)     %预测下一轨迹
        for i = 1:length(tracks)                     %遍历已检测的目标
            bbox = tracks(i).bbox;
            predictedCentroid = predict(tracks(i).kalmanFilter);
              %根据以前的轨迹，预测当前位置质心，预测模型用卡尔曼滤波器
            %根据预测的质心更新边界框 bbox
            predictedCentroid = int32(predictedCentroid) - bbox(3:4) / 2;
            tracks(i).bbox = [predictedCentroid, bbox(3:4)];
        end
    end
```

预测的边界框和下一帧检测到的目标都有若干个，因此需要将它们正确匹配，这里用到的是匈牙利匹配算法。

其 MATLAB 程序如下：

```
    function [assignments, unassignedTracks, unassignedDetections] = ...
            detectionToTrackAssignment()
        nTracks = length(tracks);                        %预测轨迹的总数目
        nDetections = size(centroids, 1);                %检测到的目标质心总数目
        %计算将预测轨迹和目标质心匹配的损失
        cost = zeros(nTracks, nDetections);
        for i = 1:nTracks
            cost(i, :) = distance(tracks(i).kalmanFilter, centroids);
                                                         %损失矩阵计算
        end
        %基于匈牙利算法，将预测轨迹与检测目标匹配
        costOfNonAssignment = 20;
        [assignments, unassignedTracks, unassignedDetections] = ...
```

```
        assignDetectionsToTracks(cost, costOfNonAssignment);%匈牙利算法匹配
end
```

完成一帧的检测与预测轨迹的匹配后，根据结果更新tracks储存的位置数据，其MATLAB程序如下：

```
function updateAssignedTracks(tracks,centroids,bboxes) %匹配成功的预测轨迹
    numAssignedTracks = size(assignments, 1);
    for i = 1:numAssignedTracks                        %遍历匹配成功的预测–检测对
        trackIdx = assignments(i, 1);                  %目标 ID
        detectionIdx = assignments(i, 2);
        centroid = centroids(detectionIdx, :);
        bbox = bboxes(detectionIdx, :);
                                                       %更新卡尔曼滤波器
        correct(tracks(trackIdx).kalmanFilter, centroid);
                                                       %更新边界框
        tracks(trackIdx).bbox = bbox;
                                                       %更新总数目
        tracks(trackIdx).age = tracks(trackIdx).age + 1;
                                                       %更新可视数目
        tracks(trackIdx).totalVisibleCount = ...
            tracks(trackIdx).totalVisibleCount + 1;
        tracks(trackIdx).consecutiveInvisibleCount = 0;
    end
end
function updateUnassignedTracks(tracks)          %未匹配的预测轨迹
    for i = 1:length(unassignedTracks)
        ind = unassignedTracks(i);
        tracks(ind).age = tracks(ind).age + 1;
        tracks(ind).consecutiveInvisibleCount = ...
            tracks(ind).consecutiveInvisibleCount + 1;
    end
end
```

对于连续多帧没有检测到的对象和与之匹配的预测轨迹，以及匹配成功后因为目标消失而连续多帧没有匹配成功的预测轨迹，进行删除处理，其 MATLAB 程序如下：

```
function deleteLostTracks()
    if isempty(tracks)                               %预测轨迹为空，不操作
        return;
    end
    invisibleForTooLong = 10;                        %10 帧都没有匹配成功
    ageThreshold = 8;
    %遍历已匹配成功的轨迹，找到匹配消失的预测轨迹
```

```
        ages = [tracks(:).age];
        totalVisibleCounts = [tracks(:).totalVisibleCount];
        visibility = totalVisibleCounts ./ ages
        lostInds = (ages < ageThreshold & visibility < 0.6) | ...
            [tracks(:).consecutiveInvisibleCount] >= invisibleForTooLong;
        tracks = tracks(~lostInds);                          %删除
    end
```

对于一些没有成功匹配相应预测轨迹的检测对象，需创建 tracks 二次预测，其 MATLAB 程序如下：

```
    function createNewTracks(tracks,centroids,bboxes)
        centroids = centroids(unassignedDetections, :);
        bboxes = bboxes(unassignedDetections, :);
        for i = 1:size(centroids, 1)
            centroid = centroids(i,:);
            bbox = bboxes(i, :);
                                                  %创建卡尔曼滤波器实例
            kalmanFilter = configureKalmanFilter('ConstantVelocity', ...
                centroid, [200, 50], [100, 25], 100);
                                                  %新建一个 tracks
            newTrack = struct(...
                'id', nextId, ...
                'bbox', bbox, ...
                'kalmanFilter', kalmanFilter, ...
                'age', 1, ...
                'totalVisibleCount', 1, ...
                'consecutiveInvisibleCount', 0);
            %将新创建的 tracks，增补到已有的 tracks 后面
            tracks(end + 1) = newTrack;
            nextId = nextId + 1;
        end
    end
```

至此，完成一次目标检测与跟踪，接下来对每帧都重复该部分运算，得到完整的目标检测与跟踪输出。这里将匹配成功的目标边界框（bounding box，bboxs）显示在每帧图像上，为了消除一些噪声干扰，将只在极短时间（帧数）匹配成功的轨迹认为是噪声引起的，因此不予显示，其 MATLAB 程序如下：

```
    function displayTrackingResults(frame,mask,tracks)
        frame = im2uint8(frame);
        mask = uint8(repmat(mask, [1, 1, 3])) .* 255;

        minVisibleCount = 8;                      %至少连续 8 帧匹配成功才认为是正确匹配
        if ~isempty(tracks)                       %遍历每个轨迹
```

```
        reliableTrackInds = ...
            [tracks(:).totalVisibleCount] > minVisibleCount;
        reliableTracks = tracks(reliableTrackInds);
        if ~isempty(reliableTracks)                    %遍历认为正确匹配的轨迹
          bboxes = cat(1, reliableTracks.bbox);    %获取正确匹配的边界框，ID
            ids = int32([reliableTracks(:).id]);
            %以匹配成功的预测边界框 bboxes 为显示，给予区别标签
            labels = cellstr(int2str(ids'));
            predictedTrackInds = ...
                [reliableTracks(:).consecutiveInvisibleCount] > 0;
            isPredicted = cell(size(labels));
            isPredicted(predictedTrackInds) = {' predicted'};
            labels = strcat(labels, isPredicted);
            %将 bboxes 在原始视频的每帧中显示
            frame = insertObjectAnnotation(frame, 'rectangle', ...
                bboxes, labels);
            %将 bboxes 在背景二值图像中的每帧显示
            mask = insertObjectAnnotation(mask, 'rectangle', ...
                bboxes, labels);
        end
    end
    %显示加 bboxes 后的原始视频和背景二值视频
    obj.maskPlayer.step(mask);
    obj.videoPlayer.step(frame);
end
```

结果如图 12.28 所示，从图中可以看到，该方法准确实现了两个目标的检测与追踪，没有出现检测目标与预测匹配错误的情况。

(a)

(b)

图 12.28　某一帧目标跟踪结果

本节方法的缺点是在刚开始会有预测轨迹没跟上检测目标的情况，另外目标在一段时间内保持不动，会逐渐出现孔洞，直至融于背景，如图 12.29 所示。图 12.29（a）是原始视频帧，图 12.29（b）是检测结果，图中上方为静止目标，下方为正常运动的目标。可以看到，在检测结果中，静止目标的大部分身体已经融入背景。

（a）原始视频版

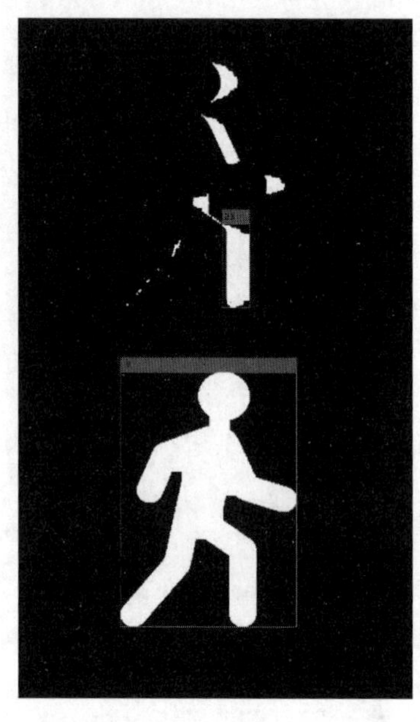

（b）检测结果

图 12.29　目标静止后出现孔洞

下面给出整个多目标检测与跟踪的 MATLAB 主函数。

```
clc
clear
nextId = 1;
obj = setupSystemObjects('003.mp4');
tracks = initializeTracks(); % create an empty array of tracks  %初始化轨迹对象
while ~isDone(obj.reader)
    %%检测部分
    frame = obj.reader.step();  %读取每帧
    %进行前景检测，输出为二值图像，0 为背景，1 为前景
    mask = obj.detector.step(frame);
    %运用形态学操作处理噪声、填补空洞
    mask = imopen(mask, strel('rectangle', [3,3]));          %开运算
    mask = imclose(mask, strel('rectangle', [15, 15]));      %闭运算
    mask = imfill(mask, 'holes');%填洞
    %输出质心和外接圆
    [~, centroids, bboxes] = obj.blobAnalyser.step(mask);
```

```
        %%跟踪部分
        tracks = predictNewLocationsOfTracks(tracks); %根据位置进行卡尔曼滤波器预测
        [assignments, unassignedTracks, unassignedDetections] = ...
           detectionToTrackAssignment(tracks,centroids);%利用匈牙利匹配算法进行匹配

        %%更新检测与跟踪数据
        tracks = updateAssignedTracks(tracks,centroids,bboxes,assignments);
                                                            %分配好的轨迹更新
        tracks = updateUnassignedTracks(tracks,unassignedTracks);
                                                            %未分配的轨迹更新
        tracks = deleteLostTracks(tracks);                  %删除丢掉的轨迹
        [tracks,centroids,bboxes,nextId] = createNewTracks(tracks,centroids,bboxes,
unassignedDetections,nextId);                               %创建新轨迹

        %%结果展示
        displayTrackingResults(frame,mask,tracks,obj);      %结果展示
    end
```

参 考 文 献

[1] 斋藤康毅. 深度学习入门[M]. 北京：人民邮电出版社，2018.
[2] 马龙华，陆哲明，等. 深度学习在数字图像处理中的应用[M]. 北京：电子工业出版社，2022.
[3] 常亮，邓小明，周明全，等. 图像理解中的卷积神经网络[J]. 自动化学报，2016，42（9）：1300-1312.
[4] 杨斌，钟金英. 卷积神经网络的研究进展综述[J]. 南华大学学报（自然科学版），2016，30（3）：66-72.
[5] 周飞燕，金林鹏，董军. 卷积神经网络研究综述[J]. 计算机学报，2017，40（6）：1229-1251.
[6] ASTON Z，李沐，LIPTON Z C，等. 动手学深度学习[M]. 北京：人民邮电出版社，2019.
[7] ZHANG K, ZUO W, CHEN Y, et al. Beyond a Gaussian Denoiser: Residual Learning of Deep CNN for Image Denoising[J]. IEEE Transactions on Image Processing, 2016, 26(7): 3142-3155.
[8] LECUN Y, BOTTOU L. Gradient-based Learning Applied to Document Recognition[J]. Proceedings of the IEEE, 1998, 86(11): 2278-2324.
[9] KRIZHEVSKY A, SUTSKEVER I, HINTON G E. Imagenet Classification with Deep Convolutional Neural Networks[J]. Communications of the ACM, 2017, 60(6): 84-90.
[10] SIMONYAN K, ZISSERMAN A. Very Deep Convolutional Networks for Large-scale Image Recognition[C]. ICLR.3rd International Conference on Learing Representations. Washington DC: ICLR, 2015: 1-14.
[11] RUMELHART D E, HINTON G E, WILLIAMS R J. Learning Representations by Back Propagating Errors[J]. Nature, 1986, 323(6088): 533-536.
[12] BALLÉ J, LAPARRA V, SIMONCELLI E P. End-to-End Optimized Image Compression[C]. IEEE International Conference on Learning Representations. San Juan, Puerto Rico, 2017: 423-439.
[13] BALLÉ J, MINNEN D, SINGH S, et al. Variational Image Compression with a Scale Hyperprior[J]. Computer Vision and Pattern Recognition, 2018, 56(32): 164-181.

反侵权盗版声明

电子工业出版社依法对本作品享有专有出版权。任何未经权利人书面许可，复制、销售或通过信息网络传播本作品的行为；歪曲、篡改、剽窃本作品的行为，均违反《中华人民共和国著作权法》，其行为人应承担相应的民事责任和行政责任，构成犯罪的，将被依法追究刑事责任。

为了维护市场秩序，保护权利人的合法权益，我社将依法查处和打击侵权盗版的单位和个人。欢迎社会各界人士积极举报侵权盗版行为，本社将奖励举报有功人员，并保证举报人的信息不被泄露。

举报电话：（010）88254396；（010）88258888

传　　真：（010）88254397

E-mail：　dbqq@phei.com.cn

通信地址：北京市万寿路 173 信箱

　　　　　电子工业出版社总编办公室

邮　　编：100036